水利部示范性高等职业院校建设规划教材
中央财政支持专业特色教材

水利水电工程施工技术与施工组织

主　编　薛　桦　赵中宇　李建华
主　审　王彦武

黄河水利出版社
·郑州·

内容提要

本书是水利部示范性高等职业院校建设规划教材、中央财政支持专业——水利水电建筑工程专业建设与课程改革教材，是按照教育部颁布的水利水电工程施工技术与施工组织课程标准，结合山西省水利工程建设实践编写完成的。全书共分12个项目，包括：施工导流与截流、爆破工程、钢筋混凝土工程、土方工程、基础工程、土石坝工程、混凝土坝工程、隧洞工程、渠系建筑物、泵站工程、施工组织、施工管理等内容。本书突出了水利水电建筑工程的基本知识以及水利水电建筑工程新技术的应用。

本书为高等职业技术学院水利水电建筑工程、水利工程、水利工程管理等专业的通用教材，也可作为从事水利工程施工与管理一线人员的培训教材和学习参考书。

图书在版编目(CIP)数据

水利水电工程施工技术与施工组织/薛桦，赵中宇，李建华主编. —郑州：黄河水利出版社，2014.3
水利部示范性高等职业院校建设规划教材
ISBN 978-7-5509-0769-0

Ⅰ.①水… Ⅱ.①薛… ②赵… ③李… Ⅲ.①水利水电工程-工程施工-高等职业教育-教材②水利水电工程-施工组织-高等职业教育-教材 Ⅵ.①TV5

中国版本图书馆CIP数据核字(2014)第065837号

组稿编辑：王路平　电话：0371-66022212　E-mail：hhslwlp@163.com

出 版 社：黄河水利出版社
地址：河南省郑州市顺河路黄委会综合楼14层　邮政编码：450003
发行单位：黄河水利出版社
发行部电话：0371-66026940、66020550、66028024、66022620(传真)
E-mail：hhslcbs@126.com
承印单位：河南地质彩色印刷厂
开本：787 mm×1 092 mm　1/16
印张：20.75
字数：480千字　印数：1—2 000
版次：2014年3月第1版　印次：2014年3月第1次印刷

定价：46.00元

前言

本书是根据《教育部关于全面提高高等职业教育教学质量的若干意见》(教高〔2006〕16号)、《教育部关于推进高等职业教育改革创新引领职业教育科学发展的若干意见》(教职成〔2011〕12号)等文件精神,在全国水利水电高职教研会指导下,用中央财政安排的"支持高等职业学校专业建设"项目经费组织编写的教材。

本套教材以学生能力培养为主线,以工作任务为载体,融"教、学、练、做"为一体,适合开展项目化教学,体现实用性、实践性和创新性的特色,是一套紧密联系生产实际的高职高专教育精品规划教材。

本书在吸收有关教材精华的基础上,充实了新思想、新理论、新方法和新技术,同时不过分苛求学科的系统性和完整性,强调理论联系实际,突出应用性,以期突出高职高专教育教学的特色。本书突出了水利水电建筑工程的基本知识以及水利水电建筑工程新技术的应用。

本书主要介绍了水利水电工程各工种和水工建筑物施工技术及常见的水利工程施工组织的原则、方法和要求。全书共分12个项目,包括:施工导流与截流、爆破工程、钢筋混凝土工程、土方工程、基础工程、土石坝工程、混凝土坝工程、隧洞工程、渠系建筑物、泵站工程、施工组织、施工管理等内容。

本书由山西水利职业技术学院承担编写工作,编写人员及编写分工如下:绪论、项目3、项目6由薛桦编写;项目1、项目4由吕中东编写,项目2、项目8由山西省水利工程建设局赵中宇编写;项目5由李渐波编写;项目7由临汾市浍河水库管理局李建华编写;项目9、项目10由雷成霞编写;项目11、项目12由魏闯编写。本书由薛桦、赵中宇、李建华担任主编,薛桦负责全书统稿;由山西省水利工程建设局王彦武担任主审。

由于编写时间仓促,编者水平有限,书中难免存在错误和不足,恳请读者批评指正。

编　者

2014年1月

前言

目 录

绪论

水利工程施工是在总结国内外水利水电建设先进经验的基础上，从施工技术、施工机械、施工组织、施工管理等方面研究水利水电建设发展的基本规律的一门学科。其主要特征是实践性和综合性强。

水利水电建设可分为勘测、规划、设计和施工阶段，每个阶段既有联系，又有分工。施工应以勘测、规划、设计的成果为依据，起着将规划、设计方案转变为工程实体的作用。而规划和设计的成果又要考虑施工方面的要求，并受施工实践的检验。规划、设计和施工都充分重视建成以后运用管理方面的需要。

1 水利水电工程施工的任务和特点

1.1 水利水电工程施工的任务

水利水电工程施工的任务，总的来说，就是充分发挥施工人员的主观能动性和创造性，把各种物资（能源、原材料、设备等）结合施工技术进行科学的组织、筹划和管理，达到用最少的人力、物力、财力和最短的时间把设计付诸实践。具体体现在：

（1）编制施工组织设计文件。依据设计、合同任务和有关部门的要求，根据工程所在地的自然条件，当地社会经济状况，设备、材料和人力等资源的供应情况以及工程特点，编制切实可行的施工组织设计。

（2）按照施工组织设计，做好施工准备，加强施工管理，有计划地组织施工，保证施工质量，合理使用建设资金，多快好省地全面完成施工任务。

（3）开展新技术、新工艺、新方法的试验和研究，促进水利水电工程施工技术的发展。

1.2 水利水电工程施工的特点

水利水电工程施工与一般工民建、市政工程施工有许多共同之处，但由于水利水电工程施工较为复杂，工程规模较为庞大，且受水流控制影响大，因此具有实践性、复杂性、风险性、多样性和不连续性等特点，主要表现在以下几个方面：

（1）施工质量关系重大。由于工程承担挡水、蓄水和泄水任务，因而对水工建筑的稳定、承压、防渗、抗冲、抗冻、抗裂等性能都有特殊要求，需采用专门的施工方法和措施，以确保工程质量。

（2）工程对地基要求严格，又常处于地质条件比较复杂的地区和部位，施工技术要求高，必须采取专门的地基处理措施。

（3）工程系在河道中施工，需根据水流的自然条件及工程建设要求，进行施工导流、截流及水下作业。通航河道应妥善解决施工期通航问题。

（4）工程有很强的季节性，必须充分利用枯水期施工，要求有一定的施工强度。必须合理安排计划，精心组织施工，及时解决施工中的防洪、度汛及冰凌等问题。

(5)工程规模大,特别是大型水利水电工程,单项工程多,彼此干扰大,运输量大,必须采取配套的、大容量的施工设备,高度机械化施工,以及采用现代施工技术和科学的施工管理,才能优质高速地完成建设任务。

(6)工程工期长,耗资大,要求统筹安排,综合平衡,妥善协调各分部、分项工程的施工进度,认真研究缩短工期、均衡施工强度的技术措施。

(7)交通不便,运输困难。有的需要建专用道路来解决运输问题。

(8)施工中有许多危险作业,如爆破作业、地下作业、水下作业、高空作业等容易发生安全事故。

2 水利水电工程施工技术的发展概况

在我国历史上,水利水电建设成就卓著。有举世闻名的都江堰水利工程、黄河大堤、南北大运河等,都是劳动人民智慧的结晶。四川都江堰水利工程是在公元前250年以前修建的,按“乘势利导,因时制宜”的原则,发挥了防洪和灌溉的巨大效益。在施工中总结的竹笼、杩槎围堰和卵石砌筑经验,至今仍在广泛应用。新中国成立后,历经多年的不懈努力,已建成水库8万多座,其中高15 m以上的大坝2.4万座,占世界大坝的一半。已建成大中型水利工程1 100多座,如丹江口、新安江、刘家峡、葛洲坝、五强溪等水利工程。在建设中学习国外施工技术,不断改进和提高,同时创建和锻炼成长了一批具有丰富施工经验的专业队伍和施工组织设计人员。特别是长江三峡、黄河小浪底和雅砻江二滩枢纽的成功建设,标志着我国水利水电施工技术在许多领域已处于世界领先水平。

随着水利水电事业的发展,施工技术水平不断提高。在施工导、截流方面,长江和黄河多次截流成功,其截流流量、流速和水深,以及抛投强度,都达到了世界先进水平。采用的围堰型式有土石围堰、木笼围堰、草土围堰、常态混凝土围堰、碾压混凝土围堰、钢板桩围堰等十余种。最大填筑水深达60 m,挡水高度达70 m,突破了在各种复杂条件下建造围堰的技术难点,成功地解决了年货运量超过百万吨、千万吨级的施工期通航问题。在土石方开挖方面,采用预裂爆破、光面爆破、保护层一次爆破、定向爆破、水下岩基爆破等先进技术及凿裂开挖方法,完成了各种复杂地形地质条件及轮廓尺寸要求的明挖工程,最大开挖深度达176 m。在土石方填筑方面,充分利用开挖料作为填筑料,尽量做到挖填平衡。混凝土施工技术方面,全面推广使用规格化、定型化钢模板,钢模板周转次数可达50次以上。采用的组合式悬臂模板最大达6~8 m^2,面板堆石坝的混凝土面板已采用无轨滑模浇筑。在混凝土温控技术方面,夏季拌和混凝土出机口温度可达7 ℃以下,五强溪通仓浇筑工程一次浇筑最大仓面面积达1 600 m^2。碾压混凝土快速筑坝采用了高掺粉煤灰、薄层低稠度、短间歇连续浇筑、全断面碾压的施工技术。

尽管我国水利水电建设取得了巨大的成就,但水电资源开发利用程度并不高,目前的开发程度约为22%,而发达国家水电的平均开发度已在60%以上,这与我国拥有的水能资源还有较大差距。为了实现我国经济建设的战略目标,加快水利水电建设的步伐,必须认真总结过去的经验和教训,在学习和引进国外先进技术、科学管理方法的同时,发扬自力更生、艰苦奋斗的精神,走出一条适合我国国情的水利水电工程建设新路。

3 本课程的主要内容和学习方法

本课程是一门实践性、综合性很强的专业课。主要阐述水利水电枢纽工程及其有代表性的水工建筑物的施工程序、施工方案、施工方法和施工组织管理方面的基本原理。本书主要包括以下内容：

(1)施工导流与截流、爆破工程、钢筋混凝土工程、土方工程、基础工程等5个项目内容，主要阐明单项工程的工作原理和方法及常用的施工机械。

(2)土石坝工程、混凝土坝工程、隧洞工程、渠系建筑物、泵站工程等5个项目内容，主要介绍有代表性的水工建筑物，通过对这些建筑物的施工介绍，举一反三，以说明各类单项施工工程的特点、原理和方法。

(3)施工组织、施工管理等2个项目内容，主要介绍施工组织的作用、类型的划分，施工组织设计的工作步骤和主要内容，施工管理的内容和步骤。

根据全书内容和课程实践性很强的特点，学生应掌握基本概念、基本原理、基本方法，结合所学的课程，循序渐进地进行。必须密切联系生产实际，通过生产实习、生产劳动、生产现场教学、电化教学、多媒体教学、课程设计、毕业综合实习等教学环节，牢固掌握所学的施工知识。

项目1 施工导流与截流

【学习目标】 掌握施工导流的基本方法及适用条件,掌握施工导流方案的选择;掌握围堰的平面布置;掌握截流的方式、截流时间,截流材料种类、尺寸和数量的确定;熟悉人工降低地下水位法的相关知识。

【学习重点】 施工导流的基本方法及适用条件,施工导流方案的选择;围堰的平面布置;掌握截流的方式、截流时间,截流材料种类、尺寸和数量的确定。

施工导流是水利枢纽总体设计的主要组成部分,是选定设计方案、确定施工程序和施工总进度的重要因素。

施工导流贯穿于水利工程施工的全过程。导流设计要妥善解决从初期导流到后期导流整个过程中的挡、泄水问题,保证干地施工条件和施工期不影响水资源的合理使用。

施工导流设计的主要任务是:研究分析水文、地形、地质、水文地质、枢纽布置及施工条件等基本资料;在保证施工要求和施工期水资源要求的前提下,选定导流标准、划分导流时段,确定导流设计流量;选定导流方案及导流建筑物的型式,确定导流建筑物的布置、构造及尺寸;拟定导流建筑物的修建、拆除、封堵的施工方法以及截流、度汛及基坑排水的措施等。

任务1 施工导流的方法及布置

在河床上修建水工建筑物时,为了保证能在干地上施工,需将天然径流部分或全部改道,并经过预定的泄水建筑物泄向下游,这就是施工导流。

施工导流的方法大体上分为两类:全段围堰法导流(即河床外导流)和分段围堰法导流(即河床内导流)。

1 全段围堰法导流

全段围堰法导流是在河床主体工程的上、下游各建一道拦河围堰,使水流经河床以外的临时或永久建筑物下泄,主体工程建成或即将建成时,再将临时泄水建筑物封堵。该法多用于河床狭窄、基坑工作量不大、水深流急、难以实现分期导流的地方。按泄水建筑物的类型不同,全段围堰法可分为明渠导流、隧洞导流、涵管导流等。

1.1 明渠导流

明渠导流是在河岸或滩地上开挖渠道,在基坑上下游修筑围堰,河水经渠道下泄。它主要用于暗坡平缓或有宽广滩地的平原河道上。若有当地老河道可利用或工程修建在弯道上时,采用明渠导流比较经济合理。

1.1.1 导流明渠布置

导流明渠布置有在岸坡上和滩地上两种布置形式，如图1-1所示。

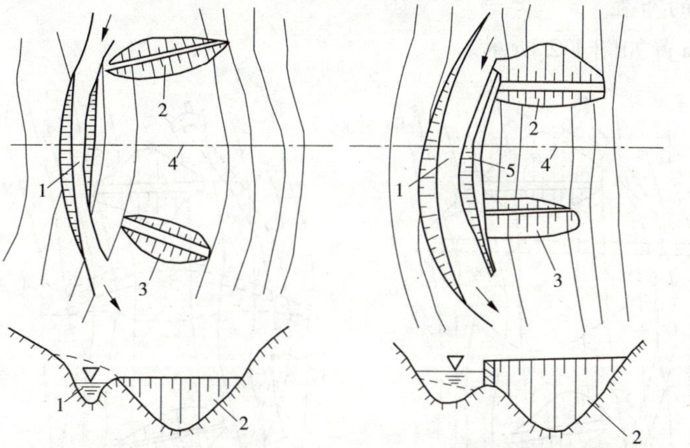

(a)在岸坡上开挖的明渠　　(b)在滩地上开挖的明渠

1—导流明渠；2—上游围堰；3—下游围堰；4—坝轴线；5—明渠外导墙

图1-1 明渠导流示意图

1.1.1.1 导流明渠轴线的布置

导流明渠应布置在较宽台地、垭口或古河道一岸；渠身进出口要外延至上下游围堰外坡脚外一定距离，水平距离要满足防冲要求，一般为50～100 m；明渠进出口应与上下游水流相衔接，与河道主流的交角以30°为宜；为减少水流冲刷，保证水流畅通，明渠转弯半径应大于5倍渠底宽；明渠轴线布置应尽可能缩短明渠长度和避免深挖方。

1.1.1.2 明渠进出口位置和高程的确定

明渠进出口的水流条件要符合要求，力求不冲、不淤和不产生回流，形状和位置可通过水力学模型试验进行调整，以达到这一目的；进口高程按截流设计选择，出口高程一般由下游消能控制；进出口高程和渠道水流流态应满足施工期通航、过木和排冰要求；在满足上述条件下，尽可能抬高进出口高程，以减少水下开挖量。

1.1.2 导流明渠断面设计

(1)确定断面尺寸。明渠断面尺寸由导流设计流量控制，考虑地形、地质和允许抗冲流速要求，应按不同的明渠断面尺寸与围堰的组合，通过技术分析和经济比较确定。

(2)确定断面型式。明渠断面一般设计成梯形，渠底为坚硬基岩时，可设计成矩形。有时为满足截流和通航的不同目的，也有设计成复式梯形断面的。

(3)确定明渠糙率。明渠糙率大小直接影响到明渠的泄水能力，而影响糙率大小的因素有：衬砌的材料、开挖的方法、渠底的平整度等，可根据具体情况确定。

1.1.3 明渠封堵

进行导流明渠布置时应考虑后期封堵要求。当施工期有通航、放木和排冰任务，且明渠较宽时，可在明渠内预设闸门墩，以利于后期封堵。施工期无通航、过木和排冰任务时，应于明渠通水前，将明渠坝段施工到适当高程，以加快二期施工进度。

1.2 隧洞导流

山区河流一般河谷狭窄、两岸地形陡峻、山岩坚实，采用隧洞导流较为普遍。但由于隧洞导流泄水能力有限，造价较高，一般在汛期泄水时均另找出路或采用淹没基坑方案。导流隧洞设计时，应尽量与永久隧洞相结合。这种布置俗称“龙抬头”。

1.2.1 导流隧洞的布置

导流隧洞的布置如图1-2所示。

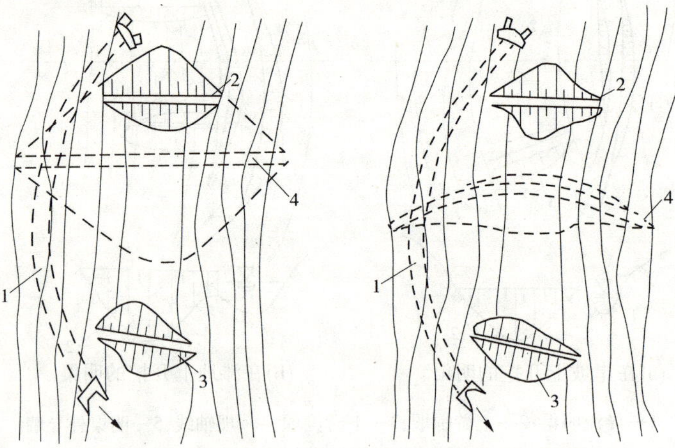

(a)土石坝　　(b)混凝土坝

1—导流隧洞；2—上游围堰；3—下游围堰；4—主坝

图1-2 隧洞导流示意图

(1)隧洞轴线沿线地质条件良好，足以保证隧洞施工和运行的安全。

(2)隧洞轴线宜按直线布置，当有转弯时，转弯半径不小于5倍洞径(或洞宽)，转角不宜大于60°，弯道首尾应设直线段，长度不应小于3～5倍洞径(或洞宽)；进出口引渠轴线与河流主流方向夹角宜小于30°。

(3)隧洞间净距、隧洞与永久建筑物间距、洞脸与洞顶围岩厚度均应满足结构受力要求。

(4)隧洞进出口位置应保证水力学条件良好，并外延至堰外坡脚一定距离，一般距离应大于50 m，以满足围堰防冲要求。进口高程多由截流控制，出口高程由下游消能控制，洞底按需要设计成缓坡或急坡，避免成反坡。

1.2.2 导流隧洞断面设计

隧洞断面尺寸的大小取决于设计流量、地质和施工条件，洞径应控制在施工技术和结构安全允许范围内，目前国内单洞断面尺寸多在200 m^2 以下，单洞泄量不超过2 000～2 500 m^3/s。

隧洞断面形状取决于地质条件、隧洞工作状况(有压或无压)及施工条件，常用断面形状有：圆形、马蹄形、城门形等，如图1-3所示。圆形多用于高水头处，马蹄形多用于地质条件不良处，城门形有利于截流和施工，国内外导流隧洞多采用城门形。

糙率 n 值的选择：糙率的大小直接影响到断面的大小，而衬砌与否、衬砌的材料和施工质量、开挖的方法和质量则是影响糙率大小的主要因素。混凝土衬砌，糙率值一般为0.014～0.017；不衬砌隧洞的糙率变化较大，光面爆破时为0.025～0.032，一般炮眼爆破时为0.035～0.044。设计时根据具体条件，查阅有关手册，选取设计的糙率值。对重要的导流隧洞工程，应通过水工模型试验验证其糙率的合理性。

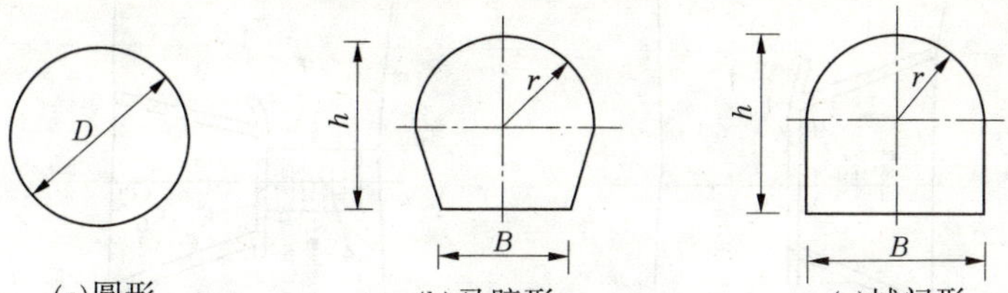

(a)圆形 (b)马蹄形 (c)城门形

图1-3 隧洞断面形式

导流隧洞设计应考虑后期封堵要求,要布置封堵闸门门槽及启闭平台设施。要论证导流隧洞应与永久隧洞结合的可行性,以利节省投资。一般高水头枢纽,导流隧洞只可能与永久隧洞部分相结合,中低水头则有可能全部相结合。

1.3 涵管导流

涵管导流一般在土坝、堆石坝工程施工中采用。

涵管通常布置在河岸岩滩上,其位置在枯水位以上,这样可在枯水期施工时,不修围堰或只修一小围堰,通过涵管将河水经涵管下泄,枯水期后再加高形成上下游围堰,如图1-4所示。

涵管一般是钢筋混凝土结构。当有永久涵管可以利用或修建隧洞有困难时,采用涵管导流是合理的。在某些情况下,可在建筑物基岩中开挖沟槽,必要时予以衬砌,然后封上混凝土或钢筋混凝土顶盖,形成涵管。利用这种涵管导流往往可以获得较好的经济效果。由于涵管的泄水能力较低,所以一般用在导流流量较小的河流上或只用来担负枯水期的导流任务。

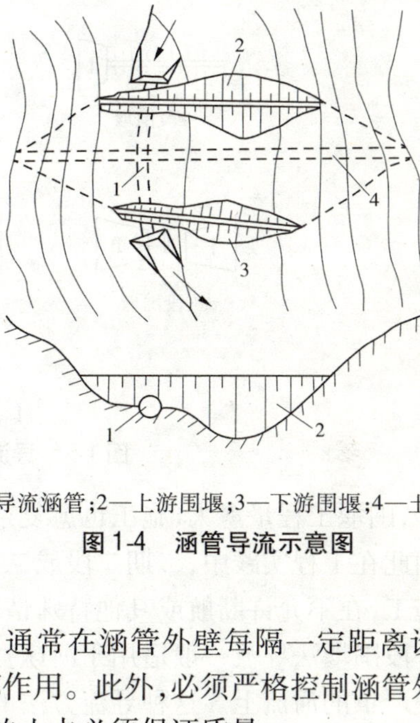

1—导流涵管;2—上游围堰;3—下游围堰;4—土石坝

图1-4 涵管导流示意图

为了防止涵管外壁与坝身防渗体之间的渗流,通常在涵管外壁每隔一定距离设置截流环,以延长渗径,降低渗透坡降,减少渗流的破坏作用。此外,必须严格控制涵管外壁防渗体的压实质量。涵管管身的温度缝或沉陷缝中的止水必须保证质量。

2 分段围堰法导流

分段围堰法,也称分期围堰法或河床内导流,就是用围堰将水工建筑物分段分期围护起来进行施工的方法。图1-5是一种常见的分段围堰法导流布置示意图。

分段围堰法导流要解决好分段分期问题。分段就是从空间上用围堰将河床围护成若干个基坑进行施工;分期就是从时间上将导流过程划分成若干个施工阶段。如图1-6所示为导流分期和围堰分段的几种情况。

从图中可以看出,导流的分期数和围堰的分段数并不一定相同,因为在同一导流分期中,建筑物可以在一段围堰内施工,也可以同时在不同段内施工。必须指出的是,段数分

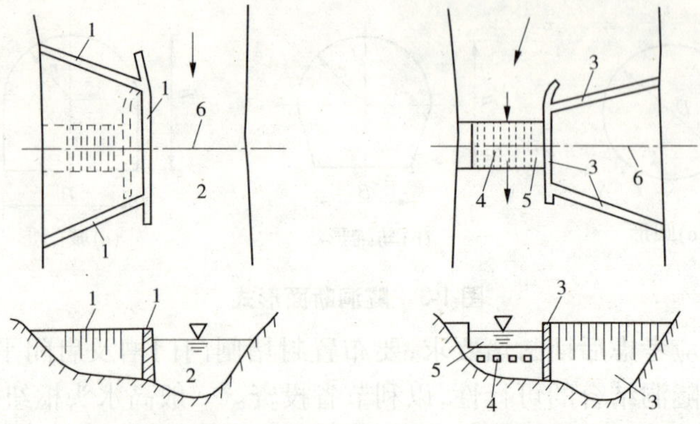

(a)一期导流(束窄河床导流)　　(b)二期导流(底孔与缺口导流)

1—一期围堰;2—束窄河床;3—二期围堰;4—导流底孔;5—坝体缺口;6—坝轴线

图 1-5　分段围堰法导流布置示意图

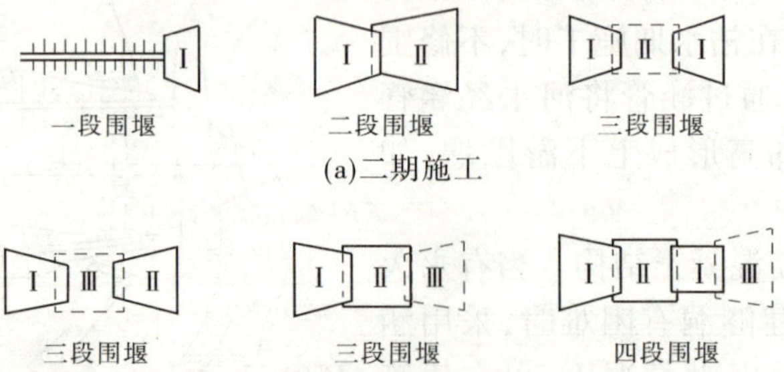

(a)二期施工

(b)三期施工

Ⅰ、Ⅱ、Ⅲ—施工分期

图 1-6　导流分期和围堰分段示意图

得越多,围堰工程量愈大,施工也愈复杂;同样,期数分得愈多,施工的工期有可能拖得愈长。因此在工程实践中,二期二段或二期三段导流法采用得最多。在比较宽阔的通航河道上施工,在不允许断航或其他特殊情况下,才采用多段多期导流法。

分段围堰法导流一般适用于河床宽阔、流量大、施工期较长的工程,尤其在通航河流或冰凌严重的河流上。这种导流方法的费用较低,在大中型水利工程中采用较广。分段围堰法导流,前期由束窄的原河道导流,后期可利用事先修建好的泄水建筑物导流,常见泄水建筑物的类型,在混凝土坝中采用底孔、缺口等,在土石坝中采用隧洞或明渠。

2.1　底孔导流

利用设置在混凝土坝体中的永久底孔或临时底孔作为泄水道,是二期导流经常采用的方法。导流时让全部或部分导流流量通过底孔宣泄到下游,保证后期工程的施工。如系临时底孔,则在工程接近完工或需要蓄水时要加以封堵。底孔导流的布置形式如图 1-7所示。

当采用临时底孔导流时,底孔的数目、尺寸要通过相应的水力学计算确定,其中底孔的尺寸在很大程度上取决于导流过水要求(如过水、过船、过木和过鱼等)及流量要求,以

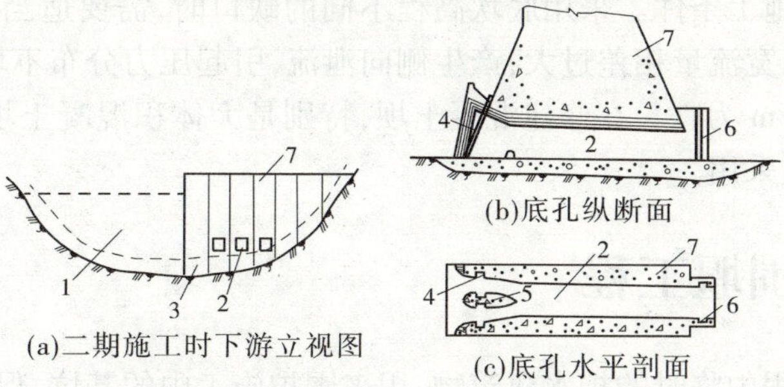

1—二期修建坝体;2—底孔;3—二期纵向围堰;4—封闭闸门门槽;
5—中间墩;6—出口封闭门槽;7—已浇筑的混凝土坝体

图1-7 底孔导流的布置形式

及水工建筑物结构特点和封堵用闸门设备的类型。底孔的布置要满足截流、围堰工程以及本身封堵的要求。如底坎高程布置较高,截流时落差就大,围堰也高。但封堵时的水头较低,封堵措施就容易。一般底孔的底坎高程应布置在枯水位之下,以保证枯水期泄水。当底孔数目较多时,可把底孔布置在不同的高程,封堵时从最低高程的底孔堵起,这样可以减少封堵时所承受的水压力。

临时底孔的断面形状多采用矩形,为了改善孔周的应力状况,也可采用有圆角的矩形。如表1-1所列一些典型工程导流底孔尺寸。

表1-1 水利水电工程导流底孔尺寸

工程名称	底孔尺寸(宽×高,m×m)	工程名称	底孔尺寸(宽×高,m×m)
新安江水库	10×13	石泉水库	7.5×10.41
黄龙滩水库	8×11	白山水电站	9×14.2

底孔导流的优点是挡水建筑物上部的施工可以不受水流的干扰,有利于均衡连续施工。当坝体内设有永久底孔时,如果能用来导流则更为理想。底孔导流的缺点是:增加了建筑物的钢材用量;如果封堵质量不好,会削弱坝体的整体性,还有可能漏水;在导流过程中,底孔有被漂浮物堵塞的危险;封堵时由于水头较高,安放闸门及止水等均较困难。

2.2 坝体缺口导流

在山区河流上,汛期河水出现暴涨暴落,对混凝土坝,当导流建筑物不足以宣泄全部流量时,为了不影响坝体施工进度,使坝体在涨水时仍能继续施工,可以在未建成的坝体上预留临时缺口,如图1-8所示,以便配合导流建筑物宣泄汛期洪峰流量,待洪峰过后,上游水位回落,再继续修筑缺口。所留缺口的宽度和高度取决于导流设计流量、建筑物的泄水能力、建

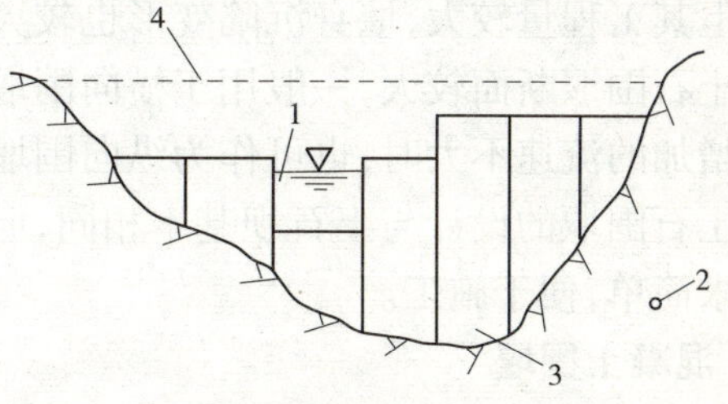

1—过水缺口;2—导流隧洞;3—坝体;4—坝顶

图1-8 坝体缺口过水示意图

筑物的结构特点和施工条件。采用底坎高程不同的缺口时,需要适当控制高低缺口间的高差,避免各缺口单宽流量相差过大,产生侧向泄流,引起压力分布不均匀。根据经验,其高差以不超过4~6 m为宜。在修建混凝土坝,特别是大体积混凝土坝时,由于这种导流方法比较简单,常被采用。

任务2 围堰工程

围堰是导流工程中临时的挡水建筑物,用来围护施工中的基坑,保证水工建筑物能在干地上进行施工。在导流任务结束后,如果围堰对永久建筑物的运行有妨碍或没有考虑作为永久建筑物的一部分时,应予拆除。

水利水电工程中的围堰形式类型可划分如下:

按其所使用的材料,可以分为土石围堰、混凝土围堰、钢板桩格型围堰和草土围堰。

按围堰与水流方向的相对位置,可分为横向围堰和纵向围堰。

按导流期间基坑淹没条件,可分为过水围堰和不过水围堰。过水围堰除需要满足一般围堰的基本要求外,还要满足堰顶过水的专门要求。

围堰应满足下述基本要求:

(1)具有足够的稳定性、防渗性、抗冲性和一定的强度。

(2)造价便宜,构造简单,修建、维护和拆除方便。

(3)围堰的布置应力求使水流平顺,不发生严重的水流冲刷。

(4)围堰接头和岸边连接都要安全可靠,不致因集中渗漏等破坏作用而引起围堰失事。

(5)必要时应设置抵抗冰凌、船筏的冲击和破坏的设施。

1 围堰的基本型式和构造

1.1 土石围堰

土石围堰是水利水电工程中采用最为广泛的一种围堰型式,如图1-9所示。用当地材料填筑而成的围堰,不仅可以就地取材和充分利用开挖弃料做围堰填料,而且构造简单,施工方便,易于拆除,工程造价低,可以在流水中、深水中、岩基或有覆盖层的河床上修建。但其工程量较大,堰身沉陷变形也较大。

土石围堰断面较大,一般用于横向围堰。但在宽阔河床的分期导流中,当围堰束窄河床而增加的流速不大时,也可作为纵向围堰,但需注意防冲设计,以保证围堰安全。

土石围堰的设计与土石坝基本相同,但其结构型式在满足导流期正常运行的情况下应力求简单,便于施工。

1.2 混凝土围堰

混凝土围堰的抗冲与抗渗能力大,挡水水头高,底宽小,易于与永久混凝土建筑物相连接,必要时还可以过水,因此采用比较广泛。其主要的类型有拱式混凝土围堰和重力式混凝土围堰。拱式混凝土围堰常用于全段围堰法导流中的上游围堰;重力式混凝土围堰一般用于分段围堰法导流中的纵向围堰。

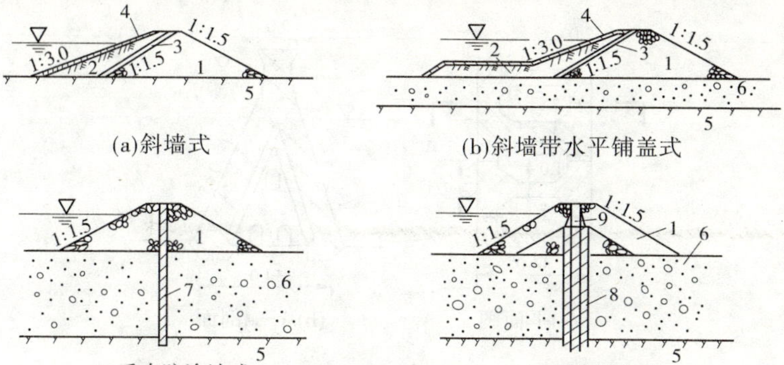

(a)斜墙式　(b)斜墙带水平铺盖式

(c)垂直防渗墙式　(d)灌浆帷幕式

1—堆石体；2—黏土斜墙、铺盖；3—反滤层；4—护面；5—隔水层；
6—覆盖层；7—垂直防渗墙；8—灌浆帷幕；9—黏土心墙

图 1-9　土石围堰

1.2.1　拱式混凝土围堰

拱式混凝土围堰（见图 1-10），一般适用于两岸陡峻、岩石坚实的山区河流，常采用隧洞及允许基坑淹没的导流方案。通常围堰的拱座是在枯水期的水面以上施工的。对围堰的基础处理，当河床的覆盖层较薄时需进行水下清基，若覆盖层较厚，则可灌注水泥浆防渗加固。堰身的混凝土浇筑则要进行水下施工，因此难度较高。在拱基两侧要回填部分砂砾料以利灌浆，形成阻水帷幕。

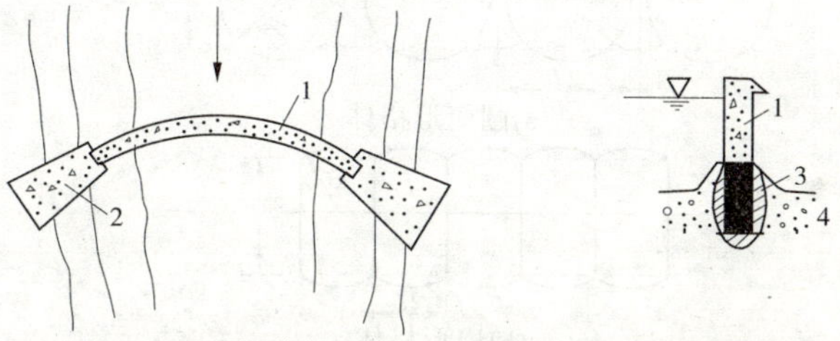

(a)平面图　(b)横断面图

1—拱身；2—拱座；3—灌浆帷幕；4—覆盖层

图 1-10　拱式混凝土围堰

拱式混凝土围堰由于利用了混凝土抗压强度高的特点，与重力式相比，断面较小，可节省混凝土工程量。

1.2.2　重力式混凝土围堰

采用分段围堰法导流，重力式混凝土围堰往往可兼作第一期和第二期纵向围堰，两侧均能挡水，还能作为永久建筑物的一部分，如隔墙、导墙等。

重力式混凝土围堰可做成普通的实心式，与非溢流重力坝类似，也可做成空心式，如三门峡工程的纵向围堰，如图 1-11 所示。

纵向围堰需抗御高速水流的冲刷，所以一般均修建在岩基上。为保证混凝土的施工质量，一般可将围堰布置在枯水期出露的岩滩上。如果这样还不能保证干地施工，则通常需另修土石低水围堰加以围护。重力式混凝土围堰可采用碾压混凝土，以降低造价。

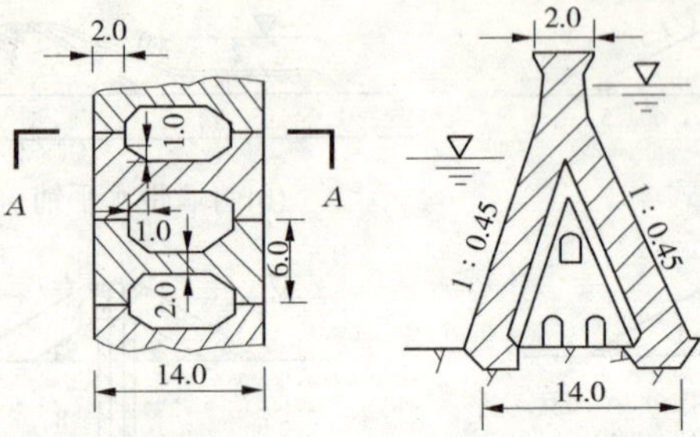

(a)平面图　(b)A—A剖面

图 1-11　混凝土纵向围堰(三门峡工程)　(单位:m)

1.3　钢板桩格型围堰

钢板桩格型围堰是重力式挡水建筑物,由一系列彼此相接的格体构成。按照格体的平面形状,可分为筒形格体、扇形格体和花瓣形格体。这些型式适用于不同的挡水高度,应用较多的是圆筒形格体。图 1-12 所示为钢板桩格型围堰的平面型式。它是由许多钢板桩通过锁口互相连接而成为格形整体。钢板桩的锁口有握裹式、互握式和倒钩式三种。格体内填充透水性强的填料,如砂、砂卵石或石渣等。在向格体内进行填料时,必须保持各格体内的填料表面大致均衡上升,因高差太大会使格体变形。

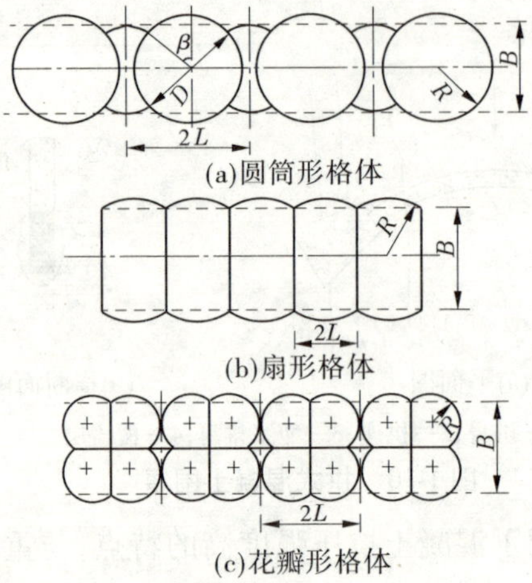

(a)圆筒形格体

(b)扇形格体

(c)花瓣形格体

图 1-12　钢板桩格型围堰平面型式

钢板桩格型围堰具有坚固、抗冲、抗渗、围堰断面小、便于机械化施工等特点;钢板桩的回收率高,可达 70% 以上;尤其适用于束窄度大的河床段作为纵向围堰,但由于需要大量的钢材,且施工技术要求高,我国目前仅应用于大型工程中。

圆筒形格体钢板桩围堰,一般适用的挡水高度小于 15 ~ 18 m,可以建在岩基上或非岩基上,也可作为过水围堰用。

圆筒形格体钢板桩围堰的施工由定位、打设模架支柱,模架就位,安插钢板桩,打设钢板桩,填充料渣,取出模架及其支柱并填充料渣到设计高程等工序组成,如图 1-13 所示。

圆筒形格体钢板桩围堰一般需在流水中修筑,受水位变化和水面波动的影响较大,施工难度较大。

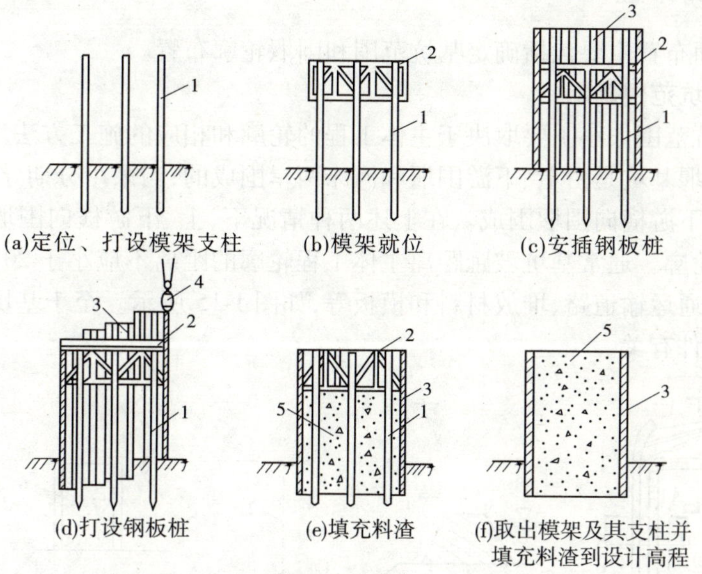

1—支柱;2—模架;3—钢板桩;4—打桩机;5—填料

图1-13　圆筒形格体钢板桩围堰施工程序

1.4　草土围堰

草土围堰是一种以麦草、稻草、芦柴、柳枝和土为主要原料的草土混合结构,如图1-14所示,它已经有两千多年的历史,在青铜峡、盐锅峡、八盘峡等工程中应用。

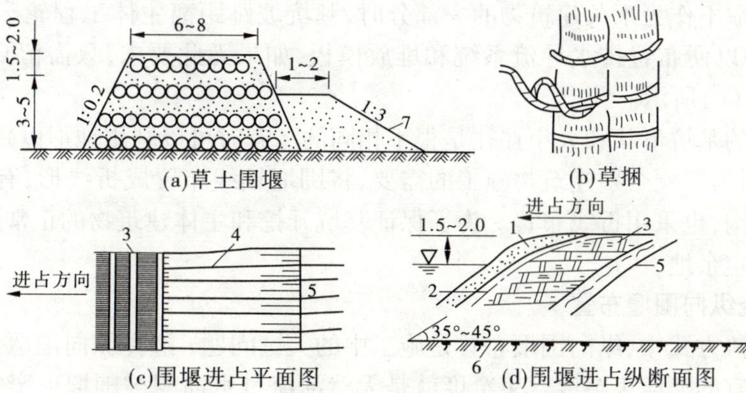

1—黏土;2—散草;3—草捆;4—草绳;5—已建堰体;6—河底;7—戗台

图1-14　草土围堰及施工过程示意图　(单位:m)

草土围堰施工简单、速度快、取材容易、造价低、拆除也方便,具有一定的抗冲、抗渗能力,堰体的容重较小,特别适用于软土地基。但这种围堰不能承受较大的水头,所以仅限水深不超过6 m、流速不超过3.5 m/s,使用期两年以内的工程。草土围堰的施工方法比较特殊,就其实质来说也是一种进占法。按其所用草料型式的不同,可以分为散草法、捆草法、埽捆法三种，实践中的草土围堰普遍采用捆草法施工。

2 围堰的平面布置

围堰的平面布置主要包括确定基坑范围和围堰轮廓布置。

2.1 围堰内基坑范围确定

围堰内基坑范围大小主要取决于主体工程的轮廓和相应的施工方法。当采用一次拦断法导流时，围堰基坑是由上、下游围堰和河床两岸围成的；当采用分期导流时，基坑是由纵向围堰与上、下游横向围堰围成。在上述两种情况下，上、下游横向围堰的布置都取决于主体工程的轮廓。通常基坑坡趾距离主体工程轮廓的距离不应小于 20 ~ 30 m，以便布置排水设施、交通运输道路、堆放材料和模板等，如图 1-15 所示。至于基坑开挖边坡的大小，则与地质条件有关。

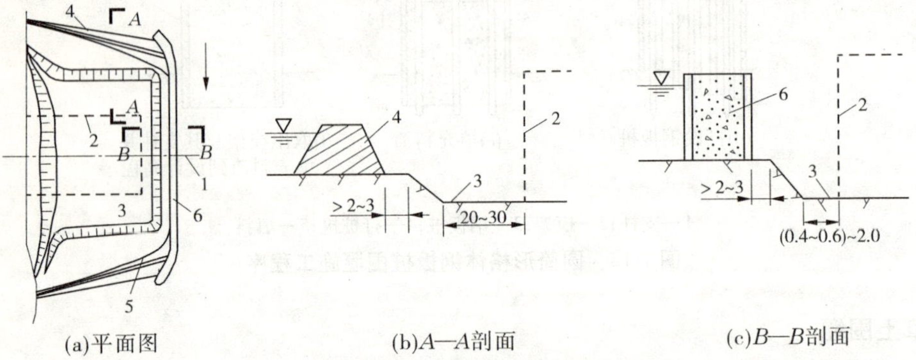

1—主体工程轴线；2—主体工程轮廓；3—基坑；4—上游横向围堰；5—下游横向围堰；6—纵向围堰

图 1-15 围堰布置与基坑范围示意图 （单位：m）

当纵向围堰不作为永久建筑物的一部分时，基坑坡趾距离主体工程轮廓的距离一般不小于 2.0 m，以便布置排水导流系统和堆放模板，如果无此要求，只需留 0.4 ~ 0.6 m，如图 1-15(b)、(c)所示。

实际工程的基坑形状和大小往往是很不相同的。有时可以利用地形以减少围堰的高度和长度；有时为照顾个别建筑物施工的需要，将围堰轴线布置成折线形；有时为了避开岸边较大的溪沟，也采用折线布置。为了保证基坑开挖和主体建筑物的正常施工，基坑范围应当留有一定余地。

2.2 分期导流纵向围堰布置

在分期导流方式中，纵向围堰布置是施工中的关键问题，选择纵向围堰位置，实际上就是要确定适宜的河床束窄度。束窄度就是天然河流过水面积被围堰束窄的程度，一般可用下式表示：

$$K = \frac{A_2}{A_1} \times 100\% \tag{1-1}$$

式中 K——河床的束窄程度（%），一般取值为 47% ~68%；

A_1——原河床的过水面积，m^2；

A_2——围堰和基坑所占据的过水面积，m^2。

纵向围堰位置与以下主要因素有关。

2.2.1 地形地质条件

浅滩、小岛、河心洲、基岩露头等，都是可供布置纵向围堰的有利条件，这些部位便于施工，并有利于防冲保护。

2.2.2 水工布置

尽可能利用厂坝、厂闸、闸坝等建筑物之间的隔水导墙作为纵向围堰的一部分。例如，葛洲坝工程就是利用厂闸导墙，三峡、三门峡、丹江口则是利用导墙作为二期纵向围堰的一部分。

2.2.3 河床允许束窄度

允许束窄度主要与河床地质条件和通航要求有关。对于非通航河道，如河床易冲刷，一般均允许河床产生一定程度的变形，只要能保证河岸、围堰堰体和基础免受淘刷即可。束窄流速常可允许达到3 m/s左右，岩石河床允许束窄度主要视岩石的抗冲流速而定。

对于一般性河流和小型船舶，当缺乏具体研究资料时，可参考以下数据；当流速小于2.0 m/s时，机动木船可以自航；当流速小于3.0～3.5 m/s，且局部水面集中落差不大于0.5 m时，拖轮可自航；木材流放最大流速可考虑为3.5～4.0 m/s。

2.2.4 导流过水要求

进行一期导流布置时，不但要考虑束窄河道的过水条件，而且要考虑二期截流与导流的要求。主要考虑的问题有：一期基坑中能否布置下宣泄二期导流流量的泄水建筑物；由一期转入二期施工时的截流落差是否太大。

2.2.5 施工布局的合理性

各期基坑中的施工强度应尽量均衡。一期工程施工强度可比二期低些，但不宜相差太悬殊。如有可能，分期分段数应尽量少一些。导流布置应满足总工期的要求。

分期导流时，上、下游围堰一般不与河床中心线垂直，围堰的平面布置常呈梯形，既可使水流顺畅，同时也便于运输道路的布置和衔接。当采用全段围堰法导流时，上、下游围堰不存在突出的绕流问题，为了减少工程量，围堰多与主河道垂直。

纵向围堰的平面布置形状，对过水能力影响较大。但是，纵向围堰的防冲安全，通常比前者更重要。实践中，常采用流线型和挑流式布置。

3 围堰的拆除

围堰是临时建筑物，导流任务完成后，应按设计要求拆除，以免影响永久建筑物的施工及运转。例如，在采用分段围堰法导流时，第一期横向围堰的拆除，如果不合要求，势必会增加上、下游水位差，从而增加截流工作的难度，增大截流料物的重量及数量。这类经验教训在国内外是不少的，如苏联的伏尔谢水电站截流时，上、下游水位差1.88 m，其中由于引渠和围堰没有拆除净，造成的水位差就有1.73 m。又如下游围堰拆除不干净，会抬高尾水位，影响水轮机的利用水头，浙江省富春江水电站曾受影响，降低了水轮机出力，造成不应有的损失。土石围堰相对来说断面较大，拆除工作一般是在运行期限的最后一个汛期过后，随上游水位的下降，逐层拆除围堰的背水坡和水上部分，如图1-16所示。但必须保证依次拆除后所残留的断面能继续挡水和维持稳定，以免发生安全事故，使基坑过早淹没,影响施工。土石围堰的拆除一般可用挖土机或爆破开挖等方法。

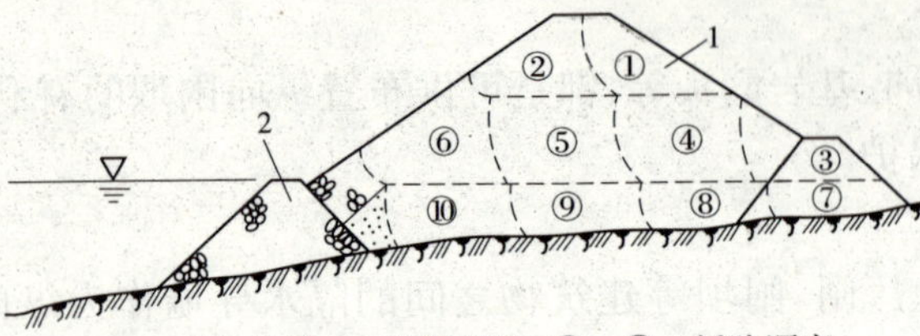

1—正铲挖除;2—索铲挖除;①~⑩—拆除顺序

图1-16　土石围堰拆除程序

钢板桩格型围堰的拆除,首先要用抓斗或吸石器将填料清除,然后用拔桩机起拔钢板桩。混凝土围堰的拆除,一般只能用爆破法炸除,但应注意,主体建筑物或其他设施不受爆破危害。

任务3　截流工程

施工导流过程中,当导流泄水建筑物建成后,应抓住有利时机,迅速截断原河床水流,迫使河水经完建的导流泄水建筑物下泄,然后在河床中全面展开主体建筑物的施工,这就是截流工程。分段围堰法截流过程和全段围堰法截流过程如图1-17所示。

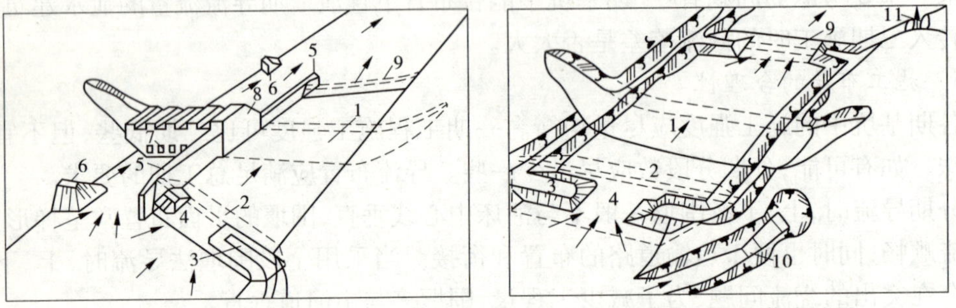

(a)分段围堰法截流过程　(b)全段围堰法截流过程

1—大坝基坑;2—上游围堰;3—下游围堰;4—戗堤;5—底孔;6—已浇坝体;

7—二期纵堰;8—一期堰残留;9—龙口;10—导洞进口;11—导洞出口

图1-17　截流过程示意图

截流过程一般为:先在河床的一侧或两侧向河床中填筑截流戗堤,逐步缩窄河床,称为进占。戗堤进占到一定程度,河床束窄,形成流速较大的泄水缺口叫龙口。为了保证龙口两侧堤端和底部的抗冲稳定,通常采用工程防护措施,如抛投大块石、铅丝笼等,这项工作称之为护底和裹头。封堵龙口的工作叫合龙。合龙以后,龙口段及戗堤本身仍然漏水,必须在戗堤全线设置防渗措施,这一工作叫闭气。所以,整个截流过程包括戗堤进占、龙口护底及裹头、合龙、闭气等四项工作。截流后,对戗堤进一步加高培厚,修筑成设计围堰。

由此可见,截流在施工中占有重要地位,如不能按时完成,就会延误整个建筑物施工,河槽内的主体建筑物就无法施工,甚至可能拖延工期一年,所以在施工中常将截流作为关键性工程。为了截流成功,必须充分掌握河流的水文、地形、地质等条件,掌握截流过程中水流的变化规律及其影响。做好周密的施工组织,在狭小的工作面上用较大的施工强度在较短的时间内完成截流。

1　截流的方式

截流的基本方式有立堵法与平堵法两种。

1.1　立堵法

立堵法截流是将截流材料从龙口一端或两端向中间抛投进占,逐渐束窄河床,直至全部拦断,如图1-18所示。

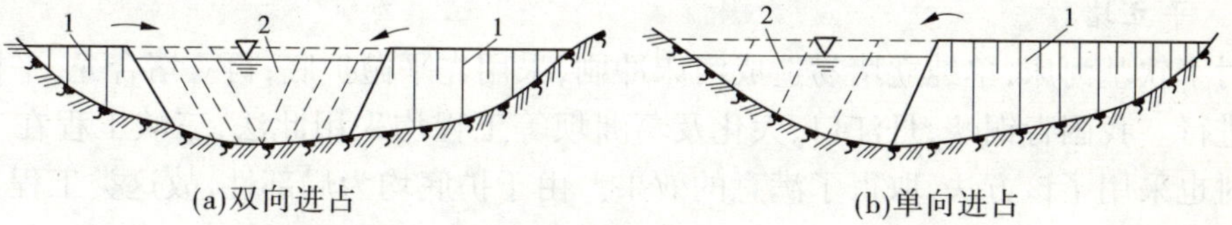

1—截流戗堤;2—龙口

图1-18　立堵法截流

立堵法截流不需架设浮桥,准备工作比较简单,造价较低。但截流时,水力条件较为不利,龙口单宽流量较大,出现的流速也较大,同时水流绕截流戗堤端部,使水流产生强烈的立轴旋涡,在水流分离线附近造成紊流,易造成河床冲刷,且流速分布很不均匀,需抛投单个重量较大的截流材料。截流时由于工作前线狭窄,抛投强度受到限制。立堵法截流适用于大流量、岩基或覆盖层较薄的岩基河床,对于软基河床应采用护底措施才能使用。

立堵法截流又分为单戗、双戗和多戗立堵截流,单戗适用于截流落差不超过3 m的情况。

1.2　平堵法

平堵法截流(见图1-19)是沿整个龙口宽度全线抛投,抛投料堆筑体全面上升,直至露出水面。这种方法的龙口一般是部分河宽,也可以是全河宽。因此,合龙前必须在龙口架设浮桥,由于它是沿龙口全宽均匀地抛投,所以其单宽流量小,出现的流速也较小,需要的单个材料的重量也较轻,抛投强度较大,施工速度快,但有碍于通航,适用于软基河床,

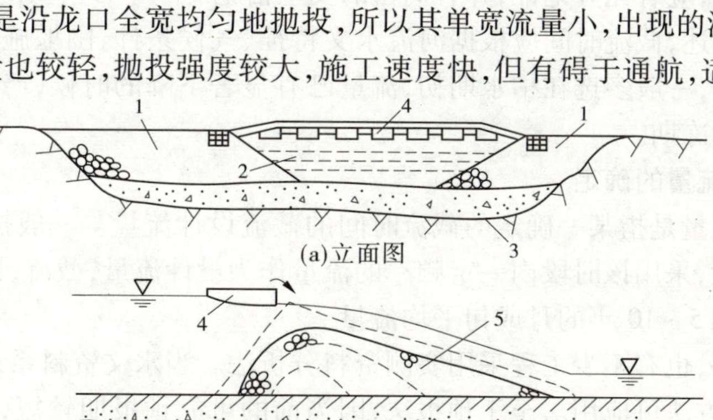

1—截流戗堤;2—龙口;3—覆盖层;4—浮桥;5—截流抛石体

图1-19　平堵法截流

河流架桥方便且对通航影响不大的河流。

1.3 综合方式

1.3.1 立平堵

为了充分发挥平堵水力学条件较好的优点,同时降低架桥的费用,有的工程采用先立堵,后在栈桥上平堵的方式。苏联布拉茨克水电站,在截流流量3 600 m^3/s、最大落差3.5 m的条件下,采用先立堵进占,缩窄龙口至100 m,然后利用管柱栈桥全面平堵合龙。

多瑙河上的铁门工程,经过方案比较,决定采取立、平堵方式,立堵进占结合管柱栈桥平堵。立堵段首先进占,完成长度149.5 m,平堵段龙口100 m,由栈桥上抛投完成截流,最终落差达3.72 m。

1.3.2 平立堵

对于软基河床,单纯立堵易造成河床冲刷,采用先平抛护底,再立堵合龙,平抛多利用驳船进行。我国青铜峡、丹江口、大化及葛洲坝等工程均采用此法,三峡工程在二期大江截流时也采用了该方法,取得了满意的效果。由于护底均为局部性,故这类工程本质上同属立堵法截流。

2 截流时间和设计流量的确定

2.1 截流时间的选择

截流时间应根据枢纽工程施工控制性进度计划或总进度计划决定,至于时段选择,一般应考虑以下原则,经过全面分析比较而定。

(1)尽可能在较小流量时截流,但必须全面考虑河道水文特性和截流应完成的各项控制工程量,合理使用枯水期。

(2)对于具有通航、灌溉、供水、过木等特殊要求的河道,应全面兼顾这些要求,尽量使截流对河道综合利用的影响最小。

(3)有冰冻河流,一般不在流冰期截流,避免截流和闭气工作复杂化,如特殊情况必须在流冰期截流,应有充分论证,并有周密的安全措施。

根据以上所述,截流时间应根据河流水文特征、气候条件、围堰施工及通航过木等因素综合分析确定,一般多选在枯水期初,流量已有显著下降的时候,严寒地区应尽量避开河道流冰期及封冻期。

2.2 截流设计流量的确定

截流设计流量是指某一确定的截流时间的截流设计流量。一般按频率法确定,根据已选定截流时段,采用该时段内一定频率的流量作为设计流量,截流设计标准一般可采用截流时段重现期5~10年的月或旬平均流量。

除频率法外,也有不少工程采用实测资料分析法。当水文资料系列较长,河道水文特性稳定时,这种方法可应用。至于预报法,因当前的可靠预报期较短,一般不能在初设中应用,但在截流前夕有可能根据预报流量适当修改设计。

在大型工程截流设计中,多以选取一个流量为主,再考虑较大、较小流量出现的可能性,用几个流量进行截流计算和模型试验研究。对于有深槽和浅滩的河道,如分流建筑物布置在浅滩上,对截流的不利条件,要特别进行研究。

3 截流材料种类、尺寸和数量的确定

3.1 材料种类的选择

截流时采用当地材料在我国已有悠久的历史，主要有块石、石串、装石竹笼等。此外，当截流水利条件较差时，还须采用混凝土块体。

石料容重较大，抗冲能力强，一般工程较易获得，而且通常也比较经济。因此，凡有条件者，均应优先选用石块截流。

在大中型工程截流中，混凝土块体的运用较普遍。这种人工块体的制作、使用方便，抗冲能力强，故为许多工程采用（如三峡工程、葛洲坝工程等）。

在中小型工程截流中，因受起重运输设备能力限制，所采用的单个石块或混凝土块体的重量不能太大。石笼（如竹笼、铅丝笼、钢筋笼）或石串，一般使用在龙口水力条件不利的条件下。大型工程中除石笼、石串外，也采用混凝土块体串。某些工程，因缺乏石料，或因河床易冲刷，则也可根据当地条件采用梢捆、草土等材料截流。

3.2 材料尺寸的确定

采用块石和混凝土块体截流时，所需材料尺寸可通过水力计算初步确定，然后考虑该工程可能拥有的起重运输设备能力，作出最后抉择。

3.3 材料数量的确定

3.3.1 不同粒径材料数量的确定

无论是平堵截流还是立堵截流，原则上都可以按合龙过程中水力参数的变化来计算相应的材料粒径和数量。常用的方法是将合龙过程按高程（平堵）或宽度（立堵）划分成若干区段，然后按分区最大流速计算出所需材料粒径和数量。实际上，每个区段也不是只用一种粒径材料，所以设计中均参照国内外已有工程经验来决定不同粒径材料的比例。例如平堵截流时，最大粒径材料数量可按实际使用区段（$Z = 0.42Z_{\max} \sim 0.6Z_{\max}$）考虑，也可按最大流速出现时起，直到戗堤出水时所用材料总量的70% ~80% 考虑。立堵截流时，最大粒径材料数量，常按困难区段抛投总量的1/3 考虑。根据国内外十几个工程的截流资料统计，特殊材料数量占合龙段总工程量的10% ~20%，一般为15% ~20%。如仅按最终合龙段统计，特殊材料所占比例约为60%。

3.3.2 备料量

备料量的计算，可按设计戗堤体积为准，另外还得考虑各项损失。平堵截流的设计戗堤体积计算比较复杂，需按戗堤不同阶段的轮廓计算。立堵截流戗堤断面为梯形，设计戗堤体积计算比较简单。戗堤顶宽视截流施工需要而定，通常取10 ~18 m 者较多，可保证2 ~3 辆汽车同时卸料。

备料量的多少取决于对流失量的估计。实际工程的备料量与设计用量之比多为1.3 ~1.5，个别工程达到2.0。例如，铁门工程达到1.35，青铜峡工程采用1.5。实际合龙后还剩下很多材料。因此，初步设计时备料系数不必取得过大，实际截流前夕，可根据水情变化适当调整。

3.4 分区用料规划

在合龙过程中，必须根据龙口的流速流态变化采用相应的抛投技术和材料。这一点

在截流规划时就应予考虑，见表1-2。

表1-2 截流材料的适用流速

截流材料	适用流速（m/s）	截流材料	适用流速（m/s）
土料	0.5～0.7	3 t重大块石或钢筋石笼	3.5
20～30 kg重石块	0.8～1.0	4.5 t混凝土六面体	4.5
50～70 kg重石块	1.2～1.3	5 t重大块石、大石串或钢筋石笼	4.5～5.5
麻袋装土（0.7 m×0.4 m×0.2 m）	1.5	12～15 t重混凝土六面体	7.2
ϕ0.5 m×2 m装石竹笼	2.0	20 t重混凝土六面体	7.5
ϕ0.6 m×4 m装石竹笼	2.5～3.0	ϕ1.0 m×15 m柴石枕	7～8
ϕ0.8 m×6 m装石竹笼	3.5～4.0		

任务4 导流方案

1 影响导流方案的主要因素

水利水电枢纽工程的施工，从开工到完建往往不是采用单一的导流方法，而是几种导流方法组合起来配合运用，以取得最佳的技术经济效果。这种不同导流时段、不同导流方法的组合，通常称为导流方案。

导流方案的选择受各种因素的影响。合理的导流方案，必须在周密地研究各种影响因素的基础上，拟订几个可能的方案，进行技术经济比较，从中选择技术经济指标优越的方案。

选择导流方案时考虑如下主要因素。

1.1 水文条件

河流的流量大小、水位变化的幅度、全年流量的变化情况、枯水期的长短、汛期洪水的延续时间、冬季的流冰及冰冻情况等，均直接影响导流方案的选择。一般来说，对于河床单宽流量大的河流，宜采用分段围堰法导流。对于水位变化幅度大的山区河流，可采用允许基坑淹没的导流方法，在一定时期内通过过水围堰和淹没基坑来宣泄洪峰流量。对于枯水期较长的河流，充分利用枯水期安排工程施工是完全必要的。但对于枯水期不长的河流，如果不利用洪水期进行施工，就会拖延工期。对于流冰的河流，应充分注意流冰的宣泄问题，以免流冰壅塞，影响泄流，造成导流建筑物失事。

1.2 地形条件

坝区附近的地形条件，对导流方案的选择影响很大。对于河床宽阔的河流，尤其在施工期间有通航、过木要求的情况，宜采用分段围堰法导流，当河床中有天然石岛或沙洲时，采用分段围堰法导流，更有利于导流围堰的布置，特别是纵向围堰的布置。例如，三峡水利枢纽的施工导流就曾利用了长江中的中堡岛来布置一期纵向围堰,取得了良好的技术经济效果。在河段狭窄、两岸陡峻、山岩坚实的地区,宜采用隧洞导流。至于平原河道,河流的两岸或一岸比较平坦,或有河湾、老河道可资利用时,则宜采用明渠导流。

1.3 地质及水文地质条件

河流两岸及河床的地质条件对导流方案的选择与导流建筑物的布置有直接影响。若河流两岸或一岸岩石坚硬、风化层薄,且有足够的抗压强度,则宜选用隧洞导流。如果岩石的风化层厚且破碎,或有较厚的沉积滩地,则适合于采用明渠导流。由于河床的束窄,减小了过水断面的面积,使水流流速增大,这时为了河床不受过大的冲刷,避免把围堰基础淘空,应根据河床地质条件来决定河床可能束窄的程度。对于岩石河床,抗冲刷能力较强。河床允许束窄程度较大,甚至可达到88%,流速有增加到7.5 m/s的,但对覆盖层较厚的河床,抗冲刷能力较差,其束窄程度都不到30%,流速仅允许达到3.0 m/s。此外,选择围堰型式,基坑能否允许淹没,能否利用当地材料修筑围堰等,也都与地质条件有关。水文地质条件则对基坑排水工作和围堰型式的选择有很大关系。因此,为了更好地进行导流方案的选择,要对地质和水文地质勘测工作提出专门要求。

1.4 水工建筑物的型式及其布置

水工建筑物的型式和布置与导流方案相互影响,因此在决定建筑物的型式和枢纽布置时,应该考虑并拟订导流方案,而在选定导流方案时,又应该充分利用建筑物型式和枢纽布置方面的特点。

如果枢纽组成中有隧洞、渠道、涵管、泄水孔等永久泄水建筑物,在选择导流方案时,应该尽可能加以利用。在设计永久泄水建筑物的断面尺寸并拟订其布置方案时,应该充分考虑施工导流的要求。

采用分段围堰法修建混凝土坝枢纽时,应当充分利用水电站与混凝土坝之间或混凝土坝溢流段和非溢流段之间的隔墙作为纵向围堰的一部分,以降低导流建筑物的造价。在这种情况下,对于第二期工程,应该核算它是否能够布置二期工程导流底孔和缺口。

就挡水建筑物的型式来说,土坝、土石混合坝和堆石坝的抗冲能力小,除采用特殊措施外,一般不允许从坝身过水,所以多利用坝身以外的泄水建筑物如隧洞、明渠等或坝身范围内的涵管来导流,这时,通常要求在一个枯水期内将坝身抢筑到拦洪高程以上,以免水流漫顶,发生事故。至于混凝土坝,特别是混凝土重力坝,由于抗冲能力较强,允许流速达到25 m/s,故不但可以通过底孔泄流,而且可以通过未完建的坝身过水,使导流方案选择的灵活性大大增加。

1.5 施工期间河流的综合利用

施工期间,为了满足通航、筏运、渔业、供水、灌溉或水电站运转等的要求,导流问题的解决更加复杂。如前所述,在通航河流上,大多采用分段围堰法导流。要求河流在束窄以后,河宽仍能便于船只的通行,水深要与船只吃水深度相适应,束窄断面的最大流速一般不得超过2.0 m/s,特殊情况需与当地航运部门协商确定。

在施工中后期,水库拦洪蓄水时,要注意满足下游供水、灌溉用水和水电站运行的要求,有时为了保证渔业的要求,还要修建临时的过鱼设施,以便鱼群能洄游。

1.6 施工进度、施工方法及施工场地布置

水利水电工程的施工进度与导流方案密切相关。通常是根据导流方案才能安排控制性进度计划，在水利水电枢纽施工导流过程中，对施工进度起控制作用的关键性时段主要有：导流建筑物的完工期限、截断河床水流的时间、坝体拦洪的期限、封堵临时泄水建筑物的时间以及水库蓄水发电的时间等。但各项工程的施工方法和施工进度又直接影响到各时段中导流任务的合理性和可能性。例如，在混凝土坝枢纽中，采用分段围堰施工时，若导流底孔没有建成，就不能截断河床水流和全面修建第二期围堰，若坝体没有达到一定高程和没有完成基础及坝体接缝灌浆以前，就不能封堵底孔和使水库蓄水等。因此，施工方法、施工进度与导流方案三者是密切相关的。

此外，导流方案的选择与施工场地的布置亦相互影响，例如，在混凝土坝施工中，当混凝土生产系统布置在一岸时，以采用全段围堰法导流为宜。若采用分段围堰法导流，则应以混凝土生产系统所在的一岸作为第一期工程，因为这样两岸的交通运输问题比较容易解决。

在选择导流方案时，除综合考虑以上各方面因素外，还应使主体工程尽可能及早发挥效益，简化导流程序，降低导流费用，使导流建筑物既简单易行，又适用可靠。

2 导流方案比较实例

导流方案的比较选择，应在同精度、同深度的几种可行性方案中进行。首先研究分析采用何种导流方法，然后研究采用什么类型，在此全面分析的基础上，排除明显不合理的方案，保留可行的方案或可能的组合方案。

【例 1-1】 长江三峡水利枢纽工程（简称三峡工程），位于长江干流三峡河段，三峡工程由大坝、水电站厂房、通航建筑物等主要建筑物组成。大坝坝顶高程 185 m，正常蓄水位 175 m，汛期防洪限制水位 145 m，枯季消落最低水位 155 m，相应的总库容、防洪库容和兴利库容分别为 393 亿 m^3、221.5 亿 m^3 和 165 亿 m^3。安装单机容量 70 万 kW 的水轮发电机组 26 台，总装机容量 1 820 万 kW，年发电量 847 亿 kWh。

选定的坝址位于西陵峡中的三斗坪镇。坝址地质条件优越，基岩为完整坚硬的花岗岩（闪云斜长花岗岩），地形条件也有利于布置枢纽建筑物和施工场地，是一个理想的高坝坝址。选定的坝线在左岸的坛子岭及右岸的白岩尖之间，并穿过河床中的一个小岛——中堡岛。该岛左侧为主河床，右侧为支沟（称后河）。

施工导流方案：三斗坪坝址河谷宽阔，江中有中堡岛将长江分为主河床及后河，适于采用分期导流方案。长江为我国的水运交通动脉，施工期通航问题至关重要。分期导流方案设计必须结合施工期通航方案和枢纽布置方案一并研究。在可行性论证和初步设计阶段，对右岸导流明渠施工期通航和不通航两大类型的多种方案进行了大量的技术经济比较工作。1993 年 7 月，经国务院三峡建设委员会批准，确定为“三期导流，明渠通航”方案，如图 1-20 ~ 图 1-22 所示。

第一期围右岸如图 1-20 所示。一期导流的时间为 1993 年 10 月至 1997 年 11 月，计 4 年。在中堡岛左侧及后河上下游修筑一期土石围堰，形成一期基坑，并修建茅坪溪小改道工程，将茅坪溪水导引出一期基坑。在一期土石围堰保护下挖除中堡岛，扩宽后河修建

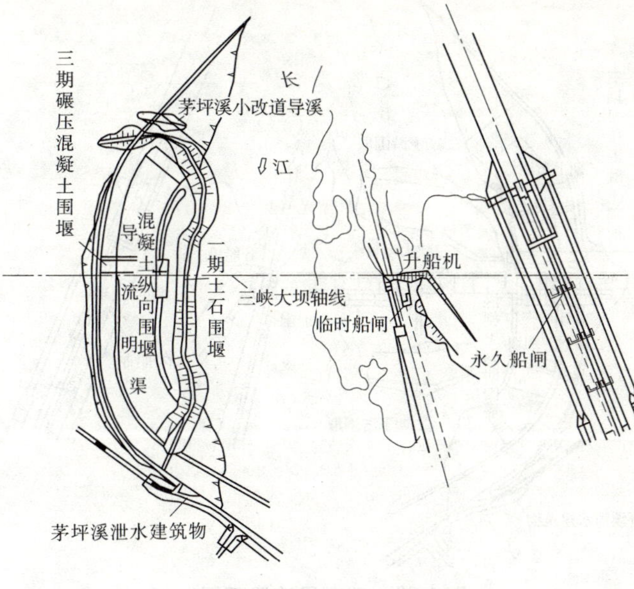

图1-20　一期导流平面图

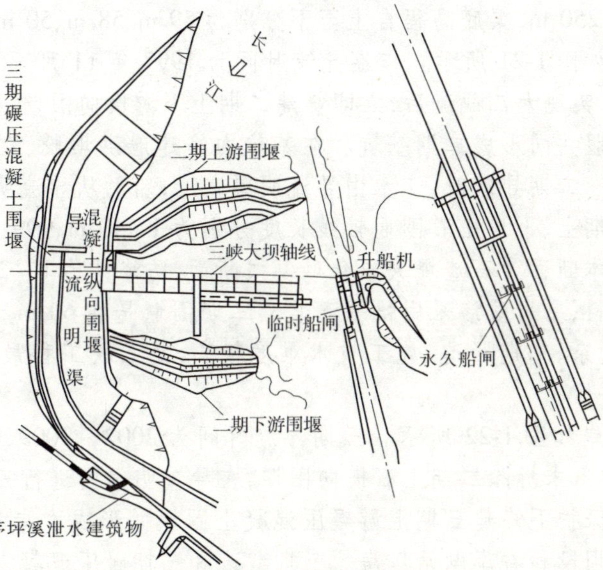

图1-21　二期导流平面图

导流明渠、混凝土纵向围堰，并预建三期碾压混凝土围堰基础部分的混凝土。水仍从主河床通过。一期土石围堰形成后束窄河床约30%。汛期长江水面宽约1 000 m，当流量不大于长江通航流量45 000 m^3/s时，河床流速为3 m/s左右，因此船只仍可在主航道航行。一期土石围堰全长2 502.36 m，最大堰高37 m。堰体及堰基采用塑性混凝土防渗墙上接土工膜防渗型式，局部地质条件不良地段的地基采取防渗墙下接帷幕灌浆或高压旋喷桩柱墙等措施。混凝土纵向围堰全长1 191.47 m，分为上纵段、坝身段与下纵段。坝身段为三峡大坝的一部分，下纵段兼作右岸电站厂房和泄洪坝段间的导墙。导流明渠为高低渠

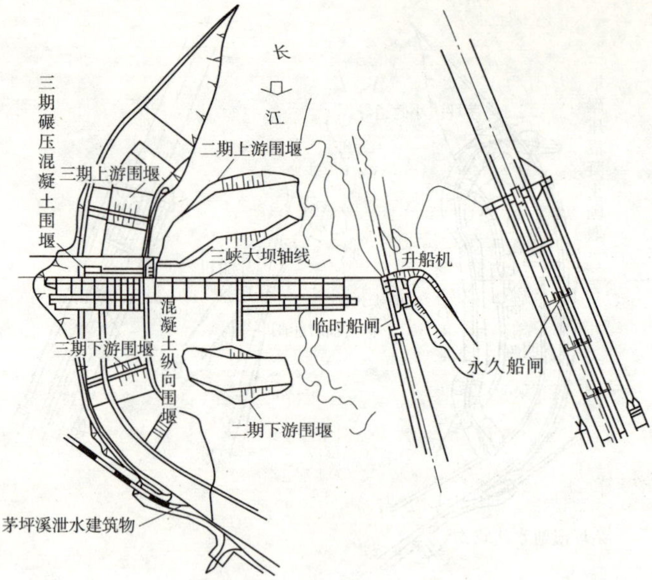

图1-22　三期导流平面图

复式断面，全长3 726 m，最小底宽350 m；右侧高渠底宽100 m，渠底高程58 m（进口部位59 m）；左侧渠底宽250 m，渠底高程自上至下分别为59 m、58 m、50 m、45 m、53 m。

第二期围左岸如图1-21所示。二期导流时间为1997年11月至2002年11月，共计5年。1997年11月实现大江截流后，立即修建二期上下游横向围堰，将长江主河床截断，并与混凝土纵向围堰共同形成二期基坑。在基坑内修建泄洪坝段、左岸厂房坝段及电站厂房等主体建筑物。二期导流时，江水由导流明渠宣泄，船舶从导流明渠和左岸已建成的临时船闸通航。二期上、下游土石围堰轴线长度分别为1 440 m、999 m，最大高度分别为75.5 m、57.0 m，基本断面为石渣堤夹风化砂复式断面，防渗体为1～2排塑性混凝土防渗墙上接土工合成材料，基岩防渗采用帷幕灌浆。二期围堰是在60 m水深中抛填建成，工程量大、基础条件复杂、工期紧迫、施工技术难度极高，是三峡工程最重要的临时建筑物之一。

第三期再围右岸如图1-22所示。三期导流时间为2002～2009年，共计6.5年。总进度安排于2002年汛末拆除二期土石横向围堰，在导流明渠内进行三期截流，建造上、下游土石围堰。在其保护下修建三期上游碾压混凝土围堰并形成右岸三期基坑，在三期基坑内修建右岸厂房坝段和右岸电站厂房。三期截流和三期碾压混凝土围堰施工是三峡工程施工中的又一关键技术问题。在导流明渠中截流时，江水从泄洪坝段内高程56.5 m的22个6.5 m×8.5 m的导流孔中宣泄，截流最大落差达3.5 m，龙口最大流速6.13 m/s，技术难度与葛洲坝大江截流相同。

碾压混凝土围堰要求在截流以后的120 d内，从高程50 m浇筑到140 m，最大月浇筑强度达39.8万m^3，最大日上升高度达1.18 m，且很快挡水并确保在近90 m水头下安全运行，设计和施工难度为世所罕见。三期截流后到水库蓄水前，船只从临时船闸航行，当流量超过12 000 m^3/s、上下游水位差超过6 m时，临时船闸不能运行，长江断航。经测算，断航时间发生在5月下半月至6月上半月内，共计33 d。断航期间设转运码头用水陆联运解决客货运输问题。三期碾压混凝土围堰建成后,即关闭导流底孔和泄洪深孔,水库蓄水至135 m,第一批机组开始发电,永久船闸开始通航。水库蓄水以后,由三期碾压混凝土围堰与左岸大坝共同挡水(下游仍由三期土石围堰挡水),长江洪水由导流底孔及泄洪深孔宣泄。继续在右岸基坑内建造大坝和电站厂房。左岸各主体建筑物上部结构同时施工,直至工程全部完建。

任务5 基坑排水

修建水利水电工程时,在围堰合龙闭气以后,就要排除基坑内的积水和渗水,以保持基坑基本干燥状态,以利于基坑开挖、地基处理及建筑物的正常施工。

按排水时间及性质,基坑排水工作一般可分为:①基坑开挖前的初期排水,包括基坑积水、基坑积水排除过程中的围堰堰体与基础渗水和堰体及基坑覆盖层中的含水率以及可能出现的降水的排除;②基坑开挖及建筑物施工过程中的经常性排水,包括围堰和基坑渗水、降水以及施工弃水量的排除。

如按排水方法分,有明式排水和人工降低地下水位两种。

1 初期排水

1.1 排水流量的确定

初期排水主要包括基坑积水、围堰与基坑渗水两大部分。对于降雨,因为初期排水是在围堰或截流戗堤合龙闭气后立即进行的,通常是在枯水期内,而枯水期降雨很少,所以一般可不予考虑。除积水和渗水外,有时还需考虑填方和基础中的饱和水。

初期排水渗透流量原则上可按有关公式计算。但是,初期排水时的渗流量估算往往很难符合实际。因为,此时还缺乏必要的资料。通常不单独估算渗流量,而将其与积水排除流量合并在一起,依靠经验估算初期排水总流量 Q:

$$Q = Q_1 + Q_s = k\frac{V}{T} \tag{1-2}$$

式中 Q_1——积水排除的流量,m^3/s;

Q_s——渗水排除的流量,m^3/s;

V——基坑积水体积,m^3;

T——初期排水时间,s;

k——经验系数,主要与围堰种类、防渗措施、地基情况、排水时间等因素有关,根据国外一些工程的统计,$k=4\sim10$。

基坑积水体积可按基坑积水面积和积水水深计算,这是比较容易的。但是排水时间 T 的确定就比较复杂,排水时间 T 主要受基坑水位下降速度的限制,基坑水位的允许下降速度视围堰种类、地基特性和基坑内水深而定。水位下降太快,则围堰或基坑边坡中动水压力变化过大,容易引起坍坡。下降太慢,则影响基坑开挖时间。一般认为,土围堰的基坑水位下降速度应限制在0.5~0.7 m/昼夜,木笼及板桩围堰等应小于1.0~1.5 m/昼夜。初期排水时间,大型基坑一般可采用5~7 d,中型基坑一般不超过3~5 d。

通常，当填方和覆盖层体积不太大时，在初期排水且基础覆盖层尚未开挖时，可以不必计算饱和水的排除。如需计算，可按基坑内覆盖层总体积和孔隙率估算饱和水总水量。

按以上方法估算初期排水流量，选择抽水设备后，往往很难符合实际。在初期排水过程中，可以通过试抽法进行校核和调整，并为经常性排水计算积累一些必要资料。试抽时如果水位下降很快，则显然是所选择的排水设备容量过大，此时应关闭一部分排水设备，使水位下降速度符合设计规定。试抽时若水位不变，则显然是设备容量过小或有较大渗漏通道存在。此时，应增加排水设备容量或找出渗漏通道予以堵塞，然后进行抽水。还有一种情况是水位降至一定深度后就不再下降，这说明此时排水流量与渗流量相等，据此可估算出需增加的设备容量。

1.2 水泵的选择与布置

排水设备常用离心泵，为运转方便，应选用不同容量的水泵，便于组合运用。

水泵的布置应结合实际情况认真考虑。如布置不当，可能会降低排水效果，甚至造成频繁转移，造成人力、物力和时间上的浪费。水泵布置的形式见图1-23。

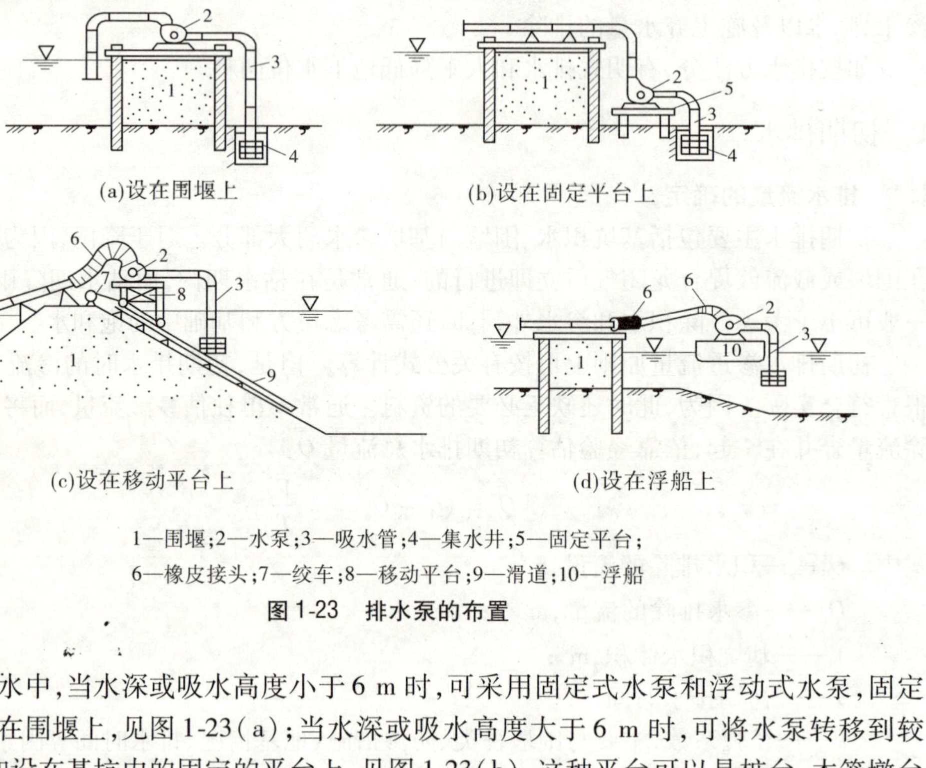

1—围堰；2—水泵；3—吸水管；4—集水井；5—固定平台；
6—橡皮接头；7—绞车；8—移动平台；9—滑道；10—浮船

图1-23 排水泵的布置

初期排水中，当水深或吸水高度小于6 m时，可采用固定式水泵和浮动式水泵，固定式水泵可设在围堰上，见图1-23(a)；当水深或吸水高度大于6 m时，可将水泵转移到较低的高程，如设在基坑内的固定的平台上，见图1-23(b)，这种平台可以是桩台、木笼墩台或围堰内坡上的平台；若水深远大于6 m，则考虑用移动式泵或浮动式泵，可将水泵布置在有移动滑道的平台上，见图1-23(c)，用绞车控制上升或下降；或将水泵放在浮船上，见图1-23(d)。

水泵和管路的基础应能够抵抗一定的漏水冲刷，在水泵排水管上应设止回阀，防止水泵停止工作时，基坑外水倒流落入基坑。浮式泵站应设置橡皮软接头，以适应泵的升降。

2 经常性排水

基坑内积水排干后，进入经常性排水阶段。经常性排水设计中，应确定排水流量、选择排水方法、进行排水系统的布置。

2.1 排水量的确定

经常性排水的排水量，主要包括围堰和基坑的渗水、降雨、地基岩石冲洗及混凝土养护用废水等。设计中一般考虑两种不同的组合，从中择其大者，以选择排水设备。一种组合是渗水加降雨，另一种组合是渗水加施工废水。降雨和施工废水不必组合在一起，这是因为二者不会同时出现。如果全部叠加在一起，显然太保守。

2.1.1 降雨量的确定

在基坑排水设计中，对降雨量的确定尚无统一的标准。大型工程可采用20年一遇三日降雨中最大的连续6 h雨量，再减去估计的径流损失值(每小时1 mm)，作为降雨强度。也有的工程采用日最大降雨强度，基坑内的降雨量可根据上述计算降雨强度和基坑集雨面积求得。

2.1.2 施工废水

施工废水主要考虑混凝土养护用水，其用水量估算应根据气温条件和混凝土养护的要求而定。一般初估时可按每立方米混凝土每次用水5 L，每天养护8次计算。

2.1.3 渗透流量计算

通常，基坑渗透总量包括围堰渗透量和基础渗透量两大部分。关于渗透量的详细计算方法，在水力学、水文地质和水工结构等论著中均有介绍，可按完整井和不完整井理论计算。由于围堰的种类很多，各种围堰的渗透计算公式可查阅有关水工手册和水力计算手册。

应当指出的是，应用各种公式估算渗流量的可靠性，不仅取决于公式本身的精度，而且取决于计算参数的正确选择。特别是渗透系数这类物理参数，对计算结果的影响很大。但是，在初步估算时，往往不可能获得较详尽而可靠的渗透系数资料。此时，也可采用更简便的估算方法。当基坑在透水地基上时，可按照表1-3所列的参考指标来估算整个基坑的渗透流量。

表1-3 1 m^3 水头下1 m^2 基坑面积的渗透流量

土类	细砂	中砂	粗砂	砂砾石	有裂缝的岩石
渗透流量(m^3/h)	0.16	0.24	0.30	0.35	0.05~0.10

经常性排水流量为渗透流量和降水与施工弃水两者的大值之和。

2.2 排水方法选择

经常性排水的方法主要取决于基坑的土质条件、地质构造。土质不同、地质构造不同的地下水的渗透系数、渗透流量也不同。渗透系数大的粗颗粒土层适宜用明式排水法，渗透系数小的细颗粒土层用明排法会产生较大的动水压力，使开挖边坡塌滑，产生管涌，对这种情况宜采用人工降低地下水位，如管井法、井点法，可参照表1-4。

表 1-4　各种排水方法及适用条件

土的种类	渗透系数 K		适用的排水方法
	m/d	cm/s	
砂砾石、粗砂	>150	>0.1	明排法
粗、中砂土	1~150	0.001~0.1	管井法、轻型井点法
中、细砂土	1~50	0.001~0.01	轻型井点法、深井点法
细砂土、砂壤土	0.1~1	0.0004~0.001	真空井点法
软砂质土、黏土、淤泥	<0.1	<0.0001	电渗井点法

人工降低地下水位的方法，使土由浮容重变为湿容重，为开挖创造了条件，地下水位降低后，开挖边坡可以放陡，减少开挖量，降低造价，缩短工期，但排水费用较高。明排法机动性好，可以充分利用初期排水设备，排水费用较低。

2.3　明式排水布置

排水系统的布置通常应考虑两种不同情况：一种是基坑开挖过程中的排水系统布置，另一种是基坑开挖完成后修建建筑物时的排水系统布置。布置时，应尽量同时兼顾这两种情况，并且使排水系统尽可能不影响施工。

基坑开挖过程中的排水系统布置，应以不妨碍开挖和运输工作为原则。一般常将排水干沟布置在基坑中部，以利两侧出土，如图 1-24 所示。随基坑开挖工作的进展，逐渐加深排水干沟和支沟。通常保持干沟深度为 1~1.5 m，支沟深度为 0.3~0.5 m。集水井多布置在建筑物轮廓线外侧，井底应低于干沟沟底。但是，由于基坑坑底高程不一，有的工程就采用层层设截流沟、分级抽水的办法，即在不同高程上分别布置截水沟、集水井和水泵站，进行分级抽水。

建筑物施工时的排水系统，通常都布置在基坑四周，如图 1-25 所示。排水沟应布置在建筑物轮廓线外侧，且距离基坑边坡坡脚不少于 0.3~0.5 m。排水沟的断面尺寸和底坡大小取决于排水量的大小。一般排水沟底宽不小于 0.3 m，沟深不大于 1.0 m，底坡不小于 0.002。在密实土层中，排水沟可以不用支撑，但在松土层中，则需用木板或麻袋装石来加固。

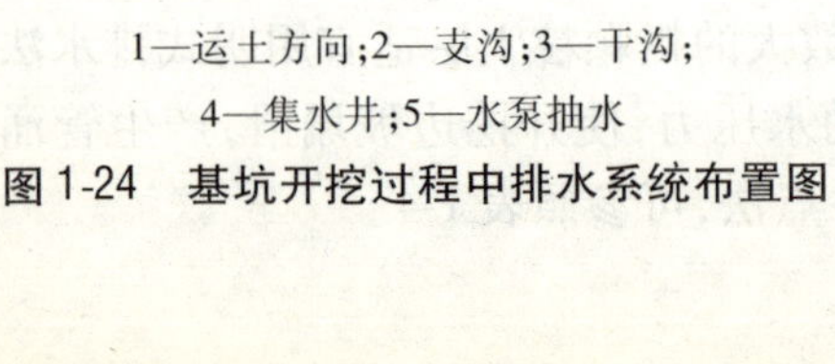

1—运土方向；2—支沟；3—干沟；
4—集水井；5—水泵抽水

图 1-24　基坑开挖过程中排水系统布置图

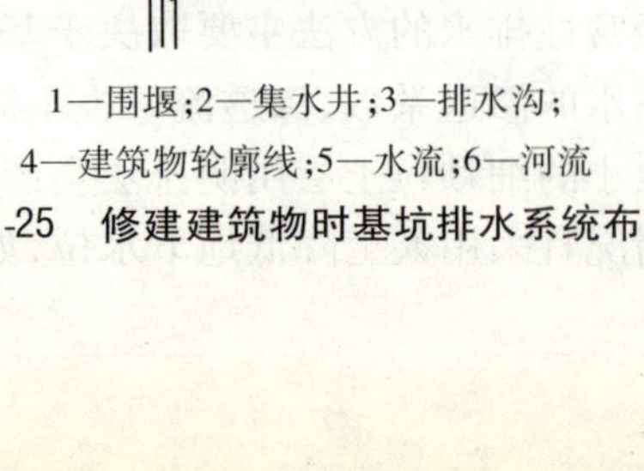

1—围堰；2—集水井；3—排水沟；
4—建筑物轮廓线；5—水流；6—河流

图 1-25　修建建筑物时基坑排水系统布置

水经排水沟流入集水井后，利用在井边设置的水泵站，将水从集水井中抽出。集水井布置在建筑物轮廓线以外较低的地方，它与建筑物外缘的距离必须大于井的深度。井的容积至少要能保证水泵停止抽水 10 ~ 15 min，井水不致漫溢。集水井可为长方形，边长 1.5 ~ 2.0 m，井底高程应低于排水沟底 1.0 ~ 2.0 m。在土中挖井，其底面应铺填反滤料，在密实土中，井壁用框架支撑在松软土中，利用板桩加固。如板桩接缝漏水，尚需在井壁外设置反滤层。集水井不仅可用来集聚排水沟的水量，而且应有澄清水的作用，因为水泵的使用年限与水中含沙量的多少有关。为了保护水泵，集水井宜稍偏大、偏深一些。排水沟集水井结构如图 1-26 所示。

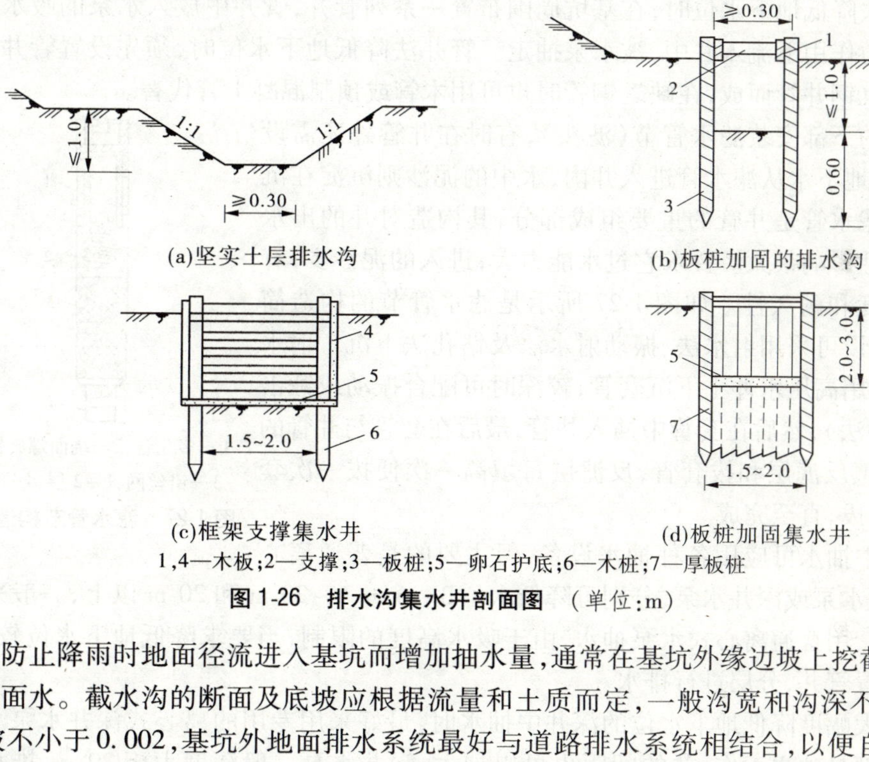

(a)坚实土层排水沟　(b)板桩加固的排水沟

(c)框架支撑集水井　(d)板桩加固集水井

1,4—木板;2—支撑;3—板桩;5—卵石护底;6—木桩;7—厚板桩

图 1-26　排水沟集水井剖面图（单位:m）

为防止降雨时地面径流进入基坑而增加抽水量，通常在基坑外缘边坡上挖截水沟，以拦截地面水。截水沟的断面及底坡应根据流量和土质而定，一般沟宽和沟深不小于 0.5 m，底坡不小于 0.002，基坑外地面排水系统最好与道路排水系统相结合，以便自流排水。为了降低排水费用，当基坑渗水水质符合饮用水或其他施工用水要求时，可将基坑排水与生活、施工供水相结合。

明式排水系统最适用于岩基开挖。对砂砾石或粗砂覆盖层，当渗透系数 K_s 大于 2×10^{-1} cm/s 时，且围堰内外水位差不大的情况也可用。在实际工程中也有超出上述界限的，例如丹江口的细砂地基，渗透系数约为 2×10^{-2} cm/s，采取适当措施后，明式排水也取得了成功。不过，一般认为，当 $K_s<10^{-1}$ cm/s 时，以采用人工降低水位法为宜。

2.4　人工降低地下水位排水布置

经常性排水过程中，为了保持基坑开挖工作始终在干地进行，常常要多次降低排水沟和集水井的高程，变换水泵站的位置，影响开挖工作的正常进行。此外，在开挖细砂土、砂壤土一类地基时，随着基坑底面的下降，坑底与地下水位的高差愈来愈大，在地下水渗透压力作用下，容易产生边坡脱滑、坑底隆起等事故，甚至危及邻近建筑物的安全，对开挖工作带来不良影响。

而采用人工降低地下水位方法，可以改变基坑内的施工条件，防止流砂现象的发生，基坑边坡可以陡些，从而可以大大减少挖方量。人工降低地下水位的基本做法是：在基坑周围钻设一些井，地下水渗入井中后，随即被抽走，使地下水位线降到开挖的基坑底面以下，一般应使地下水位降到基坑底部 0.5 ~ 1.0 m。

人工降低地下水位的方法按排水工作原理可分为管井法和井点法两种。管井法是单纯重力作用排水，井点法还附有真空或电渗排水的作用。

2.4.1　管井法降低地下水位

管井法降低地下水位时，在基坑周围布置一系列管井，管井中放入水泵的吸水管，地下水在重力作用下流入井中，被水泵抽走。管井法降低地下水位时，须先设置管井，管井通常由下沉钢井管而成，在缺乏钢管时也可用木管或预制混凝土管代替。

井管的下部安装滤水管节（滤头），有时在井管外还需设置反滤层，地下水从滤水管进入井内，水中的泥沙则沉淀在沉淀管中。滤水管是井管的重要组成部分，其构造对井的出水量和可靠性影响很大。要求它过水能力大，进入的泥沙少，有足够的强度和耐久性。如图 1-27 所示是滤水管节的构造简图，井管埋设可采用射水法、振动射水法及钻孔法下沉。射水下沉时，先用高压水冲土下沉套管，较深时可配合振动或锤击（振动水冲法），然后在套管中插入井管，最后在套管与井管的间隙中间填反滤层和拔套管，反滤层每填高一次便拔一次套管，逐层上拔，直至完成。

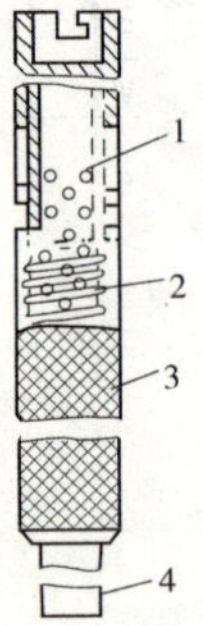

1—多孔管；2—绕面螺旋铁丝；3—铅丝网，1 ~ 2 层；4—沉淀

图 1-27　滤水管节构造简图

管井中抽水可应用各种抽水设备，但主要的是普通离心式水泵、潜水泵或深井水泵，分别可降低水位 3 ~ 6 m、6 ~ 20 m 和 20 m 以上，一般采用潜水泵较多。用普通离心式水泵抽水，由于吸水高度的限制，当要求降低地下水位较深时，要分层设置管井，分层进行排水。

要求大幅度降低地下水位的深井中抽水时，最好采用专用的离心式深井水泵。每个深井水泵都是独立工作，井的间距也可以加大，深井水泵一般深度大于 20 m，排水效果好，需要井数少。

2.4.2　井点法降低地下水位

井点法和管井法不同，它把井管和水泵的吸水管合二为一，简化了井的构造。

井点法降低地下水位的设备，根据其降深能力分轻型井点、真空井点、深井点和电渗井点等。

2.4.2.1　轻型井点

轻型井点是一种常用的井点。它是由井管、集水总管、普通离心式水泵、真空泵和集水箱等设备所组成的一个排水系统，如图 1-28 所示。

轻型井点系统的井点管为直径 38 ~ 50 mm 的无缝钢管，间距为 0.6 ~ 1.8 m，最大可达 3.0 m。地下水从井管下端的滤水管借真空泵和水泵的抽吸作用流入管内，沿井管上升汇入集水总管，流入集水箱，由水泵排出。轻型井点系统开始工作时，先开动真空泵，排

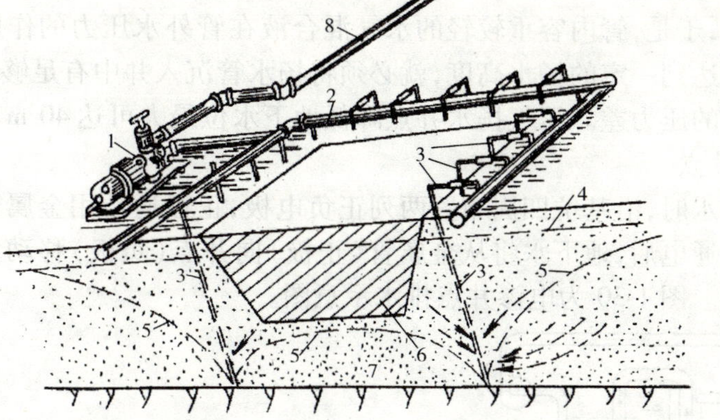

1—带真空泵和集水箱的离心式水泵;2—集水总管;3—井管;
4—原地下水位;5—排水后水面曲线;6—基坑;7—不透水层;8—排水管

图1-28 轻型井点系统

除系统内的空气,待集水井内的水面上升到一定高度后,再启动水泵排水。水泵开始抽水后,为了保持系统内的真空度,仍需真空泵配合水泵工作。这种井点系统也叫真空井点。

井点系统排水时,地下水位的下降深度取决于集水箱内的真空度与管路的漏气和水力损失。一般集水箱内真空度为53~80 kPa(400~600 mmHg),相当的吸水高度为5~8 m,扣除各种损失后,地下水位的下降深度为4~5 m。

当要求地下水位降低的深度超过4~5 m时,可以像管井一样分层布置井点,每层控制范围为3~4 m,但以不超过3层为宜。分层太多,基坑范围内管路纵横,妨碍交通,影响施工,同时增加了挖方量,而且当上层井点发生故障时,下层水泵能力有限,地下水位回升,基坑有被淹没的可能。

2.4.2.2 真空井点

真空井点抽水时,在滤水管周围形成一定的真空梯度,加速了土的排水速度,因此即使在渗透系数小到0.1 m/d的土层中,也能进行工作。

布置井点系统时,为了充分发挥设备能力,集水总管、集水管和水泵应尽量接近天然地下水位。当需要几套设备同时工作时,各套总管之间最好接通,并安装开关,以便相互支援。

井管的安设一般用射水法下沉。距孔口1.0 m范围内,应用黏土封口,以防漏气。排水工作完成后,可利用杠杆将井管拔出。

2.4.2.3 深井点

深井点与轻型井点不同,它的每一根井管上都装有扬水器(水力扬水器或压气扬水器),因此它不受吸水高度的限制,有较大的降深能力。深井点有喷射井点和压气扬水井点两种。

喷射井点由集水池、高压水泵、输水干管和喷射井管等组成。通常一台高压水泵能为30~35个井点服务,其最适宜的降水位范围为5~18 m。喷射井点的排水效率不高,一般用于渗透系数为3~50 m/d、渗流量不大的场合。图1-29为喷射井点排水示意图。

压气扬水井点是用压气扬水器进行排水的。排水时压缩空气由输气管送来，由喷气装置进入扬水管，于是，管内容重较轻的水气混合液在管外水压力的作用下，沿水管上升到地面排走。为达到一定的扬水高度，就必须将扬水管沉入井中有足够的潜没深度，使扬水管内外有足够的压力差。压气扬水井点降低地下水位最大可达 40 m。

2.4.2.4　电渗井点

电渗井点排水时，沿基坑四周布置两列正负电极，正极通常用金属管做成，负极就是井点的排水井。通电后，地下水将从金属管（正极）向井点（负极）移动集中，然后由井点系统的水泵排出。图 1-30 为电渗井点排水示意图。

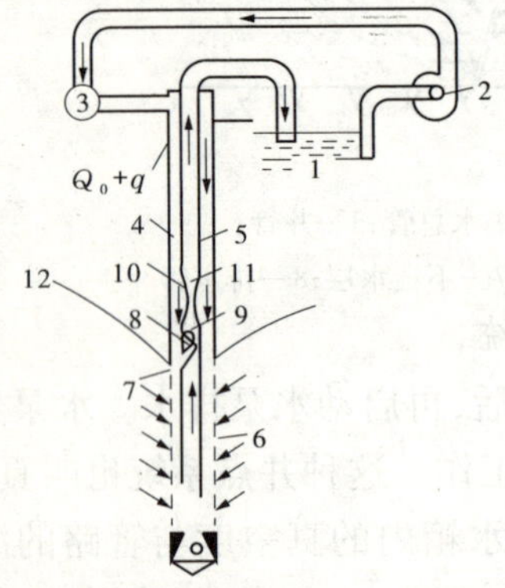

1—集水池；2—高压水泵；3—输水干管；4—外管；
5—内管；6—滤水管；7—进水孔；8—喷嘴；9—混合室；
10—喉管；11—扩散管；12—水面线

图 1-29　喷射井点排水示意图

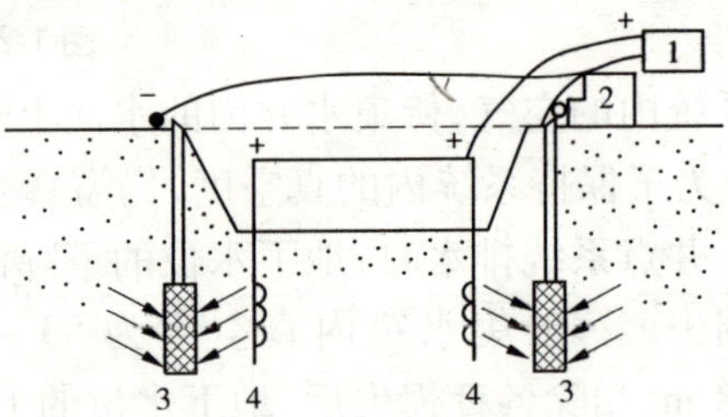

1—直流发电机；2—水泵；3—井点；4—钢管

图 1-30　电渗井点排水示意图

2.4.3　人工降低地下水位的设计与计算

采用人工降低地下水位进行施工时，应根据要求的地下水位下降深度、水文地质条件、施工条件以及设备条件等，确定排水总量（即总渗流量），计算管井或井点的需要量，选择抽水设备，进行抽水排水系统的布置。

总渗流量的计算，可参考前面经常性排水中所介绍的方法和其他有关论著。

管井和井点数目 n，可根据总渗流量 Q 和单井集水能力 $q_{\max}$ 决定，即

$$n = \frac{Q}{0.8q_{\max}} \tag{1-3}$$

单井的集水能力取决于滤水管面积和通过滤水管的允许流速，即

$$q_{\max} = 2\pi r_0 l v_p \tag{1-4}$$

式中　r_0——滤水管的半径，m，当滤水管四周不设反滤层时，用滤水管半径，设反滤层时，半径应包括反滤层在内；

l——滤水管长度，m；

v_p——允许流速，m/d，$v_p = 65\sqrt[3]{K}$，其中 K 为渗透系数，m/d。

根据上面计算确定的 n 值，考虑到抽水过程中有些井可能被堵塞，因此尚应增加 5%～10%。管井或井点的间距 d(m)，可根据排水系统的周线长度 L(m) 来确定，即

$$d = \frac{L}{n} \tag{1-5}$$

在进行具体布置时，还应考虑满足下列要求：①为了使井的侧面进水不过分减少，井的间距不宜过小，要求轻型井点 $d \approx (5 \sim 10)2\pi\gamma_0$，深井点 $d \approx (15 \sim 25)2\pi\gamma_0$；②在渗透系数小的土层中，若间距过大，地下水位降低时间太长，因此要以抽水、降低地下水位时间来控制井的间距；③井的间距要与集水总管三通的间距相适应；④在基坑四角和靠近地下水流方向一侧，间距宜适当缩短。

井的深度可按下式进行计算：

$$H = s_0 + \Delta s + \Delta h + h_0 + l \tag{1-6}$$

式中 Δh——进入滤水管的水头损失，一般为 0.5 ~ 1.0 m；

h_0——要求的滤水管沉没深度，m，视井点构造不同而异，多小于 2.0 m；

s_0——原地下水位与基坑底的高差，m；

Δs——基坑底与滤水管处降落水位的高差，m，可用下式确定。

$$\Delta s = \frac{0.8q_{\max}}{2.73Kl}\lg\frac{1.32l}{r_0} \tag{1-7}$$

复习思考题

1 名词解释

(1)施工导流；(2)全段围堰法导流和分段围堰法导流；(3)围堰；(4)河床束窄度；(5)截流工程；(6)立堵法截流和平堵法截流；(7)基坑排水；(8)人工降低地下水位。

2 填空

(1)施工导流的基本方法大体上分为两类，一类是________，另一类是________。

(2)全段围堰法的泄水方式有________、________、________。

(3)分段围堰法导流要解决好分________、________问题。

(4)按使用材料不同，围堰分为________、________、________、________。

(5)截流过程包括________、________、________、________四项工作。

(6)截流的主要方法有________、________、________、________。

(7)按排水时间和性质，基坑排水分为________和________，按排水方法不同分为________和________两种。

(8)人工降低地下水位按排水工作原理可分为________和________。

3 选择题

(1)当河谷狭窄，岸坡陡峻，工期短，施工期又没有通航要求时，应选择(　)。

A. 全段围堰法明渠导流　B. 全段围堰法隧洞导流　C. 全段围堰法涵管导流

(2)采用隧洞导流，隧洞断面形状一般采用(　)。

A. 圆形　B. 马蹄形　C. 城门形

(3)重力式混凝土围堰一般用于分段围堰法中的(　)。

A. 纵向围堰　　B. 横向围堰　　C. 过水围堰

(4)在分期导流中，河床束窄度一般取值为(　)。

A. 30% ~46%　　B. 47% ~68%　　C. 69% ~80%

(5)在全段围堰法导流中，当导流标准确定后，如果围堰使用期为二年，则导流设计流量应取设计洪水过程线中(　)最大流量。

A. 平水期限　　B. 洪水期　　C. 枯水期

(6)基坑排水时间一般选在(　)。

A. 围堰合龙后　　B. 围堰加高培厚后　　C. 围堰闭气后

(7)在相同的条件下，采用立堵法比采用平堵法龙口出现的最大流速(　)。

A. 大　　B. 小　　C. 相同

(8)平堵法截流一般适用于(　)。

A. 软基河床　　B. 岩基河床　　C. 狭窄河床

(9)当地下水渗透速度为每天 160 m 时，应采用(　)。

A. 井点法　　B. 管井法　　C. 轻型井点法

4　问答题

(1)施工导流设计的主要任务是什么？

(2)全段围堰法和分段围堰法的适用条件有什么不同？

(3)什么叫分期？什么叫分段？二者有何异同？

(4)布置导流隧洞时，应注意哪些主要问题？

(5)土石坝拦洪度汛措施有哪些？应注意哪些问题？

5　论述题

(1)施工导流方案确定要考虑哪些因素？

(2)立堵法截流和平堵法截流各有何优缺点？为何采用立堵法截流较普遍？

项目2 爆破工程

【学习目标】 掌握爆破的基本原理，掌握爆破材料的特点、性能，掌握爆破的基本方法，掌握控制爆破的新技术，熟悉爆破施工的安全知识。

【学习重点】 爆破的基本原理，炸药的性能，爆破的施工方法，控制爆破的基本原理。

现代水利水电工程施工中，越来越多地采用爆破方法来完成一些特定的施工任务，如大坝基础开挖、船闸及高陡边坡开挖、溢洪道及渠道开挖、地下建筑物施工、隧洞(隧道)开挖，各种水下工程开挖、定向爆破筑坝或截流、围堰等结构物拆除以及各种石料的开采爆破等。在各行业中，水利水电工程要求爆破对基岩的保护和对边坡的控制最为严格，因此探索和分析爆破机理，正确掌握各种爆破技术，可加快工程进度，保证工程质量和降低工程成本。

任务1 工程爆破基本理论

1 爆破的基本理论

1.1 爆炸与爆破

1.1.1 基本定义

炸药爆炸属于化学反应。它是指炸药在一定起爆能(撞击、点火、高温等)的作用下，在瞬时发生化学分解，产生高温、高压气体(如 CO_2、CO、NO、NO_2、H_2O 等)，对相邻的介质产生极大的冲击压力，并以波的形式向四周传播。若在空气中传播，称为空气冲击波；若在岩土中传播，则称为地震波。

爆破是一种有目的的爆炸。它主要利用炸药爆炸瞬时释放的能量，使介质压缩、松动、破碎或抛掷等，以达到开挖或拆毁的目的。冲击波通过介质产生应力波，如果介质为岩土，当产生的压应力大于岩土的抗压极限强度时，岩土被粉碎或压缩，当产生的拉应力大于岩土的抗拉极限强度时，岩土产生裂缝，爆炸气体的气刃效应则产生扩缝作用。

1.1.2 炸药爆炸的基本条件

炸药爆炸必须满足三个基本条件，即变化过程释放大量的热、反应过程的高速度和生成大量气体产物。这是构成炸药爆炸的必要条件，缺一不可，亦称为炸药爆炸的三要素。

1.1.2.1 变化过程释放大量的热

爆炸变化过程释放出大量的热能是产生炸药爆炸的首要条件。热量是炸药做功的能源，同时，如果没有足够的热量放出，化学变化本身不能供给继续变化所需的能量，化学变化就不可能自行传播，爆炸也就不能产生。例如硝酸铵的分解反应，在常温下的分解是吸热反应，不能发生爆炸；但加热到200 ℃左右时，分解为放热反应，如果放出的热量不能及时散发，温度就会不断上升，促使反应速度不断加快和放出更多的热量，最终就会引起硝酸铵的燃烧和爆炸。

1.1.2.2　变化过程必须是高速的

爆炸反应过程与通常化学反应过程的一个突出区别就是它的高速度。只有高速的化学反应，才能在极短的时间内，形成大量的高温高压气体，且使高温高压气体迅速向四周膨胀做功，产生爆炸现象。例如，煤炭燃烧产生的热量(8 960 kJ/kg)是TNT炸药爆炸产生的热量(4 187 kJ/kg)的2倍，但前者反应所需的时间为数分钟乃至数十分钟，而后者仅需十几微秒到几十微秒。在如此短暂的时间内，反应释放出的能量来不及散失而高度集中在有限空间内，形成一般化学反应无法达到的能量密度，由此可见，反应过程的高速度同样是形成化学爆炸的重要条件。

1.1.2.3　变化过程生成大量气体产物

爆炸产生的气体，在爆炸瞬间处于强烈的压缩状态，因而形成很高的势能。该势能在气体膨胀过程中对周围介质做功，迅速转变为机械能，使得周围介质(如岩石)破碎并运动。如果反应产物不是气体而是液体或固体，即使是放热反应，也不会形成爆炸现象。

1.1.3　炸药化学变化的基本形式

在外界能量的作用下，炸药化学变化可能以不同速度进行传播，同时在其变化性质上也有很大的区别。按照其传播性质和速度的不同，可将炸药化学变化的基本形式分为四种，即热分解、燃烧、爆炸和爆轰。

1.1.3.1　热分解

炸药和其他物质一样，在常温下也会进行分解作用，但它是一种缓慢的化学变化，不会形成爆炸。其特点是化学变化的反应速度与环境温度有关。当温度升高时，分解速度加快，温度继续升高到某一定值(爆发点)时，热分解就能转化为爆炸。

1.1.3.2　燃烧

燃烧是伴随有发光、发热的一种剧烈氧化反应。与其他可燃物一样，炸药在一定条件下也会燃烧，不同的是炸药的燃烧不需要外界提供氧，炸药可以在无氧环境中正常燃烧。与缓慢热分解不同，炸药的燃烧过程只是在炸药局部区域内进行并在炸药内传播。

在一定条件下，绝大多数炸药能够稳定地燃烧而不爆炸。若燃烧速度保持定值，不发生波动，称为稳定燃烧，否则称为不稳定燃烧。不稳定燃烧可导致燃烧的熄灭、振荡或转变为爆炸。

1.1.3.3　爆炸

与燃烧相比较，爆炸在传播形态上有着本质区别。燃烧通过热传导来传递能量和激起化学反应，受环境条件影响较大。爆炸则是借助于压缩冲击波的作用来传递能量和激起化学反应，受环境影响较小。一般来说，爆炸过程很不稳定，不是过渡到更大爆速的爆轰，就是衰减到很小爆速的爆燃直至熄灭。爆炸是炸药化学反应过程中的一种过渡形式。

1.1.3.4　爆轰

炸药以最大稳定的爆速进行传播的过程叫作爆轰。它是炸药所特有的化学变化形式，与外界的压力、温度等条件无关。爆轰是炸药爆炸的最高形式。在给定的条件下，爆轰速度为常数。在爆轰条件下，炸药具有最大的破坏作用。

爆炸与爆轰并无本质的区别，只是传播速度不同而已。爆轰的传播速度是恒定的，爆炸的传播速度是可变的。

炸药化学变化的四种基本形式在性质上虽有不同之处，但它们之间却有着密切的联系，在一定条件下可以互相转化。

炸药的热分解在一定条件下可以转变为燃烧，而炸药的燃烧随温度和压力的增加又可能转变为爆炸，直至过渡到稳定的爆轰。这种转变所需的外界条件是至关重要的，因此分析了解炸药化学变化的不同形式，针对各种不同的实际情况，有目的地控制外界条件，充分利用炸药能量，使其发挥最大作用。

1.2 炸药的起爆与感度

1.2.1 炸药的起爆与起爆能

炸药是一种相对稳定的平衡系统，要使其发生爆炸变化必须要由外界施加一定的能量。通常将外界施加给炸药某一局部而引起炸药爆炸的能量称为起爆能，而引起炸药发生爆炸的过程称为起爆。

引起炸药爆炸的原因可以归纳为两个方面——内因与外因。从内因看，是由于炸药分子结构的不同所引起的，也就是说，炸药本身的化学性质和物理性质决定着该炸药对外界作用的选择能力。吸收外界作用能量比较强、分子结构比较脆弱的炸药就容易起爆，否则起爆就比较困难。例如，碘化氮只要用羽毛轻轻触及就可以引起爆炸，而硝酸铵要用几十克甚至数百克梯恩梯才能引爆。

所谓外因系指起爆能。由于外部作用的形式不同，其起爆能通常有以下三种形式：

(1)热能。利用加热的形式使炸药形成爆炸。能够引起炸药爆炸的加热温度，称为起爆温度。热能是最基本的一种起爆能，在以往的爆破作业中，利用导火索引爆火雷管，就是热能引爆的一个例子。

(2)机械能。通过机械作用使炸药爆炸，其机械作用的方式一般有撞击、摩擦、针刺、枪击等。机械作用引起爆炸的实质是在瞬间将机械能转化为热能，从而使局部炸药达到起爆温度而爆炸。

在工程爆破中，很少利用机械能进行起爆，但是在炸药生产、储存、运输和使用过程中，应该注意防止因机械能引起意外的爆炸事故。

(3)爆炸能。这是工程爆破中最广泛应用的一种起爆能。顾名思义，它是利用某些炸药的爆炸能来起爆另外一些炸药。例如：在爆破作业中，利用雷管爆炸、导爆索爆炸和中继起爆药包爆炸来起爆炸药包等。

1.2.2 炸药的感度

炸药在外界能量作用下，发生爆炸反应的难易程度称为炸药感度。炸药感度与所需的起爆能成反比，即炸药爆炸所需的起爆能愈小，该炸药的感度愈大，按照外部作用形式，炸药的感度有热感度、机械感度和爆轰感度之分。

1.2.2.1 炸药的热感度

炸药在热能的作用下发生爆炸的难易程度称为热感度，通常以爆发点和火焰感度等表示。

(1)炸药的爆发点。

炸药的爆发点是指使炸药在一定的受热条件下,经过一定的延滞期(5 min),发生爆炸时加热介质的最低温度。这一温度并不是炸药爆炸时炸药本身的温度,也不是炸药开始分解时本身的温度,而是指炸药分解自行加速开始时的环境温度。爆发点越高,则表示炸药的热感度越低。通常采用爆发点测定器来测定炸药的爆发点。

(2)炸药的火焰感度。

炸药在明火(火焰、火星)作用下,发生爆炸变化的能力称为炸药的火焰感度。实践表明,在非密闭状态下,黑火药与猛炸药用火焰点燃时通常只能发生不同程度的燃烧变化,而起爆药却往往表现为爆炸。根据火焰感度的不同,使人们据此选择使用不同炸药,以满足不同的需要。

1.2.2.2 炸药的机械感度

炸药的机械感度是指炸药在撞击、摩擦等机械作用下发生爆炸的难易程度,包括撞击感度和摩擦感度。它通常用爆炸概率法来测定。

(1)炸药的撞击感度。

炸药的撞击感度是指炸药在机械撞击作用下发生爆炸的难易程度,它是炸药最重要的感度指标之一。测定撞击感度最常用的仪器是立式落锤仪。

(2)炸药的摩擦感度。

炸药的摩擦感度系指在机械摩擦作用下炸药发生爆炸的难易程度。测定炸药摩擦感度常用的仪器是摆式摩擦仪。

1.2.2.3 炸药的爆轰感度

炸药的爆轰感度系用来表示一种炸药在其他炸药的爆炸作用下发生爆炸的难易程度。它一般用极限起爆药量表示。所谓极限起爆药量,系指引起炸药完全爆炸的最小起爆药量。

毋庸置疑,炸药的感度是一个很重要的问题,在炸药的生产、运输、储存和使用过程中要给予足够的重视。对于敏感度高的炸药,要有针对性地采取预防措施;而对于敏感度低的炸药,特别是起爆感度低的炸药,在工程爆破使用中要注意选用合适的起爆药包。

1.3 炸药的氧平衡

从元素组成来说,炸药通常是由碳(C)、氢(H)、氧(O)、氮(N)四种元素组成的。其中碳、氢是可燃元素,氧是助燃元素,炸药是一种载氧体。炸药的爆炸过程实质上是可燃元素与助燃元素发生极其迅速和猛烈的氧化还原反应的过程。反应结果是氧和碳化合生成二氧化碳(CO_2)或一氧化碳(CO),氢和氧化合生成水(H_2O),这两种反应都放出了大量的热。每种炸药里都含有一定数量的碳、氢原子,也含有一定数量的氧原子,发生反应时就会出现碳、氢、氧的数量不完全匹配的情况。氧平衡就是衡量炸药中所含的氧与将可燃元素完全氧化所需要的氧两者是否平衡。所谓完全氧化,即碳原子完全氧化生成二氧化碳,氢原子完全氧化生成水。根据所含氧的多少,可以将炸药的氧平衡分为下列三种不同的情况:

(1)零氧平衡。指炸药中所含的氧刚好够将可燃元素完全氧化。

(2)正氧平衡。指炸药中所含的氧将可燃元素完全氧化后还有剩余。

(3)负氧平衡。指炸药中所含的氧不足以将可燃元素完全氧化。

实践表明,只有当炸药中的碳和氢都被氧化成 CO_2 和 H_2O 时,其放出的热量才最大。零氧平衡一般接近于这种情况。负氧平衡的炸药,爆炸产物中就会有 CO、H_2,甚至会出现固体碳;而正氧平衡炸药的爆炸产物,则会出现 N0、NO_2 等气体。后两种情况都不利于发挥炸药的最大威力,同时会生成有毒气体。如果把它们用于地下工程爆破作业,特别是含有矿尘和瓦斯爆炸危险的矿井,就更应引起注意。因为 CO、NO、N_xO_y 不仅都是有毒气体,而且能对瓦斯爆炸反应起催化作用,因此这样的炸药就不应用于地下矿井的爆破作业。

炸药的氧平衡不仅具有理论意义,而且是设计混合炸药配方、确定炸药使用范围和条件的重要依据。

1.4 炸药的爆炸性能

有关炸药爆炸性能方面的内容是很多的,这里只讨论与工程爆破关系密切的一些性能,如炸药的爆速、做功能力、猛度、殉爆距离以及与其有关的沟槽效应、聚能效应等。

1.4.1 爆速

爆轰波在炸药药柱中的传播速度称为爆轰速度,简称为爆速,通常以 m/s 或 km/s 表示。

炸药的爆速与炸药爆炸化学反应速度是本质不同的两个概念。爆速是爆轰波阵面一层一层地沿炸药柱传播的速度,而爆炸化学反应速度是指单位时间内反应完了的物质的质量,其度量单位是 g/s。

1.4.2 猛度

炸药的猛度系指爆炸瞬间爆轰波和爆炸气体产物直接对与之接触的固体介质局部产生破碎的能力。猛度的大小主要取决于爆速,爆速愈高,猛度愈大,岩石被粉碎得越厉害。炸药猛度的实测方法一般采用铅柱压缩法。

1.4.3 殉爆距离

一个药包(卷)爆炸后,引起与它不相接触的邻近药包(卷)爆炸的现象,称为殉爆。殉爆在一定程度上反映了炸药对冲击波的敏感度。通常将先爆炸的药包称为主发药包,被引爆的后一个药包称为被发药包。前者引爆后者的最大距离叫作殉爆距离,它表示一种炸药的殉爆能力。在工程爆破中,殉爆距离对于检验炸药质量和合理布置孔网参数等都具有指导意义。在炸药厂和危险品库房的设计中,它又是确定安全距离的重要依据。

1.4.4 沟槽效应

沟槽效应,也称管道效应、间隙效应,即当药卷与炮孔壁间存有月牙形间隙时,炸药药柱所出现的自抑制——能量逐渐衰减直至拒爆的现象。实践表明,在小直径炮孔爆破作业中尤其是地下爆破中,这种效应普遍存在,是影响爆破质量的重要因素之一。

研究结果表明,采用下列技术措施可以减小或消除沟槽效应,改善爆破效果:

(1)采用耦合散装炸药消除径向间隙,可以从根本上克服沟槽效应。

(2)沿药卷全长布设导爆索,可以有效地起爆炮眼内的细长排列的所有药卷。

(3)每装数个药包后,装一个能填实炮孔的大直径药包,以阻止空气冲击波或等离子体的超前传播。

(4)给药卷套上由硬纸板或其他材料做成的隔环,将间隙隔断,以阻止间隙内空气冲击波的传播或削弱其强度。

(5)采用化学技术,选用不同的药卷包装涂覆物,如柏油沥青、石蜡、蜂蜡等,可以削弱或消除沟槽效应。

(6)采用散装技术,使炸药全部充填炮孔不留间隙,或采用临界值小的炸药。

1.4.5 聚能效应

炸药爆炸后其爆轰产物运动方向具有与药包外表面垂直或大致垂直这一基本规律,利用这一规律将药包制成特殊形状(如半球面空穴状、锥形空穴状等),炸药爆炸后,爆轰产物向空穴的轴线方向上汇集,并产生增强破坏作用的效应称为聚能效应。能产生聚能效应的装药称为聚能装药。

2 岩土爆破作用机理

2.1 炸药在岩石中的爆炸作用范围

装药中心距固体介质自由表面的最短距离称为最小抵抗线,通常用 W 来表示。对一定量的装药来说,若其 W 超过某一临界值 W_C,即 $W > W_C$,则当装药爆炸后,在自由表面上不会看到爆破的迹象,也就是说,装药的破坏作用仅限于固体介质内部,未能到达自由面。此种情况可视为装药在无限介质中爆炸。

假设岩石为均匀介质,当爆破在无限均匀的理想介质中进行时,冲击波以药包中心为球心,呈同心球向四周传播。由于各向同性介质的阻尼作用,随着距球心距离的增大,冲击压力波逐渐衰退,直至全部消逝。若用一平面沿爆心剖切,可将爆破作用的影响范围划分为如图 2-1 所示的 3 个作用圈。

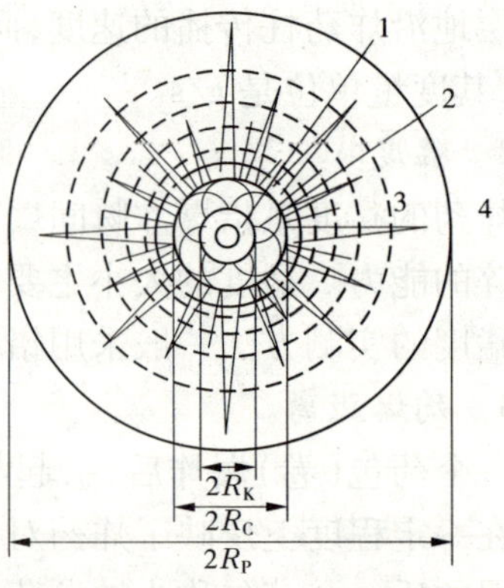

R_K—空腔半径;R_C—压碎区半径;R_P—裂隙区半径;1—扩大空腔(压缩区);2—压碎区;3—裂隙区;4—震动区

图 2-1 炸药爆炸作用圈示意图

2.1.1 压碎圈(粉碎圈)

爆炸冲击波产生的压应力大于岩土的压限时,紧邻药包的介质若为塑性体(土体),将受到压缩,形成一空腔;若为脆性体(岩体),将遭粉碎,形成粉碎圈,相应半径为压缩半径或粉碎半径 R_C。在压碎区内,岩石被强烈粉碎并产生较大的塑性变形。

2.1.2 破坏圈(裂隙圈)

当冲击波通过压碎区后,继续向外层岩石中传播。由于冲击波逐渐衰减,该圈爆炸冲击波产生的压应力小于岩土的压限,但爆炸冲击波产生的环向拉应力和在波阵面上产生的切向拉应力大于岩土的拉限时,将分别引起径向裂缝和弧状裂缝,紧随其后的爆炸气体产生扩缝作用,岩土被破坏。裂隙圈半径为 R_P,破坏圈包括抛掷圈和松动圈。

2.1.3 震动圈

震动圈内的岩石介质没有任何破坏,只发生震动,其强度随距爆炸中心的距离增大而逐渐减弱,以致完全消失。

以上各圈只是为说明爆破作用而划分的,并无明显界限,其作用半径的大小与炸药特性、炸药用量、药包结构、爆炸方式以及介质特性等密切相关。

2.2 爆破漏斗

如果 $W < W_C$,此种情况视为装药在半无限介质中爆炸。装药爆炸后,除在装药下方固体介质内形成压碎区、破坏区和震动区外(假定介质自由表面在装药上方且为水平的),装药上方一部分岩石将被破碎,脱离原介质,在地表面形成一个倒立圆锥形的爆破坑,形如漏斗,这个坑称为爆破漏斗,如图2-2所示。

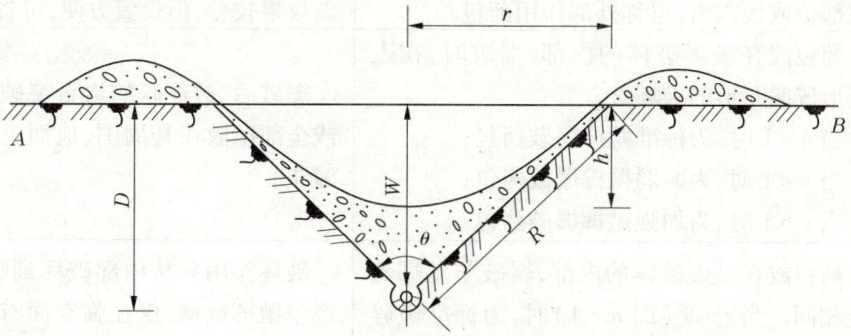

图2-2 爆破漏斗图

2.2.1 爆破漏斗的几何参数

(1)自由面。被爆破的岩面与空气的接触面称为自由面,又称临空面。如图2-2中的 AB 面。

(2)最小抵抗线 W。自药包中心到自由面的最短距离,即表示爆破时岩石阻力的最小方向。因此,最小抵抗线是爆破作用和岩石移动的主导方向。

(3)爆破漏斗半径 r。爆破漏斗的底圆半径。

(4)爆破漏斗作用半径 R。药包中心到爆破漏斗底圆圆周上任一点的距离,简称破裂半径。

(5)爆破漏斗深度 D。自爆破漏斗尖顶至自由面的最短距离。

(6)爆破漏斗的可见深度 h。自爆破漏斗中岩堆表面最低洼点到自由面的最短距离。

(7)爆破漏斗张开角 θ。爆破漏斗顶角。

在爆破工程中,还有一个经常使用的参数,称为爆破作用指数(n)。它是爆破漏斗半径 r 和最小抵抗线 W 的比值,即

$$n = r/W \tag{2-1}$$

2.2.2 爆破漏斗的基本形式

根据爆破作用指数 n 值的不同,爆破漏斗有以下四种不同基本形式:

(1)当 $n = r/W = 1.0$ 时,称为标准抛掷爆破漏斗;

(2)当 $n = r/W > 1.0$ 时,称为加强抛掷爆破漏斗;

(3)当 $0.75 < n < 1.0$ 时,称为减弱抛掷爆破漏斗(又称加强松动爆破漏斗);

(4)当 $n = r/W \leqslant 0.75$ 时,称为松动爆破漏斗。

3 药包及装药量计算

3.1 药包

为了爆破某一物体而在其中放置一定数量的炸药,称为药包。药包的类型不同,爆破

效果也各不相同。药包按形状分为集中药包和延长药包。当药包的最长边与最短边之比小于4,为集中药包;大于4时,为延长药包。药包的分类及使用可见表2-1。

表2-1 药包的分类及使用

分类名称		药包放置部位及形状	作用效果
按爆破作用分类	裸露药包	药包放在石块或其他物体的表面上或裂隙部位或浅穴内,也称外部作用药包	爆破作用可使被爆破体破碎或飞移。爆破效果较差,但设置方便,可省去钻孔
	抛掷药包	药包放在被爆破体的内部,爆破时,在表面形成漏斗形的破坏坑。 当 $n=1$ 时,为标准抛掷爆破药包; 当 $n<1$ 时,为减弱抛掷爆破药包; 当 $n>1$ 时,为加强抛掷爆破药包	爆破后,被炸碎的岩石突破临空面部分或全部抛散在其周围,地面上形成一爆破漏斗
	松动药包	药包放在被爆破体的内部,爆破与抛掷药包相同。当 $r=W$(即 $n=1$)时,为标准破碎药包,即爆破作用使破碎部分成为直角倒立圆锥体	破坏作用只从内部破坏到临空面,并不产生抛掷运动,仅在临空面有一定的松动和凸起,或较小距离的移动,即 $n=0\sim0.75$
	内部作用药包	药包在被爆破体内部爆破,与减弱抛掷爆破药包相同。破坏范围刚好达到临空面,成为最大内部作用药包	破坏作用仅限于地层内部的压缩,而不显露到临空面上,一般用于扩大药室
按形状分类	集中药包	形状为球形,高度超过直径4倍的圆柱形或长边超过短边4倍的直角六面体	爆破效率高,省炸药和减少钻孔工作量,但破碎岩石块度不够均匀。多用于大量和抛掷爆破
	延长药包	形状为球形,高度超过直径4倍的圆柱形或长边超过短边4倍的直角六面体。延长药包又有连续药包和间隔药包两种形式	在土石中可均匀分布炸药,破碎岩石块度较均匀。一般用于松动或破碎的炮孔爆破

3.2 集中药包装药量的计算

实践证明,炸药的用量是与被破碎的介质体积成正比的。对于标准抛掷爆破,由于 $V\approx W^3$,可近似得出装药量,即

对于标准抛掷爆破

$$Q = KW^3 \tag{2-2}$$

对于加强抛掷爆破

$$Q = (0.4 + 0.6n^3)KW^3 \tag{2-3}$$

对于减弱抛掷爆破

$$Q = \left(\frac{4+3n}{7}\right)^3 KW^3 \tag{2-4}$$

对于松动爆破

$$Q = 0.33KW^3 \tag{2-5}$$

式中 K——爆破单位体积岩石的耗药量,简称单位耗药量,kg/m^3,单位耗药量 K 值可根据试验确定,常见岩土的标准单位耗药量见表2-2;

V——标准抛掷爆破漏斗内的岩石体积,m^3;

Q——药包质量,kg;

W——最小抵抗线长度,m;

n——爆破作用指数。

表2-2 常见岩土的标准单位耗药量

岩土种类	K值(kg/m^3)	岩土种类	K值(kg/m^3)
黏土	1.0~1.1	砾岩	1.4~1.8
坚实黏土、黄土	1.1~1.25	片麻岩	1.4~1.8
泥页岩	1.2~1.4	花岗岩	1.4~2.0
页岩、千枚岩、板岩、凝灰岩	1.2~1.5	石英砂岩	1.5~1.8
石灰岩	1.2~1.7	闪长岩	1.5~2.1
石英斑岩	1.3~1.4	辉长岩	1.6~1.9
砂岩	1.3~1.6	安山岩、玄武岩	1.6~2.1
流纹岩	1.4~1.6	辉绿岩	1.7~1.9
白云岩	1.4~1.7	石英岩	1.7~2.0

注:1. 表中数据是以2#岩石铵梯炸药作为标准计算,若采用其他炸药,应乘以炸药换算系数e(见表2-3)。

2. 表中数据,是在炮眼堵塞良好的情况下确定出来的,如果堵塞不良,则应乘以1~2的堵塞系数。对于黄色炸药等烈性炸药,其堵塞系数不宜大于1.7。

3. 表中K值是指一个自由面的情况。随着临空面的增多,单位耗药量随之减少:有两个临空面为0.83K,有三个临空面为0.67K。

表2-3 炸药换算系数e值

炸药名称	型号	换算系数e	炸药名称	型号	换算系数e
岩石铵梯	1#	0.91	煤矿铵梯	1#	1.10
岩石铵梯	2#	1.00	煤矿铵梯	2#	1.28
岩石铵梯	2#抗水	1.00	煤矿铵梯	3#	1.33
露天铵梯	1#	1.04	煤矿铵梯	1#抗水	1.10
露天铵梯	2#	1.28	梯恩梯	三硝基甲苯	0.86
露天铵梯	3#	1.39	62%硝化甘油	—	0.75
露天铵梯	1#抗水	1.04	黑火药	—	1.70

3.3 延长药包装药量的计算

3.3.1 与临空面垂直的延长药包

对于延长药包,当药包与临空面垂直,通常装药长度为孔深的1/3,堵塞长度为2/3,最小抵抗线长度为孔深的5/6,如图2-3(a)所示。

标准抛掷爆破的药包质量为

$$Q = KW^3 = \frac{125}{216}Kh^3 \qquad (2\text{-}6)$$

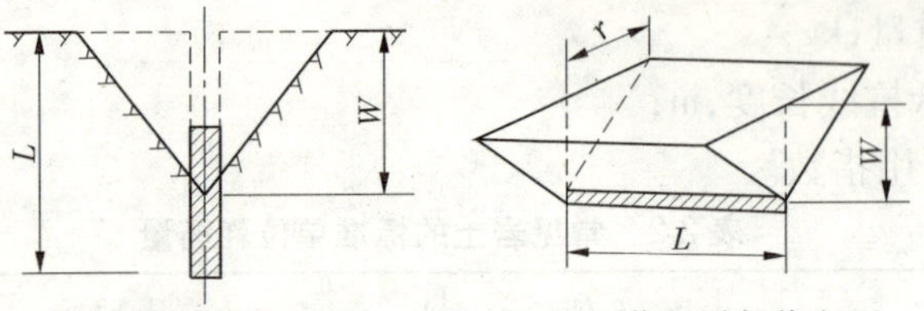

(a)药包直临空面　(b)药包平行临空面

图 2-3　延长药包爆破漏斗示意图

3.3.2　与临空面平行的药包

如图 2-3(b)所示,延长药包爆破后形成的爆破漏斗为三棱柱体,其体积为:

$$V = \frac{2rW}{2}L = nW^2/L \tag{2-7}$$

标准抛掷爆破的装药量为

$$Q = KW^2L \tag{2-8}$$

装药量的多少,取决于爆破岩石的体积、爆破漏斗的规格和其他有关参数。上述公式都是以单自由面集中药包为前提,在工程实际中,都采用成组药包,为了改善爆破效果,都利用更多临空面进行爆破,这样就使爆破漏斗形状和大小变得复杂,因此在实际计算中,要按具体情况确定每个药包所能爆破的体积和所需要的装药量进行累计,计算出总装药量。

任务 2　爆破器材与起爆方法

1　爆破器材

我们通常所讲的爆破器材是指民用爆破器材——用于非军事目的的各种炸药及其制品和火工品的总称,包括炸药、雷管、导爆索、导爆管和辅助器材(如起爆器、导通器等)。

1.1　工业炸药

在一定条件下,能够发生快速化学反应,放出能量,生成大量气体产物,显示爆炸效应的化合物或混合物称为炸药。它不仅用于军事目的,而且广泛应用于国民经济的各个部门,通常将前者称为军用炸药,后者称为工业炸药,也称为民用炸药。它是由氧化剂、可燃剂和其他添加剂等组分按照氧平衡的原理配制,并均匀混合制成的爆炸物。

1.1.1　工业炸药的分类

炸药分类的方法很多,没有一个完全统一的标准,一般按照炸药的组成、用途等分类。

1.1.1.1　按炸药的组成分类

(1)单质炸药。单质炸药指化学成分为单一化合物的炸药,如 TNT、黑索金、泰安、雷汞、硝化甘油等。单质炸药常用作雷管的加强药、导爆索和导爆管药芯以及混合炸药的组成等。

(2)混合炸药。由两种或两种以上独立的化学成分组成的爆炸性混合物。通常由硝酸铵作为主要成分与可燃物混合而成。混合炸药是目前水利水电工程开挖爆破中应用最广、品种最多的一类炸药。

1.1.1.2 按炸药的用途分类

(1)起爆药。主要用于制造雷管和导爆索,用以起爆其他工业炸药。起爆药的特点是极其敏感,受外界较小能量作用即发生爆炸。常用的起爆药有叠氮化铅、雷汞、二硝基重氮酚等。

(2)猛炸药。具有较大的稳定性,其机械感度较低,需要足够的能量才能将其引爆。工程爆破中多用雷管、导爆索等起爆器材将其引爆。常用的猛炸药有混合型工业炸药、TNT、黑索金、奥克托金等。

(3)发射药。又称为火药,发射药的特点是对火焰极其敏感,常用的发射药有黑火药等。

(4)烟火剂。基本上也是由氧化剂与可燃剂组成的混合物,其主要变化过程是燃烧。一般用来装填照明弹、信号弹、燃烧弹等。

1.1.2 常用工业炸药

常用工业炸药有铵油炸药、乳化炸药、水胶炸药、膨化硝铵炸药和其他工业炸药等。

1.1.2.1 铵油炸药

铵油炸药是由硝酸铵和轻柴油等组成的混合炸药。它分为粉状铵油炸药、多孔粒状铵油炸药和改性铵油炸药等。粉状铵油炸药是由硝酸铵、柴油、木粉按照炸药爆炸零氧平衡原则配制。多孔粒状铵油炸药中,多孔粒状硝铵和轻柴油的配比为94.5%∶5.5%。改性铵油炸药与铵油炸药配方基本相同,主要区别在于组分中的硝酸铵、燃料油和木粉进行了改性,使炸药的爆炸性能和储存性能明显提高。铵油炸药的主要特点如下:

(1)成分简单,原料来源充足,成本低,制造使用安全;

(2)感度低,起爆较困难;

(3)铵油炸药吸潮及固结的趋势较为强烈。

1.1.2.2 乳化炸药

乳化炸药指采用乳化技术制备的油包水乳胶型抗水工业炸药。乳化炸药的主要特点:

(1)密度可调范围较宽(0.8~1.45 g/cm^3),可根据工程实际需要制成不同密度的品种;

(2)爆速和猛度较高,爆速可达4 000~5 200 m/s,猛度可达17~20 mm;

(3)抗水性能强;

(4)起爆感度高,乳化炸药通常可用8号雷管起爆。

1.1.2.3 水胶炸药

水胶炸药是一种凝胶状含水炸药。它的优点是:爆破反应较安全;能量释放系数高,威力大;抗水性好;爆炸后有毒气体生成量少;储存稳定性好;规格品种多。缺点是:不耐压、不耐冻;易受外界条件影响而失水解体,影响炸药性能;原材料成本较高,炸药价格较贵。

1.1.2.4 膨化硝铵炸药

膨化硝铵炸药是指用膨化硝酸铵作为炸药氧化剂的一系列粉状硝铵炸药。它的关键技术是硝酸铵的膨化、敏化改性。它有岩石膨化硝酸铵炸药、露天膨化硝酸铵炸药、煤矿膨化硝酸铵炸药、抗水膨化硝酸铵炸药等。

1.1.2.5 其他工业炸药

单质炸药:梯恩梯、黑索金、泰安、奥克托金。

低爆速炸药:爆速在1 500~2 000 m/s,用于爆炸加工等。

1.2　起爆器材

工程爆破所使用的炸药均是由起爆器材引爆的，合理选择起爆器材，才能获得满意的爆破效果。随着科学技术的不断进步和从劳动保护、安全等要求考虑，我国已经淘汰导火索和火雷管，这里只介绍水利水电工程中常用的起爆器材。

1.2.1　工业雷管

工业雷管按其每发装药量多少分为 10 个等级，号数越大，其雷管内装药越多，雷管的起爆能力越强。工程爆破中常采用 8 号雷管，其装药量为 0.8 g。

工程爆破中常用的工业雷管有电雷管、导爆管雷管等。电雷管又有普通电雷管、磁电雷管、数码电雷管。在普通电雷管中又有瞬发电雷管、秒与半秒延期电雷管、毫秒延期电雷管等品种。数码电子雷管和磁电雷管是新近发展起来的新品种，代表着工业雷管的发展方向。

1.2.1.1　电雷管

电雷管是指利用电能发火引爆的一种工业雷管。电雷管按通电后起爆时间不同以及是否允许用于有瓦斯或煤尘爆炸危险的作业面分为好多种类，如表 2-4 所示。

表 2-4　电雷管分类

<table>
<tr><td rowspan="7">电雷管</td><td rowspan="2">瞬发电雷管</td><td colspan="2">普通瞬发电雷管</td></tr>
<tr><td colspan="2">煤矿许用瞬发电雷管</td></tr>
<tr><td rowspan="5">延期电雷管</td><td rowspan="4">普通延期电雷管</td><td>秒延期电雷管</td></tr>
<tr><td>半秒延期电雷管</td></tr>
<tr><td>1/4 秒延期电雷管</td></tr>
<tr><td>毫秒延期电雷管</td></tr>
<tr><td>煤矿许用毫秒延期电雷管</td><td>1～5 段毫秒延期电雷管</td></tr>
</table>

电雷管结构主要由管壳、电点火系统、加强帽、起爆药和猛炸药五部分组成。延期电雷管还有延期体原件。电雷管结构简图如图 2-4 所示。

1.2.1.2　导爆管雷管

导爆管雷管是指利用塑料导爆管传递的冲击波能直接起爆的雷管。由导爆管和雷管组装而成。导爆管雷管具有抗静电、抗雷电、抗射频、抗水、抗杂散电流的能力，使用安全可靠，简单易行，在水利水电工程中广泛应用。一般按延期时间分为毫秒延期导爆管、1/4 秒延期导爆管、半秒延期导爆管、秒延期导爆管等，工程中应用最广的是毫秒延期导爆管。

1.2.1.3　数码电子雷管

数码电子雷管是指在原有雷管装药的基础上，采用具有电子延时功能的专用集成电路芯片实现延时的电子雷管。利用电子延期精准可靠、可校准的特点，使雷管延期精度和可靠性极大提高，数码电子雷管的延期误差可控制到 ±1 ms，且延期时间可在爆破现场由爆破技术人员对爆破系统实施编程设定和检测。

1.2.2　导爆索

导爆索又称传爆线，是指用单质炸药黑索金或泰安炸药作为药芯，用棉麻、纤维及防

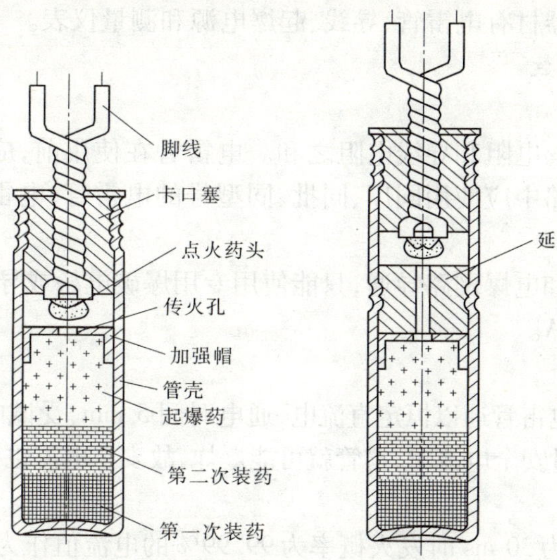

(a)瞬发电雷管结构图　　(b)延期电雷管结构图

图 2-4　电雷管结构示意图

潮材料包缠成索装的起爆及传爆材料，工业导爆索外观颜色一般为红色。经雷管引爆后，导爆索可直接引爆炸药、塑料导爆管及其他导爆索，也可作为单独的爆破能源。水利水电工程中的预裂及光面爆破均采用导爆索来传爆炸药。

2　起爆方法

在工程爆破施工中，引爆药包中的工业炸药有两种方法：一种是通过雷管的爆炸起爆工业炸药，一种是用导爆索爆炸产生的能量去引爆工业炸药，而导爆索本身需要先用雷管将其引爆。

按雷管的点燃方法不同，起爆方法包括火雷管起爆法、电雷管起爆法、导爆管雷管起爆法。

火雷管起爆法由导火索传递火焰点燃火雷管，是工程爆破中最早使用的起爆方法。火雷管起爆法由于需要在工作面点火，安全性差，一次起爆能力小，不能精确控制起爆时间，因此我国已决定从 2008 年 1 月 1 日起停止生产民用导火索及火雷管，当年 6 月 30 日停止使用。

导爆管雷管起爆法利用导爆管传递爆轰波点燃雷管，也称导爆管起爆法；电雷管起爆法采用电引火装置点燃雷管，故也称电力起爆法；与雷管起爆法相对应，导爆索起爆炸药称为导爆索起爆法；与电力起爆法相对应，将导爆管起爆法和导爆索起爆法又统称为非电起爆法。

根据起爆方法的不同，起爆网路分为电力起爆网路、导爆管起爆网路、导爆索起爆网路三种，后两种又称为非电起爆网路。工程实践中，有时根据施工条件和要求采用由上述不同起爆网路组成的混合起爆网路。

2.1　电力起爆法与电爆网路

电力起爆法（俗称电起爆法）是利用电能引爆电雷管进而直接起爆工业炸药的起爆

方法。构成电起爆法的器材有电雷管、导线、起爆电源和测量仪表。

2.1.1 电雷管的主要参数

2.1.1.1 电雷管电阻

电雷管电阻是指桥丝电阻和导线电阻之和。电雷管在使用前,应该测定每发电雷管的电阻值。同一电爆网路中应使用同厂、同批、同型号的电雷管,电雷管的电阻值差不得大于说明书的规定。

电雷管电阻值测量和电爆网路导通,只能使用专用爆破电桥或导通器,电阻测量仪的测量电流不得大于30 mA。

2.1.1.2 安全电流

安全电流指给单发电雷管通以恒定直流电,通电时间5 min,受试电雷管均不会起爆的电流值。当直流电值超过安全电流时,雷管就可能爆炸,故安全电流也称最高安全电流。

2.1.1.3 最小发火电流

试验中按通电时间为30 ms时发火概率为99.99%的电流值作为最小发火电流,也称为最低准爆电流,它反映了电雷管在引爆时的敏感度指标。国产电雷管的最小发火电流不大于0.45 A。

2.1.2 电力起爆网路

电爆网路设计时,要根据需要起爆的电雷管数目和爆破作用类型,选择正确的电爆网路形式,确定所需起爆电源的电压或功率,使得流经每个电雷管的电流值不得小于爆破安全规程规定的准爆电流值。在工程实践中,规定电爆网路中通过每发电雷管的电流值,对一般爆破,直流电不小于2 A,交流电不小于2.5 A;对洞室爆破,直流电不小于2.5 A,交流电不小于4 A。

电爆网路包括串联、并联和混合联三种基本形式。一般来讲,串联网路用于电雷管数目少的小规模爆破;并联网路仅用于某些特殊情况;混合联网路使用于雷管数目很大的爆破。

2.1.2.1 串联电爆网路

串联电爆网路与串联电路一样,它是将所有要起爆的电雷管脚线依次连接。串联网路的总电阻等于所有电雷管电阻值之和加上母线和连接线的电阻,即:

$$R = R_1 + R_2 + nr \tag{2-9}$$

式中 R——总电阻,Ω;

R_1、R_2——母线和连接线电阻值,Ω;

n——电雷管个数;

r——单个电雷管的电阻值,Ω。

利用欧姆定律,确定所需最小起爆电压:

$$U = i_{准} R \tag{2-10}$$

式中 U——最小起爆电压,V;

$i_{准}$——准爆电流,A。

串联电爆网路操作简便,用仪表检查也很方便,很容易检测网路故障,整个网路所需总电流小,在小规模爆破中被广泛应用。但在串联网路中,一旦其中任何一个雷管发生故障,则整个网路拒爆;受电源电压的限制,一次起爆的雷管数不多。

2.1.2.2 并联起爆网路

并联起爆网路连接简单,不易造成混乱。并联电爆网路的最大优点是网路中每个雷管都能获得较大的电流,起爆可靠性较高。但并联起爆网路所需的电流强度较大,雷管数量多时,往往超过电源的容许能量。此外,并联网路用仪表检查漏接比较困难。

2.1.2.3 混合联电爆网路

混合联电爆网路有串并联和并串联两种基本形式。串并联就是将若干电雷管先串联成组,再将各串联组并联的网路;并串联是将若干电雷管并联成组,然后串联的网路。混合联网路常常在规模较大的爆破中使用。

2.2 导爆索起爆法

导爆索起爆法是利用导爆索爆炸产生的能量引爆炸药的起爆方法。用导爆索组成的起爆网路可以起爆群药包,但导爆索本身需要雷管先将其引爆。

2.2.1 导爆索的连接方法

导爆索起爆网路的形式比较简单,无须计算,只要合理安排起爆顺序即可。导爆索传递爆轰波的能力具有方向性,因此在连接网路时必须使每一支线的接头迎着主线的传播方向,支线与主线传播方向的夹角应小于90°。支线与主干线的连接一般采用搭接法。搭接时,两根导爆索的长度不得小于15 cm,中间不得加有异物和炸药卷,绑扎应牢固;导爆索本身的接长,可采用扭结或顺手结;为使支线导爆索可同时接受两个方向传来的爆轰波,支线与主线间采用三角形接法。

2.2.2 导爆索起爆网路

导爆索起爆网路由主干线、支线和继爆管(或导爆管雷管)等组成。常用的导爆索起爆网路可分为齐发起爆网路和微差起爆网路。

2.2.2.1 齐发起爆网路

齐发起爆网路是指采用一条主干线同时起爆的网路。一般在规模较小、不存在爆破振动要求及一些地质结构不适用微差爆破的情况下,选择齐发起爆网路。

2.2.2.2 微差起爆网路

微差起爆网路包括"继爆管—导爆索微差起爆网路"和"导爆管雷管—导爆索微差起爆网路"。就是将继爆管或导爆管雷管直接接在按预定时间间隔实行顺序起爆的各个炮孔或各组炮孔之间的支线上,形成微差起爆网路。

导爆索起爆网路的优点是安全性好,传播可靠,操作简单,使用方便,可以实现成组深孔或药室同时起爆,并能实现总延时时间不长的微差爆破。其主要缺点是成本高,网路不能用仪表检查,在露天爆破时噪声大。导爆索起爆网路适用于深孔、洞室、预裂和光面爆破中。

2.2.3 导爆索的起爆

导爆索本身的起爆需要先用雷管将其起爆,为了起爆可靠,一般采用两个雷管。雷管与导爆索连接时,应将两个雷管顺着导爆索并排放置,且雷管的聚能穴端必须朝向导爆索的传播方向,然后用电工胶布将它们牢固地捆绑在一起,确保雷管与导爆索之间紧密接触。

2.3 导爆管雷管起爆法

导爆管雷管起爆法是利用导爆管传递冲击波点燃雷管,进而直接或通过导爆索起爆工业炸药的方法。

2.3.1　导爆管雷管起爆法的特点

导爆管起爆法可以在有电干扰的环境下进行操作，联网时不会因通信电网、高压电网、静电等杂散电流的干扰引起早爆、误爆事故，安全性较高；一般情况下导爆管起爆网路起爆的药包数量不受限制。网路也不必要进行复杂的计算；导爆管起爆方法灵活、形式多样，可以实现多段延时起爆。导爆管网路连接操作简单，检查方便；导爆管传播过程中声音小，没有破坏作用。而导爆管网路的缺点是还没有检查网路是否通顺的有效手段，而导爆管本身的缺陷、操作中的失误和对其轻微的损伤都有可能引起网路的拒爆。因而在工程爆破中采用导爆管起爆网路，除必须采用合格的导爆管、连接件、雷管等组件外，还应注重网路的布置，提高网路的可靠性，重视网路的操作和检查。在有瓦斯或矿尘爆炸危险的场所不能使用导爆管起爆。

2.3.2　导爆管起爆法的连接方式

导爆管起爆法的连接方式有图示法、簇联法和并串联连接法等。

2.3.2.1　图示法

用图示法表示导爆管起爆网路的图例如图2-5所示。

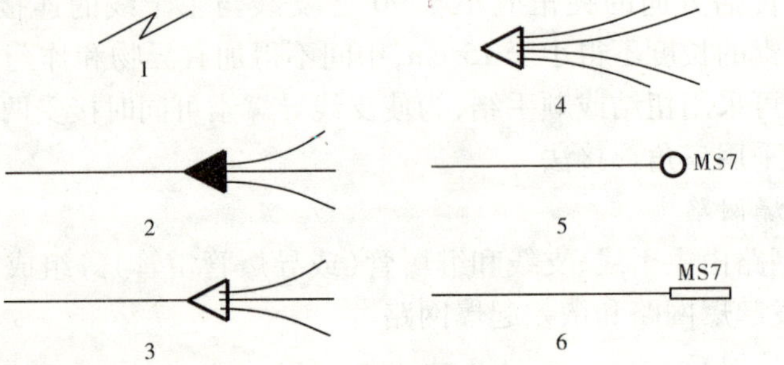

1—击发起爆点；2—传播元件；3—分流式连接元件；4—反射式连接元件；
5—装入炮孔内的导爆管及段别；6—导爆管传播雷管及段别

图2-5　导爆管起爆法图示法图例

2.3.2.2　簇联法

簇联法是将炮孔内引出的导爆管分成若干束，每束导爆管捆联在一个(或多个)导爆管传播雷管上，再将导爆管传播雷管集束捆联到上一级传播雷管上，直至用一发或一组起爆雷管击发即可将整个网路起爆(见图2-6)。这种网路简单、方便，多用于炮孔比较密集和采用孔内延时组成的网路连接中，隧洞爆破中多采用此种连接方法。

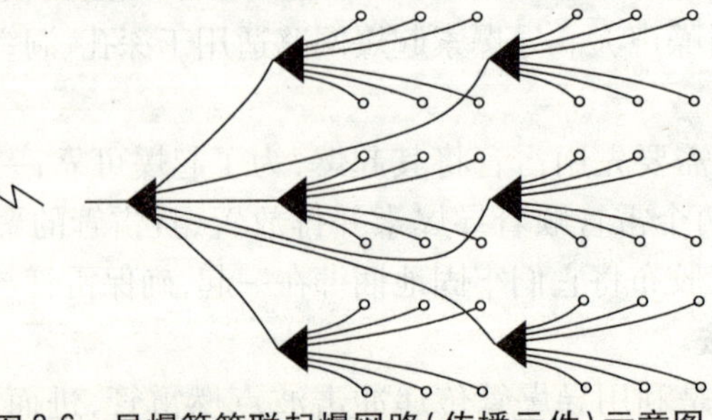

图2-6　导爆管簇联起爆网路(传播元件)示意图

2.3.2.3　并串联连接法

并串联连接法是从击发点出来的爆轰波通过导爆管、传播元件或分流式连接元件逐级传递下去并引爆装在药包中的导爆管雷管，使网路中的药包起爆的方法（见图2-7）。

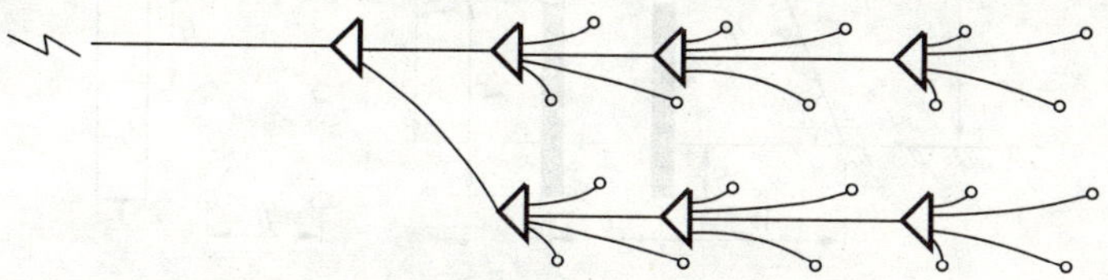

图2-7　导爆管并串联起爆网路示意图

2.3.3　导爆管起爆网路的基本形式

以分段方法来区分导爆管起爆网路，可分为孔内延时起爆网路与接力起爆网路两类。

2.3.3.1　孔内延时起爆网路

所谓孔内延时起爆网路，是指网络中各个炮孔内的起爆雷管采用不同段别的延时雷管，依序起爆的微差起爆网路。该网路中，炮孔间的微差爆破作用由孔内延期起爆雷管的段别所决定，而在网路中炮孔外的传播元件仅起传播作用，不起延时作用。

2.3.3.2　接力起爆网路

接力起爆网路包括孔外延时、孔内孔外同时延时两种网路。

与孔内延时起爆网路相反，接力式起爆网路中所有的传播元件均采用毫秒延期雷管进行微差延时，炮孔内采用相同段别或不同段别的延期雷管以及导爆索作为起爆元件。该网路中的传播元件不只是单一传播作用，更重要的是进行微差延时积累，达到微差起爆目的。在工程爆破施工实践中，要根据实际情况进行爆破网路设计。

任务3　爆破基本方法

工程爆破的基本方法有露天台阶爆破、洞室爆破和药壶爆破等。露天台阶爆破又分为深孔台阶爆破和浅孔台阶爆破，也是工程实践中最常用的爆破方法。实际施工中采取何种爆破方法取决于工程规模、地形地质条件、开挖强度和施工条件等。

1　露天深孔台阶爆破

露天台阶爆破是在地面上以台阶形式推进的爆破方法。台阶爆破按照孔深、孔径的不同，分为深孔台阶爆破和浅孔台阶爆破，通常将炮孔直径大于50 mm、孔深大于5 m的台阶爆破统称为深孔台阶爆破。露天深孔爆破的钻孔形式一般分为垂直钻孔和倾斜钻孔两种。露天深孔台阶爆破广泛地应用于矿山、铁路、公路和水利水电等工程。

1.1　台阶要素

深孔爆破台阶要素如图2-8所示。

图2-8中，H为台阶高度，m；W为最小抵抗线；W_1为前排钻孔的地盘抵抗线，m；L为钻孔深度，m；l_1为装药长度，m；l_2为堵塞长度，m；h为超钻孔深，m；α为台阶坡面角(°)；a为孔距，m；b为排距，m；B为在台阶面上从钻孔中心至坡顶线的安全距离，m。为了达到

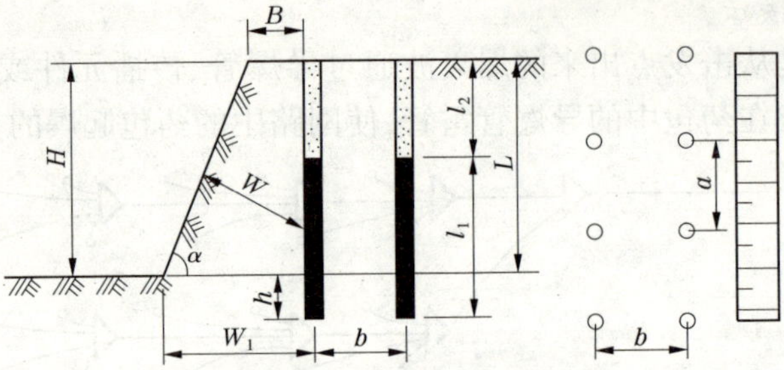

图 2-8　台阶要素示意图

良好的爆破效果,必须正确确定上述各项台阶要素。

1.2　布孔形式

布孔形式有单排布孔和多排布孔。多排布孔又分为方形、矩形及三角形(梅花形)布孔三种。方形布孔具有相等的孔间距和抵抗线(排距),矩形布孔的抵抗线比孔间距小,即排距小于孔间距,梅花形布孔可取抵抗线和孔间距相等,也可以取抵抗线小于孔间距,后者更为常用。

1.3　露天深孔台阶爆破参数

露天深孔台阶爆破参数包括:孔径、孔深、超钻孔深、底盘抵抗线、孔距、排距、堵塞长度和单位炸药耗量、每孔装药量等。

1.3.1　孔径

孔径主要取决于钻机类型、台阶高度及岩石性质,一般用 D 表示。国内常用的深孔直径有 76 ~ 80 mm、100 mm、150 mm、170 mm、200 mm、250 mm、310 mm 等几种。

1.3.2　孔深 L 与超深 h

孔深是由台阶高度和超深确定的。水利水电工程中,一般部位的爆破开挖台阶高度 H 为 8 ~ 15 m。

垂直孔孔深

$$L = H + h \tag{2-11}$$

超钻孔深

$$h = (0.15 \sim 0.35) W_1 \tag{2-12}$$

或

$$h = (8 \sim 12) D \tag{2-13}$$

1.3.3　孔距和排距

孔距 a 是指同一排钻孔相邻两孔中心线的距离。一般按下式计算:

$$a = mW_1 \tag{2-14}$$

式中字母意义同前。

排拒 b 是指多排孔爆破时,相邻两排钻孔间的距离。它与孔网布置和起爆顺序等因素有关。多排孔爆破时,孔距和排距是一个相关的参数,在给定孔径条件下,每个孔都有一个合理的负担面积(S),即

$$S = ab \tag{2-15}$$

1.3.4　堵塞长度 l_2

合理的堵塞长度和堵塞质量,对改善爆破效果和提高炸药的利用率具有重要作用,堵

塞长度一般按以下公式计算:

$$l_2 = (0.7 \sim 1.0) W_1 \quad 或 \quad l_2 = (20 \sim 30) D \tag{2-16}$$

1.3.5 单位炸药消耗量 q

影响单位炸药耗量的因素主要有岩石的可爆性、炸药特性、自由面条件、起爆方法和块度要求等。因此,选取合理的单位炸药耗量往往需要通过多次试验或长期生产实践来验证。在爆破设计时,可以参照类似矿岩条件下的实际单位炸药耗量选取,也可参照表2-5选取。

表2-5 单位炸药耗量 q 值

岩石坚固系数 f	0.8 ~ 2	3 ~ 4	5	6	8	10	12	14	16	20
q 值(kg/m³)	0.40	0.45	0.50	0.55	0.61	0.67	0.74	0.81	0.88	0.98

1.3.6 每孔装药量 Q

单排孔或多排孔爆破的第一排孔的每孔装药量按下式计算:

$$Q = qaW_1H \tag{2-17}$$

式中 q——单位炸药耗量,kg/m³;

a——孔距,m;

H——台阶高度,m;

W_1——单排抵抗线,m。

多排孔爆破时,从第二排起,以后各排的每孔装药量按下式计算:

$$Q = kqabH$$

式中 k——考虑受前面排孔的岩石阻力作用的增加系数,$k = 1.1 \sim 1.2$;

b——排距,m;

其余符号意义同前。

2 露天浅孔台阶爆破

浅孔爆破是指孔深不超过5 m、孔径在50 mm以下的爆破。浅孔爆破设备简单,方便灵活,工艺简单。浅孔爆破在露天小台阶采矿、沟槽基础开挖、二次破碎、边坡危石处理、石材开采、井巷掘进等工程中广泛应用。

露天浅孔台阶爆破与露天深孔台阶爆破,两者基本原理是相同的,工作面都是以台阶的形式向前推进,不同点仅仅是孔径、孔深、爆破规模等比较小。

2.1 炮孔布置

浅孔爆破一般采用垂直孔,炮孔布置方式和爆破设计与深孔台阶爆破类似,只不过相应的孔网参数较小。

2.2 浅孔台阶爆破参数

爆破参数应根据施工现场的具体条件和类似工程的成功经验选取,并通过实践检验修正,以取得最佳参数值。

2.2.1　炮孔直径 d

由于采用浅孔凿岩设备，孔径多为 36～42 mm，药卷直径一般为 32～35 mm。

2.2.2　炮孔深度 L 和超深 h

$$L = H + h \tag{2-18}$$

式中　L——炮孔深度，m；

H——台阶高度，m；

h——超钻孔深，m。

浅孔台阶爆破的台阶高度 H 一般不超过 5 m，超深 h 一般取台阶高度的 10%～15%，即

$$h = (0.10 \sim 0.15)H \tag{2-19}$$

2.2.3　炮孔间距 a

一般

$$a = (1.0 \sim 2.0)W_2 \tag{2-20}$$

或

$$a = (0.5 \sim 1.0)L \tag{2-21}$$

2.2.4　单位炸药耗量 q

与深孔台阶爆破相比，浅孔爆破的单位炸药耗量值应稍大些，一般取 $q = 0.5 \sim 1.2$ kg/m^3。

3　洞室爆破

洞室爆破是将大量炸药装入洞室或导洞（巷道）中，按设计完成开挖或抛掷要求的爆破技术。根据地形条件，一般洞室爆破的药室常用平洞或竖井相连，装药后须按要求将平洞或竖井堵塞，以确保爆破施工质量和效果。

3.1　洞室爆破的类型

洞室爆破按爆破作用特征分为标准抛掷爆破、加强抛掷爆破、减弱抛掷爆破（又称加强松动爆破）和松动爆破；按爆破药室结构形状（装药形式）可分为集中药包洞室爆破、条形药包洞室爆破、分集药包洞室爆破和混合药包洞室爆破。

3.2　导洞与药室布置

导洞可以是平洞或竖井。当开挖工程量相近时，平洞比竖井投资少、施工方便，具体应根据地形条件选择。平洞截面一般取 1.2 m×1.8 m，竖井取 1.5 m×1.5 m，以满足最小工作面需要。对于集中药包，为了减少开挖量，连接药室的导洞宜布置成 T 形或倒 T 形。对条形布药，可利用与自由面平行的平洞作为药室。集中装药的药室以接近立方体为好。

3.3　爆破参数的选择

3.3.1　最小抵抗线 W

确定最小抵抗线是洞室爆破设计的核心。最小抵抗线的方向和大小，对洞室爆破的爆破效果、爆破安全和爆破成本等影响显著。确定最小抵抗线应首先针对爆区周围环境特点，在确保周围建筑物安全的前提下，根据爆破块度要求和挖运设备能力综合考虑。一般在 10～25 m 范围内选取。水利水电工程洞室爆破最小抵抗线一般以 20 m 左右为宜，且最小抵抗线 W 与药包埋设深度 H 的比值一般应控制在 $W/H = 0.6 \sim 0.8$。

3.3.2 爆破作用指数 n

前面讲过，爆破作用指数是爆破漏斗半径 r 和最小抵抗线 W 的比值，即 $n=r/W$。它是洞室爆破的重要参数之一，应根据工程目的、爆破要求及地形条件等因素合理选取。

(1)标准抛掷爆破时，$n=1.0$；

(2)加强抛掷爆破时，$n>1.0$；

(3)减弱抛掷爆破(加强松动爆破)时，$0.75<n<1.0$；

(4)松动爆破时，$n\leqslant 0.75$。

3.3.3 标准抛掷爆破单位用药量系数 k

标准抛掷爆破单位用药量系数 k 可根据工程类比法和爆破漏斗试验获得。

3.3.4 装药量计算

对于水利水电工程，洞室爆破可按下述公式计算装药量：

集中药包

$$Q = kW^3(0.4+0.6n^3)e \tag{2-22}$$

条形药包

$$Q = qL \tag{2-23}$$

式中 Q——装药量，kg；

k——标准抛掷爆破单位用药量系数，kg/m^3；

W——药包最小抵抗线，m；

n——爆破作用指数；

e——炸药品种换算系数，对于2号岩石炸药 $e=1.0$，铵油炸药 $e=1.05\sim1.15$；

q——条形药包每米装药量，kg；

L——条形药包长度，m。

3.4 **洞室爆破施工**

装药前，应对洞室内的松石进行处理，并做好排水和防潮工作。

装药时，先在药室四周装填选用的炸药，再放置猛度较高、性能稳定的炸药，最后于中部放置起爆体。起爆药量通常为总装药量的1%~2%。

堵塞时先用木板或其他材料封闭药室，再用黏土填塞3~5 m，最后用石渣料堵塞。总的堵塞长度不能小于最小抵抗线长度的1.2~1.5倍。对T形导洞可适当缩小堵塞长度。

任务4 爆破施工

1 爆破钻孔机械

工程爆破常用的钻孔机械按用途可分为露天钻孔机械、地下钻孔机械和水下钻孔机械。露天钻孔机械主要有凿岩机、牙轮钻机、潜孔钻机和液压凿岩钻机等；地下钻孔机械主要有凿岩机、潜孔钻机、牙轮钻机、隧道掘进钻车和采矿凿岩钻车等；水下钻孔机械主要有固定支架水上作业平台、漂浮式钻孔作业船与作业平台、支腿升降式水上钻孔作业平台等。凿岩机既是露天钻孔机械，又是地下钻孔机械。其中应用最为广泛的是气动式凿岩机。

气动式凿岩机的动作原理属于冲击回转式,动力为压缩空气。主要有手持式凿岩机、气腿式凿岩机、向上式凿岩机和轨道式凿岩机等。其中,手持式凿岩机、气腿式凿岩机、向上式凿岩机属于浅孔钻机,而导轨式凿岩机属于中深孔凿岩机。国产浅孔凿岩机主要有YT－24、YT－27、YT－28等型号。

深孔凿岩设备一般采用潜孔钻机、牙轮钻机和液压凿岩钻机等。

2　台阶爆破施工工艺

2.1　施工准备

2.1.1　覆盖层清除

一般按照"先剥离、后开采"的原则,根据施工区的特点,先组织机械进行表土清除、风化层剥离,为爆破施工创造条件。

2.1.2　施工道路布置

施工道路主要服务于钻机就位和渣料运输。修筑施工道路,尽量利用已有道路、减少公路修筑工程量,缩短上山道路施工工期。

2.1.3　台阶布置

根据开采地形和台阶高度,结合已修筑施工道路,合理布置台阶,应在道路与设计台阶交叉处向两侧外拓,为钻机和出渣机械工作创造条件,向两侧外拓采用挖掘机械与爆破相结合的方法。

2.2　钻孔

2.2.1　钻机平台修建

台阶式爆破都应为钻机修筑钻孔平台。平台宽度应便于钻孔机械安全施工为宜。保证一次钻孔不少于2排孔。平台要平整,便于钻孔机械移动和作业。施工时采用浅孔爆破、推土机整平的方法。

2.2.2　钻孔方法

钻孔时,施工操作人员要掌握钻机的操作要领,熟悉和了解设备的性能、构造原理及使用注意事项,熟练操作技术,并掌握不同性质岩石的钻孔规律。钻孔的基本要领是:软岩忙打,硬岩块度;小风压顶着打,不见硬岩不加压;勤看勤听勤检查。

(1)开口。对于完整的岩面,应先吹净浮渣,给小风不加压,慢慢冲击岩面,打出孔窝后,旋转钻具下钻开孔。当钻头进孔后,逐渐加大分量至全风全压快速凿岩状态。若开口不当,会形成喇叭口,小碎石随时可能掉进孔内造成卡钻或堵孔。因此,开口时应使钻头离地,给高风高压,吹净浮渣,按"小风压顶着打,不见硬岩不加压"的要领开口。

(2)钻进技巧。孔口开好后,进入正常钻进时,对于硬岩应选择高质量高硬度的钻头、送全风全压,但转速不易过快,防止损坏钻头;对于软岩,应送全风加半压慢打,排净钻孔岩粉,每钻进1.0～1.5 m时提钻吹孔一次。防止孔底积渣过多而卡钻;对于分化破碎岩层,应分量小压力轻,勤吹孔勤护孔,为防止塌孔现象,每钻进1.0 m左右,就用黄泥护孔一次。

(3)泥浆护孔方法。对于孔口岩石破碎不稳定段,应在钻孔过程中采用泥浆进行护壁,一是避免孔口形成喇叭口状影响钻屑冲出,二是防止在钻孔、装药过程中孔口破碎岩块掉入孔内造成堵孔。泥浆护壁的操作程序是:炮孔钻凿 2 ~3 m;在孔口堆放一定量的含水黏黄泥;用钻杆上下移动,尽量能将岩粉吹出孔外,保证钻孔深度,提高钻孔利用率。

2.2.3 炮孔验收与保护

炮孔验收主要内容包括:检查炮孔深度和孔网参数;复核前排各炮孔的抵抗线;查看孔中含水情况等。炮孔验收应对各项检查数据做好记录。

为防止堵孔,应该做到如下方面:

(1)每个炮孔钻完后立即将孔口用木塞或塑料塞堵好,防止雨水或其他杂物进入炮孔;

(2)孔口岩石清理干净,防止掉落孔内;

(3)一个爆区钻孔完成后尽快实施爆破。

在炮孔验收过程中发现堵孔、深度不够,应及时进行补钻。在补孔过程中,应注意周边炮孔的安全,保证所有炮孔在装药前全部符合设计要求。

2.3 装药方法

装药主要有两种方式,即机械装药和人工装药。对于矿山等用药量很大的地方,一般采用机械装药。机械装药与人工装药相比,安全性好,效率高,也较为经济。

2.3.1 装药过程主要注意事项

(1)结块的炸药必须敲碎后再装入孔内,防止堵塞炮孔,破碎药块只能用木锤,不能用铁器;乳化炸药在装入炮孔前一定要整理顺直,不得有压扁等现象,防止堵塞炮孔。

(2)根据装入炮孔内炸药量估计装药位置,发现装药位置偏差很大时,应立即停止装药,分析原因后再作处理。

(3)装药速度不宜过快,特别是水孔装药速度一定要慢,要保证乳化炸药沉入孔底。

(4)放置起爆药包时,雷管脚线要顺直,轻轻拉紧并贴在孔壁一侧,以避免脚线产生死弯而造成芯线折断、导爆管折断等,同时可减少炮棍捣坏脚线的机会。

(5)采取有效措施,防止起爆线(或导爆管)掉进孔内。

(6)装药超量时采取的处理方法。其一,装药为铵油炸药时往孔内倒入适量水溶解炸药,降低装药高度,保证填塞长度符合设计要求;其二,炸药为乳化炸药时采用炮棍等将炸药一节一节地提出孔外,满足炮孔填塞长度。处理过程中一定要注意雷管脚线(或导爆管)不得受到损伤。

2.3.2 装药过程中发生堵孔时应采取的措施

首先了解发生堵孔的原因,以便在装药操作过程中予以注意,采取相应措施尽可能避免造成堵孔。发生堵孔原因包括:

(1)在水孔中,由于炸药在水中下降速度慢,装药过快易造成堵孔;

(2)炸药块度过大,在孔内卡住后难以下沉;

(3)装药时将孔口浮石带入孔内或将孔内松动石块碰到孔中间,造成堵孔;

(4)水孔内水面因装药而上升,将孔壁松动岩块冲到孔中间堵孔;

(5)起爆药包卡在孔内某一位置,未装到接触炸药处,继续装药就造成堵孔。

堵孔的处理方法:起爆药包未装入炮孔前,可采用木质炮棍捅透装药,疏通炮孔;如果起爆药包已装入炮孔,严禁用力直接捅压起爆药包,可请现场爆破技术人员根据现场情况提出处理意见。

2.4 堵塞

堵塞材料一般采用钻屑、黏土、粗砂等,水平填塞时应用废纸将钻屑、黏土、粗砂等制成炮泥卷。

2.4.1 堵塞方法

堵塞时,应将填塞材料慢慢放入孔内。孔内堵塞段有水时,采用粗砂或钻孔岩粉填塞。每填入 30~50 cm 后,用炮棍检查是否沉到位,并捣实。严防炮泥悬空、炮孔填塞不密实。水平孔、倾斜孔堵塞时,采用炮泥卷填塞,炮泥卷每放入一卷,用炮棍将炮泥卷捣烂压实。

2.4.2 堵塞时注意事项

(1)堵塞材料中不得含有碎石块和易燃材料。

(2)堵塞过程中要防止导线、导爆管被砸断、砸破。

2.5 起爆网路的连接

爆破网路连接是一个关键工序,一般由爆破技术人员或有丰富经验的爆破员来操作。网路连接人员必须了解爆破工程的设计意图、具体起爆顺序,能够识别不同段别的起爆器材。

采用电爆网路时,因一次起爆孔数较多,必须合理分区连接,以减小整个爆破网路的电阻值,分区时要注意各个支路的电阻平衡,才能保证每个雷管获得相同的电流值。实践表明,电爆网路连接质量关系到工程的成败,任何诸如接头不牢固、导线断面不够、导线质量低劣、连接电阻过大或接头触地漏电等,都会造成起爆时间延误或发生拒爆。在网路连接过程中,应利用爆破参数测定仪随时监测网路电阻值。网路连接完毕后,必须对网路所测电阻值与计算进行比较,如有较大误差,应查明原因,排除故障,重新连接。

采用非电爆破网路时,由于不能用仪器进行施工过程监测,要求网路连接人员精心操作,注意每排和每个炮孔的雷管段别,必要时划片有序连接,以免出错或漏连。在导爆管网路采用簇联时,必须两人配合,一定捆好绑紧,并将起爆雷管的聚能穴作适当处理,避免雷管飞片将导爆管切断,产生瞎炮。采用导爆索与导爆管联合起爆网路时,一定要用内装软土的编织袋将导爆管保护起来,避免导爆索爆炸时的冲击波对导爆管产生不利影响。

2.6 起爆

起爆前,首先检查起爆器是否完好正常,及时更换起爆器电池,保证提供足够电能并能快速充到爆破需要的电压值;在连接主线接入起爆器前,必须对网路电阻进行检测;当警戒完成后,再次测定电阻值,确保安全后,才能将主线接入起爆器,等候起爆命令。起爆后,应及时切断电源,将主线与起爆器分离。

2.7 爆后检查

爆破后,爆破工程技术人员和爆破员先对爆破现场进行检查,只有在检查完毕确认安全后,才能发出解除警戒信号和允许其他施工人员进入爆破作业现场。

爆破后不能立即进入现场,应等待一定时间,确保所有起爆药包均已爆炸以及爆堆基本稳定后再进入现场检查。一般岩土爆破后检查内容主要包括:

(1)露天爆破爆堆是否稳定,有无危坡、危石;

(2)有无危险边坡、不稳定爆堆、滚石和超范围塌陷;

(3)有无拒爆药包;

(4)最敏感、最重要的保护对象是否安全;

(5)爆区附近有隧道、涵洞和地下采矿场时,应对这些部位进行安全和有害气体检测。

爆后检查如果发现或怀疑有拒爆药包,应向现场指挥汇报,由其组织有关人员做进一步检查;如发现存在瞎炮或其他不安全因素,应尽快采取措施进行处理;在上述情况下,不应发出解除警戒信号。

任务5 控制爆破技术

控制爆破实质上是在某一特殊条件下,实现某种控制目标的爆破。控制爆破种类繁多,实践性和针对性较强。本节主要介绍光面爆破与预裂爆破、水下岩塞爆破及拆除爆破等。

1 光面爆破与预裂爆破

1.1 基本概念与适用条件

1.1.1 光面爆破

1.1.1.1 定义

沿开挖边界布置密集炮孔,采用不耦合装药或装填低威力炸药,在主爆孔起爆后起爆,以形成平整轮廓面的爆破作业称为光面爆破。

1.1.1.2 基本作业方法

光面爆破基本作业方法有以下两种:

(1)预留光爆层法:先将主体石方进行爆破开挖,预留设计的光爆层厚度,然后沿设计开挖边界钻密集孔进行光面爆破。光爆层厚度是指周边孔与主爆孔之间的距离。

(2)一次分段延期起爆法:光面爆破孔和主爆孔采用毫秒延期雷管同次分段起爆,光面爆破孔延迟主爆孔 150~200 ms 起爆。

1.1.2 预裂爆破

1.1.2.1 定义

沿开挖边界布置密集炮孔,采用不耦合装药或装填低威力炸药,在主爆孔爆破之前起爆,在爆破和保留区之间形成一条有一定宽度的贯穿裂缝,在这条缝的“屏蔽”下再进行主体爆破,以减弱主体爆破对保留岩体的破坏,并形成平整轮廓面的作业,称预裂爆破。

1.1.2.2 基本作业方法

预裂爆破基本作业方法也有两种:

(1)预裂孔先行爆破法:在主体石方钻孔之前,先沿设计边坡钻密集孔进行预裂爆破,然后进行主体石方钻孔爆破。

(2)一次分段延期起爆法:预裂孔和主爆孔采用毫秒延期雷管同次分段起爆,预裂爆破孔先于主爆孔 100~150 ms 起爆。

1.1.3 光面爆破和预裂爆破异同点

光面爆破和预裂爆破的相同点包括:光面爆破和预裂爆破均是边坡控制爆破的方法,通过控制能量释放,有效控制破裂方向和破坏范围,使边坡达到稳定、平整的设计要求。

光面爆破和预裂爆破的不同点包括:

(1)炮孔起爆顺序不同。光面爆破是主爆孔先爆,光爆孔后爆;预裂爆破是预裂孔先爆,主爆孔后爆。

(2)自由面数目不同。光面爆破有两个自由面,预裂爆破只有一个自由面。

(3)单位炸药消耗量不同。光面爆破单位炸药消耗量小,预裂爆破由于夹制作用大,炸药单耗较大。

1.1.4　光面爆破和预裂爆破成缝机理

光面和预裂孔采用的是一种不耦合装药结构(药卷直径小于炮孔直径),由于药包和孔壁间环状空隙的存在,削减了作用在孔壁上的爆压峰值,且为孔与孔间彼此提供了聚能的空穴,冲击波能量主要在孔距较小的孔间传递。因为岩石的抗压强度远大于抗拉强度,所以削减后的爆压峰值不致使孔壁产生明显的压缩破坏,只有切向拉力使炮孔四周产生径向裂纹。加之孔与孔间彼此的聚能作用,使孔间连线产生应力集中,孔壁连线上的初始裂纹进一步发展,而滞后的高压气体,沿缝产生"气刃"劈裂作用,使周边孔间连线上的裂纹全部贯通成缝。

1.1.5　光面爆破和预裂爆破的适用条件

(1)地质条件适应性。光面爆破和预裂爆破广泛地用于坚硬和完整的岩体中,效果明显。在不均质和构造发育岩体中,采用光面爆破效果虽然不明显,但可减轻对保留岩体的破坏,减少超欠挖,有利于边坡稳定。

(2)爆破方法适应性。光面爆破和预裂爆破适应于孔深大于1.0 m的浅孔爆破、露天及地下深孔爆破、隧道(洞)周边控制爆破等。

(3)工程适应性。光面爆破和预裂爆破适应于铁路、公路、水利、矿山等石方边坡开挖工程。

1.2　光面爆破设计与施工

1.2.1　光面爆破参数选择

光面爆破的主要参数有:炮孔直径 D、炮孔间距 a、台阶高度 H、炮孔超深 h、装药量 Q 及线装药密度 $q_{线}$、最小抵抗线(光爆层厚度)$W_{光}$、炮孔密集系数 m 等。

1.2.1.1　炮孔直径 D

深孔爆破时,一般取 $D=80\sim100$ mm;浅孔爆破时,取 $D=42\sim50$ mm;隧洞爆破时,常用的孔径为 $D=35\sim45$ mm,隧洞爆破的光爆孔与掘进作业的其他炮孔直径一致。

1.2.1.2　炮孔间距 a

炮孔间距 a 可按下式计算:

$$a = mW_{光} \tag{2-24}$$

式中　m——炮孔密集系数,一般 $m=0.6\sim0.8$。

1.2.1.3　台阶高度 H

台阶高度 H 与主体石方爆破台阶相同,一般情况下,深孔取 $H\leq15$ m,浅孔取 $1.5\ \text{m}\leq H<5$ m为宜。

1.2.1.4　炮孔超深 h

$h=0.5\sim1.5$ m,孔深大和岩石坚硬完整者取大值,反之取小值。

1.2.1.5 最小抵抗线 $W_光$

最小抵抗线 $W_光$ 可按下式计算：

$$W_光 = KD \tag{2-25}$$

或

$$W_光 = K_1 a \tag{2-26}$$

式中 $W_光$——光面爆破最小抵抗线，m；

K——计算系数，一般取 $K = 10 \sim 25$，软岩取大值，硬岩取小值；

K_1——计算系数，一般取 $K_1 = 1.5 \sim 2.0$，大孔径取小值，小孔径取大值；

D——炮孔直径，mm；

a——炮孔间距，m。

1.2.1.6 不耦合系数 η

一般当 $D = 80 \sim 200$ mm 时，$\eta = 2 \sim 4$；当 $D = 35 \sim 45$ mm 时，$\eta = 1.5 \sim 2.0$。

1.2.1.7 线装药密度 $q_线$

一般当露天光面爆破 $D \geq 50$ mm、$W > 1$ m 时，$Q_线 = 100 \sim 300$ g/m，完整坚硬的取大值，反之取小值。全断面一次起爆时适当增加药量。也可查阅相关施工手册初选经验线装药密度。

1.2.1.8 炮孔密集系数 m

a 与 W 的比值称为炮孔密集系数 m，它随岩石性质、地质构造和开挖条件的不同而变化，一般 $m = a/W = 0.6 \sim 0.8$ 。

光面爆破设计说明书包括的内容有：标有起爆方式的炮孔布置图；光爆孔装药结构图；光爆参数一览表及其文字说明和计算；技术指标和质量要求等。

1.2.2 起爆网路

光面爆破宜与主体爆破一起分段延期起爆，也可预留光爆层在主体爆破后起爆。

1.2.3 光面爆破施工

(1)钻孔必须按“对位准、方向正、角度精”三要点进行，保证钻孔精度。

(2)装药结构。常用的装药结构有三种：一是普通标准药卷（ϕ32 mm）间隔装药；二是小直径药卷（ϕ20 ~ 25 mm）连续装药；三是小直径药卷间隔装药。

1.2.4 光面爆破质量控制

(1)周边轮廓尺寸符合设计要求，岩石壁面平整。

(2)光爆后岩面上残留半孔率，对坚硬岩石不小于80%，中等坚硬岩石不小于65%，软弱岩石不小于50%。

(3)光爆后，保留面上无粉碎和明显的新裂缝。

1.3 预裂爆破设计与施工

1.3.1 一般规定

(1)预裂爆破炮孔应沿设计开挖边界布置，炮孔倾斜角度应与设计边坡坡度一致，炮孔孔底应处在同一高程上。

(2)炮孔直径可根据预裂爆破的台阶高度、地质条件和钻孔设备确定。

(3)预裂爆破和主体爆破同次起爆时，预裂爆破的炮孔应在主体爆破前起爆，超前时间不宜小于75 ms。

1.3.2 预裂爆破参数选择

预裂爆破参数主要有:炮孔直径 D、炮孔间距 a、线装药密度 $q_{线}$、不耦合系数等。

(1)炮孔直径 D。通常为 40~200 mm,浅孔爆破用小值,深孔爆破用大值。

(2)炮孔间距 a。炮孔间距 a 与岩石特性、炸药性质、装药情况、缝壁平整度要求、孔径等有关,通常取 $a=(8\sim12)D$,小孔径取大值,大孔径取小值,岩石均匀完整取大值,反之取小值。

(3)线装药密度 $q_{线}$。预裂炮孔内采用线状间隔装药,单位长度的装药量称为线装药密度。根据不同岩性,一般通过经验公式或工程类比法确定。一般 $q_{线}=200\sim400$ g/m。

1.3.3 预裂爆破施工注意事项

(1)为克服岩石对孔底的夹制作用,孔底 1~2 m 范围装药应该加强,采用线装药密度的 2~5 倍。

(2)钻孔质量是保证预裂面平整度的关键。钻孔轴线与设计开挖线的偏离值应控制在 15 cm 之内。

(3)炮孔直径和孔深的关系。一般条件下,炮孔深度浅,孔径小;炮孔深度大,孔径大。浅孔爆破一般取孔径 $D=42\sim50$ mm,深孔爆破取 $D=80\sim100$ mm,或者更大值。

(4)预裂爆破一般采用不耦合装药,不耦合系数大于 2 为佳。

(5)预裂爆破起爆网路宜采用导爆索连接,组成同时起爆或多组接力起爆网路。

1.3.4 预裂爆破质量控制

预裂爆破的质量控制主要是预裂面的质量控制,通常按如下标准控制:

(1)预裂缝面的最小张开宽度应大于 0.5~1 cm,坚硬岩石取小值,软弱岩石取大值。

(2)预裂面上残留半孔率,对坚硬岩石不小于 85%,中等坚硬岩石不小于 70%,软弱岩石不小于 50%。

(3)钻孔偏斜度小于 1°,预裂面的不平整度不大于 15 cm。

2 水下岩塞爆破

岩塞爆破是一种水下控制爆破。一般从隧洞出口逆水流方向按常规方法开挖,待掌子面接近进水口位置时,预留一定厚度的岩石(称为岩塞),待隧洞和进口控制闸门全部完建后,采用爆破将岩塞一次炸除,形成进水口,使隧洞和水库连通。

2.1 岩塞布置及爆落石渣处理

2.1.1 岩塞布置

岩塞布置应根据隧洞的使用要求、地形、地质等因素确定,宜选择在覆盖层薄、岩石坚硬完整且层面与进口中心交角大的部位,特别应避开节理、裂隙、构造发育的地段。岩塞的开口尺寸应满足进水流量的要求。岩塞厚度与隧洞直径的比值在 1~1.5 选取,太厚则难以一次爆通,太薄则不安全,如图 2-9 所示。

2.1.2 岩塞爆落石渣处理

岩塞爆落石渣常采用集渣和泄渣两种处理方法,如图 2-9 所示。前者为爆前在洞内正对岩塞的下方挖一容积相当的聚渣坑,让爆落的石渣大部分抛入坑内,且保证运行期坑内石渣不被带走。后者为爆破时闸门开启,借助高速水流将石渣冲出洞口。采用泄渣方

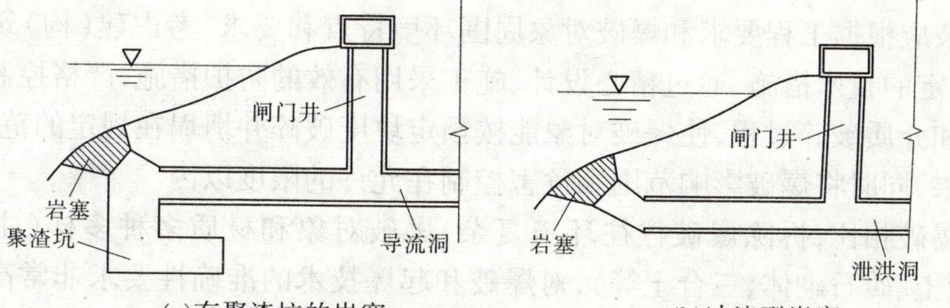

(a)有聚渣坑的岩塞　　(b)冲渣型岩塞

图2-9　岩塞的布置形式示意图

式时,除要严格控制岩渣块度、对闸门埋件和门楣作必要的防护处理外,为避免瞬间石渣堵塞,正对岩塞可设一流线型缓冲坑,其容积相当于爆落石渣总量的1/4～1/5。泄渣处理方式适用于灌溉、供水、防洪隧洞一类的取水口岩塞爆破。

2.2　爆破方案选择

目前国内外采用岩塞爆破方案主要有洞室爆破法与钻孔爆破法两种方式,不论哪种方式,必须保证过水及稳定,过水要求岩塞爆通,稳定保证岩塞完成设计的形状、周围岩体稳定。

2.3　岩塞爆破设计

岩塞爆破设计的主要内容有:

(1)爆破器材品种、规格、数量及爆破方案;

(2)钻孔爆破施工组织和施工程序;

(3)排孔或洞室布置和装药结构;

(4)周边孔网及其爆破参数;

(5)起爆分段顺序时差、起爆网路计算;

(6)爆破地震、水击波对附近建(构)筑物、设施、山坡稳定影响的计算,预防发生危害性的安全技术措施等。

岩塞爆破属于水下爆破,用药量计算应考虑静水压力的阻抗,比常规抛掷爆破药量增大20%～30%。

2.4　岩塞爆破施工要点

(1)岩塞施工中最大的问题是漏水和保证围岩稳定,灌浆及锚固是应采用的重要措施,也可采用引水的方法。

(2)炸药及起爆器材应采用防水炸药或对其作必要的防水处理。

(3)岩塞爆破的安全控制包括两部分:其一是施工期的安全,与一般地面爆破相同;其二为爆破有害效应控制,包括爆破振动效应、水中冲击波效应等控制。

3　拆除爆破

拆除爆破技术是指对废旧建(构)筑物进行拆除的控制爆破技术。拆除爆破是利用少量炸药把需要拆除的建(构)筑物按所要求的破碎度进行爆破,使其坍落解体或破碎,同时由于进行这种爆破作业的环境约束,要严格控制爆破可能产生的损害因素,如爆破振动、冲击波、飞石、粉尘、噪声等的影响,保护周围建(构)筑物和设备的安全。

拆除爆破应根据工程要求和爆破对象周围环境特点和要求,考虑建(构)筑物的结构特点,通过一定的技术措施,通过精心设计、施工采用有效的防护措施,严格控制爆破能量的释放过程和介质破碎过程,使爆破对象能按预定块度破碎并坍塌在规定的范围内,达到预期爆破效果,同时将爆破影响范围和危害控制在允许的限度以内。

与其他爆破相比,拆除爆破往往环境复杂,爆破对象和材质多种多样(主要是混凝土、钢筋混凝土、砖石砌体、三合土等),对爆破和起爆技术的准确性要求非常高。常要求爆破过程实现定向、定距、定量及减震、减冲(击波)、减飞(石)、减声(音)等控制。在爆破参数选择、布孔、药量计算和炸药单耗确定等设计中,常依据等能、微分、失稳等原理,采取相应的技术措施,以达到拆除爆破控制的目的。

拆除爆破应用很广,但主要用于钢筋混凝土整体框架结构、烟囱、水塔等拆除。要使这类建筑物倾倒并摔碎,必须具备三个条件:一是形成塑性铰,要在钢筋混凝土结构的各刚性节点处布置炮孔并将其炸酥;二是要形成整体倾覆力矩;三是要使钢筋混凝土承重结构失稳,即不仅要使建筑物倾倒,还要保证爆后露出的钢筋骨架在上部静压荷载的作用下超过其抗压极限强度或达到压杆失稳条件。

常用的爆除方案有原地坍塌、定向倒塌、折叠倒塌等。原地坍塌方案的实质是向内折叠坍塌方案的一种。定向倒塌方案是在建筑物底部炸开一定形状和大小的缺口,让整个建筑物绕定轴转动一定倾角后向预定方向倾倒,冲击地面而解体破坏。它是通过在承重结构的倾倒方向上布置不同破坏高度的炮孔并用不同的起爆顺序(毫秒延期)来实现的。折叠倒塌方案适用于建筑物高度大而周围场地相对较小的情况,一般沿建筑物的高度分若干层或若干段炸开多个缺口,使建筑物自上而下顺序定向倒塌。

拆除爆破在水利水电工程施工中主要被用来拆除临时围堰、临时导墙、砂石料仓的隔墙、拌和楼的钢筋混凝土支承构架等。

任务6 爆破安全控制

爆破安全包括两方面的内容:一是爆破施工作业中的安全问题;二是爆破产生的危害影响的防护和控制,主要包括对爆破振动、冲击波、飞石、粉尘、噪声等的影响防护和控制。

1 爆破作业安全防护措施

1.1 严格执行《爆破安全规程》,加强安全教育

对于爆破器材运输、储存、保管与现场装药爆破施工的安全,应严格执行《爆破安全规程》规定。完善爆破作业的规章制度,对施工人员进行安全教育,是保证施工安全的重要环节。

1.2 采用新技术、新工艺,提高施工技术水平

爆破作业应尽可能采用分段延期和毫秒微差爆破,减少一次起爆药量,调整震动周期和减少震动;通过打防震孔、挖防震槽或进行预裂爆破,以保护有关建筑物、构筑物和重要设施;尽量避免采用裸露爆破,以节约炸药,减少飞石和空气冲击波压力;水下爆破可采用

气幕防震，利用气泡压缩变形吸收能量，减轻水中冲击波对被保护目标的破坏；尽可能选择小的爆破作用指数和孔距小、孔深浅的爆破，减小抛掷距离和飞石；也可以采用调整布孔和起爆顺序的方法来改变最小抵抗线的方向，避免最小抵抗线正对居民区、重要建筑物、主要施工机械设备以及其他重要设施。

1.3 加强防护措施，防止飞石破坏

对飞石的防护措施可根据被保护对象的特征和施工条件而异。在平地开挖宽度不大于4 m 的沟槽，可采用拱式或壳式覆盖；挡板式覆盖的架设拆除费时费工，要求架设在高于爆破对象的天然或人工支承上，距爆破表面不小于0.3～0.5 m；网式和链式覆盖多用于对房屋建筑的拆除爆破；浅孔爆破在孔口压土袋，大量爆破用填土覆盖被保护建筑物，对防止飞石破坏有明显效果。

2 爆破安全距离

爆破时，应划出警戒范围，立好标志，现场人员应到安全区域，并有专人警戒，以防爆破飞石、爆破地震、冲击波以及爆破毒气对人身造成伤害。

爆破地震、空气冲击波、爆破飞石、爆破毒气对人身安全距离分别计算如下。

2.1 爆破地震安全距离

目前国内外爆破工程多以建筑物所在地表的最大质点振动速度作为判别爆破振动对建筑物的破坏标准。通常采用的经验公式为

$$v = K\left(\frac{Q^{1/3}}{R}\right)^{a} \tag{2-27}$$

式中 v——爆破地震对建筑物（或构筑物）及地基产生的质点垂直振动速度，cm/s；

K——与岩土性质、地形和爆破条件有关的系数，在土中爆破时 $K=150\sim200$，在岩石中爆破时 $K=100\sim150$；

Q——同时起爆的总装药量，kg；

R——药包中心到某一建筑物的距离，m；

a——爆破地震随距离衰减系数，可按1.5～2.0考虑。

观测成果表明：当 $v=10\sim12$ cm/s 时，一般砖木结构的建筑物便可能破坏。

2.2 爆破空气冲击波安全距离

$$R_K = K_K\sqrt{Q} \tag{2-28}$$

式中 R_K——爆破冲击波的危害半径，m；

K_K——系数，对于人 $K_K=5\sim10$，对建筑物要求安全无损时，裸露药包 $K_K=50\sim150$，埋入药包 $K_K=10\sim50$；

Q——同时起爆的最大的一次总装药量，kg。

2.3 个别飞石安全距离

$$R_f = 20n^2W \tag{2-29}$$

式中 R_f——个别飞石的安全距离，m；

n——最大药包的爆破作用指数；

W——最小抵抗线，m。

实际采用的飞石安全距离不得小于下列数值：裸露药包 300 m；浅孔或深孔爆破 200 m；洞室爆破 400 m。

2.4　爆破毒气的危害范围

在工程实践中，常采用下述经验公式来估算有毒气体扩散安全距离 R_g：

$$R_g = K_g \sqrt[3]{Q} \quad (\mathrm{m}) \tag{2-30}$$

式中　K_g——系数，根据有关资料，K_g 的平均值为 160。

Q——爆破总装药量，t。

对于顺风向的安全距离应增大一倍。

3　有害气体扩散、粉尘及噪声的防控

(1)炸药爆炸生成的各种有害气体，如一氧化碳、二氧化碳、二氧化硫和硫化氢等，在空气中的含量超过一定数值就会危及人身安全。空气中爆破有害气体浓度随扩散距增加而渐减，直到许可标准，这段扩散距离可作为有害气体扩散的控制安全距离，爆破有害气体的许可量视有害气体种类不同而各异，可参考有关安全规程确定。

(2)爆破粉尘主要来源于钻孔爆破、装运和已散落在爆区地面的粉尘。研究表明，爆破粉尘生成量随岩土硬度增高而增加。爆破粉尘具有浓度高、扩散速度快、滞留时间长、颗粒小、质量轻、吸湿性较好等特点。降低爆破粉尘一般采用以下措施：钻孔采用具有积尘设备钻机；爆破前采用水封进行填塞；爆前喷雾洒水等。

(3)爆破施工时产生的噪声主要是炸药在介质中爆炸所产生的能量向四周传播时形成的爆炸声，爆破噪声会危害人体健康。爆破噪声为间歇性脉冲噪声，在城镇爆破中每一个脉冲噪声应控制在 120 dB 以下。复杂环境条件下，噪声控制由安全评估确定。爆破噪声控制需从声源、传播途径和接受者三个环节采取有效措施加以控制。

4　盲炮及其处理

通过引爆而未能爆炸的药包称为瞎炮或盲炮。盲炮不仅达不到预期的爆破效果，造成人力、物力、财力的浪费，而且会直接影响现场施工人员的人身安全，故对瞎炮必须及时查明并加以处理。

造成瞎炮(盲炮)的原因主要是起爆破材料的质量检查不严，起爆网路连接不良和网路电阻计算有误及堵塞炮泥操作时损坏起爆线路。例如雷管或炸药过期失效，非防水炸药受潮或浸水，引爆系统线路接触不良，起爆的电流电压不足等；另外，执行爆破作业的规章制度不严或操作不当容易产生瞎炮。

爆破后，发现瞎炮(盲炮)应立即设置明显标志，并派专人监护，查明原因后进行处理。

4.1　浅孔爆破的盲炮处理

(1)经检查确认起爆网路完好时，可重新起爆。

(2)可打平行孔装药爆破，平行孔距盲炮不应小于 0.3 m；对于浅孔药壶法，平行孔距盲炮药壶边缘不应小于 0.5 m。为确定平行炮孔的方向，可从盲炮孔口掏出部分填塞物。

(3)可用木、竹或其他不产生火花的材料制成的工具，轻轻地将炮孔内填塞物掏出，用药包诱爆。

(4)可在安全地点外用远距离操纵的风水喷管吹出盲炮填塞物及炸药,但应采取措施回收雷管。

(5)处理非抗水硝铵炸药的盲炮,可将填塞物掏出,再向孔内注水,使其失效,但应回收雷管。

(6)盲炮应在当班处理,当班不能处理或未处理完毕,应将盲炮情况(盲炮数目、炮孔方向、装药数量和起爆药包位置,处理方法和处理意见)在现场交接清楚,由下一班继续处理。

4.2 深孔爆破的盲炮处理

(1)爆破网路未受破坏,且最小抵抗线无变化者,可重新联线起爆;最小抵抗线有变化者,应验算安全距离,并加大警戒范围后,再联线起爆。

(2)可在距盲炮孔口不少于10倍炮孔直径处另打平行孔装药起爆。爆破参数由爆破工程技术人员确定并经爆破领导人批准。

(3)所用炸药为非抗水硝铵类炸药,且孔壁完好时,可取出部分填塞物向孔内灌水使之失效,然后作进一步处理。

4.3 洞室爆破的盲炮处理

(1)如能找出起爆网路的电线、导爆索或导爆管,经检查正常仍能起爆者,应重新测量最小抵抗线,重划警戒范围,联线起爆。

(2)可沿竖井或平洞清除填塞物并重新敷设网路联线起爆,或取出炸药和起爆体。

4.4 水下炮孔爆破的盲炮处理

(1)因起爆网路绝缘不好或联接错误造成的盲炮,可重新联网起爆。

(2)因填塞长度小于炸药的殉爆距离或全部用水填塞而造成的盲炮,可另装入起爆药包诱爆。

(3)可在盲炮附近投入裸露药包诱爆。

复习思考题

1 名词解释

(1)爆炸与爆破;(2)爆力与猛度;(3)炸药的感度;(4)零氧平衡、正氧平衡和负氧平衡;(5)集中药包和延长药包;(6)光面爆破与预裂爆破。

2 单选题

(1)无限介质中进行集中药包爆破,可用于(　)。

A. 松动爆破　　B. 炸胀药壶爆破　　C. 水下深层爆破

(2)工程爆破的单位耗药虽是在一个临空面情况下采用的,随着临空面的增多,单位耗药量(　)。

A. 随之增加　　B. 不变　　C. 随之减少

(3)阶梯爆破布置炮孔时,为避免漏气,影响爆破效果,炮孔不宜穿过与地面贯穿的裂缝;宜使炮孔与岩石层面和节理面(　)。

A. 平行　B. 斜交　C. 正交

(4)洞室爆破,当药室规模较大或形状复杂时,可用两个或多个起爆药包,用(　)将各包互相联接。

A. 导火索　B. 传爆线　C. 导爆管

(5)洞室爆破,药包最小抵抗线 W 与药包中心至地表铅直距离 H 之比值一般为(　)时,破碎与抛掷效果较好。

A. 1.0 ~ 1.2　B. 1.0　C. 0.6 ~ 0.8

(6)预裂爆破就是要在开挖线上形成一条足够宽度的裂缝,其目的是(　)。

A. 保护爆破区岩体免遭破坏

B. 保护爆破区岩体,以免能量损失

C. 消减爆破区的冲击波能量,保护保留区岩体免遭破坏

(7)用定量炸药炸塌规定尺寸铅柱的高度表征了炸药(　)的能力。

A. 粉碎介质　B. 炸胀介质　C. 抛掷介质

(8)炸药在外部能量的激发下,引起爆炸反应的难易程度称为(　)。

A. 敏感度　B. 安定性　C. 稳定性

3　简答题

(1)炸药的基本性能有哪些?

(2)爆破的基本方法有哪些?各适用于什么场合?

(3)如何根据爆破作用指数划分爆破类型?

(4)光面爆破、预裂爆破的基本原理是什么?

项目3 钢筋混凝土工程

【学习目标】 熟悉模板的组成及分类，掌握模板安装与拆除要点、注意事项，明确模板的设计荷载分析与计算；了解钢筋进场验收与储存的要求，掌握钢筋下料长度计算的方法，掌握代换方法及要求，掌握钢筋加工工艺及质量要求，掌握钢筋安装的方法；掌握混凝土骨料制备、混凝土制备的主要工序及常用的施工机械，掌握混凝土运输的要求、运输机械，掌握混凝土浇筑的施工工序及技术要求，了解常用的养护措施，了解混凝土常见缺陷的种类、成因及修补方法。

【学习重点】 模板的组成及分类，模板的安装与拆除；钢筋下料长度计算方法，钢筋加工方法、工艺及质量要求。骨料的制备及混凝土的制备，混凝土的运输、浇筑。

钢筋混凝土工程在水利水电工程施工中，无论是人力、物力的消耗，还是对工期的影响，都占有非常重要的地位。钢筋混凝土工程包括钢筋工程、模板工程和混凝土工程三个主要工种工程。由于施工过程多，因此要加强施工管理、统筹安排、合理组织，以保证工程质量，加快施工进度，降低施工费用，提高经济效益。

任务1 模板工程

1 模板概述

模板是保证混凝土浇筑后达到规定的形状、尺寸和相互位置的结构物，一般由面板、围囹（或肋）及其支撑结构和锚固件等组成。它对混凝土具有支撑、成型的作用，同时具有保护和改善混凝土表面质量的功效。因此，模板应满足以下要求：

（1）保证混凝土结构和构件各部分设计形状、尺寸和相互位置正确。

（2）具有足够的强度、刚度和稳定性，能可靠地承受各项施工荷载，并保证变形在允许范围内。

（3）面板板面平整、光洁，拼缝密合、不漏浆。

（4）结构简单，安装和拆卸方便、安全，尽量能够多次周转使用。

（5）模板尽量做到标准化、系列化。

模板作业是钢筋混凝土工程的重要辅助作业，具有工程量大、材料和劳动力消耗多等特点。在一般混凝土工程中，模板安拆劳动量占总劳动量的30% ~60%，模板费用占混凝土工程造价的15% ~30%，在大体积混凝土中也占到5% ~15%。因此，选择经济合理、施工方便的模板型式就成为施工组织设计的重要内容。

模板的选用应与混凝土结构和构件的特征、施工条件和浇筑方法相适应。大面积的平面支模应选用大模板；当浇筑高度不超过 3 m 时，宜选用悬臂大模板；构件尺寸规则时宜用组合钢模板；异形构件、特殊部位采用木材。

2 模板的分类

(1)按模板制作材料划分。可分为木模板、钢模板、钢木模板、铝合金模板、塑料模板、竹压模板、胶合板模板、混凝土模板和钢筋混凝土预制模板等。木模板具有加工方便、质量轻、保温性好等优点，但强度低，易变形翘曲，周转次数少；钢模板正好相反，所以工程中常用木模板做面板，钢材做肋和支撑。模板的材料宜选用钢材、胶合板、塑料等，尽量少用木材。

(2)按模板形状划分。可分为平面模板和曲面模板。主要用于结构物垂直面，在工程中用量较大。曲面模板用于建筑物或构件表面呈弧形或不规则的特殊部位，如廊道、隧洞、溢流面、进水口扭曲面、蜗壳、尾水管等，在工程中用量相对较少。

(3)按模板受力条件划分。可分为承重模板和非承重模板(即侧面模板)。承重模板主要承受混凝土重量和施工中的垂直荷载；侧面模板主要承受新浇混凝土的侧压力。侧面模板按其支撑受力方式，又可分为简支模板、悬臂模板和半悬臂模板。

(4)按模板使用特点划分。可分为固定式、拆移式、移动式和滑动式。固定式模板多用于起伏的基础部位或特殊的结构，如蜗壳或扭曲面。因其大小不等，形状各异，难以重复使用(一般使用一两次)。拆移式模板、移动式模板和滑动式模板可重复使用或连续使用在形状一致的部位上，有利于实现标准化和系列化。但其使用方式有所不同：拆移式模板需要拆散移动；移动式模板的车架装有行走车轮，可沿专用轨道使模板整体移动(如隧洞施工中的钢模台车)；滑动式模板是以千斤顶或卷扬机为动力，可在混凝土连续浇筑过程中，使模板紧贴混凝土面滑动(如闸墩施工中的滑模)。

3 模板的基本型式

3.1 平面木模板

木模板由木材加工制作，其制作装拆方便和适应性强，主要用于一些曲面或形状不规则的结构部位，也用于不足模数的钢模板镶补。

平面木模板由面板、肋木和支架三个基本部分组成，平面标准木模板尺寸：大型，100 cm×(325～525)cm；小型，(75～100)cm×150 cm。前者适用于 3～5 m 高的浇筑块，需小型机具吊装；后者用于薄层浇筑，可人力搬运，如图 3-1 所示。

架立模板的支架，常用围囹和桁架梁，如图 3-2(a)、(b)所示。桁架梁多用方木和钢筋制作。立模时，将桁架梁下端插入预埋在下层混凝土块内的 U 形铁件中。当浇筑块较薄时，上端用钢拉条对拉；当浇筑块较大时，则采用斜拉条固定，以防模板变形。钢筋拉条直径大于 8 mm，间距为 1～2 m，斜拉角度为 30°～40°。

标准木模板需手工操作架立安装，劳动强度大、烦琐费时；而且仓内用拉筋支撑模板，妨碍混凝土的运输与平仓振捣，以致经常发生吊罐、平仓机碰坏拉筋的现象，不利于机械化施工，影响混凝土质量和工程进度。另外，标准木模板木材消耗量大，目前已经较少使用。

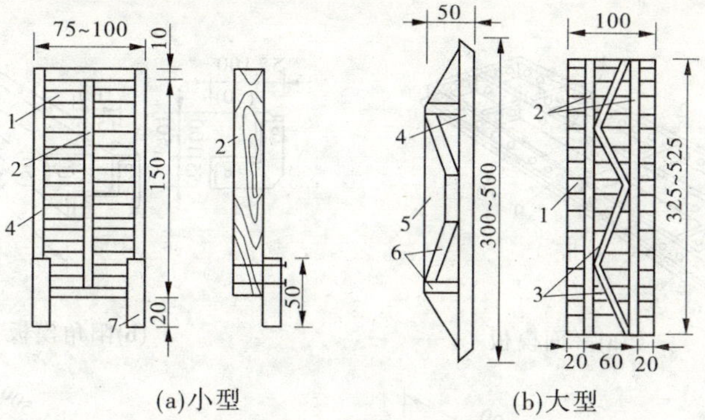

1—面板;2—肋木;3—加肋筋;4—方木;5—拉条;6—桁架木;7—支撑木

图3-1　平面标准模板　(单位:cm)

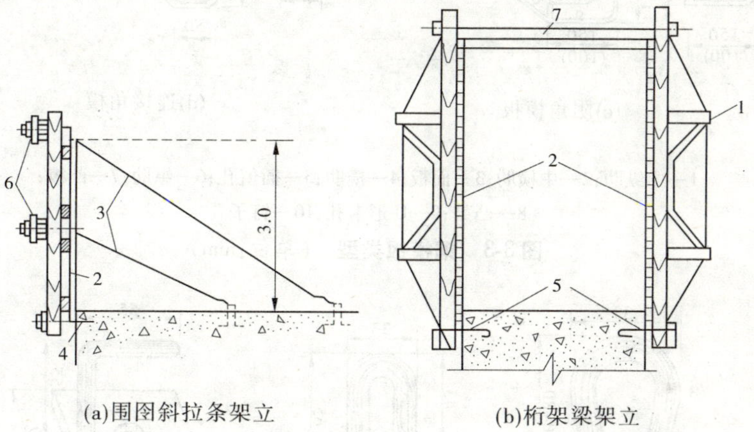

1—钢木桁架;2—木面板;3—斜拉条;4—预埋锚筋;5—U形埋件;6—横向围囹;7—对拉条

图3-2　拆移式模板的架立图　(单位:m)

3.2　定型组合钢模板

定型组合钢模板由钢模板、连接件和支承件三部分组成,钢模板包括平面钢模板(代号P)、阳角钢模板(代号Y)、阴角钢模板(代号E)、连接角模(代号J)等通用模板。除此之外,还有倒棱模板、梁腋模板、柔性模板、搭接模板、可调模板及嵌补模板等专用模板。常用钢模板类型见图3-3。

模板的宽度以50 mm进级,长度以150 mm进级。钢模板联结件包括U形卡、L形插销、“3”形扣件、蝶形扣件、钩头螺栓、紧固螺栓、模板拉杆等,定型组合钢模板联结件见图3-4。

组合钢模板常用于墙体、梁、柱等现浇钢筋混凝土构筑物的模板工程。在水利水电工程的施工中,则常用于水闸、混凝土坝、水电站厂房工程。专用于大体积混凝土的悬臂模板的面板也可由组合钢模板组成,还可以组成6.0 m×7.5 m的组合梁式大块钢模板,在工程中逐渐取代了木模板,如图3-5所示。

钢木组合模板由钢木排架和木面板组成,可有效地克服木模板的缺点,一般标准木模

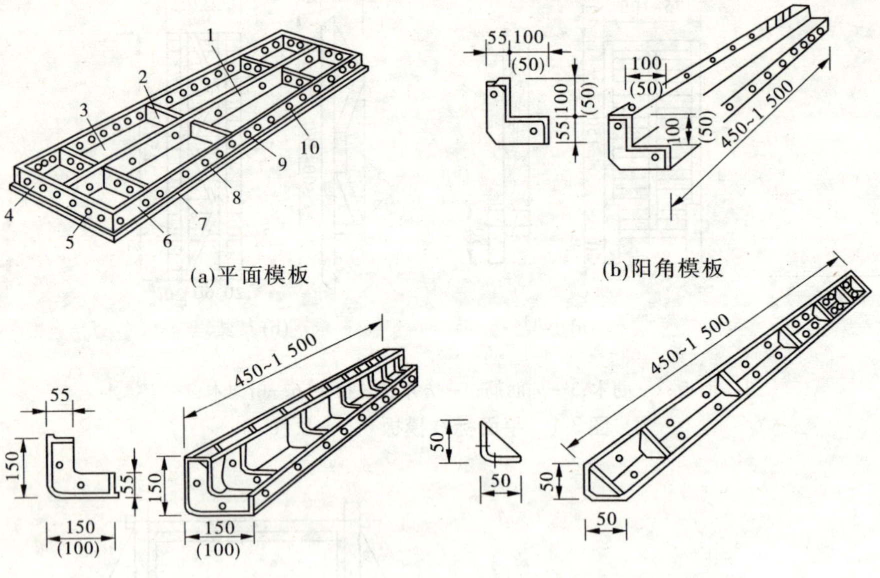

(a)平面模板　(b)阳角模板　(c)阴角模板　(d)连接角模

1—中纵肋；2—中横肋；3—面板；4—横肋；5—插值孔；6—纵肋；7—凸棱；8—凸鼓；9—U 形卡孔；10—钉子孔

图 3-3　钢模板类型　（单位：mm）

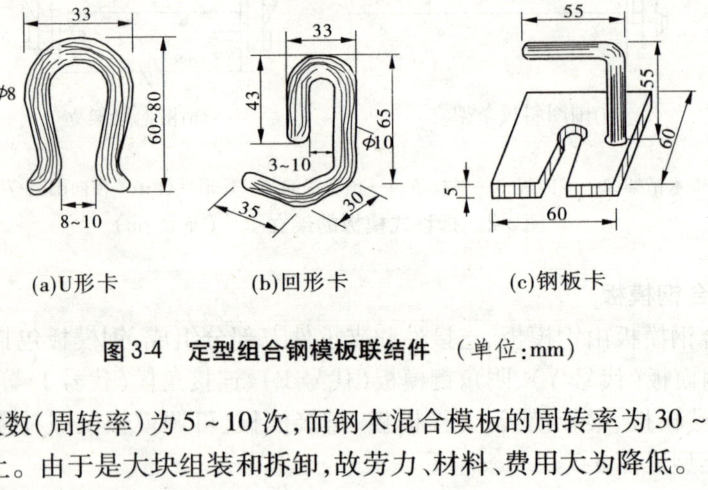

(a)U形卡　(b)回形卡　(c)钢板卡

图 3-4　定型组合钢模板联结件　（单位：mm）

板的重复利用次数（周转率）为 5 ~ 10 次，而钢木混合模板的周转率为 30 ~ 50 次，木材消耗减少 90% 以上。由于是大块组装和拆卸，故劳力、材料、费用大为降低。

3.3　悬臂钢模板

悬臂钢模板由面板、支撑臂（悬臂梁）和预埋联结件组成。面板采用定型组合钢模板拼装或直接用钢板焊制。支撑模板的立柱，有型钢梁和钢桁架两种，视浇筑块高度而定。预埋在下层混凝土内的连接件有螺栓式和插座式（U 形铁件）两种。图 3-6 为悬臂钢模板的一种结构型式。

采用悬臂钢模板，由于仓内无拉条，模板整体拼装，为大体积混凝土机械化施工创造了有利条件，且模板本身安装比较简单，重复使用次数高（可达 100 多次）。但模板质量

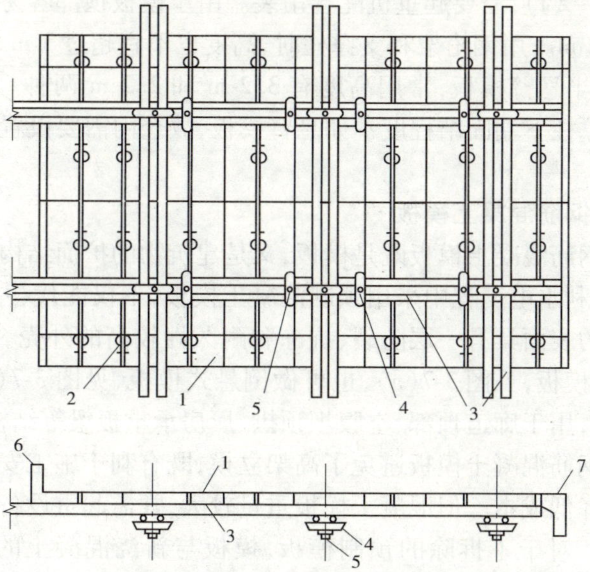

1—钢模板;2—U形卡;3—7钢楞;4—“3”形扣件;
5—钩头螺栓;6—阳角模板;7—阴角模板

图3-5　钢模板组合的基本型式

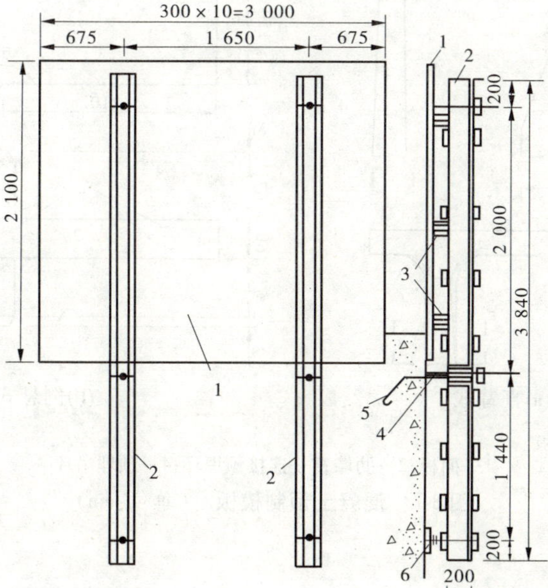

1—面板;2—支臂柱;3—横钢楞;4—紧固螺母;5—预埋螺栓;6—千斤顶螺栓

图3-6　悬臂钢模板　(单位:mm)

大(每块模板重0.5～2 t),需要起重机配合吊装。由于模板顶部容易移位,故浇筑高度受限制,一般为1.5～2 m。用钢桁架和支撑柱时,高度也不宜超过3 m。

此外,还有一种半悬臂模板,常用高度有3.2 m和2.2 m两种。半悬臂模板结构简单,装拆方便,但支撑柱下端固结程度不如悬臂模板,故仓内需要设置端拉条,对仓内作业有影响。

3.4　混凝土模板及钢筋混凝土模板

混凝土模板及钢筋混凝土模板既是模板,又是建筑物的护面结构,浇筑后作为建筑的外壳,不予拆除。水利水电工程中采用预制混凝土模板,不仅能代替木制或钢制的模板,还使混凝土建筑物的表面具有一层防裂、抗冻和耐久性较高的外壳。素混凝土模板靠自重稳定,可做直臂式模板,见图3-7(a),也可做倒悬式模板,见图3-7(b)。钢筋混凝土模板,多作为承重模板,用于廊道顶部、空腹坝顶拱、厂房承重板梁等结构部位。

预制混凝土和钢筋混凝土模板避免了高架立模,既有利于施工安全,又有利于加快施工进度,节约材料,降低成本。但混凝土模板重量较大,常需起重设备起吊,所以在模板预制时都应预埋吊环。对于不拆除的预制模板,模板与新浇混凝土的结合面需进行凿毛处理。

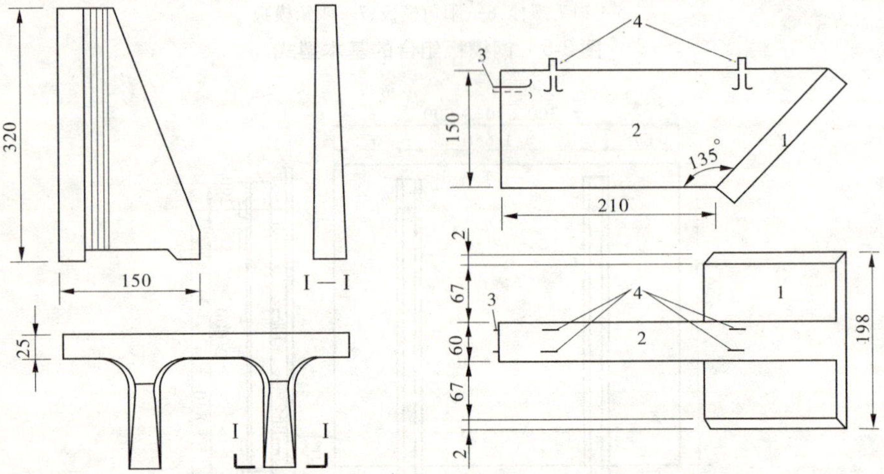

(a)直臂式　　(b)倒悬式

1—面板;2—肋墙;3—连接预埋环;4—预埋吊环

图3-7　混凝土预制模板　(单位:cm)

3.5　移动式模板

根据建筑物外形轮廓特征,做一段定型模板,在支撑钢架上装上行驶轮,沿建筑物长度方向铺设轨道分段移动,分段浇筑混凝土。移动时,只需顶推模板的花蓝螺丝或千斤顶收缩,使模板与混凝土面脱开,模板即可随同钢架移动到拟浇筑部位,再用花蓝螺丝或千斤顶调整模板至设计浇筑尺寸,如图3-8所示。移动式模板多用钢模板,作为浇筑混凝土墙和隧洞混凝土衬砌使用。

3.6 滑动模板

滑动模板(滑模),是在混凝土连续浇筑的过程中,可使模板面紧贴混凝土面滑动的模板。滑模按动力可分为液压滑模和牵引滑模两种。液压滑模的滑升,是由空心式千斤顶带动模板沿爬杆向上滑升来完成的,所以这种模板又称为“滑升模板”。它常用于高度较大、截面变化不大的整体结构的施工,如闸墩、桥墩、井筒等。牵引滑模的滑升,是由卷扬机或千斤顶等设备带动模板沿导轨滑动来完成的,所以这种模板又称为“拉模”。它常用于溢流坝面、隧洞底板等结构的施工。

3.6.1 滑升模板

图3-9为浇筑墩墙结构的一种滑升模板,它主要由模板系统和液压系统两部分组成。其中模板系统包括钢模板、提升架、操作平台及吊架等。液压系统包括油压千斤顶、油管、液压操作机等设备。

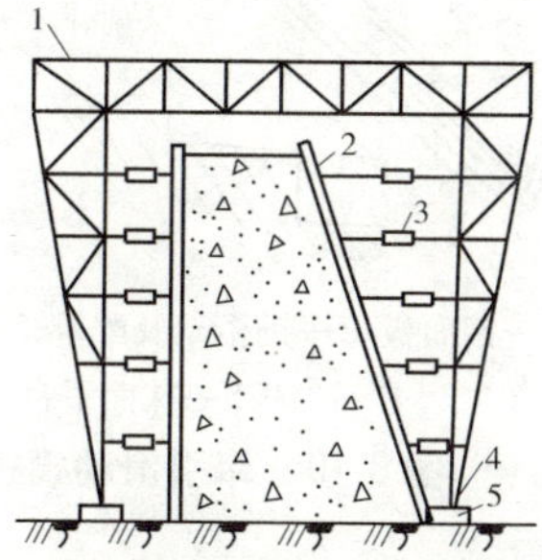

1—支撑钢架;2—钢模板;
3—花篮螺丝;4—行驶轮;5—轨道

图3-8 移动式模板浇筑混凝土墙

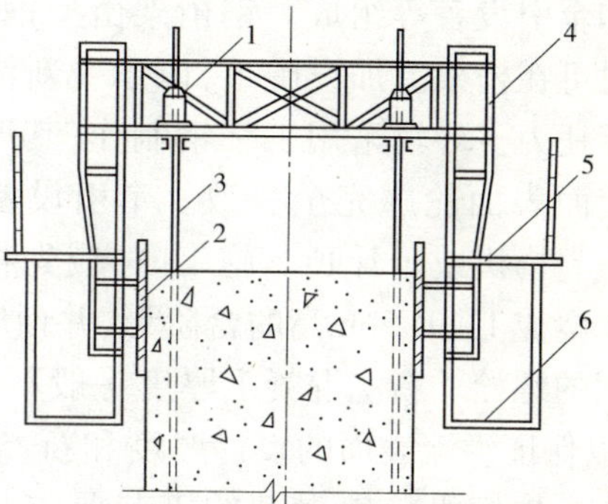

1—液压千斤顶;2—钢模板;3—金属爬杆;
4—提升架;5—操作平台;6—吊架

图3-9 滑升模板

3.6.1.1 模板系统

滑升用的模板,应尽量采用组合钢模板,其高度一般为1~1.2 m。为方便滑动,模板应有一定的锥度,一般将模板上口减小0.25%,下口放大0.25%。靠近模板的操作平台,宽度一般为0.8 m,平台上铺以4 cm厚的木板,供操作千斤顶使用。另有悬挂的吊架,供调节模板锥度及修补混凝土缺陷时使用。

提升架将整个滑升模板装置连接成整体,是承受全部模板、操作平台重量和施工荷载的重要部件。提升架将承受的荷载传给金属爬杆,应具有足够的强度和刚度,宜做成桁架式围圈,桁架间距一般为1.5~2.5 m。

3.6.1.2 千斤顶

目前应用较普遍的是HQ-30型液压空心式千斤顶,其起重量为3.5 t,工作行程30 mm,最大油压9 800 kPa,油容量0.143 L,爬升速度0.09 m/min,自重13 kg。爬杆插入千斤顶中心孔后,由于上、下卡头在循环工作中交替卡紧爬杆(一紧一松),故千斤顶只能沿爬杆提升,不能下降。

3.6.1.3 滑升工艺

滑升工艺的关键是正确掌握滑升时间和滑升速度。滑升早了,混凝土尚未凝固,脱模后将会坍塌;晚了,混凝土与模板凝结,会将混凝土拉裂。故滑升时,要求新浇混凝土达到初凝,并具有 1.5×10^5 Pa 的强度。实际施工是在模板固定的情况下,分层浇筑 60 ~ 70 cm 的混凝土。浇筑完毕后 3 ~ 4 h,即可将模板试升 5 cm(不允许模板滑升与混凝土浇筑同时进行)。如试升脱模的混凝土用手按时有指纹,但砂浆不粘手,则说明模板可以正式滑升。

模板滑升速度受气温影响较大,一般气温为 20 ~ 25 ℃时,平均滑升速度为 20 ~ 30 cm/h。若因事故中途停止浇筑,应每隔 1 h 滑升 1 次,每次滑升 3 cm。当混凝土掺有速凝剂或采用较小的坍落度时,均有利于提高滑升速度。

3.6.2 牵引滑模

溢流面采用的牵引滑模(拉模)(见图 3-10),主要由钢面板及其支承的钢桁架、导轨和牵引设备等组成。钢桁架由型钢焊制,必要时可在桁架上加设配重,以承受新浇混凝土的浮托力。导轨采用工字钢制作,其形状应与溢流面表面轮廓完全一致。牵引设备可采用慢速卷扬机或千斤顶。施工时,应先将下层混凝土浇成 1 ~ 1.5 m 高的台阶形,并预埋固定导轨用的螺栓。新浇混凝土厚度一般不小于 0.8 m,以保证溢流表面的设计厚度和新、老混凝土结合。拉模沿导轨滑动的工艺要求与滑升模板相同。

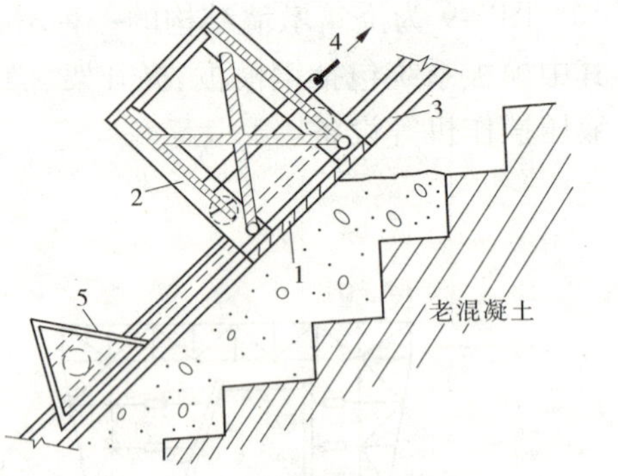

1—钢面板;2—钢桁架及配重;3—导轨;
4—拉杆;5—抹面平台

图 3-10 牵引滑动模板

滑动模板的优点是,适应混凝土连续浇筑的要求,仅一次立模,可连续滑动,既避免了重复的模板装、拆工作,又大大减少了施工缝。因此,可以加快工程进度,节省大量材料,并使建筑物表面平整光洁,整体性增强。但对于大体积混凝土,由于散热要求,不宜连续浇筑,同时尺寸太厚,单面滑行有困难。

4 模板的受力分析

模板及其支撑结构应具有足够的强度、刚度和稳定性,必须能承受施工中可能出现的各种荷载的最不利组合,其结构变形应在允许范围以内。

4.1 设计荷载

设计荷载分基本荷载和特殊荷载两类。

4.1.1 基本荷载

(1)模板及其支架自重。根据设计图确定。木材的容重:针叶类按 600 kg/m³ 计,阔叶类按 800 kg/m³ 计。

(2)新浇混凝土重量。重度按 24 ~ 25 kN/m³ 计。

(3)钢筋质量。根据设计图确定。对一般钢筋混凝土,钢筋质量可按 100 kg/m³ 计。

(4)工作人员及浇筑设备、工具的荷载。计算模板及直接支承模板的楞木(围囹)时,可按均布荷载 2.5 kPa 及集中荷载 2.5 kN 计算;计算支承楞木的构件时,可按 1.5 kPa 计算;计算支架立柱时按 1 kPa 计算。

(5)振捣混凝土时产生的荷载可按照 1 kPa 计。

(6)新浇混凝土的侧压力。是侧面模板承受的主要荷载。侧压力的大小与混凝土浇筑速度、浇筑温度、坍落度、入仓振捣方式及模板变形性能等因素有关。在无实测资料的情况下,当混凝土不加外加剂,且坍落度在 11 cm 以内时,新浇大体积混凝土的侧压力最大值可参考表 3-1 选用。

表 3-1 混凝土最大侧压力 P_m 值 （单位:kPa）

温度(℃)	平均浇筑速度(m/h)						混凝土侧压力分布图
	0.1	0.2	0.3	0.4	0.5	0.6	
5	22.54	25.48	27.44	29.40	31.36	32.34	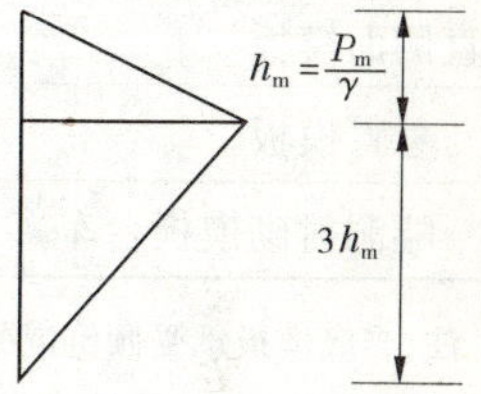
10	19.60	22.54	24.50	26.46	28.42	29.40	
15	17.64	20.58	22.54	24.50	26.46	27.44	
20	14.70	17.64	19.60	21.56	23.52	24.50	
25	12.74	15.68	17.64	19.60	21.56	22.54	

4.1.2 特殊荷载

(1)风荷载。根据现行《工业与民用建筑物荷载规范》确定。

(2)其他荷载。可按实际情况计算。如平仓机、非模板工程的脚手架、工作平台、超过规定堆放的材料重量等。

4.2 模板组合及刚度、稳定性验算

4.2.1 荷载组合

在计算模板及支架的强度和刚度时,应根据模板的种类,按表 3-2 的基本荷载组合进行选择。特殊荷载可按实际情况计算,如平仓、非模板工程的脚手架、工作平台、混凝土浇筑过程中不对称的水平推力及重心位移,超过规定堆放的材料等。

4.2.2 刚度验算

当验算模板刚度时,其最大变形值不得超过下列允许值:

(1)对结构表面外露的模板,为模板构件计算跨度的 1/400。

(2)对结构表面隐蔽的模板,为模板构件计算跨度的 1/250。

(3)支架的压缩变形值或弹性挠度,为相应的结构计算跨度的 1/1 000。

4.2.3 抗倾覆稳定核算

承重模板的抗倾覆稳定性,应按下列要求核算:

(1)应计算风荷载和作用于承重模板边缘 150 kN/m² 的水平力的倾覆力矩,并采用其中的最大值。

(2)计算稳定力矩时,模板自重的折减系数为 0.8;如同时安装钢筋,应包括钢筋的重量。活荷载按其对抗倾覆稳定最不利的分布计算。

表 3-2　常用模板的荷载组合

模板类别	荷载组合(表中数字为荷载次序)	
	计算承载能力	验算刚度
薄板和薄壳的底模板	(1)、(2)、(3)、(4)	(1)、(2)、(3)、(4)
厚板、梁和拱的底模板	(1)、(2)、(3)、(4)、(5)	(1)、(2)、(3)、(4)、(5)
梁、拱、柱(边长≤300 mm)、墙(厚≤400 mm)的垂直侧面模板	(5)、(6)	(6)
大体积结构、厚板、柱(边长>300 mm)、墙(厚>400 mm)的垂直侧面模板	(6)、(8)	(6)、(8)
悬臂模板	(1)、(2)、(3)、(4)、(5)、(8)	(1)、(2)、(3)、(4)、(5)、(8)
隧洞衬砌模板台车	(1)、(2)、(3)、(4)、(5)、(6)、(7)	(1)、(2)、(3)、(4)、(6)、(7)

注:当底模板承受倾倒混凝土时产生的荷载对模板的承载能力和变形有较大影响时,应考虑荷载(8)。

(3)抗倾稳定系数。抗倾稳定系数大于1.4。

5　模板的制作安装与拆除

5.1　模板制作

模板制作是根据混凝土构件的特征、施工方法对模板进行加工。组合钢模板无须制作,仅对其进行拼装,而木模板要专门制作加工。对某些特殊部位要专门制作,如蜗壳、尾水管等。

模板制作的允许偏差应符合模板设计规定,不得超过表3-3的规定。

表 3-3　模板制作的允许偏差

偏差项目		允许偏差(mm)	偏差项目		允许偏差(mm)
木模	小型模板:长和宽	±2	钢模、复合模板及胶木(竹)模板	小型模板:长和宽	±2
	大型模板(长、宽大于3 m):长和宽	±3		大型模板(长、宽大于3 m):长和宽	±3
	大型模板对角线	±3		大型模板对角线	±3
	模板平整度:				
	相邻两板面高差	0.5		模板局部不平(2 m直尺检查)	2
	局部不平(2 m直尺检查)	3			
	面板缝隙	1		连接配件的孔眼位置	±1

注:1. 异型模板(蜗壳、尾水管)、永久性模板、滑动模板、移置模板、装饰混凝土模板等特种模板,其制作的允许偏差,按有关规定和要求执行。
2. 定型组合钢模板制作的允许偏差,按有关标准执行。
3. 表中木模是指在面板上不盖隔层的木模板。用于混凝土非外露面的木模和被用来制作复合模板的木模的制作偏差可比表中的允许偏差适当放宽。
4. 复合模板是指在木模面板上盖隔层的模板。

5.2 模板的安装

模板安装前,必须按设计图纸测量放样,重要结构应多设控制点,以利检查校正。模板安装过程中,必须经常保持足够的临时固定设施,以防倾覆。模板支架必须支承在坚实的地基或老混凝土上,并应有足够的支承面积。斜撑应防止滑动。竖向模板和支架的支承部分,当安装在土基上时应加设垫板,且土基必须坚实并有排水措施。对湿陷性黄土必须有防水措施,对冻胀性土必须有防冻融措施。模板安装好后,要进行质量检查,检查合格后,才能进行下一道工序。

现浇钢筋混凝土梁、板,当跨度等于或大于 4 m 时,模板应起拱;当设计无具体要求时,起拱高度宜为全跨长度的1/1 000 ~3/1 000。

模板的钢拉杆不应弯曲。伸出混凝土外露面的拉杆宜采用端部可拆卸的结构型式。拉杆与锚环连接必须牢固。预埋在下层混凝土中的锚定件(螺栓、钢筋环等),在承受荷载时,必须有足够的锚固强度。

模板与混凝土的接触面,以及各块模板接缝处,必须平整、密合,以保证混凝土表面的平整度和混凝土的密实性。模板的面板应涂脱模剂,但应避免脱模剂污染或侵蚀钢筋和混凝土。建筑物分层施工时,应逐层校正下层偏差,模板下端不应有错台。

5.3 模板的拆除

混凝土达到一定强度后应及时拆除模板,加快模板的周转,提高模板周转率。拆模的程序和方法:在同一浇筑仓的模板,按“先装的后拆,后装的先拆”的原则,按次序、有步骤地进行,不能乱撬。拆模时,应尽量减少模板的损坏,以提高模板的周转次数,要注意防止大片模板的坠落;高处拆组合钢模板,应使用绳索逐块下放,模板连接件、支撑件应及时清理,收检归堆。

拆模的迟早直接影响混凝土质量和模板使用的周转率。施工规范规定,非承重侧面模板,混凝土强度应达到2.5 MPa 以上,其表面和棱角不因拆模而损坏时方可拆除。一般需 2 ~7 d,夏天 2 ~4 d,冬天 5 ~7 d。混凝土表面质量要求高的部位,拆模时间宜晚一些。而钢筋混凝土结构的承重模板,按表 3-4 的规定拆模。

表 3-4 现浇结构拆模时所需混凝土强度

结构类型	结构跨度(m)	按设计的混凝土强度标准值的百分率计(%)
板	≤2	50
	>2,≤8	75
	>8	100
梁、拱、壳	≤8	75
	>8	100
悬臂构件	≤2	75
	>2	100

注:本标准中“设计的混凝土强度标准值”系列与设计混凝土强度等级相适应的混凝土立方体抗压强度标准值。

任务2　钢筋工程

1　钢筋的分类、验收与保管

1.1　钢筋的分类

（1）按照钢筋外形分：光面钢筋、变形钢筋（螺纹、人字纹、月牙纹）、钢丝、钢绞线。

（2）按照钢筋的化学成分分：碳素钢（常用低碳钢）、合金钢（低合金钢）。

（3）按照钢筋的强度分：Ⅰ、Ⅱ、Ⅲ、Ⅳ、Ⅴ级钢筋，钢筋混凝土结构用热轧钢筋，除Ⅰ级钢筋为3号钢，Ⅴ级为热处理钢筋，其余全是普通低合金钢。

（4）按照钢筋在构件中的作用分：受力钢筋（受拉钢筋、受压钢筋、弯起钢筋），构造钢筋（分布筋、箍筋、架立筋、腰筋及拉筋）。

（5）按供应形式分：盘圆钢筋或盘条钢筋（直径6～9 mm，每盘钢筋应由整条钢筋盘成）和直条钢筋（直径10～40 mm，通常长度为6～12 m）。

（6）按直径分为：钢丝（3～5 mm）、细钢筋（6～10 mm）、中粗钢筋（12～20 mm）、粗钢筋（大于20 mm）。其中，直径小于等于12 mm的卷成圆盘，称为轻筋；直径大于12 mm呈杆状直条，称为重筋。

1.2　钢筋的验收

钢筋进场应具有出厂证明书或试验报告单，每捆（盘）钢筋应有标牌，同时应按有关标准和规定进行外观检查和分批进行力学性能试验。钢筋在使用时，如发现脆断、焊接性能不良或机械性能显著不正常等，则应按现行国家标准对该批钢筋进行钢筋化学成分、冲击韧性等专项检验。进口钢筋当需焊接时，还要进行化学成分检验。

1.2.1　外观检验

钢筋表面不得有裂纹、结疤、折叠、分层、夹杂、油污，并不得有超过横肋高度的凸块。钢筋尺寸要有卡尺量度并符合国家标准规定。

1.2.2　机械性能检验

以同规格、同炉罐（批）号的不多于60 t钢筋为一批，从每批中任选取四根试样钢筋，两根做拉力试验，长度为（$10d+200$）mm，两根做冷弯试验，长度为（$5d+150$）mm。如试验时有某一项不符合标准要求，应从同批中取双倍试样，重做试验，还不合格则该批钢筋为不合格品，不得在工程上使用。

1.3　钢筋的储存

钢筋运到施工现场后，必须妥善保管，否则会影响施工或工程质量，造成不必要的浪费。因此，在钢筋储存工作中，一般应做好以下工作：

（1）应有专人认真验收入库钢筋，不但要注意数量的验收，而且对进库的钢筋规格、等级、牌号也要认真地进行验收。

（2）入库钢筋应尽量堆放在料棚或仓库内，并应按库内指定的堆放区分品种、牌号、规格、等级、生产厂家分批、分别堆放。

（3）每垛钢筋应立标签，每捆（盘）钢筋上应有标牌。标签和标牌应写有钢筋的品种、等级、直径、技术证书编号及数量等。钢筋保管要做到账、物、牌(单)三相符,凡库存钢筋均应附有出厂证明书或试验报告单。

(4)当条件不具备时,可选择地势较高、土质坚实、较为平坦的露天场地堆放,并应在钢筋垛下面用木方垫起或将钢筋堆放在堆放架上。

(5)堆放场地应注意防水和通风,钢筋不应和酸、盐、油等一类物品一起存放,以防腐蚀或污染钢筋。

(6)钢筋的库存量应和钢筋加工能力相适应,周转期应尽量缩短,避免存放期过长,使钢筋发生锈蚀。

2 钢筋的配料

2.1 配料依据

(1)设计图纸和个性通知。

(2)浇筑部位的分层分块图。

(3)混凝土入仓方式。

(4)钢筋运输、安装方法及接头形式。

2.2 下料长度的计算

下料长度计算是配料计算中的关键。在实际工作中,钢筋的形状较多,钢筋弯曲时,其外皮伸长,内壁缩短,而中心线长度并不改变。但是设计图中注明的尺寸是根据外包尺寸计算的,且不包括端头弯钩长度。显然,外包尺寸大于中心线长度,它们之间存在一个差值,称为“量度差值”。所以,在配料时不能直接按图中尺寸下料,应考虑混凝土保护层、钢筋弯曲、弯钩等因素,然后计算其下料长度。

2.2.1 基本计算公式

(1)直钢筋下料长度 = 构件长度 - 保护层厚度 + 弯钩增加长度

(2)弯起钢筋下料长度 = 直段长度 + 斜段长度 - 弯曲调整值 + 弯钩增加长度

(3)箍筋下料长度 = 直段长度 + 弯钩增加长度 - 弯曲调整值 = 箍筋周长 + 箍筋调整值

2.2.2 钢筋增加长度

钢筋的弯钩形式有三种:半圆弯钩、直弯钩及斜弯钩。半圆弯钩是最常用的一种弯钩。直弯钩只用在柱钢筋的下部、箍筋和附加钢筋中。斜弯钩只用在直径较小的钢筋中。

根据规定,光圆钢筋两端做半圆弯钩,其弯曲直径 $D=2.5d$,平直部分为 $3d$(手工弯钩为 $1.75d$),如图 3-11(a)所示。量度方法以外包尺寸度量,其每个弯钩的增加长度为:

弯钩全长: $$3d+\frac{3.5\pi d}{2}=8.5d$$

弯钩增加长度(包括量度差值):

$$8.5d-2.25d=6.25d$$

同理可得,弯钩增加长度对直弯钩为 $3.5d$,对斜弯钩为 $4.9d$。

在生产实践中,由于实际弯心直径与理论弯心直径有时不一致,钢筋粗细和机具条件不同等影响平直部分的长短(手工弯钩时平直部分可适当加长,机械弯钩时可适当缩短),因此在实际配料计算时,对弯钩增加长度常根据具体条件,采用经验数据,见表 3-5。

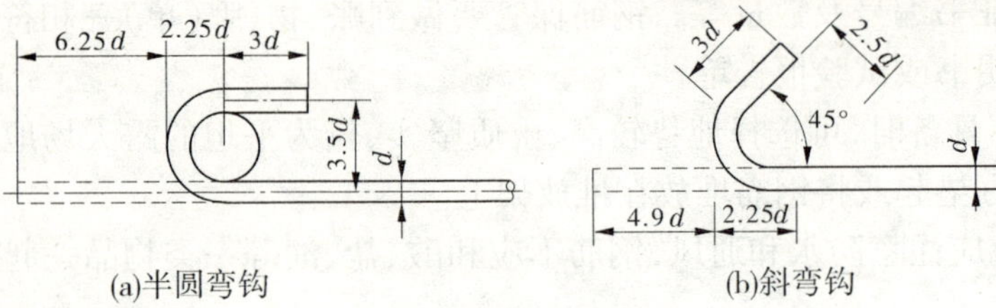

图 3-11　钢筋弯钩计算简图

表 3-5　半圆弯钩增加长度参考表(用机械弯)　(单位:mm)

钢筋直径	≤6	8～10	12～18	20～28	32～36
一个弯钩长度	40	$6d$	$5.5d$	$5d$	$4.5d$

2.2.3　钢筋弯曲调整值

钢筋弯起 90°时,按《水工混凝土钢筋施工规范》(DL/T 5169—2002)规定有两种情况:Ⅰ级钢筋弯曲直径 $D=2.5d$,Ⅱ级钢筋弯曲直径 $D=(5\sim7)d$。以Ⅰ级钢筋弯起 90°为例计算钢筋弯曲调整值,见图 3-12(a)。

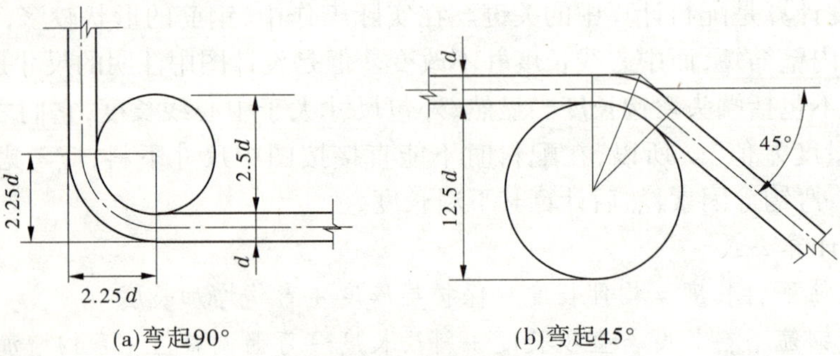

图 3-12　钢筋弯起

外包尺寸

$$2.25d + 2.25d = 4.5d$$

中心线长度

$$\frac{3.5d\pi}{4} = 2.75d$$

量度差值

$$4.5d + 2.75d = 1.75d$$

当为Ⅱ级钢筋时,量度差值为 $2.07d$,实际工作中为计算简便,两者常取为 $2d$。同理可得其他常用的弯曲调整值,见表 3-6。

表 3-6　钢筋弯曲调整值

钢筋弯起角度	30°	45°	60°	90°	135°
量度差值	$0.35d$	$0.5d$	$0.85d$	$2d$	$2.5d$

2.2.4 箍筋调整值

为了箍筋计算方便，一般将箍筋的弯钩增加长度和弯曲度量差值两项之和称为箍筋调整值，见表3-7。计算时将箍筋外包尺寸或内皮尺寸加上箍筋调整值即为箍筋下料长度。

表3-7 箍筋调整值

（单位:mm）

箍筋量度方法	箍筋直径			
	4～5	6	8	10～12
量外包尺寸	40	50	60	70
量内皮尺寸	80	100	120	150～170

2.3 钢筋配料

合理配料能使钢筋得到最大限度的利用，并使钢筋的安装和绑扎工作简单化。根据钢筋下料长度计算结果汇总编制钢筋配料单。钢筋配料单中必须反映出工程部位、构件名称、钢筋编号、钢筋简图及尺寸、钢筋直径、钢号、数量、下料长度、钢筋重量等。配料单既是钢筋加工时的依据，又是提出钢筋加工材料计划、签发工程任务单和限额领料单的依据，配料单实例见表3-8。

表3-8 钢筋配料单

工程部位或构件名称	钢筋编号	钢号	直径（mm）	形状	下料长度（mm）	根数	重量（kg）	备注

在钢筋作业中，不同构件的各种编号和钢筋很多，这些钢筋在外形上往往大同小异，若加工完毕后的钢筋不设标志，就可能造成施工混乱。因此，进行钢筋作业只有钢筋配料单是不够的，需要对每一种编号的钢筋都制作成一块料牌，下达到钢筋队组，以指导施工。料牌是钢筋加工过程中便于区别各项目各编号钢筋的标志。

钢筋料牌一般用40 mm×50 mm薄木板或纤维板制成。每种钢筋加工完成后，与成型钢筋绑在一起，以便现场绑扎钢筋骨架时对照检查。

3 钢筋代换

钢筋加工时，由于工地现有钢筋的种类、钢号和直径与设计不符，应在不影响使用条件下进行代换。但代换时，必须充分了解设计意图和代换钢筋的性能，严格遵守规范的各项规定。在代换时应征得设计单位的同意。

3.1 钢筋代换方法

（1）等强度代换。如施工图中所用的钢筋设计强度为f_{y1}，钢筋总面积为A_{s1}，代换后的钢筋设计强度为f_{y2}，钢筋总面积为A_{s2}，则应：

$$A_{s1}f_{y1} \leqslant A_{s2}f_{y2}$$

即
$$\frac{n_1 \pi d_1^2 f_{y1}}{4} \leqslant \frac{n_2 \pi d_2^2 f_{y2}}{4}$$
则
$$n_2 \geqslant \frac{n_1 d_1^2 f_{y1}}{d_2^2 f_{y2}} \tag{3-1}$$

式中 n_1——施工图钢筋根数；

n_2——代换钢筋根数；

d_1——施工图钢筋直径；

d_2——代换钢筋直径。

（2）等面积代换。如代换后的钢筋与设计钢筋级别相同，则：
$$A_{s1} \leqslant A_{s2}$$
则
$$n_2 \geqslant \frac{n_1 d_1^2}{d_2^2} \tag{3-2}$$
式中各符号含义同上。

（3）当构件按裂缝宽度或挠度控制时，钢筋的代换需进行裂缝宽度或挠度验算。代换后，还应满足构造方面的要求（如钢筋间距、最小直径、最少根数、锚固长度、对称性等）及设计中提出的特殊要求（如冲击韧性、抗腐蚀性等）。

3.2 代换原则

（1）同级别钢筋代换。直径变更范围最好不超过 4 mm，代换后的钢筋总截面面积不小于设计值的 2%、不超过设计值的 3%。

（2）用高一级代替低一级。宜用改变直径的方法以保持钢筋间距；部分构件应校核裂缝和变形。

（3）钢筋等级的变换不能超过一级。按两者的计算强度进行换算。

（4）用较粗的钢筋代替较细的钢筋。代换后的部分构件应校核握裹力。

（5）在混凝土浇筑中主筋需代换时，应保持间距不变，可用两种直径的钢筋间隔配置。

（6）要遵守钢筋代换的基本原则：①当构件受强度控制时，钢筋可按等强度代换；②当构件按最小配筋率配筋时，钢筋可按等面积代换；③当构件受裂缝宽度或挠度控制时，代换后应进行裂缝宽度或挠度验算。

4 钢筋加工

钢筋加工工艺流程如图 3-13 所示。

4.1 调直除锈

钢筋调直可采用锤直、扳直、冷拉调直和调直机调直。一般直条钢筋采用锤直或扳直，盘圆钢筋采用冷拉调直或调直机调直。钢筋调直宜采用机械方法，也可采用冷拉方法。当采用冷拉方法调直钢筋时，HPB235 级钢筋的冷拉率不宜大于 4%，HPB335 级、HRB400 级和 HRB500 级钢筋的冷拉率不大于 1%。

除锈方法一般采用钢丝刷除锈、喷砂除锈、酸洗除锈等方法。

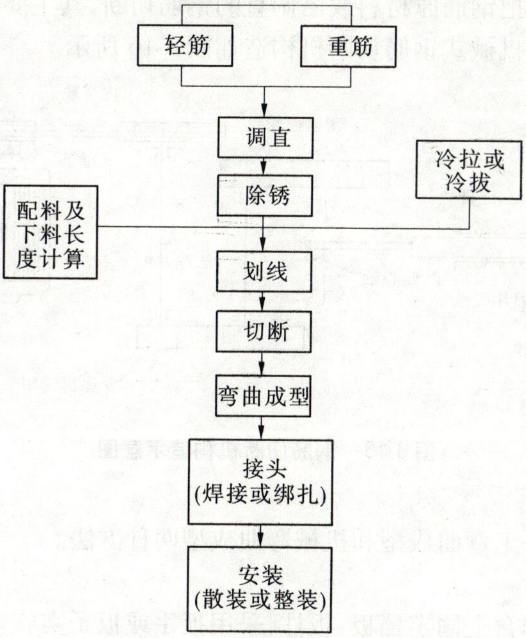

图3-13 钢筋加工工艺流程

4.2 钢筋切断

钢筋切断有人工剪断、机械切断、氧气切割等三种方法。直径大于40 mm的钢筋一般用氧气切割。手工切断的工具有断线钳(见图3-14)、手动液压钢筋切断机(见图3-15)和手压切断器。断线钳用于切断5 mm以下的钢丝。手动液压钢筋切断机能切断直径16 mm以下的钢筋和直径25 mm以下的钢绞线。手压切断器用于切断直径16 mm以下的I级钢筋。

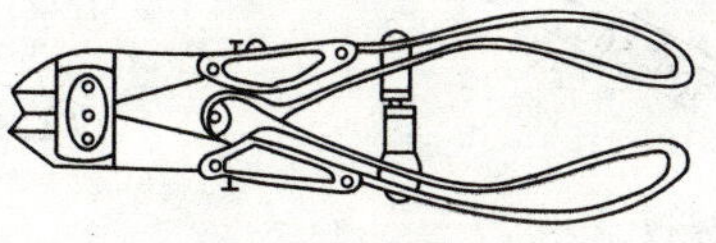

图3-14 断线钳

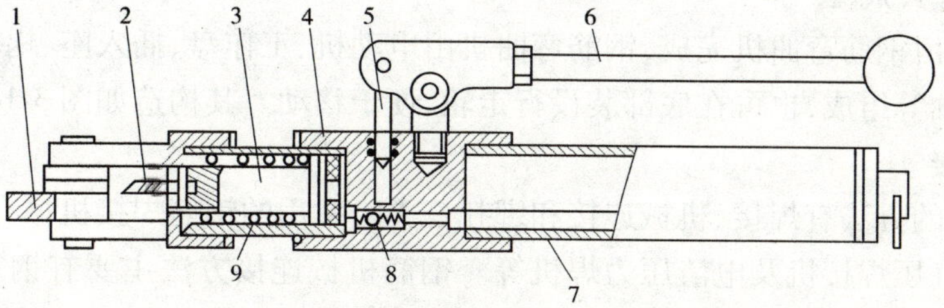

1—滑轨;2—刀片;3—活塞;4—缸体;5—柱塞;

6—压杆;7—储油筒;8—吸油阀;9—回位弹簧

图3-15 GJ5Y-16型手动液压钢筋切断机

钢筋切断机是用来把钢筋原材料或已调直的钢筋切断,其主要类型有机械式、液压式和手持式钢筋切断机。机械式钢筋切断机构造如图 3-16 所示。

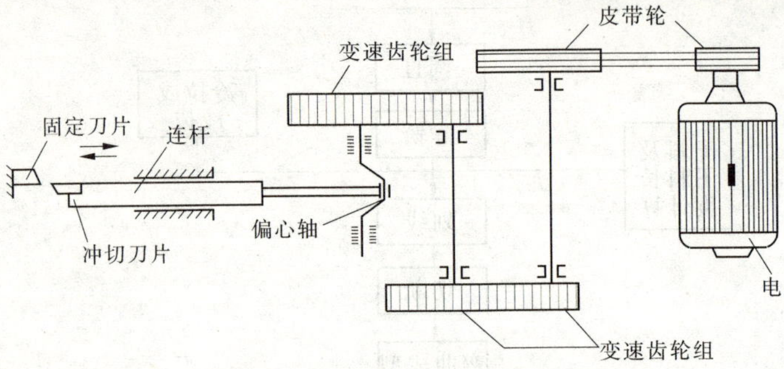

图 3-16　钢筋切断机构造示意图

4.3　钢筋弯曲成型

钢筋弯曲成型有手工弯曲成型和机械弯曲成型两种方法。

4.3.1　手工弯曲成型

手工弯曲是在工作台上固定挡板、板柱,采用扳手或扳子实施人工弯曲。主要工具见图 3-17。

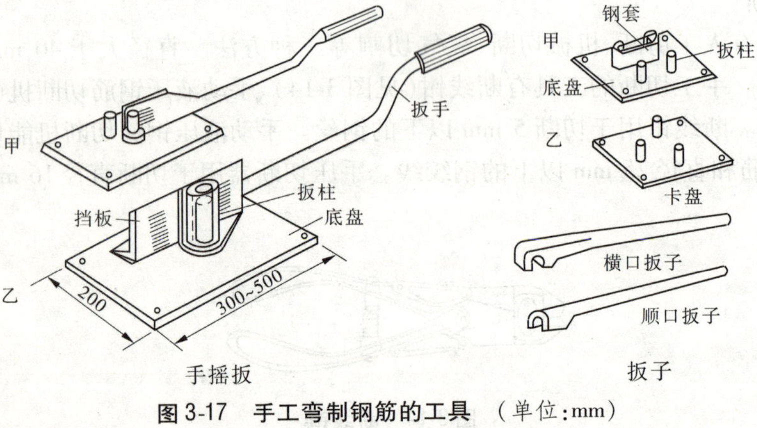

图 3-17　手工弯制钢筋的工具　(单位:mm)

4.3.2　机械弯曲成型

机械弯曲由钢筋弯曲机完成,钢筋弯曲机由电动机、工作盘、插入座、蜗轮、蜗杆、皮带轮、齿轮及滚轴等组成,也可在底部装设行走轮,便于移动。其构造如图 3-18 所示。

4.4　钢筋连接

钢筋连接的方法有焊接、机械连接和绑扎三类。常用的钢筋焊接机械有电阻焊接机、电弧焊接机、气压焊接机及电渣压力焊机等。钢筋机械连接方法主要有钢筋套筒挤压连接、锥螺纹套筒连接等。

4.4.1　钢筋焊接

4.4.1.1　闪光对焊

闪光对焊是利用电流通过对接的钢筋时,产生的电阻热作为热源使金属熔化,产生强

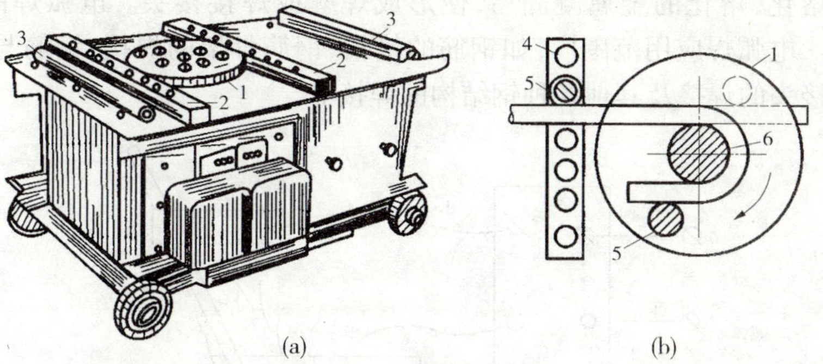

1—弯曲工作盘;2—板条;3—滚筒轴;4—插孔;5—档铁轴;6—中心轴

图 3-18 GJ7-40 型钢筋弯曲机

烈飞溅,并施加一定压力而使之焊合在一起的焊接方式。闪光对焊不仅能提高工效,节约钢材,还能充分保证焊接质量。

如图 3-19 所示,将钢筋夹入对焊机的两电极中,闭合电源,然后使钢筋两端面轻微接触,烧化钢筋端部,当温度升高到要求温度后,便快速将钢筋挤压(称顶锻),然后断电,即形成焊接接头。

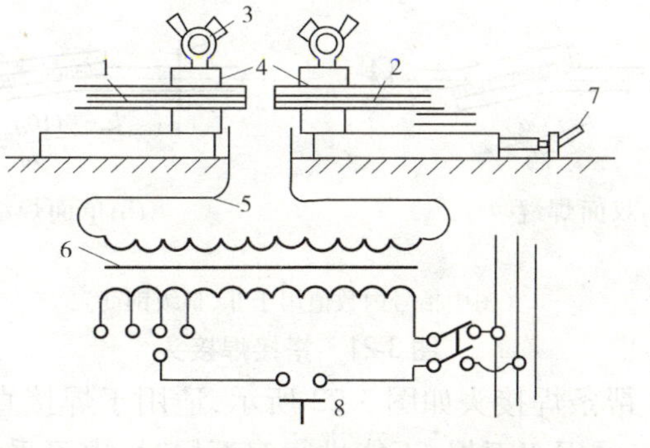

1,2—钢筋;3—夹紧装置;4—夹具;5—线路;6—变压器;7—加压杆;8—开关

图 3-19 对焊机工作原理

闪光对焊一般用于水平钢筋非施工现场连接;适用于直径 10～40 mm 的Ⅰ、Ⅱ、Ⅲ级热轧钢筋、10～25 mm 的Ⅳ级钢筋,以及直径 10～25 mm 的余热处理Ⅲ级钢筋的焊接。

根据所用对焊机功率大小及钢筋品种、直径,闪光对焊又分连续闪光焊、预热闪光焊、闪光—预热闪光焊等不同工艺。钢筋直径较小时,可采用连续闪光焊;钢筋直径较大、端面较平整时,宜采用预热闪光焊;直径较大且端面不够平整时,宜采用闪光—预热闪光焊;Ⅳ级钢筋必须采用预热闪光焊或闪光—预热闪光焊,对Ⅳ级钢筋中焊接性差的钢筋还应采取焊后通电热处理的方法改善接头焊接质量。

采用不同直径的钢筋进行闪光对焊时,直径相差以一级为宜,且不得大于 4 mm。采用闪光对焊时,钢筋端头如有弯曲,应予矫直或切除。

4.4.1.2 电弧焊

电弧焊是利用电弧焊机使焊条与焊件之间产生高温电弧,使焊条和电弧燃烧范围内的焊件金属熔化，熔化的金属凝固后，便形成焊缝或焊接接头。电弧焊的工作原理如图 3-20所示。电弧焊应用范围广，如钢筋的接长、钢筋骨架的焊接、钢筋与钢板的焊接、装配式结构接头的焊接及其他各种钢结构的焊接等。

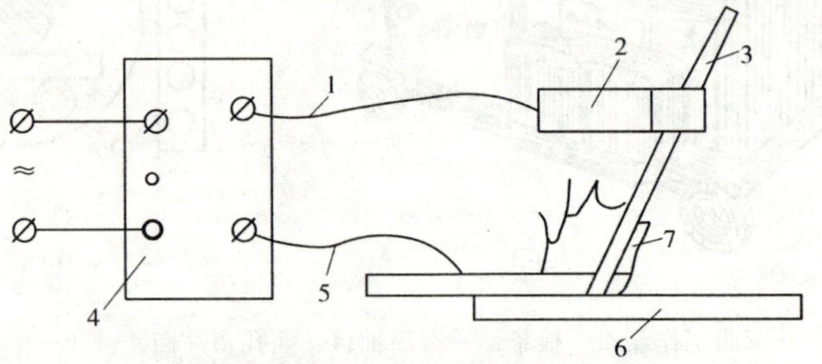

1—电缆；2—焊钳；3—焊条；4—焊机；5—地线；6—钢筋；7—电弧

图 3-20　电弧焊的工作原理图

钢筋电弧焊可分为搭接焊、帮条焊、坡口焊三种接头形式。

(1)搭接焊接头。搭接焊接头如图 3-21 所示，适用于焊接直径 10 ~ 40 mm 的 Ⅰ ~ Ⅲ 级钢筋。钢筋搭接焊宜采用双面焊。不能进行双面焊时，可采用单面焊。焊接前，钢筋宜预弯，以保证两钢筋的轴线在一直线上，使接头受力性能良好。

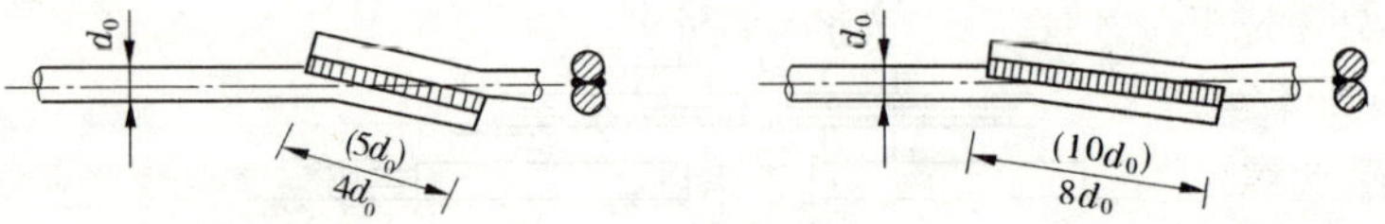

(a)双面焊缝　　(b)单面焊缝

(图中括号内数值用于Ⅱ、Ⅲ级钢筋)

图 3-21　搭接焊接头

(2)帮条焊接头。帮条焊接头如图 3-22 所示，适用于焊接直径 10 ~ 40 mm 的 Ⅰ ~ Ⅲ 级钢筋。钢筋帮条焊宜采用双面焊，不能进行双面焊时，也可采用单面焊。帮条宜采用与主筋同级别或同直径的钢筋制作。当帮条级别与主筋相同时，帮条直径可以比主筋直径小一个规格；当帮条直径与主筋相同时，帮条钢筋级别可比主筋低一个级别。

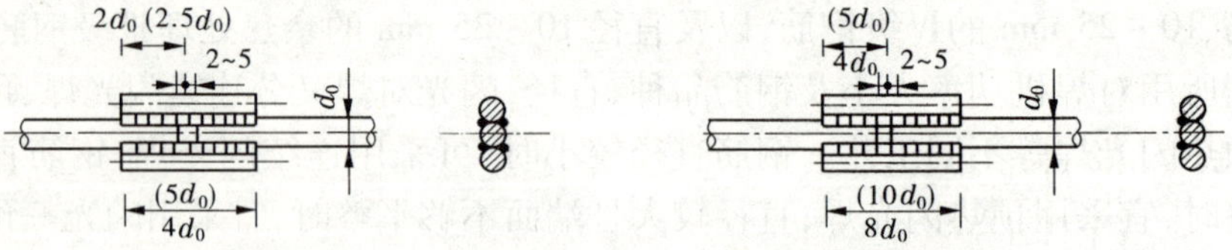

(a)双面焊缝　　(b)单面焊缝

(图中括号内数值用于Ⅱ、Ⅲ级钢筋)

图 3-22　帮条焊接头　(单位：mm)

钢筋搭接焊接头或帮条焊接头的焊缝厚度应不小于主筋直径的 30%，焊缝宽度不应小于主筋直径的 70%。

(3)坡口焊接头。坡口焊接头比上述两种接头节约钢材，适用于现场焊接装配现浇式构件接头中直径 18 ~ 40 mm 的Ⅰ~Ⅲ级钢筋。

坡口焊按焊接位置不同可分为平焊与立焊,如图 3-23 所示。

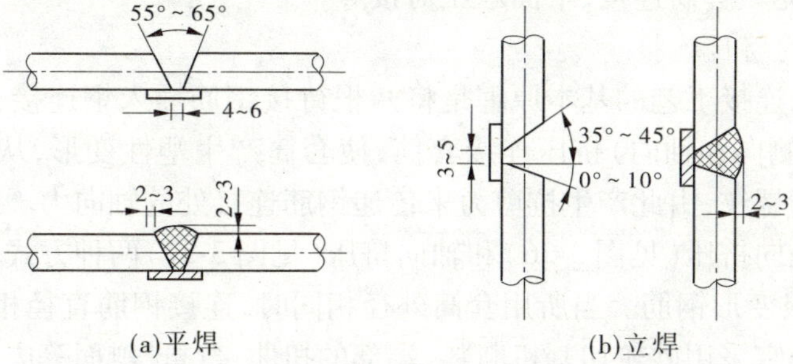

图 3-23 坡口焊接头 (单位:mm)

4.4.1.3 电渣压力焊

电渣压力焊是将两根钢筋安放成竖向对接形式,利用焊接电流通过两钢筋端面间隙,在焊剂层下形成电弧过程和电渣过程,产生电弧热和电阻热,熔化钢筋,加压完成的一种焊接方法。钢筋电渣压力焊机操作方便,效率高,适用于竖向或斜向受力钢筋的现场连接。电渣压力焊机分为自动电渣压力焊机及手工电渣压力焊机两种。主要由焊接电源(BX2 - 1000 型焊接变压器)、焊接夹具、操作控制系统、辅件(焊剂盒、回收工具)等组成。其焊接原理如图 3-24 所示。

4.4.1.4 电阻点焊

电阻点焊是利用电流通过焊件时产生的电阻热作为热源,并施加一定的压力,使交叉连接的钢筋接触处形成一个牢固的焊点,将钢筋焊合起来。

点焊机主要由点焊变压器、时间调节器、电极和加压机构等部分组成,点焊机工作原理如图 3-25 所示。电阻点焊适用于钢筋骨架和钢筋网中交叉钢筋的焊接,所适用的钢筋直径和级别为:直径 6 ~ 14 mm 的热轧Ⅰ、Ⅱ级钢筋;直径 3 ~ 5 mm 的冷拔低碳钢丝和直径 4 ~ 12 mm 的冷轧带肋钢筋。

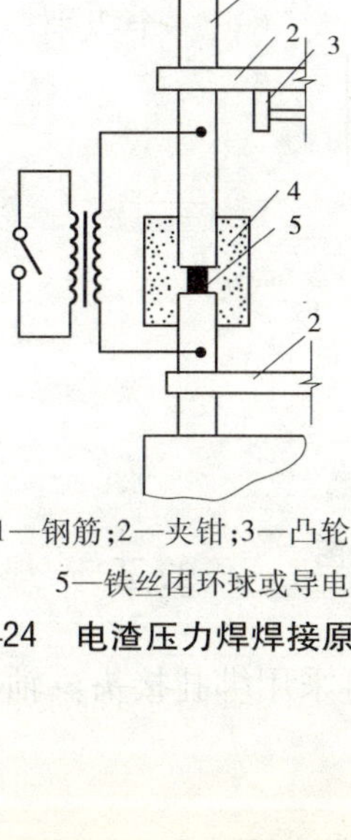

1—钢筋;2—夹钳;3—凸轮;4—焊剂;
5—铁丝团环球或导电焊剂

图 3-24 电渣压力焊焊接原理示意图

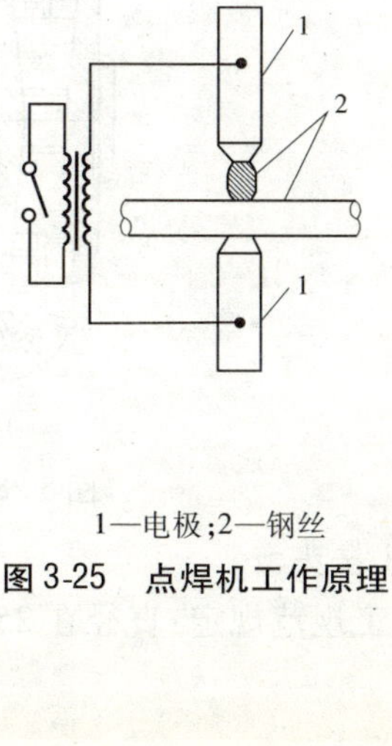

1—电极;2—钢丝

图 3-25 点焊机工作原理示意图

4.4.2 钢筋机械连接

钢筋机械连接的种类很多，如钢筋套筒挤压连接、锥螺纹套筒连接、精轧大螺旋钢筋套筒连接、热熔剂充填套筒连接、平面承压对接等。

4.4.2.1 钢筋套筒挤压连接

钢筋套筒挤压连接工艺的基本原理是将两根待接钢筋插入钢连接套筒，采用专用液压压接钳侧向（或侧向和轴向）挤压连接套筒，使套筒产生塑性变形，从而使套筒的内周壁变形而嵌入钢筋螺纹，由此产生抗剪力来传递钢筋连接处的轴向力。

挤压连接有径向挤压（见图3-26）和轴向挤压（见图3-27）两种方式，宜用于连接直径20～40 mm Ⅱ、Ⅲ级变形钢筋。当所用套筒外径相同时，连接钢筋直径相差不宜大于两个级差。钢筋接头处宜采用砂轮切割机断料，端部的扭曲、弯折、斜面等应予校正或切除，钢筋连接部位的飞边或纵肋过高应采用砂轮机修磨，以保证套筒能自由套入钢筋。

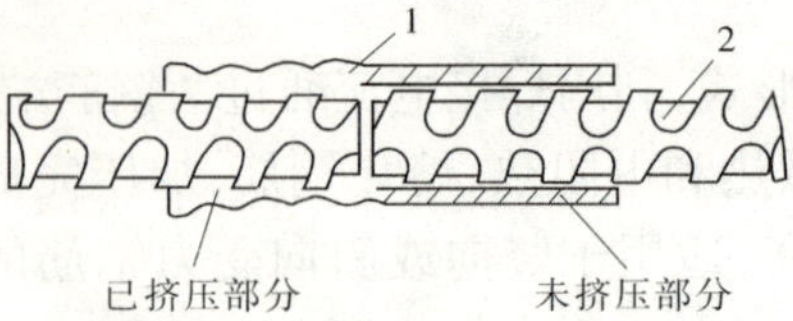

1—钢套筒；2—带肋钢筋

图3-26 钢筋径向挤压连接

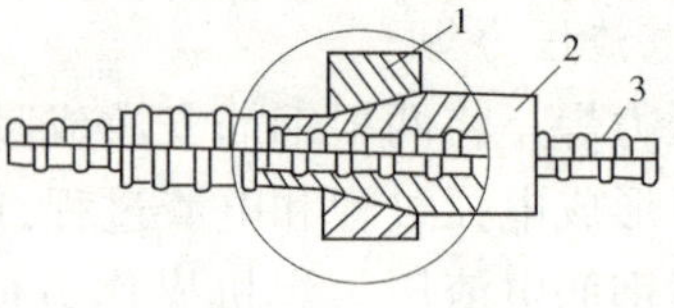

1—压模；2—钢套筒；3—钢筋

图3-27 钢筋轴向挤压连接

4.4.2.2 锥螺纹套筒连接

锥螺纹套筒连接是采用锥螺纹连接钢筋的一种机械式钢筋接头（钢筋锥螺纹套管连接示意图见图3-28）。它能在施工现场连接Ⅱ、Ⅲ级16～40 mm的同径或异径的竖向、水平或任何倾角钢筋，不受钢筋有无花纹及含碳量的限制。它连接速度快，对中性好，工艺简单，安全可靠，无明火作业，不污染环境，节约钢材和能源，可全天候施工。所连钢筋直径之差不宜超过9 mm。

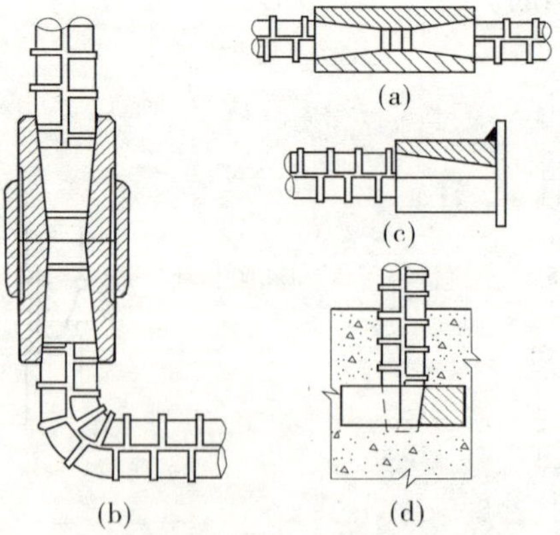

图3-28 钢筋锥螺纹套管连接示意图

4.4.3 绑扎接头

根据施工规范规定：直径在25 mm以下的钢筋接头，可采用绑扎接头。轴心受压、小偏心受拉构件和承受振动荷载的构件中,钢筋接头不得采用绑扎接头。搭接长度不得小于规范规定的数值;受拉区域内的光面钢筋绑扎接头的末端应做弯钩;梁、柱钢筋的接头,如采用绑扎接头,则在绑扎接头的搭接长度范围内应加密箍筋。当搭接钢筋为受拉钢筋时,箍筋间距不应大于 $5d$(d 为两搭接钢筋中较小的直径);当搭接钢筋为受压钢筋时,箍筋间距不应大于 $10d$。绑扎所用扎丝一般采用 18 ~ 22 号铁丝或镀锌铁丝,绑扎的方法有一面顺扣法、十字花扣法、反十字扣法、兜扣法、缠扣法、兜扣加缠法、套扣法等,较常用的是一面顺扣法,如图 3-29 所示。

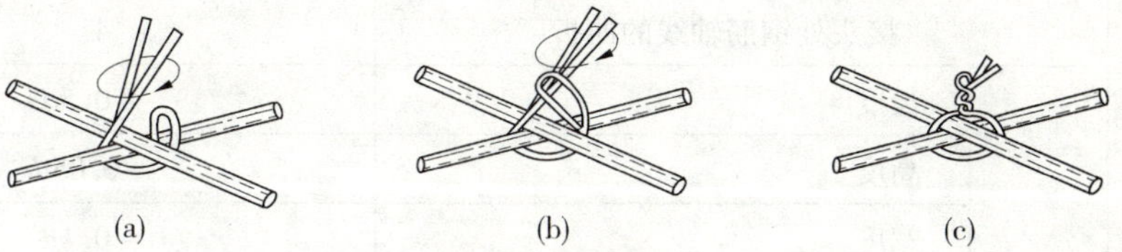

图 3-29　一面顺扣法

钢筋绑扎接头应分散布置,配置在同一截面内的受力钢筋,其接头的截面面积占受力钢筋总截面面积的比例应符合下列要求:

(1)绑扎接头在构件的受拉区中不超过 25%,在受压区中不超过 50%。

(2)焊接与绑扎接头距钢筋弯起点不小于 $10d$,也不位于最大弯矩处。

(3)在施工中如分辨不清受拉、受压区时,其接头设置应按受拉区的规定。

(4)两根钢筋相距在 $30d$ 或 50 cm 以内,两绑扎接头的中距在绑扎搭接长度以内,均做同一截面。

(5)直径等于和小于 12 mm 的受压 Ⅰ 级钢筋的末端,以及轴心受压构件中任意直径的受力钢筋的末端,可不做弯钩,但搭接长度不应小于 $30d$。

5　钢筋安装

5.1　钢筋安装前的准备工作

(1)熟悉图纸。该工作应首先进行,结合结构图和配料单,逐号核对安装部位所需钢筋的位置、间距、保护层及形状、尺寸等。必要时,可绘制各片钢筋网的安装草图。

(2)测量放线、高程控制。

(3)清理仓面和清理钢筋、机具准备等。

(4)考虑施工顺序、劳动组合、安全措施和有关工序的配合。

5.2　安装方法

钢筋的安装方法有两种:一种是将钢筋骨架在加工厂制好,再运到现场安装,叫整装法;另一种是将加工好的散钢筋运到现场,再逐根安装,叫散装法。对于墩、墙、板、柱及护坦面层钢筋可采用整装工艺。

散装法的施工程序:焊接架立筋、画线钢筋、绑钢筋、垫保护层、固定预埋件、检查校正等。现场画线应从中心点开始,向两侧按钢筋间距放点,最后用根数核对。钢筋绑扎时,应注意钢筋接头要分散布置,两端应留有足够的锚固长度或搭接长度。相邻两个绑扎点丝扣的方向须交错 90°。

5.3 钢筋安装质量要求

按现行施工规范,水工钢筋混凝土工程中的钢筋安装,其质量应符合以下规定:

(1)钢筋的安装位置、间距、保护层厚度及各部分钢筋的大小尺寸,均应符合设计要求,其偏差不得超过表3-9的规定。

表3-9 钢筋安装的允许偏差

项次	项目	项目	项目	允许偏差
1	点焊及电弧焊	帮条对焊接头中心的纵向偏移		$0.5d$
2	点焊及电弧焊	接头处钢筋轴线的曲折		4°
3	点焊及电弧焊	焊缝	长度	$-0.5d$
3	点焊及电弧焊	焊缝	高度	$-0.05d$
3	点焊及电弧焊	焊缝	宽度	$-0.1d$
3	点焊及电弧焊	焊缝	咬边深度	$0.05d$,但不大于1
3	点焊及电弧焊	焊缝	表面气孔和夹渣 (1)在$2d$长度上 (2)气孔、夹渣直径	 不多于2个 不大于3 mm
4	对焊及熔槽焊	焊接接头根部未焊透深度 (1)25~40 mm钢筋 (2)40~70 mm钢筋		 $0.15d$ $0.10d$
5	对焊及熔槽焊	接头处钢筋中心线的位移		$0.1d$,不大于2 mm
6	对焊及熔槽焊	焊缝表面(长为$2d$)和焊缝截面上蜂窝、气孔、金属杂质		不大于1.5 mm,直径3个
7	钢筋长度方向的偏差			净保护层厚度的±50%
8	同一排受力钢筋间距的局部偏差 (1)柱及梁中 (2)板、墙中			 $\pm 0.5d$ 间距的±10%
9	同一排分布钢筋间距的偏差			间距的±10%
10	双排钢筋,其排与排间距的局部偏差			排距的±10%
11	梁与柱中钢箍间距的偏差			箍筋间距的±10%
12	保护层厚度的局部偏差			净保护层厚度的±25%

检查时先进行宏观检查,没发现有明显不合格处,即可进行抽样检查,对梁、板、柱等小型构件,总检测点数不少于30个,其余总检测点数一般不少于50个。

(2)现场焊接或绑扎的钢筋网,其钢筋交叉的连接应按设计规定进行。当设计未作规定,且直径在25 mm以下时,则除楼板和墙内靠近外围两行钢筋的交点应逐根扎牢外,其余按50%的交叉点进行绑扎。

(3)钢筋安装中交叉点的绑扎,对于Ⅰ、Ⅱ级钢筋,直径在16 mm以上且不损伤钢筋截面时,可用手工电弧焊进行点焊来代替,但必须采用细焊条、小电流进行焊接,并严加外观检查,钢筋不应有明显的咬边和裂纹出现。

(4)板内双向受力钢筋网,应将钢筋全部交叉点全部扎牢。柱与梁的钢筋中,主筋与箍筋的交叉点在拐角处应全部扎牢,其中间部分可每隔一个交叉点扎一点。

(5)安装后的钢筋应有足够的刚性和稳定性。整装的钢筋网和钢筋骨架,在运输和安装过程中应采取措施,以免变形、开焊及松脱。安装后的钢筋应避免错动和变形。

(6)在混凝土浇筑施工中,严禁为方便浇筑擅自移动或割除钢筋。

【例3-1】 绘制图中简支梁的配料单(保护层取25 mm)。

编制步骤:

(1)熟悉图样(配筋图见图3-30)。

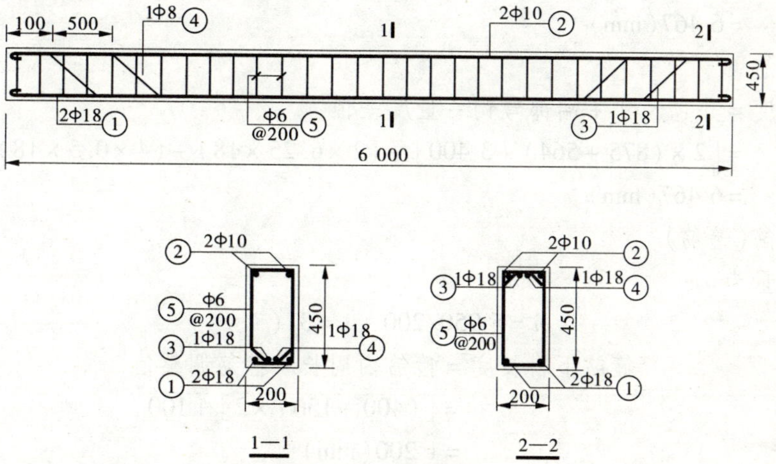

图3-30 配筋图

(2)绘制配筋翻样图,如图3-31所示。

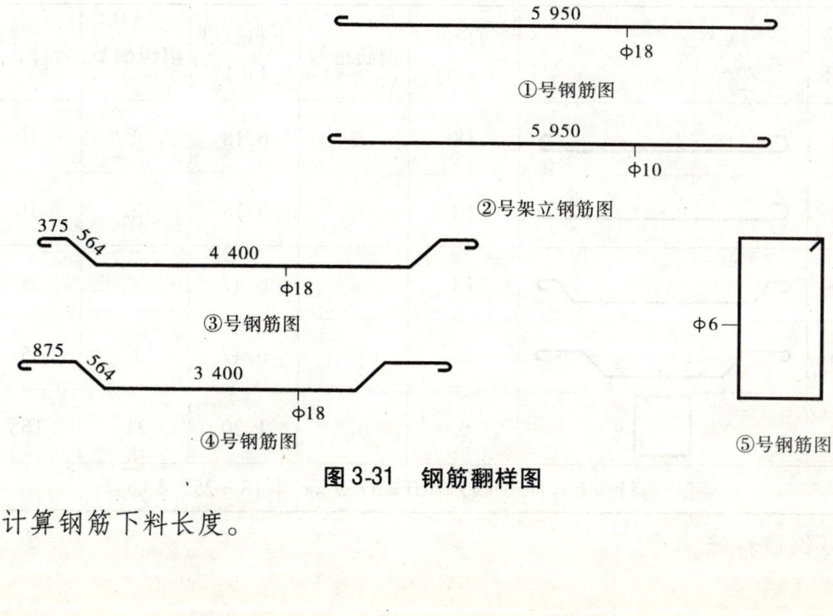

图3-31 钢筋翻样图

(3)计算钢筋下料长度。

①号钢筋

$$下料长度=6\ 000-2\times25+(6.25\times18\times2)=6\ 175(mm)$$

②号钢筋

$$下料长度=6\ 000-2\times25+(6.25\times10\times2)=6\ 075(mm)$$

③号钢筋

$$端部平直段=400-25=375(mm)$$

$$斜段长度=(450-2\times25)\times1.41=564(mm)$$

$$中间直段长=6\ 000-2\times25-2\times375-2\times400=4\ 400(mm)$$

$$\begin{aligned}下料长度&=外包尺寸+端部弯钩-量度差值\\&=[2\times(375+564)+4\ 400]+(2\times6.25\times18)-(4\times0.5\times18)\\&=6\ 278+225-36\\&=6\ 467(mm)\end{aligned}$$

④号钢筋

$$\begin{aligned}下料长度&=外包尺寸+端部弯钩-量度差值\\&=[2\times(875+564)+3\ 400]+(2\times6.25\times18)-(4\times0.5\times18)\\&=6\ 467(mm)\end{aligned}$$

⑤号钢筋(箍筋)

箍筋数量为

$$n=5\ 950/200+1=31(个)$$

$$\begin{aligned}箍筋下料长度&=箍筋内周长+箍筋调整值\\&=[(400+150)\times2]+100\\&=1\ 200(mm)\end{aligned}$$

(4)填写和编制钢筋配料单,如表3-10所示。

表3-10　钢筋配料单

构件名称	钢筋编号	简　图	直径(mm)	钢筋符号	下料长度(m)	单位根数	合计根数	质量(kg)
某教学楼L_1梁共5根	①		18	Φ	6.18	2	10	123
	②		10	Φ	6.18	2	10	37.5
	③		18	Φ	6.47	1	5	64.7
	④		18	Φ	6.47	1	5	64.7
	⑤		6	Φ	1.20	31	155	41.3
备注	合计Φ6=41.3 kg,Φ10=37.5 kg,Φ18=252.4 kg							

(5)填写钢筋料牌。

该料牌仅表示 L_1 梁③号钢筋，其他钢筋仍应按此格式填写，见图3-32。

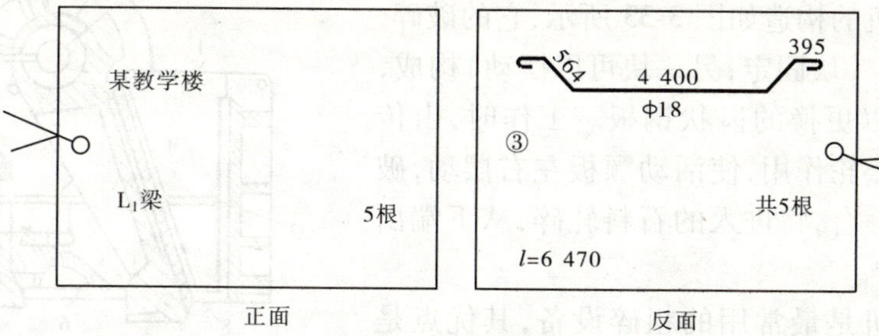

图3-32　钢筋料牌

任务3　混凝土工程

混凝土由90%的砂石骨料构成，每立方米混凝土需近1.5 m^3 砂石骨料，大中型水利水电工程，不仅对砂石骨料的需要量相当大、质量要求高，而且往往需要施工单位自行制备。因此，正确组织砂石料生产，是一项十分重要的工作。

1　骨料制备与储存

水利水电工程中骨料来源分为三种基本类型：

(1)天然骨料：天然砂、砾石经筛分、冲洗而制成的混凝土骨料。

(2)人工骨料：开采的石料经过破碎、筛分、冲洗而制成的混凝土骨料。

(3)组合骨料：以天然骨料为主、人工骨料为辅配合使用。

料场按照骨料获得形式分为天然砂砾石料场、岩石料场和弃渣料场。天然砂砾石料场又分为陆地料场、河滩料场、河床料场；岩石料场也就是采石场，是专门设计和组织的；工程弃渣是利用水利水电工程施工中，诸如导流隧洞的开挖、大坝、通航建筑物及电站厂房等主体工程基础开挖弃渣。例如映秀湾工程的人工骨料原岩100%来源于工程弃渣；巴西伊泰普工程100余万 m^3 混凝土，大部分骨料利用弃渣加工。工程弃渣的利用，能减少工程弃渣处置费用，有利于环境保护和水土保持，通常还能降低砂石骨料的成本，应优先加以研究。

1.1　骨料加工

从料场开采的砂石料不能直接用于制备混凝土，需要经过破碎、筛分、冲洗等加工过程，制成符合级配要求，质量合格的各级粗、细骨料。

1.1.1　破碎

为了将开采的石料破碎到规定的粒径，往往需要经过几次破碎才能完成。因此，通常将骨料破碎过程分为粗碎(将原石料破碎到70～300 mm)、中碎(破碎到20～70 mm)和细碎(1～20 mm)三种。

水利水电工程工地常用的破碎设备有颚式破碎机、旋回破碎机、圆锥破碎机、反击式破碎机，此外还有辊式破碎机和锤式破碎机、棒磨机、立轴式冲击破碎机等制砂设备。

1.1.1.1 颚式破碎机

颚式破碎机的构造如图3-33所示,它的破碎槽由两块颚板(一块固定,另一块可以摆动)构成,颚板上装有可以更换的齿状钢板。工作时,由传动装置带动偏心轮作用,使活动颚板左右摆动,破碎槽即可一开一合,将进入的石料轧碎,从下端出料口漏出。

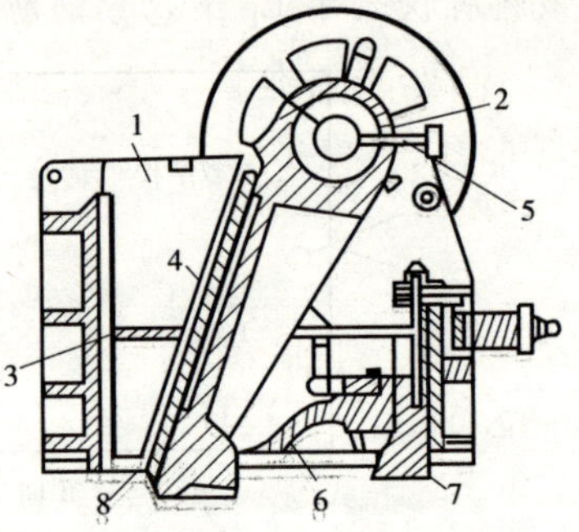

1—进口;2—偏心轮;3—固定颚板;4—活动颚板;5—偏心轴;6—撑杆;7—楔形滑块;8—出料口

图3-33 颚式破碎机

颚式破碎机是最常用的粗碎设备,其优点是结构简单,自重较轻,价格便宜,外形尺寸小,配置高度低,进料尺寸大,排料口开度容易调整;缺点是衬板容易磨损,活动颚板需经常更换,产品中针片状含量较高,处理能力较低,一般需配置给料设备。

颚式破碎机的规格,常用其进料口尺寸(宽×长)表示。例如,规格为400 mm×600 mm的颚式破碎机,能轧碎直径为350 mm的块石(约为进料口宽度的85%),它的出料口宽度为40~160 mm,生产率为17~85 t/h。

破碎机生产率的大小与石料性质、破碎机出料口宽度、喂料的均匀程度和破碎机转速等因素有关。出料口宽度可以在一定范围内调整,如出料口调宽,可使生产率提高,但产品粗粒径增多,石料破碎率(即进料平均粒径与出料平均粒径之比)也随之降低。因此,破碎率应控制在6~8,当第一次破碎不合要求时,应进行第二次破碎。破碎机转速低,则生产率低;转速过高,碎石来不及下落,生产率也低。

1.1.1.2 旋回破碎机

旋回破碎机可作为颚破后第二阶段破碎,也可直接用于一破,是常用的粗碎设备。其优点是处理能力大,产品粒形较颚式破碎机好,可挤满给料,进料无需配给料设备;缺点是其结构较颚式破碎机复杂,自重大,机体高,价格贵,维修复杂,土建工程量大。出料要设缓冲仓和专用设备。

1.1.1.3 圆锥破碎机

(1)传统圆锥破碎机。它是最常用的二破和三破设备,有标准、中型、短头三种腔型,有弹簧和液压两种型式。它的破碎室由内、外锥体之间的空隙构成。活动的内锥体装在偏心主轴上,外锥体固定在机架上,如图3-34所示。工作时,由传动装置带动主轴旋转,使内锥体作偏心转动,将石料碾压破碎,并从破碎室下端出料槽滑出。

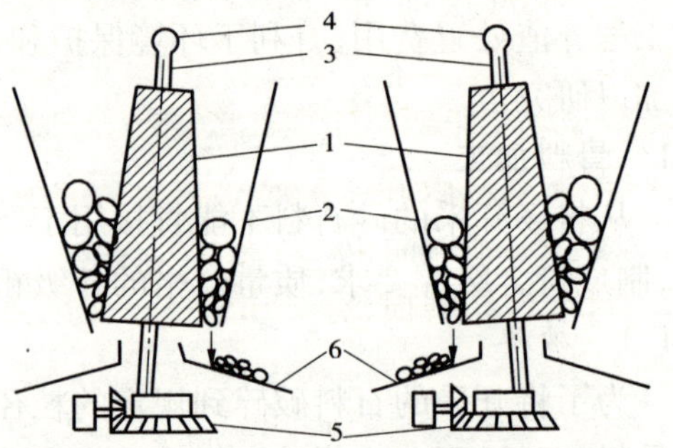

1—内锥体;2—破碎室机壳;3—偏心主轴;4—球形铰;5—伞齿及转动装置;6—出料滑板

图3-34 锥式破碎机工作原理图

传统锥式破碎机工作可靠,磨损轻,效率高,产品粒径均匀。但其结构和维修较复杂,机体高,价格贵,破碎产品中针片状颗粒含量较高。

(2)高性能圆锥破碎机。与传统圆锥破碎机相比，破碎能力大为提高，可挤满给料，产品粒形好，有更多的腔型变化，以适应中碎、细碎和制砂等各工序以及各种不同的生产要求，操作更为方便可靠，但价格高。我国二滩、三峡工程人工砂石料生产系统中，中、细碎均采用了这种高性能圆锥破碎机。其型号有 HP500SX、HP300SXPH、PYZ - 2227、OCl560SXST。目前，国际上具有代表性的制造厂家分别是瑞典的 Svedala 公司与美国的 Nordberg 公司。

1.1.1.4　反击式破碎机

反击式破碎机有单转子、双转子、联合式三种型式。我国主要生产和应用前两种型式，如图3-35、图3-36所示。

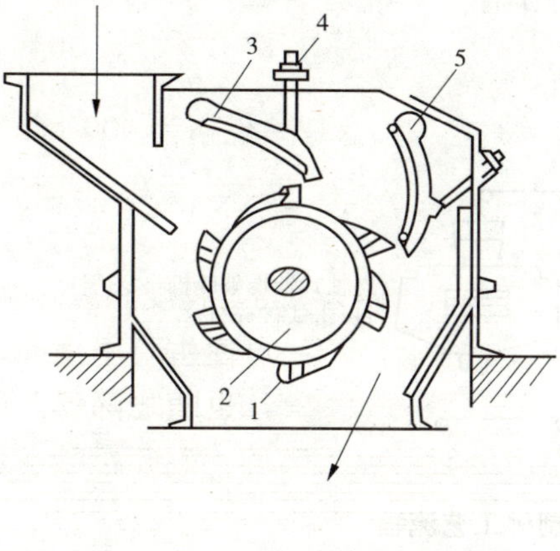

1—打击板；2—转子；3—第一道反击板；
4—悬挂反击板的拉杆；5—第二道反击板

图3-35　单转子反击式破碎机

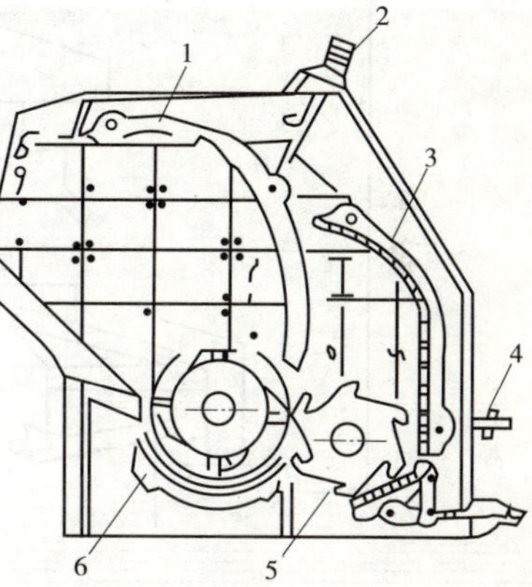

1—第一道反击板；2—反击板调节拉杆螺栓；
3—第二道反击板；4—调节弹簧；
5—第二级转子；6—第一级转子

图3-36　12508×1250 双转子反击式破碎机

其破碎机理属冲击破碎，主要借固定在转子上的打击板，高速冲击被破碎物料，使其沿薄弱部分(层理、节理等)进行选择性破碎。还通过被冲击料块，从打击处获得的动能，向反击板进行二次主动冲击，以及料块在破碎腔内的互击，经过打击破碎、反弹破碎、互撞破碎、铣削破碎四个主要过程反复进行，直至物料粒径小于打击板与反击板间缝隙时被卸出。其优点是破碎率大(一般为20%左右，最大达50%～60%)，产品细，粒形好，产量高，能耗低，结构简单，适于破碎中等硬度岩石，用于中、细碎和机制砂的加工。缺点是板锤和衬板容易磨损，更换和维修工作量大，产品级配不易控制，容易产生过度粉碎。

1.1.1.5　立轴式冲击破碎机

立轴式冲击破碎机除具备反击式破碎机的一般特性外，它还具有一些显著的优点，即产品更细，磨损较卧式反击破碎机破碎小，适合于作细碎和制砂，但产品粒径组成不理想。"石打石"立轴式冲击破碎机是我国从瑞典进口的新一代超细碎破碎机的代表，该破碎机产品粒形优异，级配可调，结构简单，产品可根据岩石破碎工艺要求，进行成品骨料粒径的整形，也可专门用于人工砂的生产，我国已在江垭、三峡、棉花滩等水利水电工程中成功使用。

1.1.1.6　棒磨机

制砂用棒磨机通常采用两端轴孔进料、中间边孔排料型，产品粉粒较少。国内使用最多的规格为ϕ2 100 mm×3 600 mm，如乌江渡、二滩、东风、五强溪等工程都是采用这种型号。

近年来，随着冲击式破碎机、旋盘式破碎机、“石打石”立轴式破碎机等机型的出现，制砂工艺由单一棒磨机制砂方式发展到多种类型及联合型的制砂方式。如三峡工程，采用了棒磨机、筛分石渣、“石打石”立轴式冲击破碎机制砂后混合的工艺。图3-37所示为冲击式破碎机制砂工艺流程。

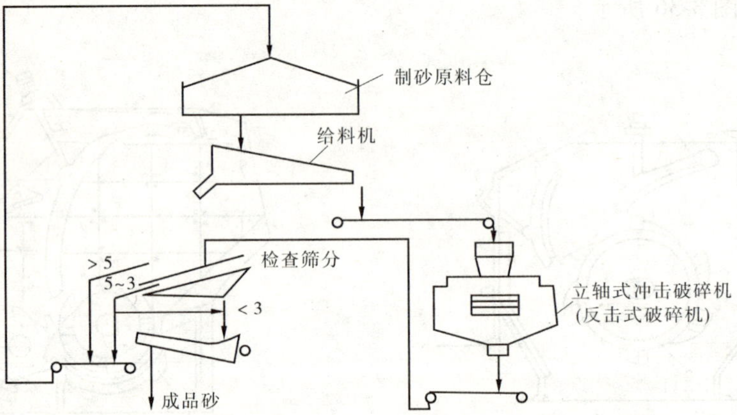

图3-37　冲击式破碎机制砂工艺流程

1.1.2　骨料筛分与冲洗

骨料筛分就是将天然或人工的骨料按粒径大小进行分级。分级的方法有水力筛分和机械筛分两种。水力筛分利用骨料颗料大小不同、水力粗度各异的特点进行分级，适用于细骨料；机械筛分利用机械作用，经不同孔眼尺寸的筛网对骨料进行分级，适用于粗骨料。冲洗是在筛分过程中清除骨料中夹杂的泥土。

1.1.2.1　偏心振动筛

偏心振动筛又称为偏心筛，如图3-38所示。它主要由固定机架、活动筛架、筛网、偏心轴及电动机等组成。筛网的振动，是利用偏心轴旋转时的惯性作用。偏心轴安装在固定机架上的一对滚珠轴承中，由电动机通过皮带轮带动，可在轴承中旋转。活动筛架通过另一对滚珠轴承悬装在偏心轴上。筛架上装有两层不同筛孔的筛网，可筛分三级不同粒径的骨料。

当偏心轴旋转时，由于偏心作用，筛架和筛网也就跟着振动，从而使筛网上的石块向前移动，并且向上跳动和向下筛落。由于筛架与固定机架之间是通过偏心轴刚性相连的，所以会同时发生振动。为了减轻对固定机架的振动，在偏心轴两端还安装有与轴偏心方向成180°的平衡块。

偏心筛的特点是刚性振动，振幅固定（3~6 mm），不因来料多少而变化，也不易因来

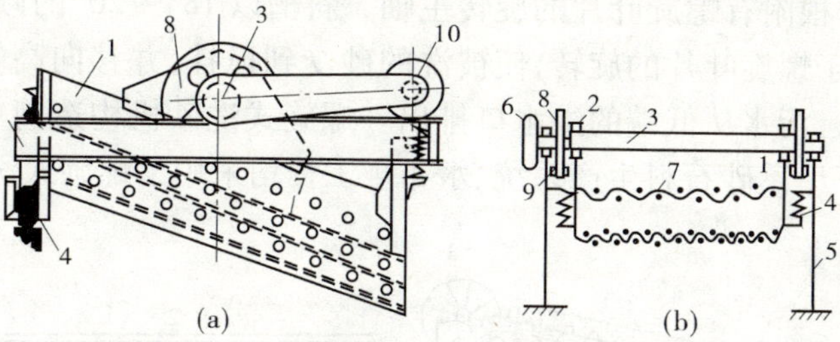

(a) (b)

1—活动筛架；2—筛架上的轴承；3—偏心轴；4—弹簧；5—固定机架；

6—皮带轮；7—筛网；8—平衡轮；9—平衡块；10—电动机

图 3-38 偏心振动筛

料过多而堵塞筛孔。其振动频率为 840 ~ 1 200 次/min。偏心筛适用于筛分粗、中粒径的骨料，常用来完成第一道筛分任务。

1.1.2.2 惯性振动筛

惯性振动筛又称为惯性筛，如图 3-39 所示。它的偏心轴(带偏心块的旋转轴)安装在活动筛架上，利用马达带动旋转轴上的偏心块，产生离心力而引起筛网振动。

惯性筛的特点是弹性振动，振幅大小将随来料多少而变化，容易因来料多而堵塞筛孔，故要求来料均匀。其振幅为 1.6 ~ 6 mm，振动频率为 1 200 ~ 2 000 次/min。适用于中、细颗粒筛分，常用来完成第二道筛分任务。

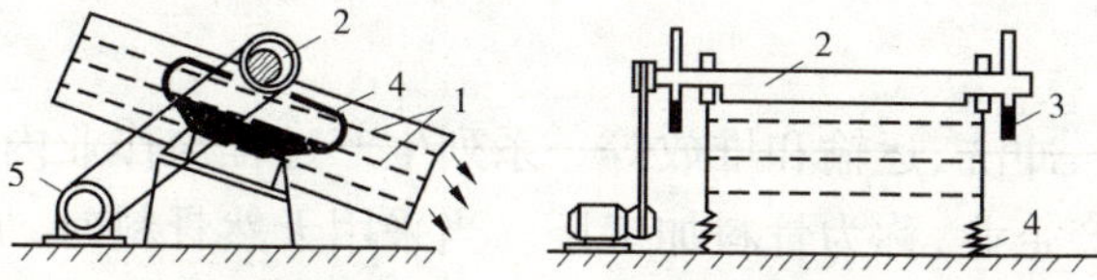

(a)构造简图 (b)工作原理图

1—筛网；2—筛架上的偏心轴；3—调整振幅用的配重盘；4—消振弹簧；5—电动机

图 3-39 惯性振动筛

1.1.2.3 高效振动筛分机

目前，国外广泛采用高效的、编织网筛面的振动筛进行砂石的分级处理。其优点是石料在筛网面上可以迅速均匀地散开，而筛网采用钢丝编织的网，其开孔率较目前国内普遍采用的橡胶网与聚胺酯网高出 30% ~50%，因而效率高于普通型振动筛。

在筛分的同时，一般通过筛网上安装的几排带喷水孔的压力水管，不断对骨料进行冲洗，冲洗水压应大于 0.5 MPa。

在骨料筛分过程中，由于筛孔偏大，筛网磨损、破裂等因素，往往产生超径骨料，即下一级骨料中混入上一级骨料。相反，由于筛孔偏小或堵塞、喂料过多，筛网倾角过大等因素，往往产生逊径骨料，即上一级骨料中混入的下一级的骨料。超径和逊径骨料的百分率(按重量计)是筛分作业的质量控制指标。要求超径石不大于 5%，逊径石不大于 10%。

1.1.2.4 螺旋式洗砂机

常用的洗砂设备是螺旋式洗砂机，如图 3-40 所示。它是一个倾斜安放的半圆形洗砂槽,槽内装有1~2根附有螺旋叶片的旋转主轴。斜槽以18°~20°的倾斜角安放,低端进砂,高端进水。由于螺旋叶片的旋转,使被洗的砂受到搅拌,并移向高端出料口。洗涤水则不断从高端通入,污水从低端的溢水口排出。螺旋式洗砂机构造简单,工作可靠,应用广泛。三峡工程下岸溪砂石料生产系统、水布垭工程均采用了螺旋式洗砂机。

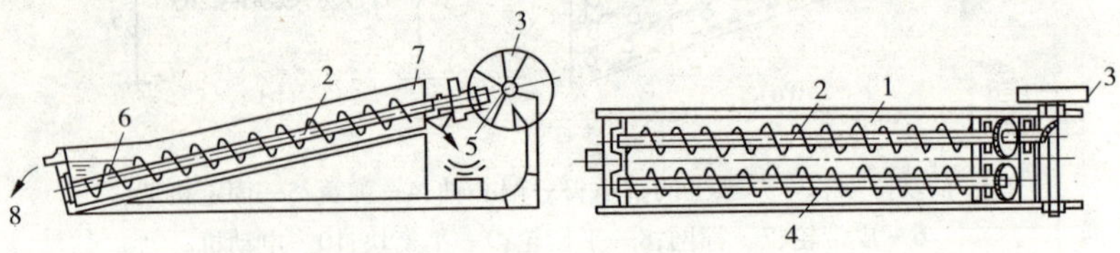

1—洗砂槽;2—带螺旋叶片的旋转轴;3—驱动机构;4—螺旋叶片;
5—皮带机(净砂出口);6—加料口;7—清水注入口;8—污水溢出口

图3-40 螺旋式洗砂机

经水力分级后的砂含水率往往高达17%~24%,必须经脱水方可使用。根据《水工混凝土施工规范》(DL/T 5144—2001)的要求,成品砂的含水率应稳定在6%以下,因此必须在水力分级后进行机械脱水。二滩工程采用的是圆盘式真空脱水筛,高频振动脱水筛通过负压吸水及振动脱水联合作用,达到脱水效果,可控制砂含水率在10%~12%。江垭工程采用多折线式直线振动脱水筛,与圆盘式真空脱水筛相比较,占地面积小,结构简单,不需设置真空系统。

1.2 骨料加工厂

把骨料破碎、筛分、冲洗、运输和堆放等一系列生产过程与作业内容组成流水线,并形成一定规模的骨料生产企业,称为骨料加工厂。当采用天然骨料时,加工的主要作业是筛分和冲洗;当采用人工骨料时,加工的主要作业是破碎、筛分、冲洗和棒磨制砂。骨料加工厂要根据地形情况、施工条件、来料和出料方向,做好主要加工设备、运输线路、净料和弃料堆的布置。骨料加工应做到开采和使用相平衡,尽量减少弃料;骨料的开采和加工过程中,还应注意做好环境保护工作,应采取措施避免水土流失,减少废水及废渣排放。

大中型工程常设置筛分楼,某筛分楼的布置示意图见图3-41。进入筛分楼的砂石混合料,应先经过预筛分,剔除粒径大于150 mm的超径石。经过预筛分的砂石混合料,由皮带机运送上筛分楼,经过两台筛分机筛分和冲洗,筛分出5种粒径不同的骨料:特大石(80~150 mm)、大石(40~80 mm)、中石(20~40 mm)、小石(5~20 mm)、砂子(<5 mm)。其中特大石在最上一层筛网上不能过筛,首先被筛分。砂料经沉砂箱和洗砂机清洗得到洁净的砂。经过筛分的各级骨料,分别由皮带机运送到净料堆贮存,以供混凝土制备的需要。

2 混凝土制备

混凝土制备是按照混凝土配合比设计要求,将其各组成材料(砂石、水泥、水、外加剂及掺合料等)拌和成均匀的混凝土料,以满足浇筑的需要。

混凝土制备的过程包括储料、供料、配料和拌和。其中,配料和拌和是主要生产环节,

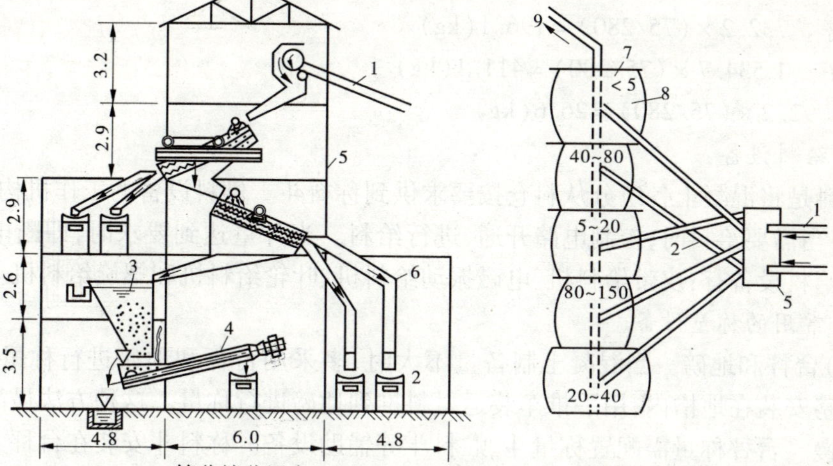

(a) 筛分楼分层布置　　(b) 进出料平面布置

1—进料皮带机;2—出料皮带机;3—沉砂箱;4—洗砂机;
5—筛分楼;6—溜槽;7—隔墙;8—成品料堆;9—成品运出

图3-41　筛分楼布置示意图　(单位:尺寸,m;粒径,mm)

也是质量控制的关键。

2.1　混凝土配料

配料是按混凝土配合比要求,称量每次拌和混凝土的材料用量,其精度直接影响混凝土的质量。配料的方法有重量配料法和体积配料法两种,由于体积配料法难以满足配料精度的要求,所以水利工程广泛采用重量配料法。

重量配料法是将砂、石、水泥和掺合料按重量称量,水和外加剂溶液按体积计量。规范要求的精度是:水泥、外加剂、水和掺合料为±1%,砂石料为±2%。

设计配合比中的加水量根据水灰比计算确定,并以饱和面干状态的砂子为标准。施工中采用的砂子,其含水率又往往较高,在配料时采用的加水量,应扣除砂子表面含水率及外加剂中的水量。所以在施工中,应及时测定现场砂、石骨料的含水率,并将混凝土的实验室配合比换算成在实际含水率情况下的施工配合比。施工配合比的换算方法,见例3-1。

【例3-2】　某工地所用混凝土的实验室配合比(骨料以饱和面干状态为基准)为:水泥280 kg,水150 kg,砂704 kg,碎石1 512 kg。已知工地砂的表面含水率为4%,碎石的表面含水率为1.5%。试求该混凝土的施工配合比。若施工现场的搅拌机的型号为JZ250,其出料体积为0.25 m^3,试求每搅拌一次的拌和用量。

解:(1)计算施工配合比。每1 m^3混凝土中,各材料的用量为:

水泥　280 kg

砂子　704×(1+4%)=732.2(kg)

碎石　1 512×(1+1.5%)=1 534.7(kg)

水　150−704×4%−1 512×1.5%=99.2(kg)

(2)计算每搅拌一次的拌和用量。

水泥　280×0.25=70(kg)(取用一袋半水泥,即75 kg)

砂子　732.2×(75/280)=196.1(kg)

碎石　1 534.7×(75/280)=411.1(kg)

水　92.2×(75/280)=26.6(kg)

2.1.1　给料设备

给料是将混凝土各组分从料仓按要求供到称料斗。供料设备的工作机构常与称量设备相连,当需要给料时,控制电路开通,进行给料。当计量达到要求时,即断电停止给料。常用的给料设备有:皮带给料机、电磁振动给料机、叶轮给料机和螺旋给料机。

2.1.2　常用的称量设备

(1)台秤和地磅。当混凝土制备量不大时,多采用台秤和地磅进行称量。地磅称量是将地磅安装在地槽内,用手推车装运材料推到地磅进行称量。这种方法最简便,但称量速度较慢。台秤称量需配置称量斗、贮料斗等辅助设备。称料斗安装在台秤上,骨料由贮料斗迅速落入,故称量时间较快,但贮料斗承受骨料的重量大,结构较复杂。贮料斗的进料可采用皮带机、卷扬机等提升设备。

(2)配料器是用于称量混凝土原材料的专门设备,其基本原理是悬挂式的重量秤。按所称料物的不同,可分为骨料配料器、水泥配料器和量水器等。在自动化配料器中,装料、称量和卸料的全部过程都是自动控制的。自动化配料器动作迅速,称量准确,在混凝土拌和楼中应用广泛。

2.2　混凝土拌和

2.2.1　人工拌和

人工拌和只适用于施工条件困难、工作量小、强度不高的混凝土施工。人工拌和是在干净的钢板或混凝土地面上进行的,采用“干三湿三法”拌制,即先倒入砂子,后倒入水泥,用铁锹干拌三遍,然后中间扒开,加入石子和2/3的水,湿拌三遍,其余的水边拌边加,拌至颜色一致,石子全部被砂浆包裹。人工拌和劳动强度大,混凝土质量不容易保证。

2.2.2　机械拌和

拌和机是制备混凝土的主要设备,按照拌和机的工作原理,可分为自落式、强制式两种。

2.2.2.1　拌和机械

(1)自落式拌和机。它是一种利用可旋转的拌和筒上的固定叶片,将混凝土料带至筒顶,自由跌落拌制。其特点是结构简单,单位产量成本低,可拌制骨料粒径较大的混凝土,适用较广。自落式拌和机应用普遍,按其外形又分为鼓形和双锥形两种。

鼓形拌和机的构造如图3-42(a)所示。鼓筒两侧开口,一侧开口用于装料,另一侧开口用于卸料。由于鼓筒只能旋转拌和,而不能倾翻卸料,故需利用插入筒内的卸料槽进行卸料。鼓形拌和机构造简单,装拆方便,使用灵活,如装上车轮便成为移动式拌和机。但容量较小(400~800 L),生产率不高,多用于中小型工程,或大型工程施工初期。双锥形拌和机的构造如图3-41(b)所示。拌和筒一端开口,用于装料和卸料(也有少数是两端开口,分别用于装料或卸料)。拌和时,拌和筒开口端微微向上翘起,大部分材料在筒的中、后部进行拌和。同时,叶片的形状能使材料交叉翻动,增强了拌和效果。卸料时,利用气顶或机械传动使拌和筒倾翻约60°，将拌和料迅速卸出。双锥形拌和机容量较大，有800 L、1 000 L、1 600 L、3 000 L等，拌和效果好，间歇时间短，生产率高，多用于大中型工程。

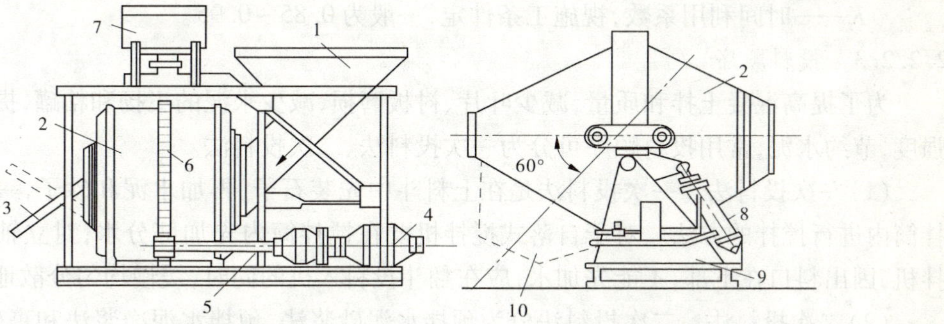

(a)鼓形拌和机　　(b)双锥形拌和机

1—装料机；2—拌和筒；3—泄料槽；4—电动机；5—传动轴；

6—齿圈；7—量水器；8—气顶；9—机座；10—泄料位置

图3-42 自落式混凝土拌和机

(2)强制式拌和机。一般是筒身固定，搅拌机片旋转，对物料施加剪切、挤压、翻滚、滑动、混合使混凝土各组分搅拌均匀。其特点是拌和时间短，搅拌质量好，但拌制低坍落度碾压混凝土，易磨损叶片和衬板。

强制式拌和机按构造不同可分立轴式和卧轴式。立轴式可分为涡桨式和行星式，卧轴可分为单卧轴式和双卧轴式。

立轴强制式拌和机是在圆盘搅拌筒中装一根回转轴，轴上装有拌和铲和刮板，随轴一同旋转，它用旋转着的叶片，将装在搅拌筒内的物料强行搅拌使之均匀。

单卧轴强制式混凝土搅拌机的搅拌轴上装有两组叶片，两组推料方向相反，使物料既有圆周方向运动，也有轴向运动，因而能形成强烈的物料对流，使混凝土能在较短的时间内搅拌均匀。它由搅拌系统、进料系统、卸料系统和供水系统等组成。此外，还有双卧轴式搅拌机。

2.2.2.2 搅拌机生产率计算

拌和机是按照装料、拌和、卸料三个过程循环工作的，每循环工作一次就拌制出一罐新鲜混凝土，按拌和实方体积(L或m^3)，确定拌和机的工作容量(又称出料体积)。

拌和机的装料体积，是指每拌和一次装入拌和筒内各种材料松散体积之和。拌和机的出料系数是出料体积与装料体积之比，一般为0.6~0.7。

每台拌和机的小时生产率P可按下式计算：

$$P = K\frac{3\,600V}{t_1 + t_2 + t_3 + t_4} \tag{3-3}$$

式中 V——拌和机出料容量，m^3；

t_1——进料时间，自动化配料为10~15 s，半自动化配料为15~30 s；

t_2——拌和时间，随拌和机容量、坍落度、气温而异，一般自落式为90~150 s，强制式为60~120 s；

t_3——出料时间，一般倾翻式为 15 s，非倾翻式为 25～30 s；

t_4——必要的技术间歇时间，对双锥式为 3～5 s；

K——时间利用系数，视施工条件定，一般为 0.85～0.95。

2.2.2.3 投料顺序

为了提高混凝土拌和质量，减少叶片、衬板磨损，减少水泥的飞扬和粘罐，提高混凝土强度，节约水泥，常用投料顺序可分为一次投料法、二次投料法。

(1)一次投料法。一次投料法是在上料斗中先装石子，再加水泥和砂子，一次加入搅拌筒内进行搅拌的方法。对于自落式搅拌机要在搅拌筒内先加部分水；对立轴强制式搅拌机，因出料口在下部，不能先加水，应在翻斗投料入机的同时，缓慢均匀分散地加水。

(2)二次投料法。二次投料法分为预拌水泥砂浆法、预拌水泥净浆法和裹砂石法等。预拌水泥砂浆法，是先将水泥、砂和水加入搅拌筒内进行充分搅拌，成为均匀的水泥砂浆后，再加入石子搅拌成均匀的混凝土。预拌水泥净浆法，是先将水泥和水充分搅拌成均匀的水泥净浆后，再加入砂子和石子搅拌成混凝土。裹砂石法，先将全部石子、砂和70%的拌和水倒入搅拌机，拌和 15 s，再倒入全部水泥进行造壳搅拌 30 s 左右，然后加入 30% 的拌和水，再进行糊化搅拌 60 s 左右即完成。

二次投料法搅拌的混凝土比一次投料法搅拌的混凝土和易性好，强度可提高 20% 左右。

2.3 混凝土拌和站(楼)

大中型水利工程中，常把骨料堆场、水泥仓库、配料装置、拌和机及运输设备等比较集中地布置，组成混凝土拌和站，或采用成套的混凝土工厂(拌和楼)来制备混凝土。这样既有利于生产管理，又能充分利用设备的生产能力。

进行混凝土拌和站(楼)的布置时，应与砂石来料、混凝土的运输和浇筑地点相互协调。拌和站(楼)的布置应尽量减少运输距离，尽量减少占地，尽量减少土建工程量，尽量减少施工干扰，尽量减轻、避免对周围环境产生污染。

混凝土拌和站(楼)的容量应满足混凝土浇筑强度的需要。混凝土拌和楼按照物料提升次数和制备机械垂直布置的方式，可分为双阶式和单阶式两种，见图 3-43。双阶式拌和楼建筑高度小，运输设备简单，易于装拆，投产快，投资少，但效率和自动化程度较低，占地面积大，多用于中小型工程。单阶式拌和楼生产效率高，布置紧凑，占地少，自动化程度高。但单阶式结构复杂，投产慢，投资大，因此不宜用于零星的混凝土工程。

我国自 20 世纪 50 年代开始研制混凝土拌和楼，70 年代中期开始生产小型混凝土拌和站，80 年代后我国混凝土拌和站(楼)技术发展很快。三峡工程中使用的 HL240－4F3000LB 预冷(热)型微机控制大型混凝土拌和楼是我国自行设计制造的新型温控混凝土拌和楼，适用于大中型混凝土工程。HL240－4F3000LB 拌和楼装有 4 台 3 m^3 双锥形自落式搅拌机，生产率为 240 m^3/h。HL240－4F3000LB 拌和楼是采用计算机全自动控制，可在骨料仓安装冷、热风和片冰等温控设施，采用双线出料，可以同时生产两种不同强度等级的混凝土。

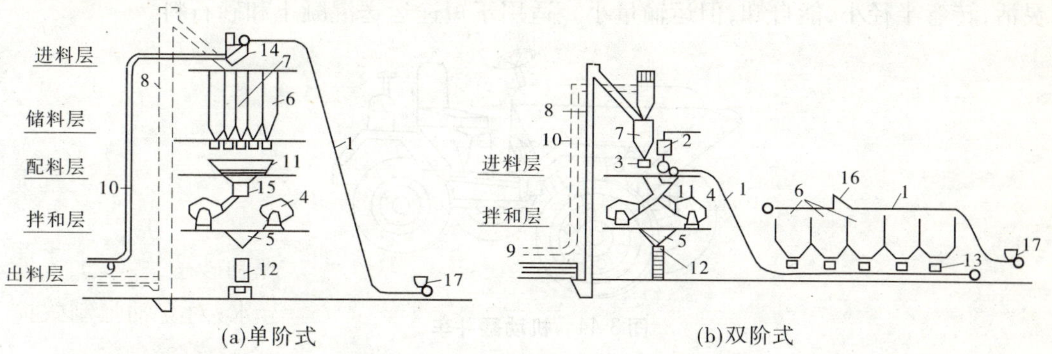

1—皮带机;2—水箱及量水器;3—水泥料斗及磅秤;4—搅拌机;5—出料斗;6—骨料仓;
7—水泥仓;8—斗式提升机输送水泥;9—螺旋输送机输送水泥;10—风送水泥管道;11—集料斗;
12—混凝土吊罐;13—配料器;14—回转漏斗;15—回转喂料器;16—卸料小车;17—进料斗

图3-43　混凝土拌和楼布置方式

3　混凝土运输

3.1　混凝土运输一般要求

混凝土运输是整个混凝土坝施工中的一个重要环节,对混凝土质量和进度影响很大。为保证混凝土质量和浇筑工作的顺利进行,对混凝土运输有以下要求:

(1)要防止混凝土拌和物发生离析现象。离析就是粗骨料下沉,水泥浆和水上浮或粗骨料与水泥砂浆分开,失去了均匀性,难以振捣密实。因此,混凝土运输过程中应尽量减少振荡和转运次数(一般不超过两次),并使转运自由跌落高度不超过2 m,以防止分离。

(2)防止水泥砂浆损失。运输混凝土的工具应严密不漏浆;在运输过程中,要防止浆液外溢,装料不要过满,转弯速度不要过快。

(3)尽量缩短运输时间,防止混凝土出现初凝。整个运输时间不宜超过30~60 min,以防止混凝土初凝。

(4)防止外界气温对混凝土的不良影响。夏季混凝土运输要遮盖,防止水分过多或日晒雨淋,冬季要采取保温措施,使混凝土入仓时仍具有原来的坍落度和一定的温度。

(5)在同一时间内,浇筑不同强度等级的混凝土,必须特别注意运输工作的组织,以防发生差错。

3.2　混凝土水平运输机械

通常混凝土的水平运输有无轨运输和有轨运输两种。有轨运输一般用轨距762 mm或1 000 mm的窄轨机车托运平台完成。一台机车拖挂3~5节平台列车,上放2~4个混凝土立罐。

无轨运输的主要设备是手推车、机动翻斗车和自卸汽车,辅助设备有盛装混凝土的立罐和卧罐,罐的容量一般在3~6 m^3,配合起吊的起重机运输吨位在10~20 t以上。

3.2.1　机动翻斗车运输

机动翻斗车(见图3-44)的容量约0.5 m^3,载重量1 t,最高速度20 km/h。特点是:轻便灵活，转弯半径小，能自卸，但运输量小。适用于短途运送混凝土和砂石料。

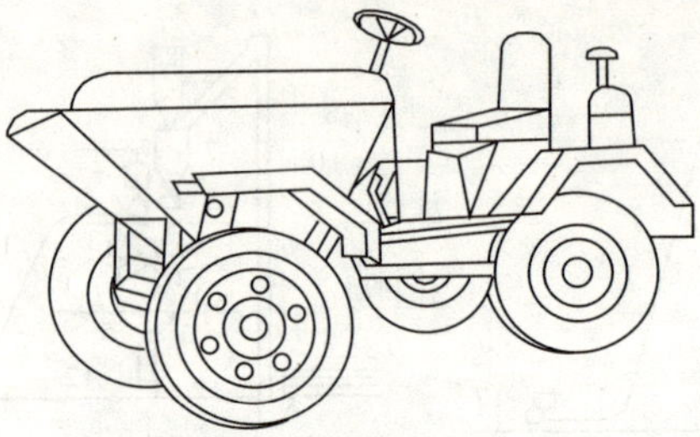

图 3-44　机动翻斗车

3.2.2　汽车运输

汽车运输主要有混凝土搅拌车、后卸式自卸车、汽车运立罐及无轨侧卸料罐车等。汽车运输机动灵活，载重量大，装卸快，应用最广泛。它比有轨运输的投资少，适用范围宽，且对道路的要求低；但运费较高，振动大，容易造成混凝土漏浆和分离。图 3-45(a)为自卸汽车利用栈桥直接入仓的方式，图 3-45(b)是汽车卸入仓前卧罐与履带起重机配合方式，前者适合基础部位的浇筑，后者一般用于高部位浇筑。当地形条件有利时，也可采用图 3-46 形式的溜槽方式。

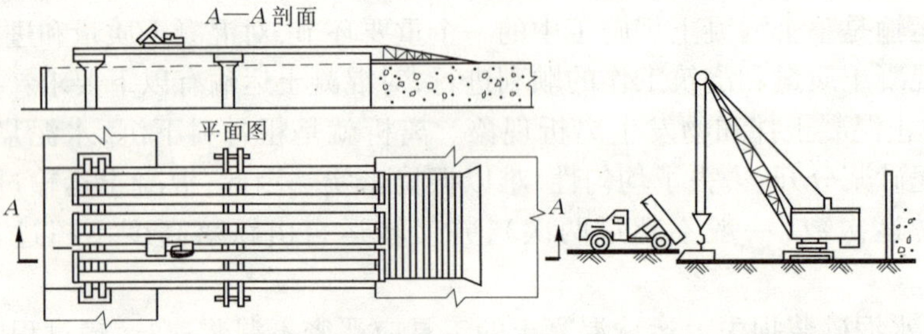

(a)利用栈桥方式　(b)卧罐-起重机方式

图 3-45　自卸汽车运输混凝土

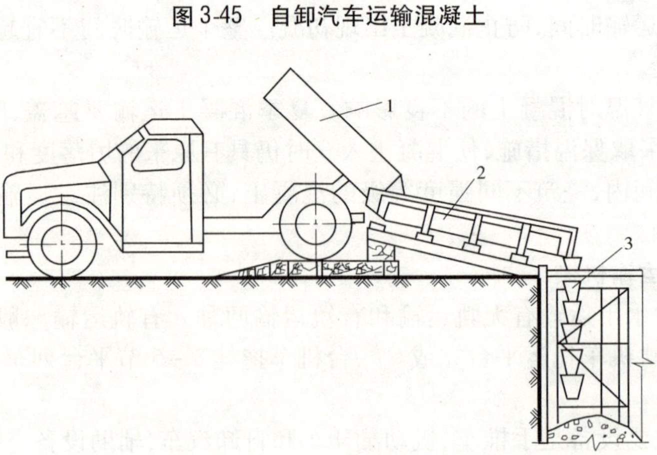

1—车厢；2—溜槽；3—串桶

图 3-46　自卸汽车通过溜槽卸料

3.2.3 混凝土搅拌车运输

混凝土搅拌车是一种专门运输混凝土的设备，由汽车的基本部分和装卸混凝土的工作装置组成，容量一般在5～6 m^3，混凝土只能是二级配以下，且坍落度应在50 mm以上，否则难以卸料。其优点是运输平稳，混凝土和易性不会有大的改变，且混凝土温度损失小。

3.2.4 铁路运输

大型水利工程混凝土运输利用平坦的地形条件或水电站的尾水平台布置铁路，利用平板机车拖挂3～5节列车运送混凝土。常用的方式有“三罐一空”或“四罐一空”。此方式的运输量大，运输平稳，混凝土质量容易保证，且有利于发挥起重机的效率。如图3-47所示，为“两罐一空”方式。

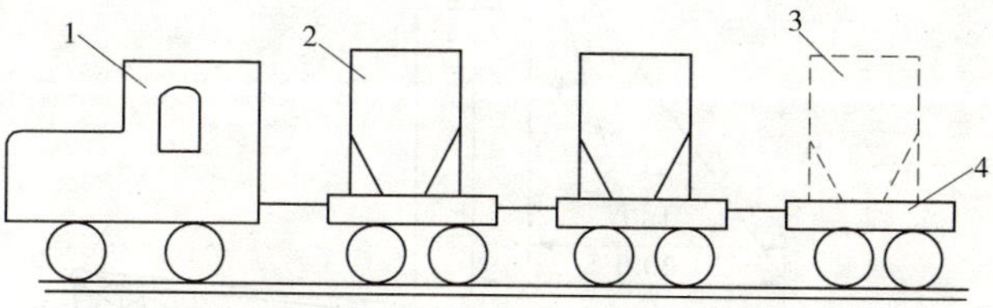

1—柴油机车；2—混凝土罐；3—空位；4—平台车

图3-47 平台机车拖挂混凝土立罐

3.3 混凝土垂直运输机械

混凝土垂直运输又称为浇筑仓前到仓内的运输，由起重机完成，常用的有以下几种。

3.3.1 门式起重机

10/20 t四连杆门机，如图3-48所示，它是一种可沿钢栈桥轨道移动的大型起重机。

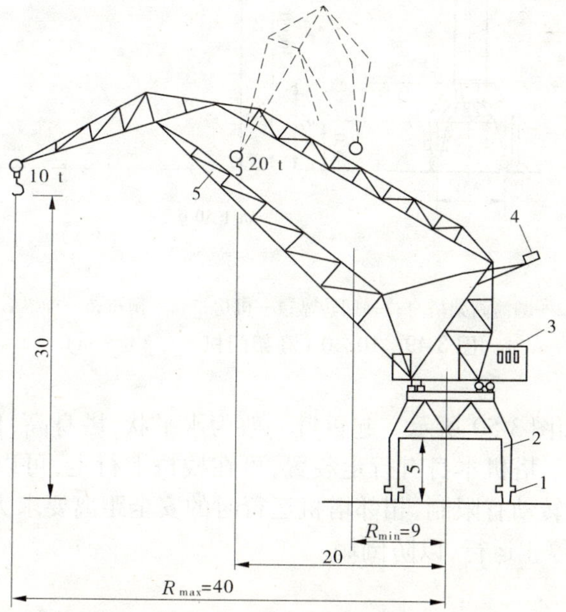

1—行驶装置；2—门架；3—机房；4—平衡重；5—起重臂

图3-48 10/20 t四连杆门机 （单位：m）

门架中间可通行2~3列平台机车，近距离起吊20 t，远距离起吊10 t。门机型式有单杆臂架（如丰满门机）和四连杆臂架（如大连产10/20门机）。前者结构简单，控制范围小；后者臂架可以收缩，减小空间占位，便于相邻门机靠近浇筑同一浇筑块，生产率高，可加快浇筑速度，但结构较复杂。

高架门机是20世纪40年代由门机发展起来的，起重幅度大，控制范围大，很适合于高坝、进水塔和大型厂房的浇筑。图3-49为三门峡MQ540/30型高架门机示意图。常用门机性能见表3-11。

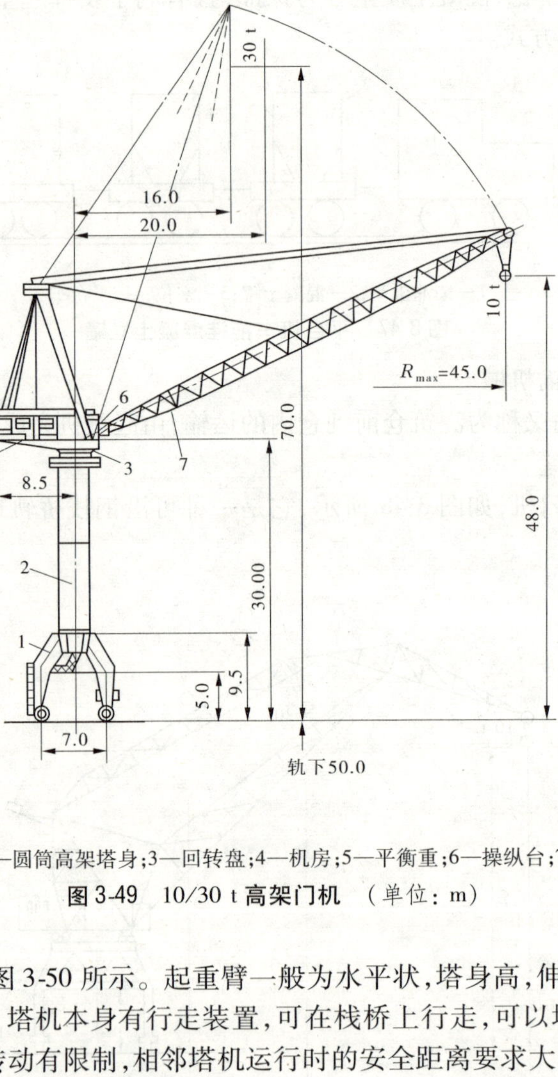

1—门架；2—圆筒高架塔身；3—回转盘；4—机房；5—平衡重；6—操纵台；7—起重臂

图3-49　10/30 t高架门机　（单位：m）

3.3.2　塔式起重机

10/25 t塔机，如图3-50所示。起重臂一般为水平状，塔身高，伸臂长，配两台起重小车，可沿起重臂移动。塔机本身有行走装置，可在栈桥上行走，可以增加其控制范围。塔机的控制范围大，但转动有限制，相邻塔机运行时的安全距离要求大，不如门机灵活，且在6级以上大风时，应停止运行，以防倒塌。

3.3.3　缆式起重机

缆式起重机（缆机）主要由缆索系统、起重小车、主副塔架等组成，如图3-51所示。缆索系统为缆机的主要组成部分；牵引索牵引起重小车在承重绳上移动；主副塔架为三角形空间结构，分别布置在两岸高处。

表3-11 常用门、塔机性能

性能指标	单位	10 t 丰满门机	10/20 t 四连杆门机	10/25 t 塔机	MQ540/30 高架门机	SDMQ1260/60 高架门机
最大起重力矩	kN·m	5 292	3 920	4 410	5 880	12 348
起重量	t	10/30	10/20	10/25	10/30	20/60
起重幅度	m	(18~37)/18	(9~40)/(9~20)	(7~40)/(7~18)	(14~45)/(16~21)	(18~45)/(18~21)
总扬程	m	90/39.5	75/75	88/42	120/70	115/72
轨上起重高度	m	37	30	42	70	52/72
最大垂直轮压	kN	450	207	392	490	465
轨距	m	7	10	10	7	10.5
机尾回转半径	m	8.1	8	20.7	8.5	11.2
电源电压	V	6 000	380	380	6 000	6 000或10 000
功率	kW	215	284	217	230	419
整机质量	t	151	239	293	210	358
产地		吉林	大连	太原、天津	三门峡	吉林

缆机的类型按塔架的移动情况分为固定式、平移式和辐射式三种。图3-52为辐射式缆机浇筑混凝土拱坝的布置图。

缆机的起重量一般在10~25 t,最大可达50 t,跨度在400~1 300 m,起重小车水平移动速度360~670 m/min,吊钩的垂直升降速度100~670 m/min,吊运混凝土立罐8~12次,最大可吊运24罐,小时浇筑强度一般在50~120 m^3/h。

缆机适用于狭窄河床的混凝土浇筑。它的主要优点是:缆机安装工期灵活,和主体工程的干扰较小,不占浇筑部位;受水流控制的影响小,全年有效施工时间多;控制范围大,使用时间长,生产率高。但投资大,钢索容易损坏,通用性差,对地形要求高。

3.3.4 其他垂直运输机械

除上述几种常用的混凝土垂直运输机械外,还有履带式起重机(或是反铲改装)、汽

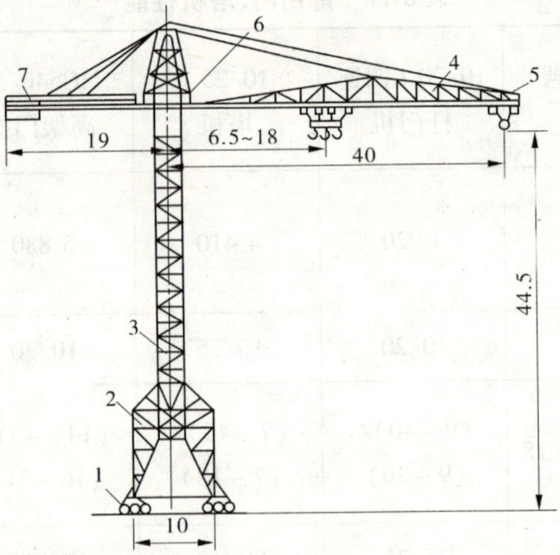

1—车轮;2—门架;3—塔身;4—起重臂;5—起重小车;

6—回转塔架;7—平衡重

图 3-50　10/25 t 塔机　(单位: m)

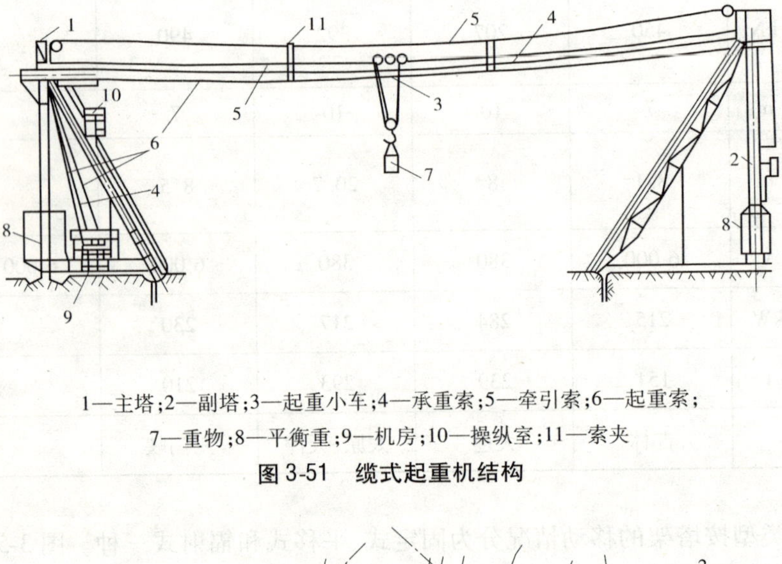

1—主塔;2—副塔;3—起重小车;4—承重索;5—牵引索;6—起重索;

7—重物;8—平衡重;9—机房;10—操纵室;11—索夹

图 3-51　缆式起重机结构

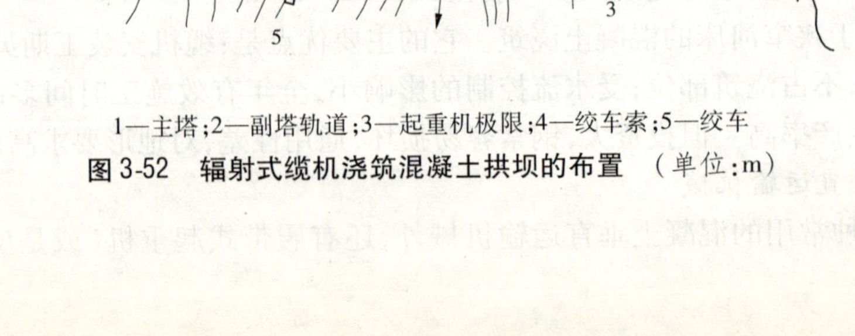

1—主塔;2—副塔轨道;3—起重机极限;4—绞车索;5—绞车

图 3-52　辐射式缆机浇筑混凝土拱坝的布置　(单位:m)

车式起重机、桅杆式起重机、升降塔和小型塔机等。一般适用于小型工程，或作为大中型工程运输混凝土的辅助设备。

3.4 塔带机运输

塔带机将混凝土水平运输和垂直运输合二为一，将混凝土拌和、水平供料、垂直运输及仓面作业一条龙配套。具有连续运输、生产效率高、运行灵活等特点。但由于运输强度大、速度快、高速入仓，对铺料、平仓和振捣也带来不利影响。近年来，塔带机(顶带机)和胎带机的引进和应用，实现了对混凝土运输传统方式的变革，从而导致了皮带机运输混凝土的广泛应用。

3.5 泵送混凝土运输机械

常用的混凝土泵有活塞式混凝土泵和风动输送混凝土泵两种。混凝土输送能力，水平距离200～450 m，垂直高度在40～80 m。主要用于浇筑配筋稠密或仓面狭窄部位，如隧洞衬砌与封堵、边墙混凝土浇筑。

混凝土输送泵运行须注意：保持输送管道清洁，输送混凝土前，先通砂浆予以润滑管道，浇筑完毕应立即清洗输送泵及管道；保持进料斗始终处在满料状态；严格控制混凝土流动性和骨料粒径，混凝土坍落度一般在100～160 mm，水泥用量250～300 kg/m^3，骨料最大粒径在40 mm左右。使用完毕，立即清洗机身和输送泵管。

3.6 混凝土运输的辅助设备

混凝土输送的辅助设备有吊罐、骨料斗、溜槽、溜管(见图3-53)等。特别是溜槽在边坡及混凝土面板浇筑中应用广泛，它用镀锌铁皮制造，一般成“U”形，每节长2 m左右，宽度80～120 cm，缘高30 cm左右。使用溜槽注意坡度不能太大(不宜超过45°)，混凝土坍落度一般在90 mm以下，且配置必要的骨料斗和溜筒作为缓降措施，以防混凝土分离。溜筒是进入仓面前的分料缓降措施，其出口离浇筑面的高差不宜大于2 m。

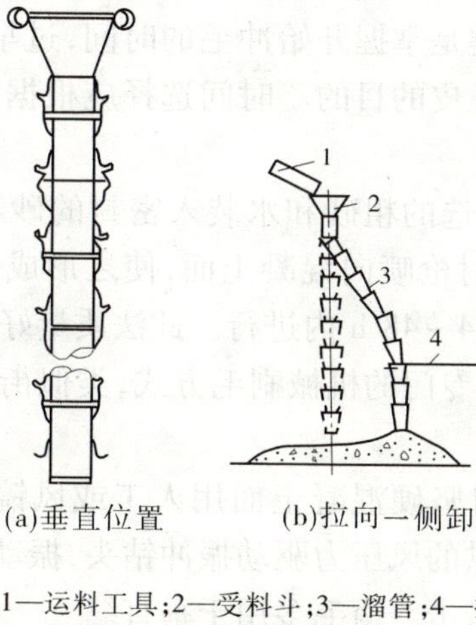

(a)垂直位置　　(b)拉向一侧卸料

1—运料工具；2—受料斗；3—溜管；4—拉索

图3-53 溜管

近几年来，出现了一些新型的混凝土输送设备，如混凝土真空溜槽、MYBOX等，对解决混凝土在输送过程中的分离现象起到了很好的控制作用。该设备在三峡、江垭等工程取得了成功经验。

4　混凝土浇筑

4.1　施工准备

混凝土施工准备工作主要包括：基础面处理、施工缝处理、设置卸料入仓的辅助设备、模板及钢筋的架设、预埋件及观测设备的埋设、施工人员的组织、浇筑设备及其辅助设施的布置、浇筑前的检查验收等。

4.1.1　基础面处理

土基应将预留的保护层挖除，并清除杂物，然后用碎石垫底，再覆盖湿砂进行压实，浇筑 8 ~ 12 cm 厚素混凝土垫层。

砂砾石地基应先清除有机质杂物和泥土，平整后浇筑一层 10 ~ 20 cm 厚的低强度等级混凝土，以防漏浆。

对于岩基，必须对基础面的松动、软弱、尖角和反坡部分作彻底清除，然后用高压水冲洗岩面上的油污、泥土和杂物。岩面不得有积水，且保持岩面呈湿润状态。浇筑前一般先铺浇一层 1 ~ 3 cm 厚的砂浆，以保证基础与混凝土的良好结合。当遇地下水时，应做好排水沟和集水井，将水排走。

4.1.2　施工缝处理

施工缝是指浇筑块之间临时的水平和垂直结合缝，亦即新老混凝土之间的结合面。为了保证建筑物的整体性，在新混凝土浇筑前，必须将老混凝土表面的水泥膜（又称乳皮）清除干净，并使其表面新鲜整洁、有石子半露的麻面，以利于新老混凝土结合。

施工缝处理的方法有如下几种：

（1）高压水冲毛。高压水冲毛技术是一项高效、经济而又能保证质量的缝面处理技术，其冲毛压力为 20 ~ 50 MPa，冲毛时间以收仓后 24 ~ 36 h 为宜，冲毛延时以每平米 0.75 ~ 1.25 min 效果最佳。关键是掌握开始冲毛的时间，过早，会浪费混凝土，并造成石子松动；过迟，又难以达到清除乳皮的目的。时间选择应根据水泥品种、混凝土强度等级和外界气温等进行。

（2）风砂枪喷毛。用经过筛选的粗砂和水装入密封的砂箱，再通过压缩空气（0.4 ~ 0.6 MPa）将水、砂混合后，经喷射枪喷向混凝土面，使之形成麻面。最后，用水清洗冲出的污物。一般在混凝土浇筑后 24 ~ 48 h 内进行。此法质量好，效率高。

（3）刷毛机刷毛。这是一种专门的机械刷毛方式，类似街道清扫机，其旋转的扫帚是钢丝刷。其质量和工效高。

（4）人工或风镐凿毛。是对坚硬混凝土面用人工或风镐凿除乳皮，质量好，但工效低。风镐是利用空气压缩机提供的风压力驱动振冲钻头，振动力作用于混凝土面层，凿除乳皮。人工则是用铁锤和钢钎敲击。凿毛多用于垂直缝。

4.1.3　仓面检查

浇筑仓面的准备工作，包括机具设备、劳动组合、照明、风水电供应、所需混凝土原材料的准备等，应事先安排就绪，仓面施工的脚手架、工作平台、安全网、安全标识等应检查是否牢固，电源开关、动力线路是否符合安全规定。

4.1.4 模板、钢筋及预埋件检查

开仓浇筑前，必须按照设计图纸和施工规范的要求，对仓面安设的模板、钢筋及预埋件进行全面检查验收，签发合格证。

(1)模板检查。主要检查模板的架立位置与尺寸是否准确，模板及其支架是否牢固稳定，规定模板用的拉条是否弯曲等。模板版面要求洁净、密缝并涂刷脱模剂。

(2)钢筋检查。主要检查钢筋的数量、规格、间距、保护层、接头位置与搭接长度是否符合设计要求。要求焊接或绑扎接头必须牢固，安装后的钢筋网应有足够的刚度和稳定性，钢筋表面应清洁。

(3)预埋件检查。对预埋管道、止水片、止浆片、预埋铁件、冷却水管和预埋观测仪器等，主要检查其数量、安装位置和牢固程度。

4.2 混凝土浇筑

4.2.1 入仓方式

(1)自卸汽车转溜槽、溜筒入仓。此法适用于狭窄、深坑混凝土回填。

(2)自卸汽车在栈桥上卸料入仓。浇筑仓内架设栈桥，汽车在栈桥上将混凝土料卸入仓内。常用在起重机起吊范围以外、面积不大、结构简单的基础部位。

(3)吊罐入仓。使用起重机械吊运混凝土入仓是目前普遍采用的入仓方式，其优点是入仓速度快、使用方便灵活、准备工作量少、混凝土质量易保证。

(4)汽车直接入仓。自卸汽车开进仓内卸料，具有设备简单、工效高、施工费用较低等优点。在混凝土起吊运输设备不足，或施工期尚未具备安装起重机条件的情况下，可使用这种方法。这种方法适用于浇筑铺盖、护坦、海漫和闸底板以及大坝、厂房的基础等部位的混凝土。

4.2.2 铺料方法

混凝土入仓铺料多采用平层浇筑法。它是沿仓面某一边逐条逐层有序连续铺填，上一层铺填完毕并振捣密实好后，紧接着铺填振捣下一层，逐层进行，直至浇至限定的浇筑高程，一般为3 m以内，如图3-54(a)所示。每层厚度要根据振捣器性能、浇筑强度、混凝土初凝时间、气温高低和仓面条件等因素确定。一般情况下，层厚30~50 cm，采用振捣器组时，可达70~80 cm，人工铺料平仓时，层厚不超过30 cm。

当层间间歇超过混凝土初凝时间，会出现冷缝(即铺填上层混凝土时，下层混凝土已初凝)，使层间抗渗、抗剪和抗拉的能力明显降低。当允许层间间隔时间t(h)已定后，为了不出现冷缝，应满足以下的条件：

$$KP(t - t_1) \geqslant BLh \tag{3-4}$$

式中 K——混凝土运输延误系数，一般取0.8~0.85；

P——浇筑仓面要求的混凝土运输、浇筑能力，m^3/h；

t_1——混凝土从出机到入仓的时间，h；

B、L——浇筑块的宽度和长度，m；

h——铺料层厚度，m。

出现冷缝的主要原因是浇筑能力不够和仓面面积过大。当采取其他措施(如使用缓凝剂、减水剂，降低浇筑厚度等)仍不足以防止冷缝时，可采用斜层铺料法或阶梯铺料法，如图 3-54(b)、(c)所示。这两种方法都容易使混凝土在平仓振捣中出现分离。因此,混凝土坍落度不宜过大,浇筑块高度不宜超过 2 m。

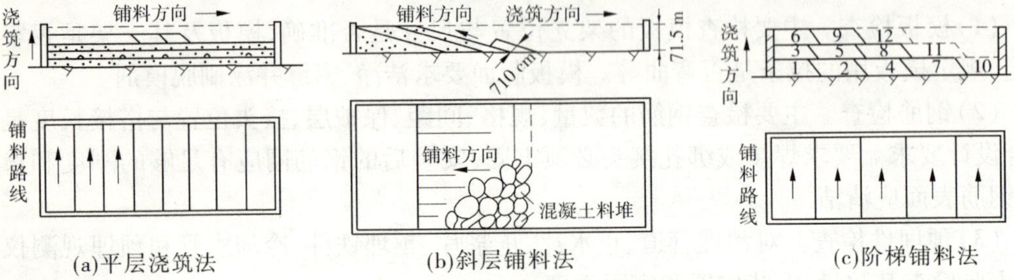

图 3-54 混凝土铺料方法

4.2.3 平仓

平仓是将卸入仓内成堆的混凝土均匀铺平,达到要求的浇筑层厚。平仓可采用插入式振捣器插入料堆顶部振动,使混凝土液化后自行摊平,自下而上进行;大型工程大仓面混凝土平仓,一般用平仓机进行;小部位或边角部位利用人工铁锹平仓。须注意,振捣器平仓不能代替振捣密实工序。

4.2.4 振捣

振捣是混凝土浇筑质量的关键工序,应在平仓后立即进行。振捣的目的是尽可能减少混凝土中的空隙,以清除混凝土内部的孔洞,并使混凝土与模板、钢筋及埋件紧密结合,从而保证混凝土的最大密实度,提高混凝土质量。

当结构钢筋较密,振捣器难以施工,或混凝土内有预埋件、观测设备,周围混凝土振捣力不宜过大时采用人工振捣。人工振捣要求混凝土拌和物坍落度大于 5 cm,铺料层厚度小于 20 cm。人工振捣工具有捣固锤、捣固杆和捣固铲。捣固锤主要用来捣固混凝土的表面;捣固铲主要用于插边,使砂浆与模板靠紧,防止表面出现麻面;捣固杆用于钢筋稠密的混凝土中,以使钢筋被水泥砂浆包裹,增加混凝土与钢筋之间的握裹力。人工振捣工效低,混凝土质量不易保证。

混凝土振捣主要采用振捣器进行,振捣器产生小振幅、高频率的振动,使混凝土在其振动的作用下,内摩擦力和黏结力大大降低,使干稠的混凝土获得了流动性,在重力作用下骨料互相滑动而紧密排列,空隙由砂浆所填满,空气被排出,从而使混凝土密实,并填满模板内部空间,且与钢筋紧密结合。

4.2.4.1 振捣器

按振捣方式不同,振捣器分为插入式、外部式和表面式三种,如图 3-55 所示。其中,外部式适用于柱、墙等结构尺寸小且钢筋稠密的构件;表面式适用于路面、薄板等混凝土浇筑;插入式在大体积混凝土工程中运用较广。插入式振捣器按动力源又分为电动软轴式、电动硬轴式和风动式三种,以电动式应用最普遍,其振动影响半径大,捣实质量好,使用方便。

电动软轴式应用在钢筋密集、结构较薄的部位,有 B－50 型,ϕ63 型等,频率为 6 000 次/min 和 11 560 次/min,电动机与振捣棒用软轴连接,如图 3-56 所示。硬轴式的电机与棒体合在一起，国产型号有 HZ6P－80D、HZ6X－30 等，一般用于三、四级配的大体积混凝土浇筑。

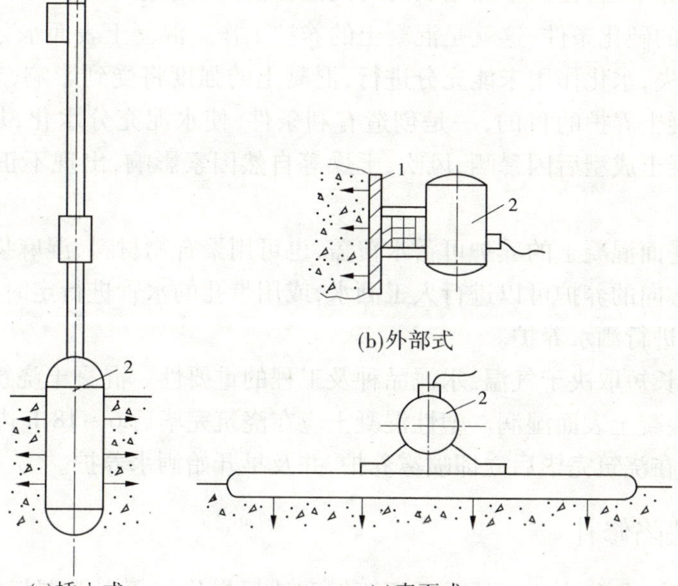

(a)插入式　(b)外部式　(c)表面式

1—模板；2—振捣器

图 3-55　混凝土振捣器

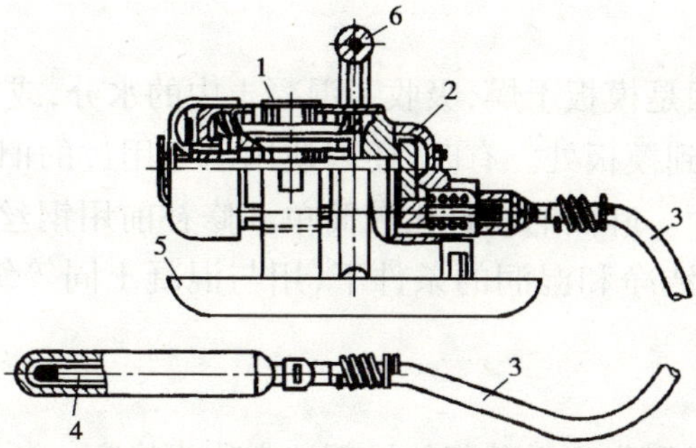

1—电机；2—机械增速器；3—软轴；4—振捣棒；5—底盘；6—手柄

图 3-56　电动软轴插入式振捣器

4.2.4.2　振实密实的判别

使用插入式振捣器，应垂直插入混凝土内部，快插慢拔，并插入下层混凝土 5～10 cm，以消除上、下层间的接缝。振动棒上下略为抽动，振捣时间为 20～30 s，插点要均匀，逐点移动，按顺序进行，不得遗漏，移动间距不大于振动棒作用半径的 1.5 倍(一般为 30～50 cm)，靠近模板距离不应小于 20 cm。平板振动器的移动间距应能保证振捣器的平板覆盖已振实部分边缘。振捣器不要碰到钢筋和模板。

振实标准可按以下一些现象判别：混凝土面以不出现气泡、不再显著下沉、表面泛浆为准。

4.3　混凝土养护

混凝土浇筑完毕后，在一个相当长的时间内，应保持其适当的温度和足够的湿度，以造成混凝土良好的硬化条件，这就是混凝土的养护工作。混凝土表面水分不断蒸发，如不设法防止水分损失，水化作用未能充分进行，混凝土的强度将受到影响，还可能产生干缩裂缝。因此，混凝土养护的目的，一是创造有利条件，使水泥充分水化，加速混凝土的硬化；二是防止混凝土成型后因暴晒、风吹、干燥等自然因素影响，出现不正常的收缩、裂缝等现象。

常温下，水平面混凝土的养护可蓄水覆盖，也可用聚合物材料、湿麻袋、草袋、锯末、湿砂等覆盖；垂直方向的养护可以进行人工洒水，或用带孔的水管进行定时洒水。三峡工程使用了旋喷机具进行洒水养护。

养护时间的长短取决于气温、水泥品种及工程的重要性。混凝土浇筑完毕后，应及时洒水养护，保持混凝土表面湿润。塑性混凝土应在浇筑完毕后 6 ~ 18 h 内开始洒水养护，低塑性混凝土宜在浇筑完毕后立即喷雾养护，并及早开始洒水养护。

5　混凝土的缺陷修补

混凝土施工中，往往由于对质量重视不够和违反操作规程以及漏振或配料错误或操作长时间中断等原因，致使拆模以后出现一些缺陷，如麻面、蜂窝、露筋、空洞、裂缝等。这些缺陷如不加以修补，将影响结构的美观和安全。所以一经发现，须认真加以处理。现将几种常见的混凝土缺陷产生原因及补救方法分述如下。

5.1　麻面

产生麻面的主要原因是模板干燥，吸收了混凝土中的水分，或者由于振捣时没有配合人工插边，使水泥浆未流到模板处。有时，还因使用已经用过的旧模板，模板表面黏结的灰浆没有消除而造成麻面。麻面的修补比较简单。修补前用钢丝刷和水将麻面洗干净，并加工成粗糙面，然后在洁净和湿润的条件下，用与混凝土同等级的水泥砂浆将麻面抹平，并适当进行养护。

5.2　蜂窝

在混凝土中只有石子聚集而无砂浆的局部地方称为蜂窝。断面小、钢筋密、振捣器操作比较困难的部位，往往因为漏振或振动不够以及混凝土坍落度过小或因模板接缝浆等，都容易出现蜂窝。其补救方法是凿去蜂窝中薄弱的混凝土和个别突出的骨料，再用钢丝刷和压力水清洗干净，刷去黏附在钢筋表面的水泥浆，然后用强度等级较高的细骨料混凝土填塞，并仔细捣实，认真养护。

5.3　空洞

空洞表面尺寸比较大，其深度和长度均超过保护层厚度，内中没有混凝土。产生的原因是混凝土坍落度过小，被稠密的钢筋卡住，或者是浇筑时漏振，接着又继续浇筑其上面的混凝土，填补前的准备工作与蜂窝同，但在补填新混凝土时，可根据空洞不同部位或形状加设模板，将混凝土压入空穴并捣实。

5.4 裂缝

从混凝土表面一直延伸到混凝土内部的缝隙成为裂隙。产生的原因主要有:结构设计不当;混凝土配合比设计不当;原材料质量不合格;混凝土施工及养护不当;混凝土温度和湿度的变化;模板变形,基础不均匀沉降;混凝土内部钢筋锈蚀;混凝土收到环境中有害物质的侵蚀。裂缝修补处理之前,需对裂缝进行检测与研究,分析裂缝的成因、危害及发展趋势,确定相应的修补时机与方法。常用压力注浆法、开槽填补法及涂膜封闭法单独或联合使用修补裂缝。水泥、环氧树脂、甲凝等是混凝土裂缝常用的修补材料。

6 特殊季节混凝土施工

6.1 混凝土冬季施工

混凝土凝固过程与周围的温度和湿度有密切关系,温度愈低,水化和凝固的速度就愈慢,当温度接近0 ℃时,水化作用几乎停止;当温度在0 ℃以下时,混凝土内的水分结冰,水化作用完全停止。当温度升高、冰冻融化后,水化作用恢复。但混凝土受冻越早,其强度发展越慢,后期强度损失也越大。如果混凝土在浇筑后3～6 h遭受冻结,则强度至少降低50%以上,且难以挽回。如果在2～3 d内遭受冻结,强度降低15%～20%。当混凝土强度达到设计强度的50%以上(在常温下养护3～5 d)再受冻时,就对它的强度没有太大的影响,只是强度增长比较慢,待开冻以后仍能继续上升,达到不受冻时的强度。当日平均气温在5 ℃以下或最低温度在－3 ℃以下时,混凝土施工必须采取冬季施工措施,要求混凝土在强度达到设计强度的50%以前不遭受冻结。

冬季施工的措施就是用人工保温、加热或加速凝固等方法,使浇筑的混凝土尚未达到一定强度以前不受冻结。具体措施如下。

6.1.1 调整配合比和掺外加剂

通过采取发热量较高的快凝水泥(大体积混凝土除外)、较低的水灰比、提高混凝土强度等级、掺氯化钙或氯化钠等措施,可以降低水分的冻结温度,提高混凝土的早期强度。通常当气温在－5～5 ℃,加相当水泥重量2%的氯化钙,即可解决冬季混凝土的施工问题。

6.1.2 原材料加热法

原材料加热法就是对拌制混凝土的骨料和水进行预热,然后加入拌和机内进行拌和。一般情况下,以对水加热最为简单,也容易控制,而且水的比热约为骨料的5倍,加热效率也较高。在日平均气温为3～5 ℃以下时,可以只加热水拌和;当气温再低,加热水还不能满足要求时,再加热干砂和石子。水泥只是在使用前一两天置于暖房内预热,且升温不宜过高,水泥绝对不可加热。

水的加热方法,小型工程可用大锅或烧水锅炉直接加热,大型工程宜用蒸气加热。水的加热温度不能超过60 ℃,而且要先将水和骨料拌和后再加入水泥,以免水泥产生"假凝"(水温超过80 ℃时,水泥颗粒表面形成一层薄的硬壳,使混凝土和易性变差,而且后期强度低,这种现象叫作"假凝")。

砂子加热的最高温度不能超过60 ℃,石子不能高于40 ℃。最简单的加热方法是把骨料堆放在钢板上用火烘炒,但效率低、热量损失大,加热不均匀,一般多用于小型工程。

对大中型工程,常用蒸汽直接加热骨料,即直接将蒸汽通到需要加热的砂、石堆中,砂石堆表面要用帆布等盖好,防止热量损失。这种方法的优点是加热快,而且可以充分利用蒸汽中的热量;缺点是增加了砂石的含水率,而且含水不均匀,不易控制拌和时的加入量。

6.1.3 蓄热法

蓄热法是将浇筑好的混凝土在养护期间用保温材料加以覆盖,尽可能把混凝土在浇筑时所包含的热量和凝固过程中产生的水化热蓄积起来,以延缓混凝土的冷却速度,使混凝土在达到抗冻强度以前,始终保持正温。保温效果好,且价格便宜的保温材料有草帘、锯末、稻草、炉渣、珍珠岩、麦秸等。蓄热法是一种最简单、经济的冬季施工法,尤其是对大体积混凝土更为有效。实践证明,在日最低平均温度不低于 -10 ℃,浇筑块表面率(表面积与体积比)小于5时,采用蓄热法最为适宜。因此,在水利工程中得到了广泛的采用。

6.1.4 加热养护法

当使用蓄热法不能满足要求时,可以采用加热养护法。

(1)暖棚法:暖棚法就是利用保温材料搭成暖棚,把整个结构围护起来,并在暖棚内点燃炉火或装设暖气管,保证棚内有较高的温度。此法费工、费料,仅适用于天气寒冷、建筑物体积不大的场合。

(2)蒸汽加热法:利用蒸汽加热不仅能使新浇筑的混凝土得到较高的温度,而且可以得到适当的湿度,促进水化作用,使混凝土构件硬化更快。这种方法也常用来养护混凝土预制构件。

以上所述几种方法,在严寒地区往往是同时使用,如在用热水拌制混凝土的同时,掺入早强剂,并采用蒸汽养护,效果非常显著。

6.2 混凝土夏季施工

在混凝土中,水泥水化作用的速度与环境的温度成正比,当温度超过30 ℃时,水泥的水化作用加剧,混凝土产生的水化热集中,内部温度急剧上升,等到以后混凝土冷却收缩时,混凝土将产生裂缝。前后的温差愈大,裂缝产生的可能性也愈大。对于大体积混凝土施工,夏季降温措施尤为重要。所以规范规定,当气温超过30 ℃时,混凝土生产、运输、浇筑等各个环节应按高温季节作业施工。

另外,由于水分蒸发太快,混凝土很快丧失流动性,为了保证温凝土的稠度,应适当增加用水量。

为了降低夏季混凝土施工时的温度,可以采取以下一些措施:

(1)采用发热量低的水泥,并加入掺合料和减水剂,以减低水泥用量。

(2)采用地下水或人造冰水拌制混凝土,或者直接在拌和水中加入冰块代替一部分水,但要保证冰块能在拌和过程中全部融化。

(3)降低骨料温度,成品料仓骨料的堆高不宜低于6 m;用冷水或冷风预冷骨料。

(4)在拌和站、运输道路和浇筑仓面上搭设凉棚,遮阳防晒,对运输工具可用湿麻袋覆盖,也可在仓面不断喷雾降温。

(5)加强洒水养护,延长养护时间。

(6)气温过高时,浇筑工作可安排在夜间进行。

(7)当浇筑块尺寸较大时,可采用台阶式浇筑法,浇筑块分层厚度小于1.5 m。采用表面流水养护混凝土。

6.3 混凝土的雨季施工

6.3.1 降雨等级表

降雨等级见表3-12。

表3-12 降雨等级

降雨等级	现象描述	降雨量(mm)		
		一天总雨量	半天总雨量	时间(h)
小雨	雨能使地面潮湿,但不泥泞	1～10	1～5	1～3
中雨	雨降到屋顶有淅淅声,凹地积水	10.1～25	5.1～15	3～10
大雨	降雨如倾盆,落地四溅,平地积水	25.1～100	15.1～30	10～20
暴雨	降雨比大雨还猛,能造成山洪暴发	50.1～100	30.1～70	>20
大暴雨	降雨比暴雨还大,或时间长,造成洪涝灾害	100.1～200	70.1～140	
特大暴雨	降雨比大暴雨还大,能造成洪涝灾害	>200	>140	

6.3.2 雨季施工措施

(1)砂石料仓的排水设施应畅通无阻。

(2)运输工具应有防雨及防滑措施。

(3)浇筑仓面应有防雨措施并备有不透水覆盖材料。

(4)增加骨料含水率测定次数,及时调整拌和用水量,施工单位可以根据实际情况,含水率测定一般每隔2 h不少于一次。

(5)中雨以上的雨天不得新开混凝土浇筑仓面,有抗冲耐磨和有抹面要求的混凝土不得在雨天施工。已入仓混凝土应振捣密实后遮盖。雨后必须先排除仓内积水,对受雨水冲刷的部位应立即处理,如混凝土还能重塑,应加铺接缝混凝土后继续浇筑,否则应按施工缝处理。

(6)在小雨天气进行浇筑时,应适当减少混凝土拌和用水量和出机口混凝土的坍落度,必要时应适当缩小混凝土的水灰比;加强仓内排水和防止周围雨水流入仓内;做好新浇筑混凝土面,尤其是接头部位的保护工作。

复习思考题

1 名词解释

(1)下料长度;(2)钢筋弯曲值;(3)施工缝和冷缝;(4)超径和逊径;(5)骨料加工厂。

2 填空题

(1)大中型水利工程采用的骨料来源有__________、__________和__________等。

(2)模板按架立和工作特征分有__________、__________、__________和

__________。

(3)钢筋加工一般包括__________、__________、__________和__________等工序。

(4)混凝土拌和楼分为__________、__________、__________和__________及__________共五层。

(5)混凝土在运输过程中,要求混凝土__________、__________、__________、__________、__________。

(6)混凝土坝施工,混凝土的水平运输,最常用的方式是__________,也有__________,或用__________。

(7)常用的混凝土垂直运输设备有__________、__________、__________和__________。

(8)门、塔机浇筑混凝土的栈桥布置方式有__________、__________和__________。

(9)冬季作业混凝土养护可采用__________、__________、__________和__________。

3 简答题

(1)常用的模板型式有哪些?各有何工作特点?

(2)模板安装施工的技术要点有哪些?

(3)简述模板拆除的顺序及原则、方法。

(4)钢筋配料包括哪些内容?

(5)混凝土浇筑前的准备工作有哪些?

(6)混凝土浇筑包括哪些工序?

(7)混凝土浇筑,在什么情况下采用斜层浇筑法或阶梯浇筑法?这两种方法有何限制条件?

(8)已经产生质量事故的混凝土应如何处理?

4 计算题

已知某混凝土的设计配合比为 C∶W∶S∶G = 1.0∶0.46∶2.4∶5.2,水泥用量为 320 kg/m^3。若施工现场所用的砂和碎石的含水率分别为 3% 和 2%。试求该混凝土的施工配合比,并计算拌和 1 m^3 该混凝土所需水泥、水、砂和碎石的重量。

项目4 土方工程

【学习目标】 掌握土的工程特性与分级，理解土方开挖、运输与填筑压实施工的方法、施工设备的使用，土方冬季、雨季施工。

【学习重点】 学习土方工程施工的过程、方法；土方施工机械性能、生产率计算、适用条件、选型与配套；土料压实试验方法与参数选择；土方冬季、雨季施工的要求与措施。

在水利水电工程施工中，土方工程施工应用非常广泛。有些水工建筑物，如土坝、土堤、土渠等，几乎全部都是土方工程。土方工程的基本类型是挖方和填方，施工基本过程是开挖、运输和压实。可根据实际情况采用人工、机械、爆破或水力冲填等方法施工。

任务1 土的分级与特性

1 土壤分级

土方施工的工程分级，按十六级分类法，Ⅰ~Ⅳ级称为土，Ⅴ~ⅩⅥ级称为岩石。土又按外形特征、开挖方法、自然密度不同，分成Ⅰ级土、Ⅱ级土、Ⅲ级土和Ⅳ级土；岩石按强度系数不同分松软岩石、中等硬度岩石、坚硬岩石，强度越大，级别越高。土的级别不同，采用的施工方法不同，施工成本也不同。表4-1为一般土壤工程分级表。

表4-1 土壤的工程分级

土质级别	土壤名称	自然表观密度(t/m^3)	外形特征	开挖方法
Ⅰ	1. 砂土 2. 种植土	1.65~1.75	疏松，黏着力差或易透水，略有黏性	用锹（有时略加脚踩）开挖
Ⅱ	1. 壤土 2. 淤泥 3. 含根种植土	1.75~1.85	开挖时能成块并易打碎	用锹并用脚踩开挖
Ⅲ	1. 黏土 2. 干燥黄土 3. 干淤泥 4. 含砾质黏土	1.80~1.95	黏手，干硬，看不见砂砾	用镐、三齿耙或锹并用力加脚踩开挖
Ⅳ	1. 坚硬黏土 2. 砾质黏土 3. 含卵石黏土	1.90~2.10	土壤结构坚硬，将土分裂后成块状或含黏粒、砾石较多	用镐、三齿耙等工具开挖

2　土壤的工程特性

土壤的工程特性指标有土的表观密度、含水率、可松性、自然倾斜角。土的工程特性对土方施工和组织具有重要影响，是在选择施工方法及施工机具、确定施工劳动定额、分配施工任务、计量与计价中要考虑的重要因素。

2.1　表观密度

土壤表观密度，就是单位体积土壤的质量。土壤保持其天然组织、结构和含水率时的表观密度称为自然表观密度。单位体积湿土的质量称为湿表观密度。单位体积干土的质量称为干表观密度。它是体现黏性土密实程度的指标，常用来控制压实的质量。

2.2　含水率

含水率表示土壤空隙中含水的程度，常用土壤中水的重量与干土重量的百分比表示。含水率的大小直接影响黏性土压实质量。

2.3　可松性

自然状态下的土经开挖后因变松散而使体积增大，这种性质称为土的可松性。土的可松性用可松性系数表示，即：

$$k = \frac{V_2}{V_1} \tag{4-1}$$

式中　V_2——土经开挖后的松散体积，m^3；

V_1——土在自然状态下的体积，m^3。

土的可松性系数，用于计算土方量、进行土方填挖平衡计算和确定运输工具数量，各种土的可松性系数见表4-2。

表4-2　土的表观密度和可松性系数

土的类别	自然状态		挖松后	
	表观密度（t/m^3）	可松系数	表观密度（t/m^3）	可松系数
砂土	1.65~1.75	1.0	1.50~1.55	1.05~1.15
壤土	1.75~1.85	1.0	1.65~1.70	1.05~1.10
黏土	1.80~1.95	1.0	1.60~1.65	1.10~1.20
砂砾土	1.90~2.05	1.0	1.50~1.70	1.10~1.40
含砂砾壤土	1.85~2.00	1.0	1.70~1.80	1.05~1.10
含砂砾黏土	1.90~2.10	1.0	1.55~1.75	1.10~1.35
卵石	1.95~2.15	1.0	1.70~1.90	1.15

2.4　自然倾斜角

自然堆积土壤的表面与水平面间所形成的角度，称为土的自然倾斜角。挖方与填方边坡的大小与土壤的自然倾斜角有关。确定土体开挖边坡和填土边坡应慎重考虑，重要的土方开挖，应通过专门的设计和计算确定稳定边坡。挖深在5 m以内的窄槽未加支撑时的安全边坡一般可参考表4-3。

表4-3 挖深在5 m以内的窄槽未加支撑时的安全边坡

土的类别	人工开挖	机械开挖	说明
砂土	1:1.00	1:0.75	1. 必须做好防水措施,雨季应加支撑; 2. 附近如有强烈振动,应加支撑
轻亚黏土	1:0.67	1:0.50	
亚黏土	1:0.50	1:0.33	
黏土	1:0.33	1:0.25	
砾石土	1:0.67	1:0.50	
干黄土	1:0.25	1:0.10	

2.5 土的松实关系

当自然状态的土挖后变松,再经过人工或机械碾压、振动,土可被压实。例如:在填筑拦河坝时,从土区取1 m^3 的自然方,经过挖松运至坝体进行碾压后的实体方,就小于原1 m^3 的自然方,这种性质叫作土的可缩性。

在土方工程施工中,经常有三种土方的名称,即自然方、松方、实体方。它们之间有着密切的关系。

2.5.1 土的体积关系

土体在自然状态下是由土粒、水和气体三相组成的。当自然土体松动后,气体体积(即孔隙)增大,当土粒数量不变,原自然土体积 $V_{自}$ 小于松动后的土体积 $V_{松}$;当经过碾压或振动后,气体被排出,则压实后的土体 $V_{实}$ 小于 $V_{自}$。三者之间的关系即 $V_{实} < V_{自} < V_{松}$,$V_{实}$ 为经压实后的实体方;$V_{松}$ 为经扰动后的松方。

对于砾、卵石和爆破后的块、碎石,由于它们的块度大或颗粒粗,可塑性远小于黏土,因而它们的压实方大于自然方,详见表4-4。

表4-4 几种典型土的体积变化换算系数

土壤种类	$V_{自}$	$V_{松}$	$V_{实}$
黏土	1.00	1.27	0.90
壤土	1.00	1.25	0.90
砂	1.00	1.12	0.95
爆破块石	1.00	1.50	1.30
固结砾石	1.00	1.42	1.29

当1 m^3 的自然土体松动后,土体增大了,因而单位体积的重量变轻了;再经过碾压或振动,使土粒紧密度增加,因而单位体积质量增大,即 $\rho_{松} < \rho_{自} < \rho_{实}$。$\rho_{松}$ 为开挖后的土体容量,$\rho_{自}$ 为未扰动的土体容量,$\rho_{实}$ 为碾压后的土体容量, 单位为 kg/m^3。

2.5.2 自然方和压实成品方的关系。

在土方工程施工中,设计工程量为压实后的成品方,取料场的储量是自然方。在计算压实工程的备料量和运输量时,应该将二者之间的关系考虑进去,并考虑施工过程中技术处理、要求以及其他不可避免的各种损耗。水利水电系统在多年施工实践经验的基础上,提出了压实成品方与所需自然方的换算公式:

$$V_{实} = \left(1 + \frac{A}{100}\right)\frac{\rho_0}{\rho_d}V_{自} \tag{4-2}$$

式中 $V_{实}$——压实成品方的体积,m^3;

A——综合系数;

ρ_d——设计干表观密度,kg/m^3;

ρ_0——未经扰动的自然干表观密度,kg/m^3。

其中,综合系数 A 考虑了施工中各种损失。它包括:坝上运输、雨后清理、边坡削坡、接缝削坡、施工沉陷、取土坑、试验坑和不可避免的压坏等损失因素。综合系数见表4-5。

表4-5 土料施工综合系数 A

填筑料	施工综合系数 A	填筑料	施工综合系数 A
机械填筑混合坝坝体土料	5.86	人工填筑心墙土料	3.43
机械填筑均质坝坝体土料	4.93	坝体砂石料、反滤料	2.20
机械填筑心墙土料	5.70	坝体堆石料	1.40
人工填筑坝体土料	3.43		

任务2 土方开挖

土方开挖常用的方法有人工法和机械法。一些工程量小或受施工条件约束不便于机械施工的地方,采用人工挖运作业。挖土用铁锹、镐、三齿耙等工具,运土用筐、手推车、架子车等工具。工程上经常采用机械施工。用于土方开挖的机械有单斗挖掘机、多斗挖掘机、铲运机械及水力开挖机械。

1 单斗挖掘机

单斗挖掘机是仅有一个铲土斗的挖掘机械。它由行走装置、动力装置和工作装置三部分组成。行走装置分为履带式、轮胎式和步行式三类。履带式是最常用的一种,它对地面的单位压力小,可在各种地面上行驶,转移速度慢;动力装置分为电动和内燃机驱动两种,电动为常用型式,效率高,操作方便,但需要电源;工作装置由铲土斗、斗柄、推压和提升装置组成。按铲土方向和铲土原理分为正向铲、反向铲、拉铲和抓铲四种类型,如图4-1所示,用钢索或液压操纵。钢索操纵用于大中型正向铲,液压操纵用于小型正铲和反铲较多。

1.1 正向铲挖掘机

正向铲挖掘机由推压和提升完成挖掘,开挖断面是弧形,最适于挖停机面以上的土

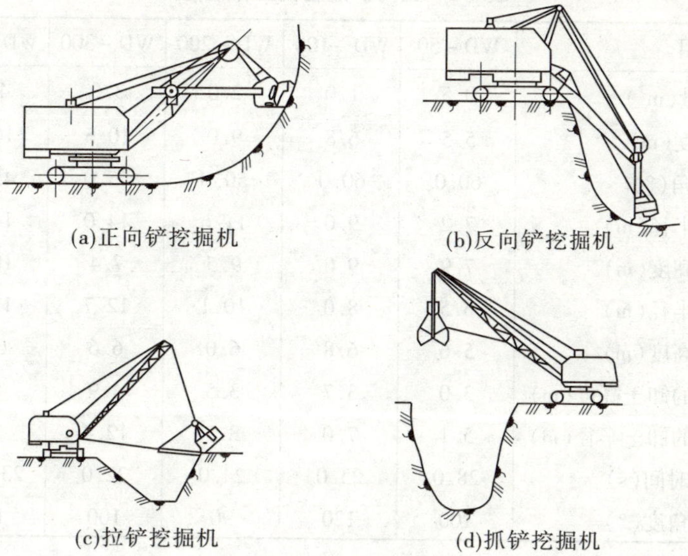
(a)正向铲挖掘机　(b)反向铲挖掘机

(c)拉铲挖掘机　(d)抓铲挖掘机

图4-1　单斗挖掘机

方，也能挖停机面以下的浅层土方。由于稳定性好，铲土能力大，可以挖各种土料及软岩、岩渣进行装车。它的特点是循环式开挖，由挖掘、回转、卸土、返回构成一个工作循环，生产率的大小取决于铲斗大小和循环时间长短。正铲的斗容从0.5 m^3 至几十立方米，工程中常用1 ~4 m^3。基坑土方开挖常采用正面开挖，土料场及渠道土方开挖常用侧面开挖，还要考虑与运输工具配合问题。挖掘机工作尺寸见图4-2，常用正向铲挖掘机工作性能见表4-6。

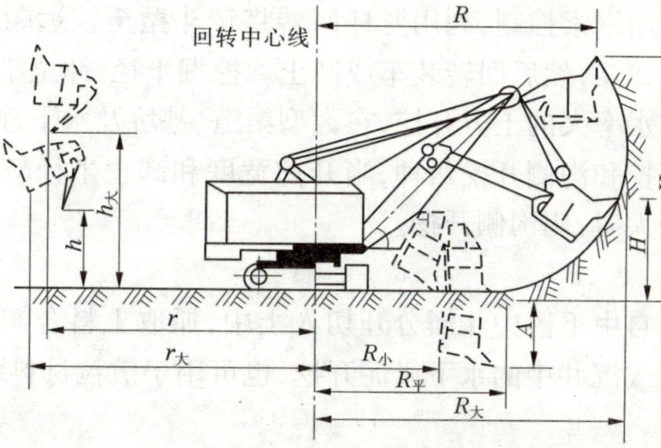

A—停机面以下挖掘深度；$R_平$—停机面以上最大挖掘半径；$R_小$—停机面以上最小挖掘半径；

$R_大$—最大挖掘半径；H—最大挖掘半径时的挖掘高度；R—最大挖掘高度时的挖掘半径；

$H_大$—最大挖掘高度；$r_大$—最大卸土半径；h—最大卸土半径时的卸土高度；r—最大卸土高度时的卸土半径；

$h_大$—最大装土高度

图4-2　正向铲挖掘机工作尺寸

表 4-6　正向铲挖掘机工作性能

项目	WD－50	WD－100	WD－200	WD－300	WD－400	WD－1000
铲斗容量(m^3)	0.5	1.0	2.0	3.0	4.0	10.0
动臂长度(m)	5.5	6.8	9.0	10.5	10.5	13.0
动臂倾角(°)	60.0	60.0	50.0	45.0	45.0	45.0
最大挖掘半径(m)	7.2	9.0	11.6	14.0	14.4	18.9
最大挖掘高度(m)	7.9	9.0	9.5	7.4	10.1	13.6
最大卸土半径(m)	6.5	8.0	10.1	12.7	12.7	16.4
最大卸土高度(m)	5.6	6.8	6.0	6.6	6.3	8.5
最大卸土半径时的卸土高度(m)	3.0	3.7	3.5	4.9		5.8
最大卸土高度时的卸土半径(m)	5.1	7.0	8.7	12.4		15.7
工作循环时间(s)	28.0	25.0	24.0	22.0	23～25	
卸土回转角度(°)	100	120	90	100	100	

1.2　反向铲挖掘机

反向铲挖掘机能用来开挖停机面以下的土料，挖土时由远而近，就地卸土或装车，适用于中小型沟渠、清基、清淤等工作。由于其稳定性及铲土能力均比正铲差，只用来挖Ⅰ～Ⅱ级土，硬土要先进行预松。反铲的斗容有 0.5 m^3、1.0 m^3、1.6 m^3 几种，目前最大斗容已超过 3 m^3。在沟槽开挖中，在沟端站立倒退开挖，当沟槽较宽时，采用沟侧站立，侧向开挖。

1.3　拉铲挖掘机

拉铲挖掘机的铲斗用钢索控制，利用臂杆回转将铲斗抛至较远距离，回拉牵引索，靠铲斗自重下切铲土装满铲斗，然后回转装车或卸土。挖掘半径、卸土半径、卸土高度较大，最适用于水下土砂及含水率大的土方开挖，在大型渠道、基坑及水下砂卵石开挖中应用广泛。开挖方式有沟端开挖和沟侧开挖两种，当开挖宽度和卸土半径较小时，用沟端开挖；当开挖宽度和卸土半径大时，用沟侧开挖。

1.4　抓铲挖掘机

抓铲挖掘机靠铲斗自由下落中斗瓣分开切入土中，抓取土料合瓣后提升，回转卸土。适用于挖掘窄深型基坑或沉井中的水下淤泥开挖，也可用于散粒材料装卸，在桥墩等柱坑开挖中应用较多。

1.5　单斗挖掘机生产率

单斗挖掘机实用生产率可按下式计算：

$$P = 60nqK_{充}K_{时}K_{修}K_{延}/K_{松} \quad (m^3/h) \tag{4-3}$$

$$K_{修} = \frac{1}{0.4\alpha + 0.6\beta}$$

式中　n——设计每分钟循环次数；

q——铲斗容量，m^3；

$K_{充}$——铲斗充盈系数，正铲取1.0；

$K_{延}$——卸土延误系数；

$K_{时}$——时间利用系数，取0.8～0.9；

$K_{修}$——工作循环时间修正系数；

$K_{松}$——土壤可松性系数；

α——土壤级别修正系数，取1.0～1.2；

β——转角修正系数，转角90°时取1.0，100°～135°时取1.08～1.37。

挖掘机是土方机械化施工的主导机械，为提高生产率，应采用加长斗齿，减小切土阻力；合并一个工作循环各个工作过程，小角度装车或卸土，采用大铲斗；合理布置工作面和运输道路；加强机械保养和维修，维持机械良好性能状态等措施。

2　多斗挖掘机

多斗挖掘机是有多个铲土斗的挖掘机械，它能够连续地挖土，是一种连续工作的挖掘机械，按其工作方式不同，分为链斗式和斗轮式两种。

链斗式挖掘机最常用的型式是采砂船，如图4-3所示。它构造简单，生产率高，适用于规模较大的工程，可以挖河滩及水下砂砾料的多斗式挖掘机械。采砂船工作性能见表4-7。

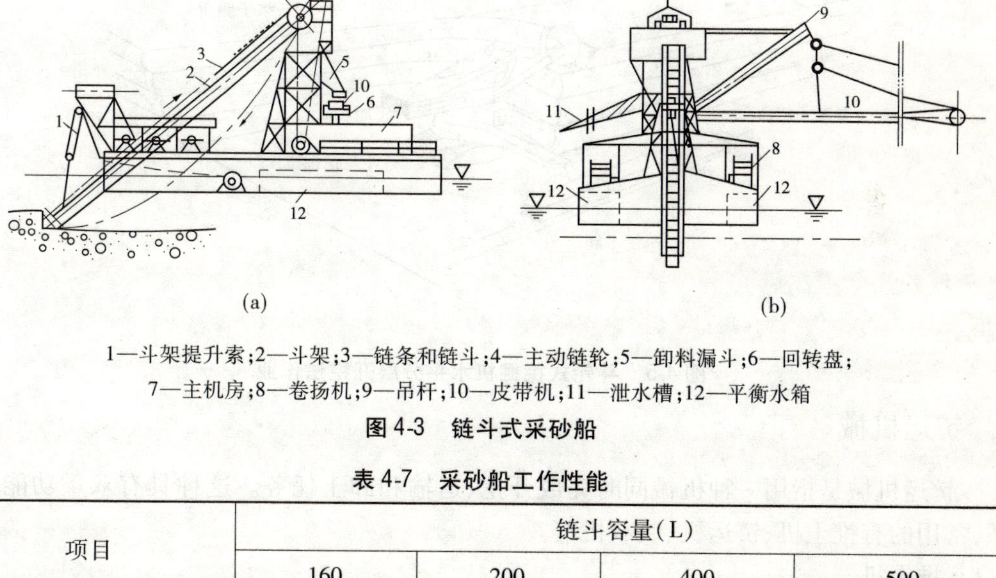

1—斗架提升索；2—斗架；3—链条和链斗；4—主动链轮；5—卸料漏斗；6—回转盘；7—主机房；8—卷扬机；9—吊杆；10—皮带机；11—泄水槽；12—平衡水箱

图4-3　链斗式采砂船

表4-7　采砂船工作性能

项目	链斗容量(L)			
	160	200	400	500
理论生产率(m/h)	120	150	250	750
最大挖掘深度(m)	6.5	7.0	12.0	20.0
船身外廓尺寸(长×宽×高)(m×m×m)	28.05×8×2.4	31.9×8×2.3	52.2×12.4×3.5	69.9×14×5.1
吃水深度(m)	1.0	1.1	2.0	3.1

斗轮式挖掘机的斗轮装在斗轮臂上，在斗轮上装有 7 ~ 8 个铲土斗，当斗轮转动时，下行至拐弯时挖土，上行运土至最高点时，土料靠自重和旋转惯性卸入受料皮带上，转送到运输工具或料堆上。其主要特点是斗轮转速较快，作业连续，斗臂倾角可以改变，并作 360°回转，生产率高，开挖范围大。斗轮式挖掘机如图 4-4 所示，斗轮式挖掘机水平分层开挖法作业如图 4-5 所示。

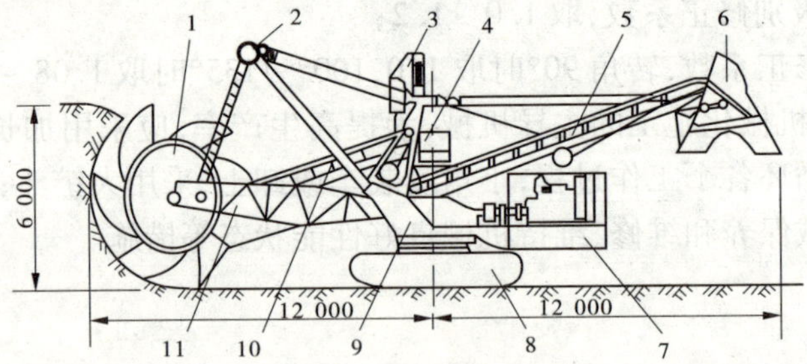

1—斗轮；2—升降机构；3—司机室；4—中心料仓；5—卸料皮带机；
6—双槽卸料斗；7—动力装置；8—履带；9—转台；10—受料皮带机；11—斗轮臂

图 4-4　斗轮式挖掘机　（单位：mm）

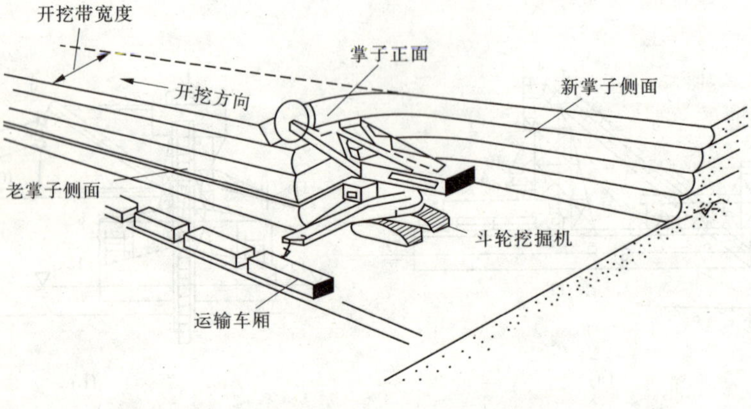

图 4-5　斗轮式挖掘机水平分层开挖法作业

3　铲运机械

铲运机械是指用一种机械同时完成开挖、运输和卸土任务。这种具有双重功能的机械，常用的有推土机、铲运机、装载机等。

3.1　推土机

推土机是一种在履带式拖拉机上安装推土板等工作装置而成的一种铲运机械，是水利水电建设中最常用、最基本的机械，可用来完成场地平整、基坑、渠道开挖、推平填方、堆积土料、回填沟槽、清理场地等作业，还可以牵引振动碾、松土器、拖车等机械作业。它在推运作业中，距离不能超过 60 ~ 100 m，挖深不宜大于 1.5 ~ 2.0 m，填高小于 2 ~ 3 m。推土机按安装方式分为固定式和万能式；按操纵方式分为钢索和液压操纵；按行驶方式分为履带式和轮胎式。推土机的基本构造见图 4-6。

1—推土板;2—液压油缸;3—推杆;4—引导轮;5—托架;
6—支承轮;7—铰销;8—托带轮;9—履带架;10—驱动轮

图 4-6　推土机构造示意图

固定式推土机的推土板,仅能上下升降,强制切土能力差,但结构简单,应用广泛,而万能式推土机不仅能升降,还可左右、上下调整角度,用途多。履带式推土机附着力大,可以在不良地面上作业;液压式推土机可以强制切土,质量轻,构造简单,操作方便。推土机推运土料采用前进推后退开行,为提高生产率,常采用下坡推土、沟槽推土、并列推土等方法。铲运机的土斗较大,但切土能力相对不足,为了提高生产率,可采用下坡取土、硬土预松、推土机助推等方法。

3.2　铲运机

铲运机是一种能连续完成铲土、运土、卸土、铺土、平土等工序的综合性土方工程机械,能开挖黏土、砂砾石等。其生产率高,运转费用低,适用于开挖大型基坑、渠道、路基开挖,大面积场地的平整、土料开采、填筑堤坝等。

铲运机按牵引方式分为自行式和拖式;按操纵方式分为钢索和液压操纵;按卸土方式分为自由卸土、强制卸土、半强制卸土;按行走装置分为履带式和轮胎式。自行式铲运机组成见图 4-7。

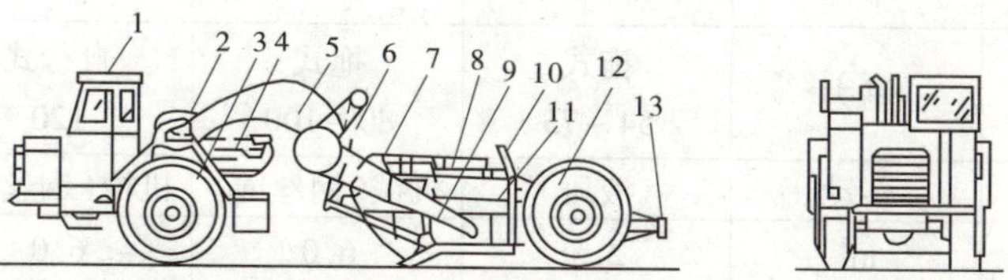

1—驾驶室;2—中央框架;3—前轮;4—转向油缸;5—辕架;6—得斗油缸;7—斗门;
8—斗门油缸;9—铲刀;10—卸土板;11—铲斗;12—后轮;13—尾架

图 4-7　自行式铲运机示意图

自行式铲运机切土力较小,装满铲斗所需的切土长度较大,但行驶速度快,运距在 800 ~ 15 000 m 时生产率较高;拖式切土较大,所需切土长度较短,但行驶速度慢,运距在 250 ~ 350 m 时生产率高。国产铲运机的斗容有 2.5 m^3、6 m^3、7 m^3、15 m^3 等规格。自行式铲运机工作过程见图 4-8。

铲运机的生产率主要取决于铲斗容量及铲土、运土、卸土和回返的工作循环时间。为提高生产率,可采用下坡取土、推土机助推、松土机预松等方法,以加大铲土力、减小铲土阻力,缩短装土时间。

铲运机开行路线有纵向环形路线、横向环形路线、“8”字形开行路线,如图 4-9 所示。

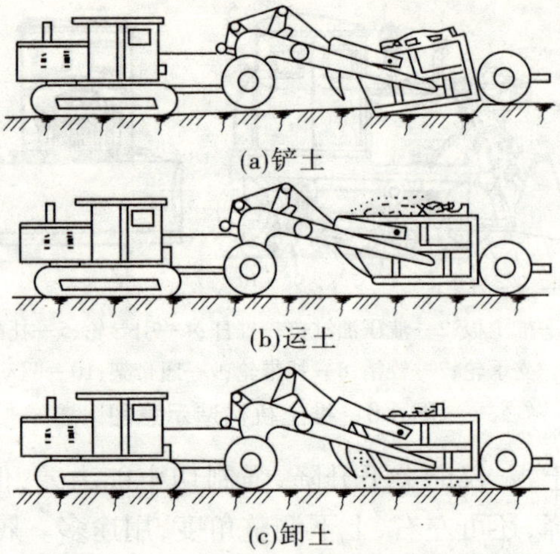

图 4-8 铲运机工作过程示意图

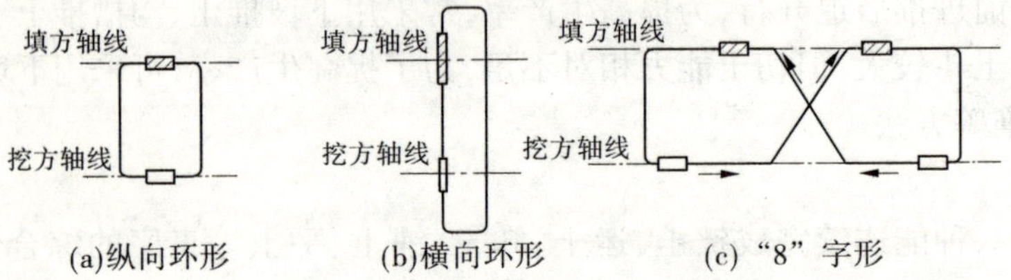

图 4-9 铲运机开行路线示意图

选择合理的开行路线可缩短空程时间，又能减少对铲运机零部件的磨损。常用铲运机的工作性能见表 4-8。

表 4-8 铲运机工作性能

项目		单位	C6 − 2.5	C3 − 6A	C3 − 6	C4 − 7
行驶方式			拖式	拖式	自行式	自行式
牵引车功率		马力	54 ~ 75	80 ~ 100	120	160
操作方式		传动	液压	机械（钢丝绳）	机械（钢丝绳）	液压
铲斗容量	平装	m^3	2.5	6.0	6.0	7.0
	堆装	m^3	2.7 ~ 3.0	8.0	8.0	9.0
铲刀宽度		mm	1 900	2 600	2 600	2 700
切土深度		mm	150	300	300	300
切土厚度		mm	230	380	380	400
最小回转半径		m	2.7	3.75		14.00
重量	空车	kg	1 979	7 300	14 000	15 000
	重车	kg	6 396	1 700 ~ 19 000	25 500	28 000
外形尺寸 长 × 宽 × 高		mm × mm × mm	5 600 × 2 440 × 2 400	8 770 × 3 093 × 2 540	10 182 × 3 130 × 3 020	9 800 × 3 210 × 2 980

注：1 马力 = 735.499 W。

3.3　装载机

装载机是一种挖土、装土和运土连续作业的机械设备，见图4-10。

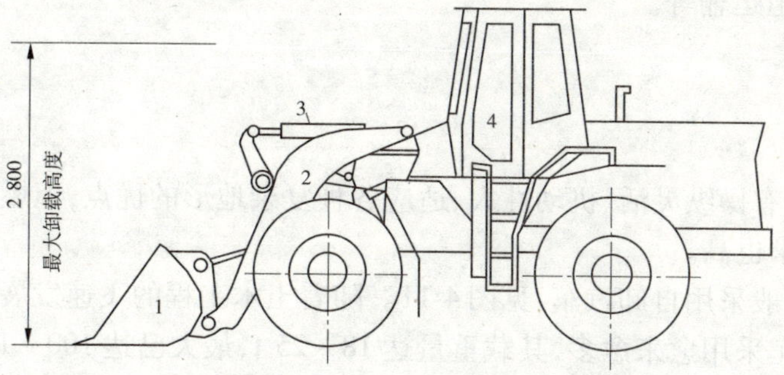

1—装载斗；2—活动臂；3—臂杆油缸；4—驾驶室

图4-10　轮胎式装载机示意图　（单位：mm）

轮胎式装载机行走灵活，运转快，效率高，适合于松土、轻质土、基坑清淤以及无地下水影响的河渠开挖。挖出的土方可直接卸土、装车或外运，其运距以不超过150 m为宜。轮胎式装载机还适于砂料的采挖和零星材料的挖装及短距离的运输。斗容有0.5 m^3、1.0 m^3、1.5 m^3、2.0 m^3、2.5 m^3等。履带式装载机适用于恶劣作业条件下作业。

4　水力开挖机械

水力开挖主要有水枪开挖和吸泥船开挖。

4.1　水枪开挖

水枪开挖就是利用水枪喷嘴射出的高速水流切割土体形成泥浆，然后输送到指定地点的开挖方法。水枪可在平面上回转360°，在立面上仰俯50°～60°，射程达20～30 m，切割分解形成泥浆后，沿输泥沟自流或由吸泥泵经管道输送至填筑地点。利用水枪开挖土料场、基坑，节约劳力和大型挖运机械，经济效益明显。水枪开挖适于砂土、亚黏土和淤泥，可用于水力冲填筑坝。对于硬土，可先进行预松，提高水枪挖土的工效。

4.2　吸泥船开挖

吸泥船开挖是利用挖泥船下的绞刀将水下土方绞成泥浆，由泥浆泵吸起经浮动输泥管运至岸上或运泥船上。

任务3　土料运输

在土方施工中，土方运输的费用往往占土方工程总费用的60%～90%，因此确定合理的运输方案，进行合理的运输布置，对于降低土方工程造价具有重要意义。土方运输的特点是：运输线路多是临时性的，变化比较大，几乎全是单向运输，运输距离比较短，运输量和运输强度较大。

土方运输的类型有：

（1）无轨运输，如汽车、拖拉机、胶轮车等；

(2)有轨运输,如标准轨铁路、窄轨铁路等;

(3)带式运输机运输;

(4)架空索道运输等。

1 无轨运输

1.1 汽车运输

汽车运输具有操纵灵活、机动性大、适应各种复杂地形的优点,但燃料较贵,运输费用较高,维修的要求也高。

土方运输一般采用自卸汽车,见图4-11。随着土木工程的飞速发展,工程规模愈来愈大,大型自卸汽车采用愈来愈多,其载重量达18~25 t,最大已达100~110 t。

良好的道路条件和及时养护,对提高汽车的运输能力和延长车辆使用寿命有十分重要的意义。因此,在土方运输中必须重视道路的修建和养护。汽车路面有土路面、碎石路面、矿渣路面、混凝土路面和沥青路面,一般碎石路面的横断面图如图4-12所示。

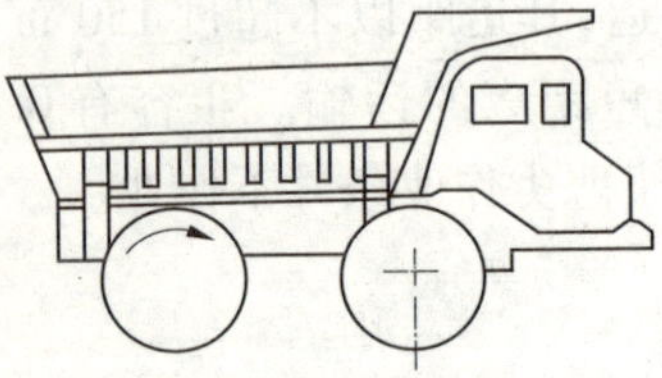

图4-11 自卸汽车示意图

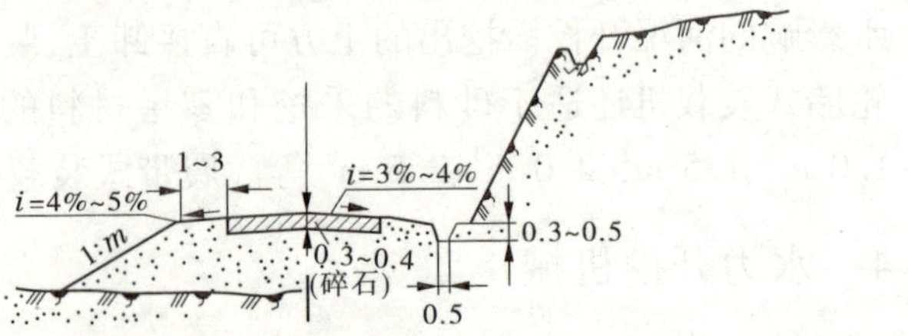

图4-12 汽车碎石路面横断面图 (单位:m)

汽车运输线路的布置一般采用双线(往复)或环形两种,运输线路的布置及线路条数必须满足昼夜运输量的要求。

1.2 拖拉机运输

拖拉机运输是以拖拉机牵引拖车进行运输的。拖拉机有履带式和轮胎式两种。履带式牵引力大,对道路要求低,对地面压强小,但行驶速度慢,适用于运距短、道路不良而汽车运行困难的情况。轮胎式拖拉机对于道路的要求与汽车相同,行驶速度较大,适用于运距较大的情况。

1.3 架子车运输

架子车是一种人力胶轮车,容积小(0.1~0.2 m^3),使用轻便灵活,其运距以不超过1 km为宜。架子车上坡可用爬坡机牵引,边坡不小于45°,见图4-13。架子车装料可采用装料漏斗,见图4-14。

2 有轨运输

工程施工所用的有轨运输均为窄轨铁路。窄轨铁路的轨距有1 000 mm、762 mm、610 mm几种。铁路的剖面如图4-15所示。轨距1 000 mm和762 mm窄轨铁路的钢轨重量为11~18 kg/m,其上可行驶3 m^3、6 m^3、15 m^3 可倾翻的车厢,用机车牵引。轨距610 mm的钢轨重量为8 kg/m,其上可行驶0.6~1.5 m^3 可倾翻的铁斗车(见图4-16),可用人力推运或电瓶车牵引。

1—卷扬机；2—挂钩；3—牵引索

图4-13 爬坡机助拉

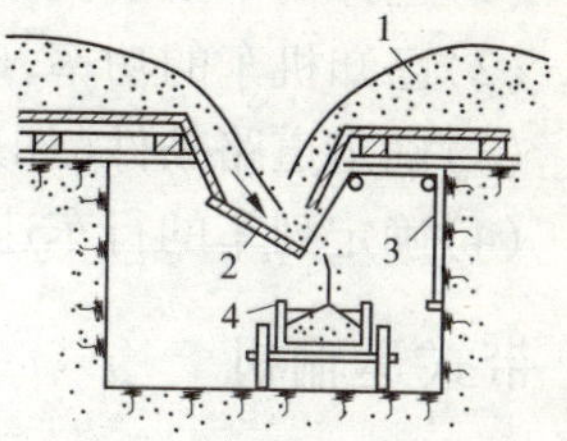

1—土料；2—活动斗门；

3—启闭索；4—架子车

图4-14 装料漏斗

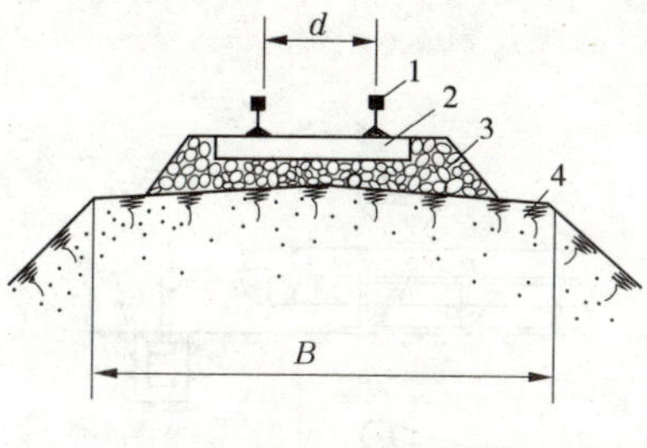

d—轨距，B—路肩宽度；

1—钢轨；2—枕木；3—道渣；4—路肩

图4-15 铁路横断面图

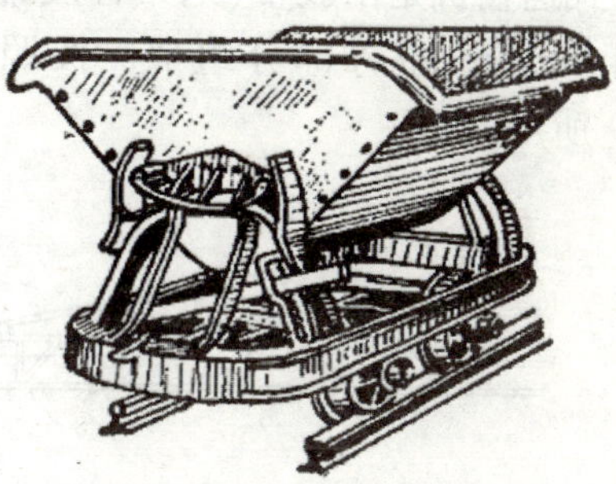

图4-16 V形斗车

铁路运输的线路布置方式，有单线式、单线带岔道式、双线式及环形式四种（见图4-17）。根据运输强度、车辆的运行方式及当地地形条件进行选择。在铁路交叉部位设岔道，但在窄轨铁路上，当场地狭窄时，可采用转盘。转盘可使单个车辆掉转任意方向。

当遇到较陡的坡度时，通常采用卷扬道（绞车道）（见图4-18）。由卷扬机牵引车辆上、下坡，其坡度可达30%。为保证安全，卷扬道上应设置自动制动装置。在有轨运输中，需进行牵引力计算，以解决下列问题：

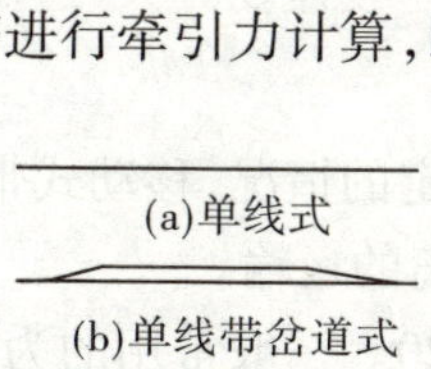

图4-17 铁路线布置方式

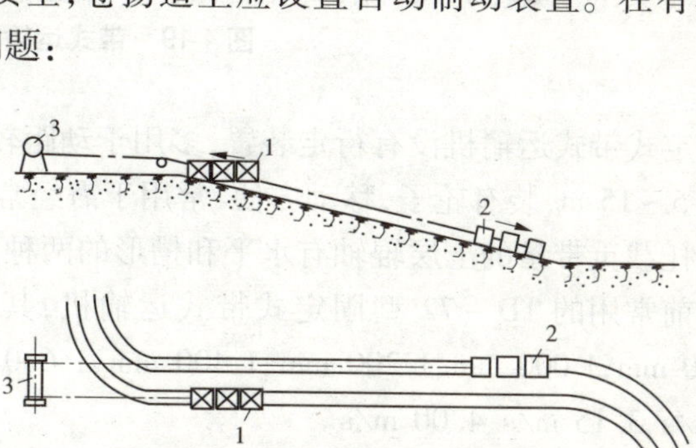

1—重车；2—空车；3—卷扬道

图4-18 卷扬道

(1)选择列车牵引机车的功率；

(2)已知机车的功率，确定牵引车厢数目和载重量；

(3)确定道路条件(如道路纵坡等)；

(4)确定列车的行车速度。

3 带式运输机

带式运输机是一种连续式运输设备，生产率高，机身结构简单、轻便，造价低廉；可做水平运输，也可做斜坡运输，而且可以转任何方向；在运输中途任何地点都可卸料；适用于地形复杂、坡度较大、通过比较复杂的地形和跨越沟壑的情况；特别适用于运输大量的粒状材料。

带式运输机是由胶带(通常称皮带)、两端的鼓筒、承托带条的辊轴、拉紧装置、机架和喂料、卸料设备等部分组成。按照运输机能否移动分为固定式和移动式两种，如图4-19所示。

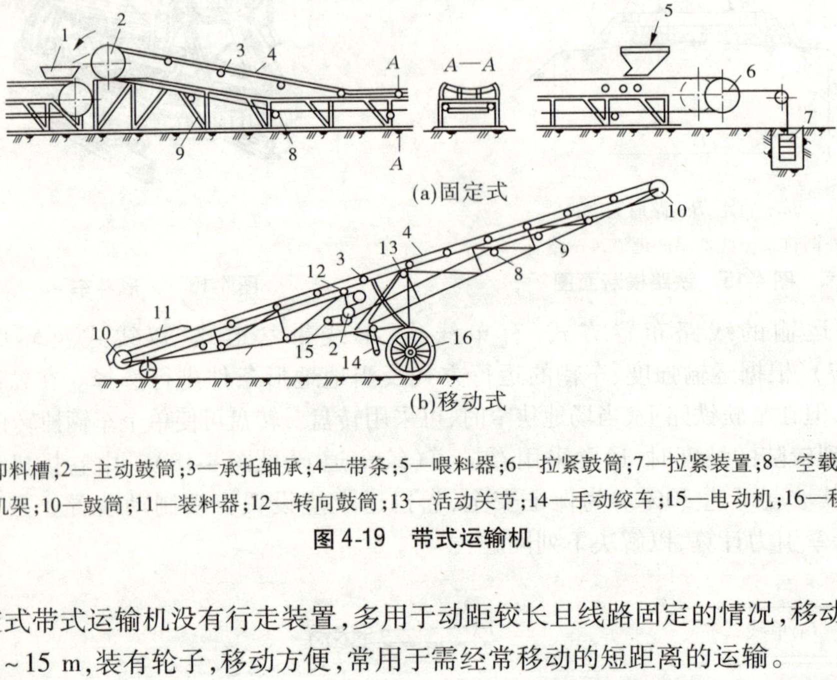

1—卸料槽；2—主动鼓筒；3—承托轴承；4—带条；5—喂料器；6—拉紧鼓筒；7—拉紧装置；8—空载轴承；9—机架；10—鼓筒；11—装料器；12—转向鼓筒；13—活动关节；14—手动绞车；15—电动机；16—移动轮

图4-19 带式运输机

固定式带式运输机没有行走装置，多用于动距较长且线路固定的情况，移动式带式运输机长5～15 m，装有轮子，移动方便，常用于需经常移动的短距离的运输。

承托载重带条的上层辊轴有水平和槽形的两种型式，见图4-20。一般常用的为槽形。我国目前常用的TD－72型固定式带式运输机，其胶带的宽度有300 mm、400 mm、650 mm、800 mm、1 000 mm、1 200 mm、1 400 mm、1 600 mm等，带速为1. 25 m/s、1. 60 m/s、2. 50 m/s、3. 15 m/s、4. 00 m/s。

为了均匀而连续地向带条上装料，通常用喂料器，其类型见图4-21。料斗上方是储料斗，下方是喂料器。为了减少运输皮带的磨损，装料方向应和带条的运动方向一致。

卸料可以在尾部也可在中部。在运输机尾端卸料时，在尾端鼓筒处装设滑槽或卸料斗；在运输机中部卸料时，可装设卸料小车或挡板，如图4-22所示。

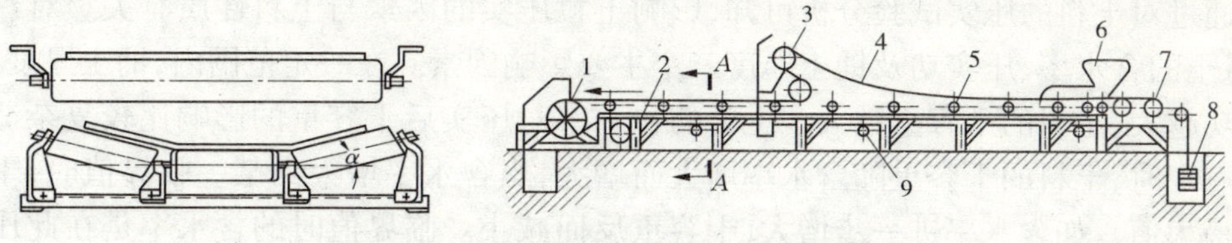

(a)　　　　　　　　　　　　　　　　(b)

1—驱动滚筒;2—金属支架;3—卸料小车;4—带条;5—上托辊;
6—装料装置;7—张紧装置;8—重物;9—下托辊

图 4-20　带式输送机组成

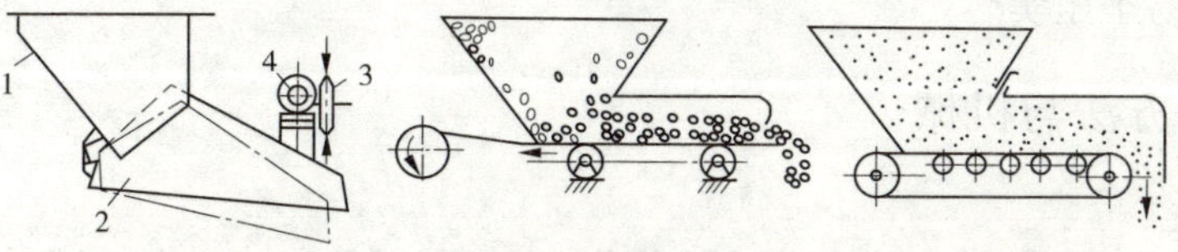

(a)振动式　　　　(b)往复式　　　　(c)带式

1—料斗;2—振动槽;3—调整螺栓;4—振动器

图 4-21　喂料器

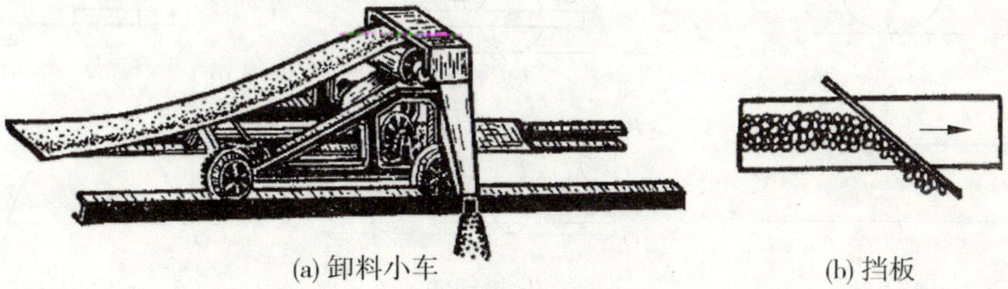

(a) 卸料小车　　　　　　　　　　(b) 挡板

图 4-22　卸料装置

4　索道运输

索道运输是一种架空式运输。在地形崎岖复杂的地区,用支塔架立起空中索道,运料斗沿索道运送土料、砂石料、碎石等。特别是由高处向低处运送材料时,利用索道的自重下滑,不需要动力,更为经济。当用索道由低处向高处或水平运土时,则需由动力设备通过牵引索拖动。

任务4　土料压实

1　压实影响因素

土是三相体,即由固相的土料、液相的水和气相的空气所组成。土料压实就是将被包围的细土颗粒挤压填充到粗土颗粒间的空隙中,从而排出空气,使土料的空隙率减小,密实度提高。

通过对土料的压实试验分析可知,影响土粒压实的因素与土料性质有关。对黏性土料,有土的含水率、压实功及铺土厚度三个主要影响因素。在一定范围内,铺土厚度越小,压实功越大,土料的干容重越大。土料的含水率对压实后干容重的影响比较复杂。当压实功一定时,土料的干容重随含水率增大而增大,当含水率增大到某一临界值时,干容重达到最大值。如含水率进一步增大,干容重反而减小。临界值时的含水率是在此压实功下的最优含水率。同时土料的最优含水率随压实功的增大而减小。对非黏性土料,压实功及铺土厚度对土体压实效果的影响和黏性土一致。由于非黏性土透水性较强,含水率不再是压实的主要因素,但较多的水分有利于降低土料颗粒间的摩阻力,故施工中通常要洒水压实。此外,颗粒级配的均匀性也影响着压实效果。颗粒级配不均匀的砂砾料,较级配均匀的砂土易于压实。

2 土料压实方法与机械

2.1 压实方法

压实方法按其作用原理分为碾压、夯击和振动三类,如图4-23所示。

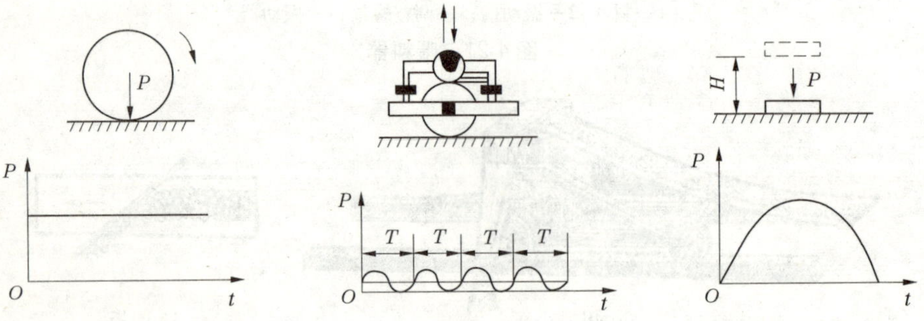

(a)静力法 (b)振动法 (c)夯击法

图4-23 土料压实方法

2.2 压实机械

2.2.1 平碾

平碾(见图4-24(a))为典型的利用碾压为作用原理的压实机械。其优点是构造简单;缺点是单位压力较小,压实影响深度小(200~250 mm以下)。压实后表层与下层土密实度相差较大,层面光滑,上下层结合不良。平碾主要用于大面积压实黏性土或非黏性土料,最适于道路施工。

2.2.2 羊角碾

在平碾碾轮的表面装上许多羊角状的构件,平碾就变成了羊角碾。其优点是单位压力大,压实影响深度大,不仅羊角底部土料受压,而且羊角侧部的土料也受到挤压,从而得到较大干容重;且滚动时,表面土料被翻松,有利于上下层间结合,羊角碾仅适用于压实黏性土料。

羊角碾压实时有两种方式:一种是逐圈压实,即先沿填土一侧开始,逐圈错距以螺旋形开行逐渐移动进行压实,机械始终前进开行,生产率高,适用宽阔的工作面,并可多台羊角碾同时工作。但拐弯处及错距交叉处产生重压和漏压。另一种方式为进退错距压实,

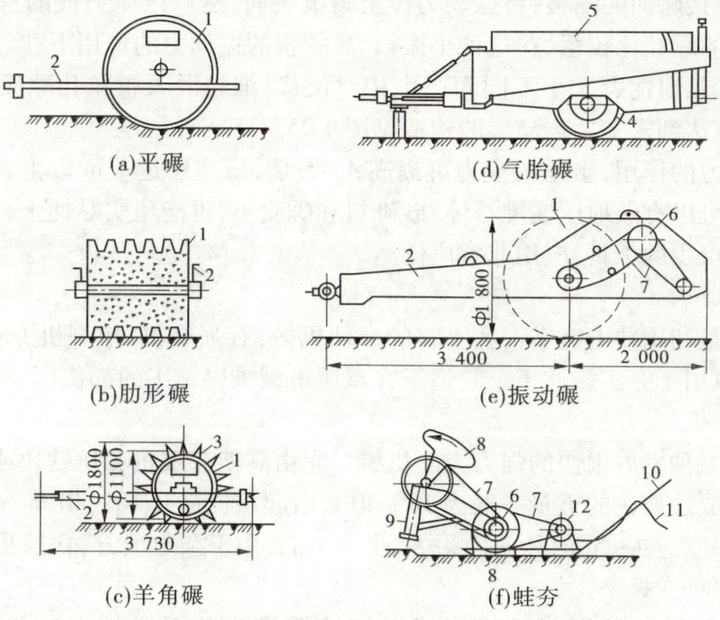

1—碾滚；2—机架；3—羊角；4—充气轮胎；5—压重箱；6—主动轮；7—传动皮带；
8—偏心块；9—夯头；10—扶手；11—电缆；12—电动机

图4-24 常用的土料压实机械 (单位：mm)

即沿直线前进后退压实，反复行驶，达到要求后错距，重复进行。压实质量好，遍数好控制，但后退操作不便。

此法用于狭窄工作面。压实遍数，由经验可按土层表面被羊角普遍压过一遍就能满足估算要求。压实遍数可按式(4-4)计算：

$$N = \frac{KS}{MF} \tag{4-4}$$

式中 S——碾筒表面面积，cm^2；

F——羊角的端面积，cm^2；

M——羊角的数量；

K——碾压时羊角在土料表面分布不均匀修正系数，一般取1.3。

2.2.3 气胎碾

气胎碾是利用充气轮胎作为碾子，由拖拉机牵引的一种碾压机械。这种碾子是一种柔性碾，碾压时碾和土料共同变形，其原理见图4-25。胎面与土层表面的接触压力与碾重关系不大，增加碾重(可达几十吨至上百吨)，可以增加与土层的接触面积，从而增大压实影响深度，提高生产率。它既适用于黏性土的压实，也可以压实砂土、砂砾石、黏土与非黏性土的结合带等。与羊角碾联合作业效果更佳，如气胎碾压实，用羊角碾收面，有利于上下层结合；羊角碾碾压，气胎碾收面，有利于防雨。

2.2.4 振动碾

振动碾是一种具有静压和振动双重功能的复合型压实机械。常见的类型是振动平碾，也有振动变形(表面设凸块、肋形、羊角等)碾。它是由起振柴油机带动碾滚内的偏心轴旋转，通过连接碾面的隔板，将振动力传至碾滚表面，然后以压力波的形式传到土体内部。非黏性土的颗粒比较粗，在这种小振幅、高频率的振动力的作用下，摩擦力大大降低，由于颗粒不均匀、惯性力大小不同而产生相对位移，细粒滑入粗粒孔隙而使空隙体积减小，从而使土料达到密实。振动碾的构造见图4-25。

由于振动力的作用，土中的应力可提高4～5倍，压实层达1 m以上，有的高达2 m，生产率很高。可以有效地压实堆石体、砂砾料和砾质土，也能压实黏性土，是土坝砂壳、堆石坝碾压必不可少的工具，应用非常广泛。

2.2.5　夯实机械

夯实机械是利用冲击能来击实土料的一种机械，有强夯机、挖掘机夯板等，用于夯实砂砾料，也可以用于夯实黏性土。它适于在碾压机械难以施工的部位压实土料。

2.2.5.1　强夯机

强夯机是一种发展很快的强力夯实机械。它由高架起重机和铸铁块或钢筋混凝土块做成的夯砣组成。夯砣的重量一般为10～40 t，由起重机提升10～40 m高后自由下落冲击土层，影响深度达4～5 m，压实效果好，生产率高，用于杂土填方、软基及水下地层。

2.2.5.2　挖掘机夯板

挖掘机夯板是一种用起重机械或正铲挖掘机改装而成的夯实机械。其结构见图4-26。夯板一般做成圆形或方形，面积约1 m^2，重量为1～2 t，提升高度为3～4 m。主要优点是压实功能大，生产率高，有利于雨季、冬季施工。当石块直径大于50 cm时，工效大大降低，压实黏土料时，表层容易发生剪力破坏，目前看有逐渐被振动碾取代之势。

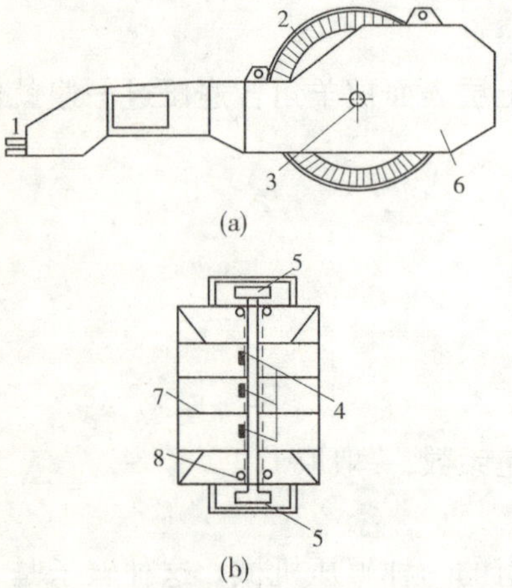

1—牵引挂钩；2—碾滚；3—轴；4—偏心块；5—轮；6—车架侧壁；7—隔板；8—弹簧悬架

图4-25　振动碾构造示意图

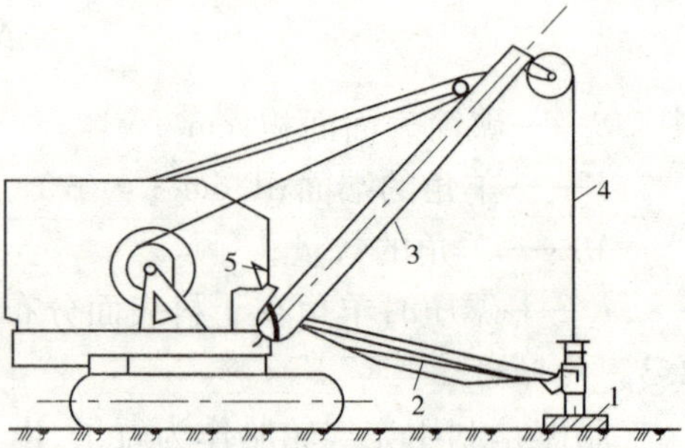

1—夯板；2—控制方向杆；3—支杆；4—起重索；5—定位杆

图4-26　挖掘机夯板示意图

3　压实试验

3.1　压实标准

填方所用土料的性质不同，其压实标准也有差异，对于黏性土，施工中以设计干容重作为压实标准。对于非黏性土，其压实标准用相对密度控制。现场施工中，相对密度控制不方便，往往将相对密度换算成相应的干容重进行控制。

3.2 压实参数确定

根据土料的性质、颗粒大小及组成、压实标准等条件初步确定压实机械的类型后，还应进一步确定压实参数，使之达到经济合理。最好的方法是进行现场碾压试验，确定施工控制含水率、铺土厚度、压实遍数。

3.3 试验方法

现场压实试验是土石坝施工中的一项技术措施。通过压实试验核实坝料设计填筑指标的合理性，作为选择压实机械类型、施工参数的依据。

3.3.1 试验场地选择

试验场地应平坦、坚实，靠近水源，地形开阔，有水电附属设施。用试验土料先在地基上铺筑一层，压实到设计标准，将这一层做为基层，然后在上面进行碾压试验。

3.3.2 试验场地布置

试验区的面积：每个试验组合面积为：黏土不小于5 m×2 m（长×宽）；砾石土、风化砾石土、砂及砂砾不小于4 m×8 m；卵漂石、堆石料不小于6 m×10 m。由于碾压时产生侧向挤压，因此试验区的两侧应各留出一个碾宽，试验区的两端各留出4～5 m（黏土）或8～10 m（堆石料）做非试区，以满足停车和错车的要求。黏性土及堆石料一场试验布置如图4-27、图4-28所示。

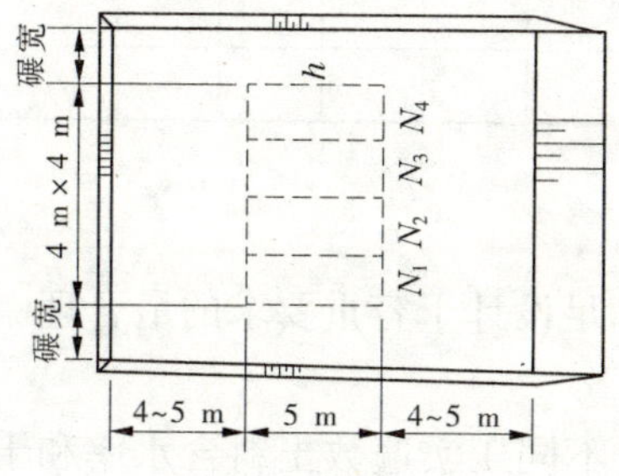

图4-27 黏性土碾压场地布置

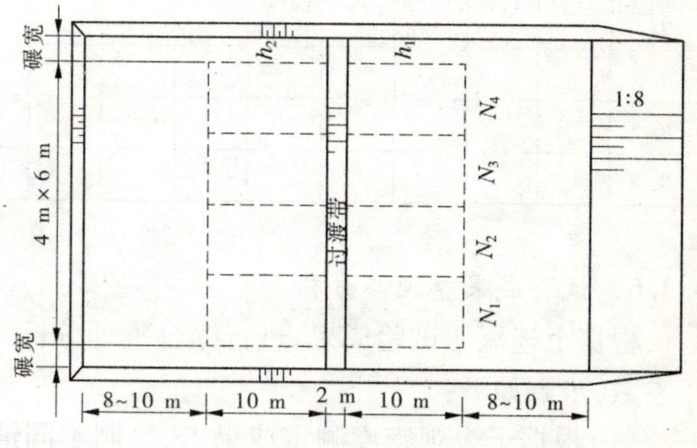

图4-28 堆石料压实场地布置

3.3.3 试验参数

土料的碾压试验，是根据已选定的压实机械，来确定铺土厚度、压实遍数及相应的含水率。应选择有代表性的土料，各料场如有差异，应分别试验，可参照表4-9。

3.3.4 试验方法

试验组合方法一般采用淘汰法，也叫逐步收敛法。此法每次变动一种参数，固定其他参数，通过试验求出该参数的适宜值，依此类推。待各项参数选定后，用选定参数进行复核试验。这种方法的优点是，效果相同时而试验总数较少。一般试验可完成十几或几十个组合试验。每场只变动一种参数，一般一场试验布置4个组合试验。

3.3.5 碾压试验记录

按不同压实遍数（n）、不同铺土厚度（h）和不同含水率（w）进行压实，取样。每一个组合取样数量为:黏土、砂砾石 10～15 个;砂及砂砾 6～8 个;堆石料不少于 3 个。分别测定干表观密度、含水率、颗粒级配。将实测数据填入表 4-10。

表 4-9 试验的铺土厚度和压实遍数

序号	压实机械名称	铺土厚度(h)	碾压遍数(n)	
			黏土	非黏性土
1	80 型履带拖拉机	10－13－16	6－8－10－12	4－6－8－10
2	10 t 平碾	16－20－24	4－6－8－10	2－4－6－8
3	5 t 双联羊角碾	19－23－27	8－11－14－18	
4	30 t 双联羊角碾	50－25－65	4－6－8－10	
5	13.5 t 振动碾	75－100－150		2－4－6－8
6	25 t 气胎碾	28－34－40	4－6－8－10	2－4－6－8
7	50 t 气胎碾	40－50－60	4－6－8－10	2－4－6－8
8	2～3 t 夯板	80－100－150	2－4－6	2－3－4

表 4-10 干表观密度测定成果表

压实遍数	h_1				h_2				h_3				h_4			
	w_1	w_2	w_3	w_4	w_1	w_2	w_3	w_4	w_1	w_2	w_3	w_4	w_1	w_2	w_3	w_4
n_1																
n_2																
n_3																
n_4																

3.3.6 试验成果整理与分析

根据上述碾压试验成果,进行综合整理分析,以确定满足设计干容重要求的最合理碾压参数,步骤如下:

(1)根据干表观密度测定成果表,绘制不同铺土厚度,不同压实遍数土料含水率和干表观密度的关系曲线,如图 4-29 所示。

(2)从图 4-30 上查出最大干表观密度对应的最优含水率,填入最大干表观密度与最优含水率汇总表,如表 4-11 所示。

(3)根据表 4-11,绘制出铺土厚度、压实遍数和最优含水率、最大干表观密度关系曲线如图 4-29。

(4)根据设计干表观密度 ρ_d,从图 4-29 曲线上分别查出不同铺土厚度时所对应的压实遍数 a、b、c 和最优含水率 d、e、f,分别计算 h_1/a、h_2/b 及 h_3/c 之值(即单位压实遍数的压实厚度)进行比较,以单位压实遍数的压实厚度最大者为最经济合理。

由图 4-30 曲线上,根据设计干表观密度 ρ_d,分别查取不同铺土厚度所需的碾压遍数 a、b、c 及相应的最优含水率 d、e、f。然后计算压实遍数与铺土厚度比值,即 a/h_1、b/h_2、c/h_3,取最小者。因为单位铺土厚度的压实遍数最少,需要压实功能最少,最经济合理。

确定了合理的压实参数后，将选定的含水率控制范围与天然含水率比较，看是否便于施工控制，否则适当改变含水率或其他参数再进行试验。

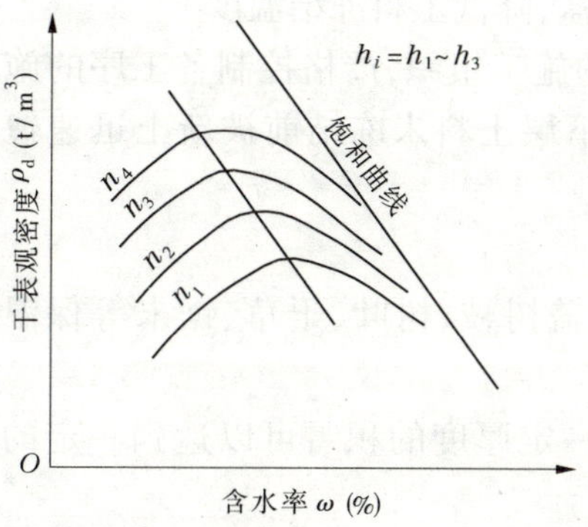

图 4-29 铺土厚度、压实遍数与干表观密度、含水率关系曲线

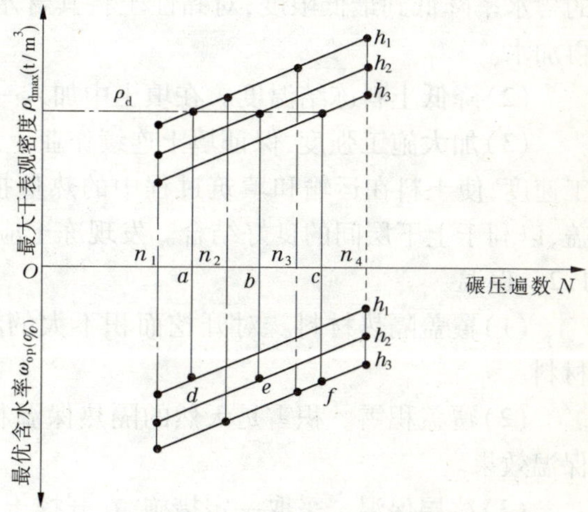

图 4-30 铺土厚度、压实遍数与最大干表观密度、最优含水率关系曲线

表 4-11 最大干表观密度与最优含水率汇总表

h	h_1				h_2				h_3				h_4			
n																
最大干表观密度																
最优含水率																

任务5 土料冬雨季施工

1 土料冬季施工

我国北方地区，冬季时间长，天气寒冷，给土方工程带来很大困难。当气温降至 0 ℃以下，土料中发生水分迁移，结冰形成硬土层，难以压实。由于水的体积受冻后产生膨胀，使土粒间的距离被扩大，破坏了土层结构，化冻后的土料变的疏松，降低了土料的密度。由于黏土受冻时，水分迁移慢，有一定的抗冻性；非黏性土，土粒粗，水分迁移快，极易受冻。

按《水利水电施工组织设计规范》(SL 303—2004)规定，日平均气温低于 0 ℃时，按低温季节施工。冬季一般采用露天施工方式，要求土料压实温度必须在 -1 ℃以上，当日最低气温在 -10 ℃以下，或虽在 0 ℃以下但风速大于 10 m/s 时，应停工；黏土料的含水率不大于塑限的 90%，粒径小于 5 mm 的细砂砾料的含水率应小于 4%；填土中严禁带有冰雪、冻块；土、砂、砂砾料与堆石不得加水；防渗体不得受冻。低温施工应采取如下措施。

1.1 防冻

(1)降低土料含水率。在入冬前,采用明沟截、排地表水或降低地下水位,使砂砾料的含水率降低到最低限度;对黏性土将其含水率降低到塑限的90%以下,并在施工中不再加水。

(2)降低土料冻结温度。在填土中加入一定量的食盐,降低土料冻结温度。

(3)加大施工强度,保证填土连续作业。采用严密的施工组织,严格控制各工序的施工速度,使土料在运输和填筑过程中的热量损失最小,下层土料未冻结前被新土迅速覆盖,以利于上下层间的良好结合。发现冻土应及时清除。

1.2 保温

(1)覆盖隔热材料。对开挖面积不大的料场,可覆盖树枝、树叶、干草、锯末等保温材料。

(2)覆盖积雪。积雪是天然的隔热保温材料,覆盖一定厚度的积雪可以达到一定的保温效果。

(3)冰层保温。采取一定措施,在开挖土料表面形成10~15 cm厚度冰层,利用冰层下的空气隔热对土料进行保温。

(4)松土保温。在寒潮到来前,对将要开采的料场表层土料翻松、击碎,并平整至5~35 cm厚,利用松土内的空气隔热保温。

一般来讲,开采土料温度不低于5~10 ℃,压实温度不低于2 ℃,便能保证土料的压实效果。

1.3 加热

当气温低、风速过大,一般保温措施不能满足要求时,则采用加热和保温相结合的暖棚作业,在棚内用蒸汽或火炉升温。蒸汽可以用暖气管或暖气包放热。暖棚作业费用高,只有在冬季较长、工期很紧、质量要求很高、工作面狭长的情况下使用。

2 土料雨季施工

在多雨的地区进行土方工程施工,特别是黏性土,常因含水率过大而影响施工质量和施工进度。因此,规范要求:土料施工尽可能安排在少雨季节,若在雨季或多雨地区施工,应选用合适的土料和施工方法,并采取可靠的防雨措施。雨季作业通常采取以下措施:

(1)改进黏性土特性,使之适应雨季作业。在土料中掺入一定比例的砂砾料或岩石碎屑,滤出土料中的水分,降低土料含水率。

(2)合理安排施工,改进施工方法。对含水率高的料场,采用推土机平层松土取料,以利于降低含水率;晴天多采土,加以翻晒,堆成土堆,并将土堆表面压实抹光,以利排水,形成储备土料的临时土库,即所谓"土牛";充分利用气象预报,晴天安排黏土施工,雨天安排非黏性土施工。

(3)增加防雨措施,保证更多有效工作日。对作业面不大的土方填筑工程,雨季施工可以采用搭建防雨棚的方法,避免雨天停工;或在雨天到来时,用帆布或塑料薄膜加以覆盖;当雨量不大、降雨历时不长时,可在降雨前迅速撤离施工机械,然后用平碾或振动碾将土料表面压成光面,并使其表面向一侧倾斜,以利排水。

复习思考题

1 名词解释

(1)土的干表观密度;(2)土的含水率;(3)土的可松性;(4)自然倾斜角;(5)单斗挖掘机和多斗挖掘机;(6)机械技术生产率;(7)机械实用生产率;(8)最优压实参数。

2 填空题

(1)广意上的土包括＿＿＿＿＿和＿＿＿＿＿两大类。

(2)土方施工中常说的土方,它的三个名称是＿＿＿＿＿、＿＿＿＿＿、＿＿＿＿＿。

(3)土的工程特性指标有土的＿＿＿＿＿、＿＿＿＿＿、＿＿＿＿＿、＿＿＿＿＿。

(4)土方开挖,一般采用机械施工,用于土方开挖的机械有＿＿＿＿＿、＿＿＿＿＿、＿＿＿＿＿、＿＿＿＿＿。

(5)单斗挖掘机按铲土方向和铲土原理分为＿＿＿＿＿、＿＿＿＿＿、＿＿＿＿＿、＿＿＿＿＿四种类型。

(6)铲运机械能同时完成开挖、运输和卸土任务,这类机械常用的有＿＿＿＿＿、＿＿＿＿＿、＿＿＿＿＿等。

(7)土方运输的类型有:＿＿＿＿＿、＿＿＿＿＿、＿＿＿＿＿、＿＿＿＿＿。

(8)土料压实效果与＿＿＿＿＿、＿＿＿＿＿、＿＿＿＿＿、＿＿＿＿＿等因素有关,压实方法按其原理分为＿＿＿＿＿、＿＿＿＿＿、＿＿＿＿＿三类。

(9)土料压实最常用的机械有＿＿＿＿＿、＿＿＿＿＿、＿＿＿＿＿、＿＿＿＿＿四种类型。

(10)土料现场压实试验的步骤有＿＿＿＿＿、＿＿＿＿＿、＿＿＿＿＿、＿＿＿＿＿。

3 选择题

(1)岩石的级别是Ⅴ,这种岩石是(　　)。

A. 松软岩石　　B. 中硬岩石　　C. 坚硬岩石

(2)土坝设计方量是指(　　)。

A. 自然方　　B. 松方　　C. 压实方

(3)铲土能力最大的挖掘机是(　　)。

A. 反铲挖掘机　　B. 正铲挖掘机　　C. 抓铲挖掘机

(4)机械工作特点不同,确定挖运方案时,循环式工作的挖掘机械应和(　　)运输机械配套。

A. 连续式　　B. 循环式　　C. 间歇式

(5)在地形复杂、坡度较大、跨越沟壑的情况下,运输大量的粒状土料应选择(　　)。

A. 无轨运输　　B. 有轨运输　　C. 带式运输机运输

(6)挖掘机和自卸汽车配套进行土方挖运作业时,合理的装车斗数应在(　　)斗。

A. 1 ~ 2　　B. 3 ~ 5　　C. 6 ~ 8

(7)黏土心墙压实中,当压实标准要求较高时,应采用(　　)。

A. 平碾　　B. 羊角碾　　C. 振动碾

(8)按《水利水电施工组织设计规范》(SL 303—2004)规定,日平均气温低于(　　)℃时,按低温季节施工。

A. 0　　B. −5　　C. 5

(9)在土料压实中,含水率影响最大的土料是(　　)。

A. 砂土　　B. 黏土　　C. 堆石

4　问答题

(1)土方工程的主要施工机械有哪几种类型?

(2)土方工程的基本施工过程有哪几个环节?

(3)简述土方压实的理论。

(4)影响土方压实的因素有哪些?

(5)选择压实机械主要考虑哪些原则?

(6)土方工程冬季施工措施有哪些?

(7)土方工程雨季作业措施有哪些?

5　计算题

(1)某工程基坑坑底尺寸 20 m × 30 m,基坑深 4.2 m,边坡均按 1∶0.3 放坡;基础和地下室完工后周围回填土。已知回填用土 785 m^3,实测得土的最终可松性系数 $K_s' = 1.03$,场内多余土用 6 m^3 自卸车外运 428 车次(基坑开挖前场地已平整)。试计算:①该土的最初可松性系数;②基础在基坑内的体积。

(2)某土石坝坝壳砂砾石料压实试验实测数据如表 4-12 所示,设计土的表观密度为 2.05 t/m^3,采用 C − 80 东方红拖拉机碾压,试确定最优碾压参数。

表 4-12　现场压实试验资料干表观密度　(单位:t/m^3)

碾压遍数	铺料厚度(cm)			
	50	75	100	125
2	2.00	1.95	1.89	1.84
4	2.11	2.06	2.00	1.95
6	2.18	2.14	2.09	2.03
8	2.22	2.18	2.13	2.07

项目5 基础工程

【学习目标】 了解基坑开挖的方法和要求；掌握各种常见的地基处理方法；熟悉岩基灌浆的定义与分类、灌浆材料与设备；掌握灌浆工艺及技术要求；理解和掌握灌浆孔的布置和压水试验；掌握灌浆质量检查方法。

【学习重点】 基坑开挖的要求和方法，地基的处理方法，岩基灌浆的施工工序。

水工建筑物地基一般分为岩石地基、软土地基或砂砾石地基。由于工程地质和水文地质作用影响，天然地基往往存在一些不同程度、不同形式的缺陷，经过人工处理，使地基具有足够的强度、整体性、抗渗性和耐久性，方能作为水工建筑物的地基。

由于天然地基形状的复杂多样，各种建筑物对地基的要求各有不同。因此，不同的地质条件，不同的建筑物型式，要求用不同的处理措施和方法，对于这些处理方法，本项目不作一一介绍，仅从施工的角度，对坝基开挖，岩基、软土地基、砂砾石地基处理，岩基灌浆进行介绍。

任务1 基坑开挖与地基处理

1 岩基开挖与处理方法

1.1 岩基开挖

岩基开挖就是按照设计要求，将风化、破碎和有缺陷的岩层挖除，使水工建筑物建在完整坚实的岩石面上。开挖的工程量往往很大，从几万立方米到几十万立方米，甚至上千万立方米，需要投入大量的人力、资金和设备，占用很长的工期。因此，选择合理的开挖方法和措施，保证开挖的质量，加快开挖的速度，确保施工的安全，对于加快整个工程的建筑具有重要的意义。

1.1.1 开挖前的准备工作

（1）熟悉基本资料。详细分析坝址区的工程地质和水文地质资料，了解岩性，掌握各种地质缺陷的分布及发育情况。

（2）明确水工建筑物设计对地基的具体要求。

（3）熟知工程的施工条件和施工技术水平及装备力量。

（4）与业主、地质、设计、监理等人员共同研究，确定适宜的地基开挖范围、深度和形态。

1.1.2 坝基开挖的注意事项

（1）做好基坑排水工作。在围堰闭气后，立即排除基坑积水围堰渗水，布置好排水系统，配备足够的排水设备，边下挖基坑、边排水，降低和控制水位，确保开挖工作不受水的干扰。

(2)合理安排开挖程度。由于受地形、时间和空间的限制，水工建筑物基坑开挖一般比较集中，工程多，安全问题比较突出。因此，基坑开挖的程序应遵循“自上而下、先岸坡后河槽”的原则。如果河床很宽，也可考虑部分河床和坡平行作业，但应采取有效的安全措施。无论是河床还是岸坡，都要由上而下，分层开挖，逐步下降，如图 5-1 所示。

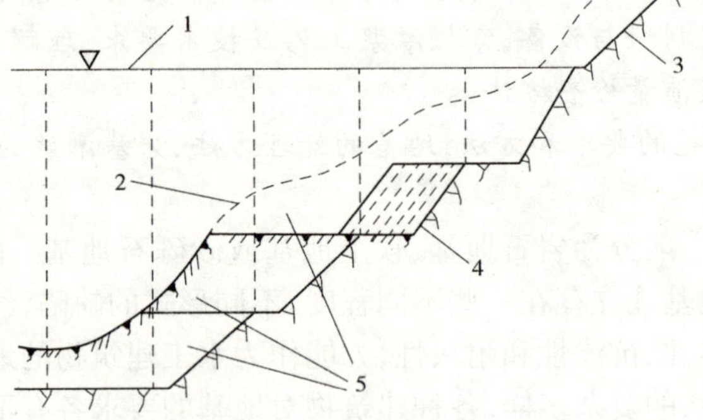

1—坝顶线；2—原地面线；3—安全削坡；4—开挖线；5—开挖层

图 5-1　坝基开挖程序

(3)选定合理的开挖范围和形态。基坑开挖范围主要取决于水工建筑物的平面轮廓，还要满足机械的运行、道路的布置、施工排水、立模与支撑的要求。放宽的范围一般从几米到十几米不等，由实际情况而定。开挖以后的基岩面，要求尽量平整，并尽可能略向上游倾斜，高差不宜太大，以利于水工建筑物的稳定。要避免基岩有尖突部分和应力集中。开挖形态如图 5-2 所示。

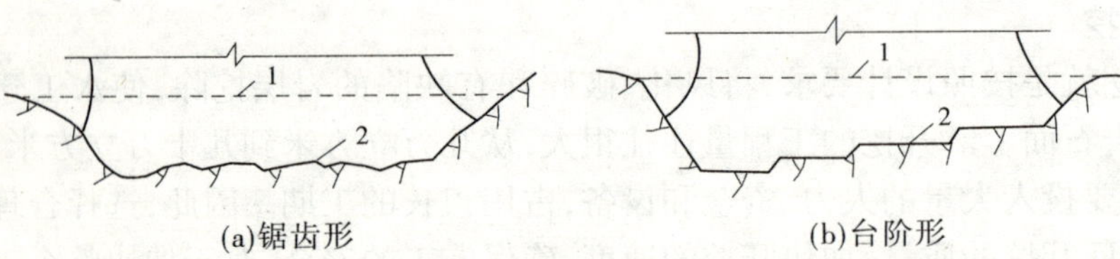

1—原基岩面；2—基岩开挖面

图 5-2　坝基开挖形态

(4)正确选择开挖方法，保证开挖质量。岩基开挖的主要方法是钻孔爆破法。坝基岩石开挖，应采用分层楼梯段松动爆破；边坡轮廓开挖，应采用预裂爆破或光面爆破；紧邻水平建基面，应采用预留岩体保护层，并对保护层进行分层爆破。开挖偏差的要求有：对节理裂隙不发育、较发育、发育和坚硬、中硬的岩体，水平建基面高程的开挖偏差不应超过 ±20 cm；设计边坡轮廓面的开挖偏差，在一次钻孔深度条件下开挖时，不应超过其开挖高度的 ±2%；在分台阶开挖时，其最下部一个台阶坡脚位置的偏差，以及整体边坡的平均坡度，均应符合设计要求。

坝基岩石开挖，一般采用延长药包梯段爆破、毫秒分段起爆，最大一段起爆药量不得大于500 kg。对不具备梯段地形的岩基，应先进行平地拉槽毫秒起爆，创造梯段爆破条件。紧邻水平建基面的爆破，应防止爆破对基岩的不利影响，一般采取预留保护层的方法。保护层的开挖是控制基岩质量的关键，其要点是：分层开挖，梯段爆破，控制一次起爆药量，控制爆破震动影响。对于建基面1.5 m以上的一层岩石，应采用梯段爆破，炮孔装药直径不应大于40 mm，手风钻钻孔，一次起爆药量控制在300 kg以内；保护层上层开挖，采用梯段爆破，控制药量和装药直径；中层开挖控制装药直径小于32 mm，采用单孔起爆，距建基面0.2 m厚度的岩石应进行撬挖。边坡预裂爆破或光面爆破的效果应符合以下要求：在开挖轮廓面上，残留炮孔痕迹应均匀分布，对于节理裂隙不发育的岩体，炮孔痕迹保存率应达到80%以上，对节理裂隙较发育和发育的岩体，应达到50%～80%，对节理裂隙极发育的岩体，应达到10%～50%；相邻炮孔间岩面的不平整度不应大于15 cm；预裂炮孔和梯段炮孔在同一个爆破网路中时，预裂孔先于梯段孔起爆的时间不得小于75～100 ms。

1.2 岩基处理

对于表层岩石存在的缺陷，采用爆破开挖处理。当基岩在较深的范围内存在风化、节理裂隙、破碎带及软弱夹层等地质问题时，开挖处理不仅困难，而且费用太高，须采取专门的处理措施。

1.2.1 断层破碎带处理

断层是岩石或岩层受力发生断裂并向两侧产生显著位移，常常出现破碎发育岩体，形成断层破碎带，长度和深度较大，强度、承载能力和抗渗性不能满足设计要求，必须处理。

对于宽度较小的表层断层破碎带，采用明挖换基方法，将破碎带一定深度两侧的破碎风化的岩石清除，回填混凝土，形成混凝土塞。

对于埋深较大且为陡倾角的断层破碎带，在断层出露处回填混凝土，形成混凝土塞（取断层宽度的1.5倍），必要时可沿破碎带开挖斜井和平洞，回填混凝土，与断层相交一定长度，组成抗滑塞群，并有防渗帷幕穿过，组成混合结构，如图5-3所示。

1.2.2 软弱夹层处理

软弱夹层是指基岩出现层面之间强度较低，已泥化或遇水容易泥化的夹层，尤其是缓倾角软弱夹层，处理不当会对坝体稳定带来严重影响。

对于陡倾角软弱夹层，如果没有与上下游河水相通，可在断层入口进行开挖，回填混凝土，提高地基的承载力；如果夹层与库水相通，除对坝基范围内的夹层进行开挖回填混凝土外，还要对夹层入渗部位进行封闭处理；对于坝肩部位的陡倾角软弱夹层，主要是防止不稳定岩石塌滑，进行必要的锚固处理。

对于缓倾角软弱夹层，如果埋藏不深，开挖量不是很大，最好的办法是彻底挖除；如夹层埋藏较深，当夹层上部有足够的支撑岩体能维持基岩稳定时，可只对上游夹层进行挖除，回填混凝土，进行封闭处理，如图5-4所示。

1.2.3 岩溶处理

岩溶是可溶性岩层（石灰岩、白云岩）长期受地表水或地下水溶蚀作用产生的溶洞、溶槽、暗沟、暗河、溶泉等现象。这些地质缺陷削弱了地基承载力，形成了漏水通道，危及

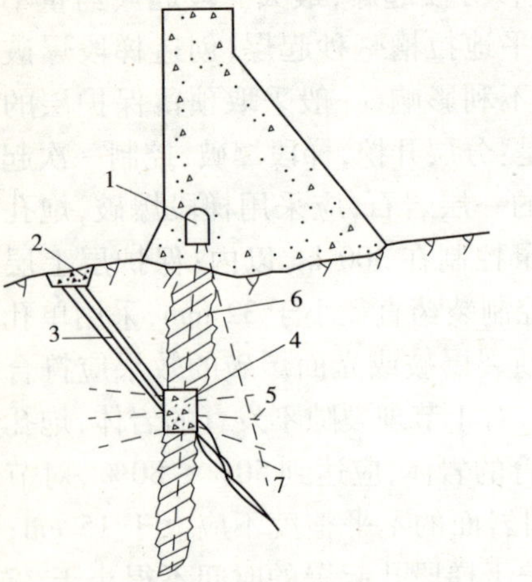

1—灌浆廊道;2—混凝土塞;3—断层破碎带;
4—水平混凝土塞;5—固结灌浆;6—帷幕灌浆;7—排水孔

图 5-3　陡倾角断层破碎带处理

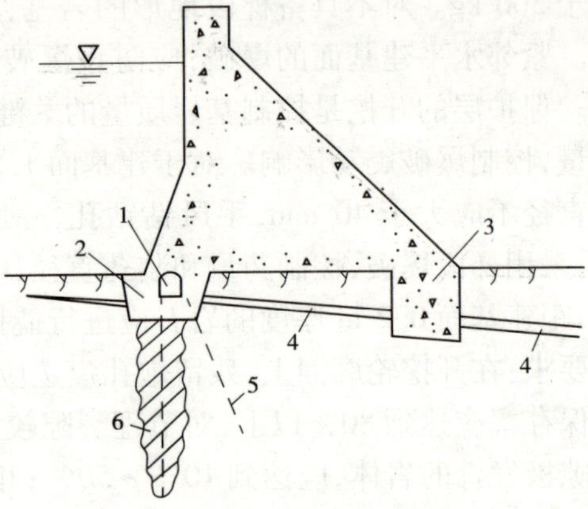

1—灌浆廊道;2—上游齿槽;3—下游齿槽;
4—软弱夹层;5—排水孔;6—灌浆帷幕

图 5-4　缓倾角夹层处理

水工建筑物的正常运行。由于岩溶情况比较复杂,应查清情况,分别处理。对于坝基表层或埋藏较浅的溶槽等,进行开挖、清除冲洗后,用混凝土塞填;对于大裂隙破碎岩溶地段,采取群孔水汽冲洗,高压灌浆;对于有松散物质的大型溶洞,可对洞内进行高压旋喷灌浆,使充填物与浆液混合胶固,形成若干个旋喷桩,连成整体后,可有效提高承载力和抗渗性。

1.2.4　岩基锚固

对于缓倾角软弱夹层,当分布较浅、层数较多时,可设置钢筋混凝土桩和预应力锚索进行加固。在坝基范围,沿夹层自上而下钻孔或开挖竖井,穿过几层夹层,浇筑钢筋混凝土,形成抗剪桩,如图 5-5 所示。在一些工程中采用预应力锚固技术,加固软弱夹层,效果明显。其型式有锚筋和锚索,可对局部及大面积地基进行加固,如图 5-6 所示。

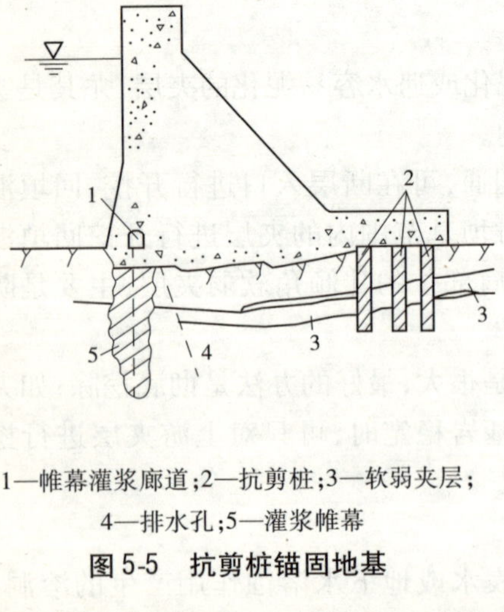

1—帷幕灌浆廊道;2—抗剪桩;3—软弱夹层;
4—排水孔;5—灌浆帷幕

图 5-5　抗剪桩锚固地基

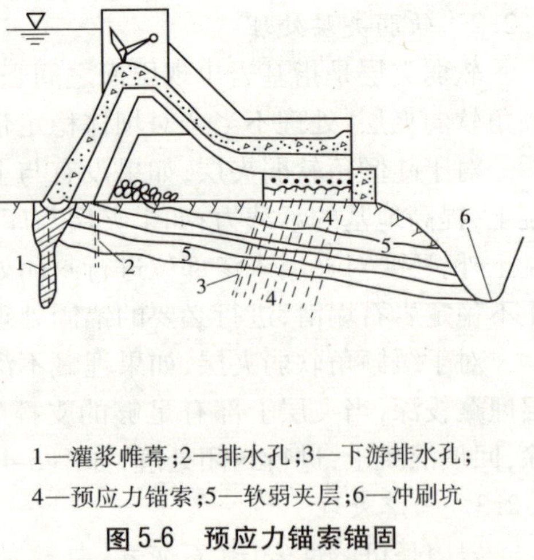

1—灌浆帷幕;2—排水孔;3—下游排水孔;
4—预应力锚索;5—软弱夹层;6—冲刷坑

图 5-6　预应力锚索锚固

2 软基开挖与处理方法

2.1 软基开挖

软基开挖的施工方法与一般土方开挖方法相同,由于地基的施工条件比较特殊,常会遇到下述难工,应采取相应的措施,确保开挖工作顺利进行。

2.1.1 淤泥

淤泥的特点是颗粒细、水分多、人无法立足,应视情况不同,分别采取措施。

(1)稀淤泥。特点是含水率高,流动性大,此挖彼来,装筐易漏。当稀淤泥较薄、面积较小时,可将干砂倒入,进占挤淤,形成土埂,可在土埂上进行挖运作业;如面积大,要同时填筑多条土埂,分区治理,以防乱流;若淤泥深度大、面积广,可将稀泥分区围埂,分别排入附近挖好的深坑内。

(2)烂淤泥。特点是淤泥层较厚,含水率较小,黏稠,锹插难拔,粘锹不易脱离。为避免粘锹,挖前先将锹蘸水,也可用三股钗或五股钗代替铁锹。为解决立足问题,采取一点突破,此法自坑边沿边,集中力量突破一点,一直挖到硬土上,再向四周扩展;或者采用苇排铺路法,即将芦席扎成捆枕,每三枕用桩连成苇排,铺在烂泥上,人在苇排上挖运。

(3)夹砂淤泥。特点是淤泥中有一层或几层夹砂层。如果淤泥厚度较大,可采用前面方法挖除;如果淤泥层很薄,先将砂面晾干,能站人时,方可进行,开挖时连同下层淤泥一同挖除,露出新砂面。切勿将夹砂层挖混,造成开挖困难。

2.1.2 流砂

采用明式排水开挖基坑时,由于形成了较大的水力坡降,造成渗流挟带细砂从坑底上冒,或在边坡上形成管涌、流土等现象,即为流砂。流砂现象一般发生在非黏性土中,主要与砂土的含水率、孔隙率、黏料含量和动水压力的水力坡度有关,在细砂、中砂中常发生,也可能在粗砂中发生。治理流砂主要是解决好“排”与“封”的问题。“排”即及时将流砂层中的水排出,降低含水率和水力坡度;“封”即将开挖区的流砂封闭起来。如坑底翻砂冒水,可在较低的位置挖沉砂坑,将竹筐或柳条筐沉入坑底,水进筐内而砂被阻于筐外,然后将筐内水排走。对于坡面流砂,当土质允许、流砂层又较薄(一般在 4 ~ 5 m)时,可采取开挖方法,一般放坡为 1:4 ~ 1:8,但这要扩大开挖面积,增加工程量。因此,基坑开挖中,常采取以下措施进行治理。

当开挖深度不大、面积较小时,可以采取护面措施,做法如下:

(1)砂石护面。在坡面上先铺一层粗砂,再铺一层小石子,各层厚 5 ~ 8 cm,形成反滤层,坡脚挖排水沟,做同样的反滤层,如图 5-7 所示,既防止渗水流出时挟带泥沙,又防止坡面径流冲刷。

(2)柴枕护面。在坡面上铺设爬坡式柴枕,坡脚设排水沟,沟底及两侧均铺柴枕,以起到滤水拦砂的作用,如图 5-8 所示,并隔一定距离打桩加固,防止柴枕下坍移动。

当基坑坡面较长、基坑挖深较大时,可采取柴枕拦砂法处理,如图 5-9 所示。其做法是:在坡面渗水范围的下侧打入木桩,桩内叠铺柴枕。

2.1.3 泉眼治理

泉眼产生的原因是由于基坑排水不畅,致使地下水从局部穿透薄弱土层,流出地面,

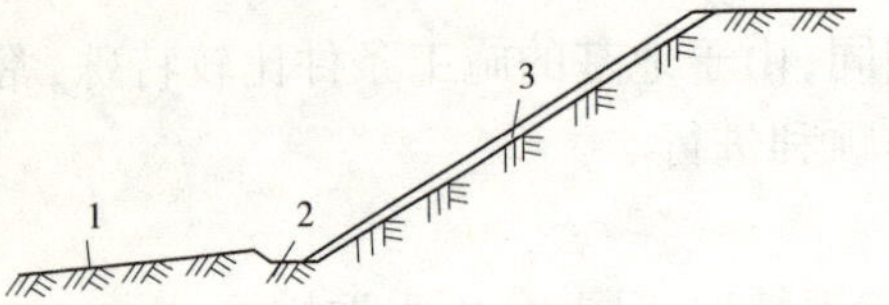

1—水闸基坑；2—排水沟；3—砂石护面

图 5-7　砂石护面

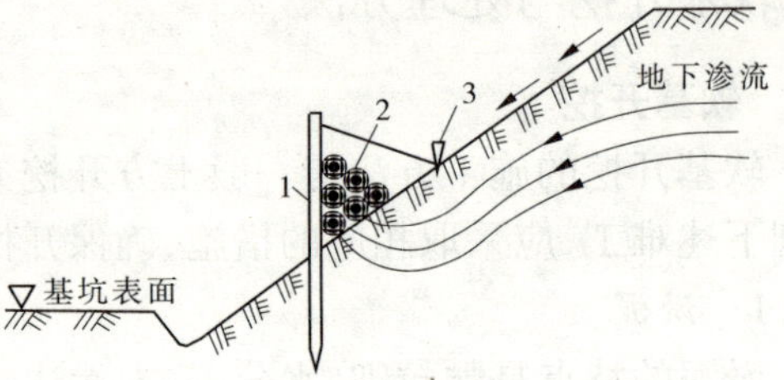

1—木桩；2—柴枕；3—小木桩

图 5-8　柴枕护面

或地基深层的承压水击穿所致。发生的地点一般在地质钻孔处。如泉眼流出的是清水，只需将流水引向集水井，排出基坑外；如泉眼流出的是浑水，则抛铺粗砂和石子各一层，经过滤变为清水流出，再引向集水井，排出基坑外；如泉眼位于建筑物底部，先在泉眼上铺设砂石滤层，用插入的铁管将泉水引出混凝土之外，浇筑混凝土，最后用较干的水泥砂浆将排水管堵塞。

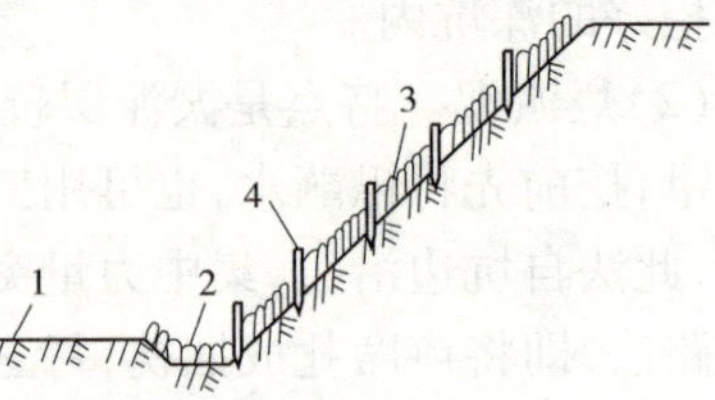

1—水闸基坑；2—排水沟；3—柴枕；4—钎枕桩

图 5-9　柴枕拦砂

2.1.4　膨胀土地基开挖

膨胀土地基开挖，在开挖过程中，应采取措施防止迅速风化、吸水膨胀和浸水崩解；为此，必须排干地表水和地下水，加速开挖，尽可能缩短土体暴露时间；边坡开挖加设保护层和防渗层。

2.1.5　湿陷性黄土地基开挖

湿陷性黄土地基开挖应力求避免大挖大填，开挖过程中要防止坡面遇水湿陷、崩解，坡顶及坡脚要有可靠排水措施，确保开挖基坑排水通畅。

2.1.6　冻土开挖

开挖冻土要多消耗很多能量，因此尽量在土层冻结以前采取防冻措施；冬季开挖宜采用较高的立面土掌，不宜采用平层开挖；开挖后的基底，要采取保温措施，防止发生冻结。

2.2　软土地基处理

软土地基承载力低，沉陷量大。处理方法按其原理不同，可分为置换、夯实、排水、固结等几种类型。

2.2.1　挖除置换法

当地基软弱层厚度不大时，可全部挖除，并换以砂土、黏土、壤土或砂壤土等回填夯实。回填时应分层夯实，严格掌握压实质量。这种方法用于软土层在 2 ~ 3 m 以内，较为经济。

2.2.2　强夯法

当地基软土层厚度不大时，可以不开挖，采用强夯法处理。强夯法是采用履带式起重机，配缓冲装置、自动脱勾器、夯锤等配件，锤重 10 t、落距 10 m，可以省去大挖大填，有效深度可达4~5 m。

2.2.3 砂井预压法

砂井预压法又称为排水固结法,为了提高软土地基的承载能力,可采用砂井预压法。砂井直径一般多采用20~30 cm,井距采用6~10倍井径,常用范围为2~4 m。

井深主要取决于土层情况。当软土层较薄时,砂井宜贯穿软土层;软土层较厚且夹有砂层时,一般可设在砂层上,软土层较厚又无砂层时,或软土层下有承压水时,则不应打穿。一般砂井深度以10~20 m为宜。

砂井顶部应设排水砂垫层,以连通各砂井并引出井中渗水。当砂井工程结束后,即开始堆积荷载预压。预压荷载一般为设计荷载的1.2~1.5倍,但不得超过当时的基土承载能力。

2.2.4 深孔爆破加密法

深孔爆破加密法就是利用人工进行深层爆破,使饱和松砂液化,颗粒重新排列组合成为结构紧密、强度较高的砂。施工时在砂层中钻孔埋设炸药,其孔深一般采用处理层深的2/3,炮孔间距与爆破顺序宜通过现场试验确定,用药量以不致使地面冲开为度。此法适用于处理松散饱和的砂土地基。

2.2.5 混凝土灌注桩

软土地基承载能力小时,可采用混凝土灌注桩支承上部结构的荷载。混凝土灌注桩,是在现场造孔达到设计深度后,在孔内浇筑混凝土成桩。因此,它具有桩柱直径大、承载力强,且可根据桩身内力大小配筋以节约钢材等优点。但该法可能产生缩颈、断桩、夹土和混凝土离析等事故,应设法防止。

2.2.6 振动水冲法

振动水冲法是用一种类似插入式混凝土振捣器的振冲器(见图5-10),在土层中振冲造孔,并以碎石或砂砾填成碎石或砂砾桩,达到加固地基的一种方法。这种方法不仅适用于松砂地基,也可用于黏性土地基,因碎石桩承担了大部分传递荷载,同时改善了地基排水条件,加速了地基的固结,提高了地基的承载能力。一般碎石桩的直径为0.6~1.1 m,桩距视地质条件在1.2~2.5 m范围内选择。采用此法时必须有充足的水源。

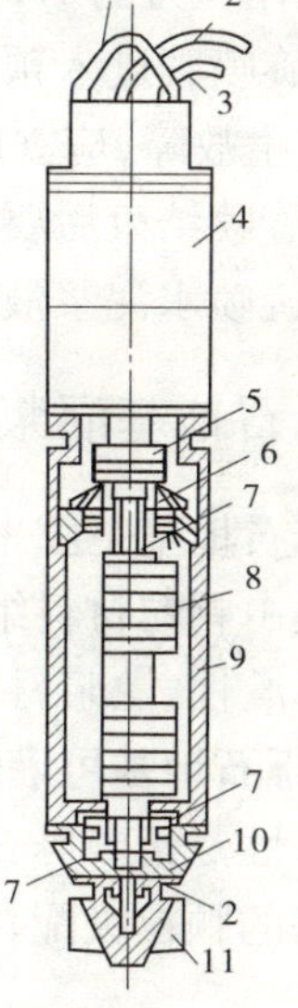

1—吊具;2—水管;3—电缆;
4—电动机;5—联轴器;6—轴;
7—轴承;8—偏心块;9—壳体;
10—头部;11—叶片

图5-10 振冲器构造示意图

2.2.7 旋喷法

旋喷法是利用旋喷机具造成旋喷桩以提高地基的承载能力。也可以作联锁桩施工或定向喷射成连续墙,用于地基防渗。旋喷法适用于砂土、黏性土、淤泥等地基的加固,对砂卵石(最大粒径不大于20 cm)的防渗也有较好的效果。

旋喷法的一般施工程序为:孔位定点并埋设孔口管→钻机就位→钻孔至设计深度→旋喷高压浆液或高压水气流与浆体,同时提升旋喷管,直至桩顶高程→向桩中空穴进行低压注浆,起拔孔口管→转入下一孔位施工。

钻孔可以采用旋转、射水、振动或锤击等多种方法进行。旋喷管可以随钻头一次钻到设计孔深,接着自下而上进行旋喷,也可先行钻孔,终孔后下入旋喷管。

喷射方法有单管法、二重管法和三重管法。

(1)单管法。喷射水泥浆液或化学浆液,主要施工机具有高压泥浆泵、钻机、单旋喷管,成桩直径0.3~0.8 m。

(2)二重管法。高压水泥浆液(或化学浆液)与压缩空气同轴喷射。主要施工机具有高压泥浆泵、钻机、空压机、二重旋喷管,成桩直径介于单管法和三重管法之间。

(3)三重管法。高压水、压缩空气和水泥浆液(或化学浆液)同轴喷射。主要施工机具有高压水泵、钻机、空压机、泥浆泵、三重旋喷管,成桩直径1.0~2.0 m。

目前,我国旋喷法使用的浆液一般以单液水泥浆为主,水灰比(重量比)为1:1或1.5:1.0。根据需要也可适量加入外加剂,以达到减缓浆液沉淀、速凝、缓凝、抗冻等目的。

旋喷法为高压施工,施工时应注意以下事项:

(1)管路、旋转活接头和喷嘴等必须拧紧,做到安全密封;高压水泥浆液、高压水和压缩空气各管路系统均应不堵、不漏、不串。设备系统安装后,必须经过运行试验,试验压力要达到工作压力的1.5~2.0倍。

(2)旋喷管进入预定深度后,应先进行试喷,待达到预定压力、流量后,再提升旋喷。如中途发生故障,应立即停止提升和旋喷,以防止桩体中断。

(3)旋喷结束后要进行压力注浆,以补填桩柱凝结收缩后产生的顶部空穴。

(4)旋喷水泥浆液必须严格过滤,防止水泥结块和杂物堵塞喷嘴及管路。

3 砂砾石地基灌浆

砂砾石地基空隙率大、透水性强,要进行防渗处理方可作为水工建筑物的地基。由于砂砾石是由颗粒材料组成的,对灌浆效果影响大,孔壁容易坍塌,在灌浆中需要了解和掌握地基可灌性、灌浆材料及灌浆方法。

3.1 砂砾石地基可灌性

可灌性是指砂砾石地基能接受灌浆材料灌入程度的一种特性。影响可灌性的主要因素有地基的颗粒级配、灌浆材料的细度、灌浆压力和施工工艺等。常用以下几种指标进行评价。

3.1.1 可灌比 M

$$M = D_{15}/D_{85} \tag{5-1}$$

式中 D_{15}——地基砂砾颗粒级配曲线上相应于含量为15%的粒径,mm;

D_{85}——灌浆材料颗粒级配曲线上相应于含量为85%的粒径,mm。

M值愈大,地基的可灌性愈好。当M =5~10时,可灌含水玻璃的细粒度水泥黏土浆;当M=10~15时,可灌水泥黏土浆;当M≥15时,可灌水泥浆。

3.1.2 渗透系数 K

$$K = \alpha D_{10}^2 \tag{5-2}$$

式中 K——砂砾石层的渗透系数,m/s;

D_{10}——砂砾石颗粒级配曲线上相应于含量为10%的粒径,cm;

α——系数。

K值愈大,可灌性愈好。当$K<3.5\times10^{-4}$ m/s时,采用化学灌浆;当$K=(3.5\sim6.9)\times10^{-4}$ m/s时,采用水泥黏土灌浆;当$K\geqslant(6.9\sim9.3)\times10^{-4}$ m/s时,采用水泥灌浆。

3.1.3 不均匀系数C_u

$$C_u = D_{60}/D_{10} \tag{5-3}$$

式中 D_{60}——砂砾石颗粒级配曲线上相应于含量为60%的粒径,mm;

D_{10}——砂砾石颗粒级配曲线上相应于含量为10%的粒径,mm。

C_u的大小反映了砂砾石颗粒不均匀的程度。当C_u较小时,砂砾石的密度较小,透水性较大,可灌性较好;当C_u较大时,透水性小,可灌性差。

实际工程中,除对上述有关指标综合分析确定外,还要考虑小于0.1 mm颗粒含量的不利影响。

3.2 灌浆材料

砂砾石地基灌浆多用于修筑防渗帷幕,防渗是主要目的。一般采用水泥黏土灌浆。要求帷幕幕体的渗透系数降到$1\times10^{-3}\sim1\times10^{-5}$ cm/s以下,28 d结石强度达到0.4~0.5 MPa。

浆液配比视帷幕设计要求而定,常用配比为水泥:黏土=1:2~1:4(重量比)。浆液稠度为水:干料=6:1~1:1。

水泥黏土浆的稳定性和可灌性优于水泥浆,固结速度和强度优于黏土。但由于固结较慢,强度低,抗渗抗冲能力差,多用于低水头临时建筑的地基防渗。为了提高固结强度,加快黏结速度,可采用化学灌浆。

3.3 灌浆方法

砂砾石地基灌浆孔除打管外,都是铅直向钻孔,钻孔方式主要有冲击钻进和回转钻进两类。地基防渗帷幕灌浆的方法可分为以下几种:

(1)打管灌浆。灌浆管由钢管、花管、锥形管头组成,用吊锤或振动沉管的方法打入砂砾石地基受灌层。每段在灌浆前,用压力水冲洗,将土、砂等杂质冲出地表或压入地层灌浆区外部。采用纯压式或自流式压浆,自下而上、分段拔管、分段灌浆,直到结束。此法设备简单,操作方便,适于覆盖层较浅、砂石松散及无大孤石的临时工程。施工程序如图5-11所示。

(2)套管灌浆。此法是边钻孔边下套管进行护壁,直到套管下到设计深度。然后将钻孔洗干净,下灌浆管,再拔起套管至第一灌浆段顶部,安灌浆塞,压浆灌注。自下而上、逐段拔管、逐段灌浆,直到结束。其施工工艺如图5-12所示。

(3)循环灌浆。是一种自上而下,钻一段灌一段,无须待凝,钻孔与灌浆循环进行的灌浆方法。钻孔时需用黏土浆固壁,每个孔段长度视孔壁稳定和渗漏大小而定,一般取1~2 m。此方法不设灌浆塞,而是在孔口管顶端封闭。孔口管设在起始段上,具有防止孔口坍塌、地表冒浆、钻孔导向的作用,以提高灌浆质量。工艺过程如图5-13所示。

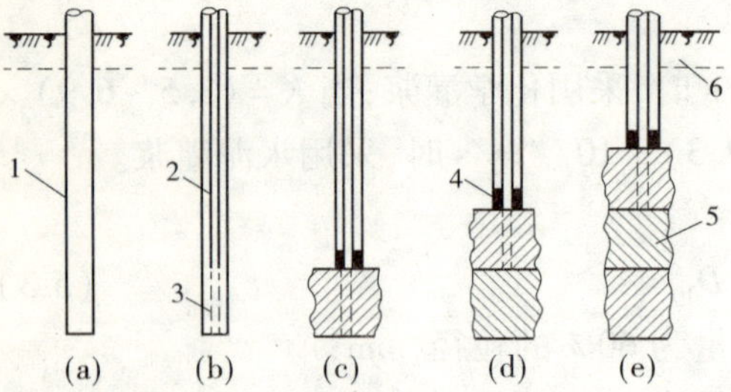

(a)钻孔下套管;(b)下灌浆管;(c)拔套管灌第一段浆;
(d)拔套管灌第二段浆;(e)拔套管灌第三段浆

1—护壁套管;2—灌浆管;3—花管;4—止浆塞;
5—灌浆段;6—盖重层

图 5-11 打管灌浆程序

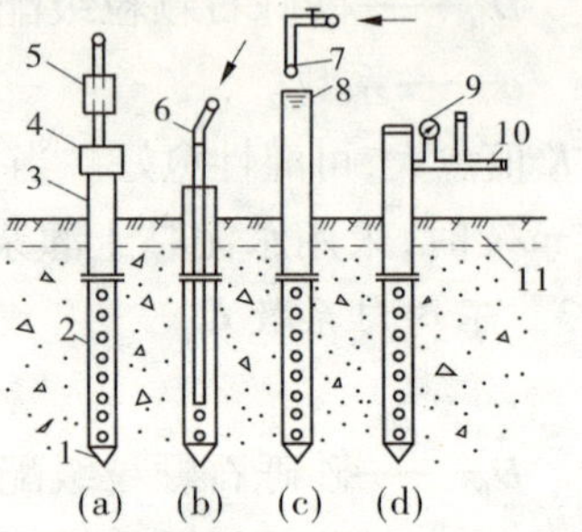

(a)打管;(b)冲洗;(c)自流灌浆;(d)压力灌浆

1—管锥;2—花管;3—钢管;4—管帽;5—打管锤;
6—冲洗用水管;7—注浆管;8—浆液面;
9—压力表;10—进浆管;11—盖重层

图 5-12 套管灌浆程序

(4)预埋花管灌浆。在钻孔内预先下入带有射浆孔的灌浆花管,花管与孔壁之间的空间注入填料,在灌浆管内用双层阻浆器分段灌浆。其工艺过程为:钻孔及护壁→清孔更换泥浆→下花管和下填料→开环→灌浆,如图 5-14 所示。

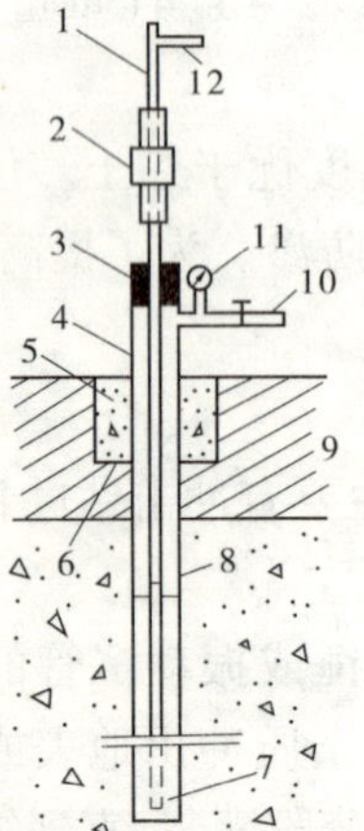

1—灌浆管(钻杆);2—钻机竖轴;3—封闭器;4—孔口管;
5—混凝土封口;6—防浆环(麻绳缠箍);7—射浆花管;
8—孔口管下花管;9—盖重层;10—回浆管;
11—压力表;12—进浆管

图 5-13 循环灌浆

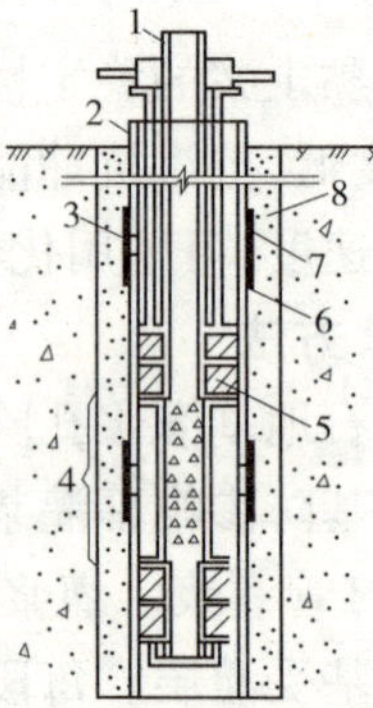

1—灌浆管;2—花管;3—射浆孔;4—灌浆段;
5—双栓灌浆塞;6—铅丝(防滑环);
7—橡皮;8—填料

图 5-14 预埋花管灌浆

一般用回转式钻机钻孔,下套管护壁或泥浆护壁;钻孔结束后,清除孔内残渣,更换新鲜泥浆;用泵灌注花管与套管空隙内的填料,边下料、边拔管、边浇筑,直到全部填满将套管拔出为止;孔壁填料待凝 5 ~ 15 d,具有一定强度后,压开花管上的橡皮圈,压裂填料形成通路,称为开环;然后用清水或稀浆灌注 5 ~ 10 min,开始灌浆,完成每一排射浆孔(即一个灌浆段)的灌浆后,进行下一段开环灌浆。

任务2　岩基灌浆

灌浆是通过钻孔或预埋管，将具有流动性和胶凝性的浆液，按一定配比要求，压入地层或建筑物的缝隙中胶结硬化成整体，达到防渗、固结、增强的工程目的。灌浆工程的施工工序如图5-15所示。

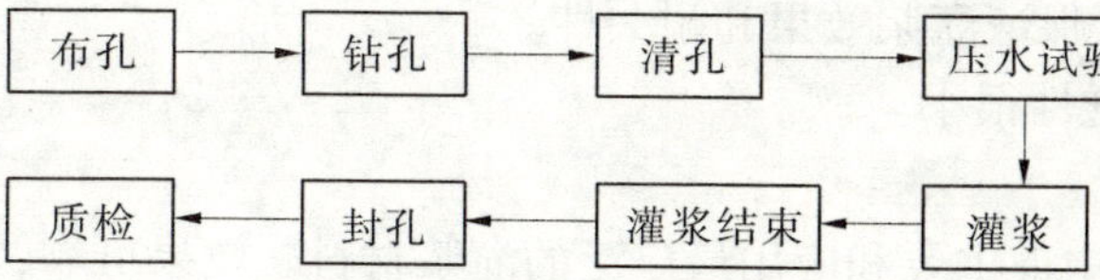

图5-15　灌浆工程施工工序

1　灌浆方法分类

1.1　按灌浆的作用分类

(1)帷幕灌浆。用灌浆方法把浆液灌入到岩石的裂隙或砂砾石层的空隙中，在地基中形成一道或几道阻水的条带，类似帷幕形状，称为帷幕灌浆或防渗帷幕。

(2)固结灌浆。一般在岩石表层钻孔，经灌浆将岩石固结称为固结灌浆。

(3)回填灌浆。主要是指在水工隧洞衬砌混凝土与周围岩石之间空隙进行的灌浆。

(4)接触灌浆。是指以加强坝体混凝土和地基之间的结合能力，提高坝体的抗滑稳定性为主要目的的灌浆。

(5)接缝灌浆。在混凝土坝施工过程中，对坝身所设置的临时缝进行的灌浆。

(6)高压喷射灌浆。是指以对黏土、砂砾石层等软基础进行防渗和加固处理为目的的灌浆。

1.2　按灌浆材料分类

(1)水泥灌浆。浆液由水泥和水拌制而成。水泥是目前最常用的灌浆材料，优点多，应用范围广泛。近年来在一些大中型水利水电工程中推广应用湿磨细水泥灌浆、超细水泥灌浆等新技术。

(2)黏土灌浆。浆液由黏土和水拌制而成。适应于土坝坝体裂缝处理灌浆，以及不很重要的低水头工程或临时性工程的砂砾石地基防渗灌浆。

(3)水泥黏土灌浆。浆液由水泥、黏土和水经搅拌配制而成。多用于砂砾石层灌浆。

(4)沥青灌浆。浆液为石油沥青。多用于半岩性及胶结较差的砂岩，或岩性不坚固，有集中渗漏裂缝，渗流速度很大的地方。

(5)化学灌浆。浆液为化学材料配制而成的真溶液，可灌性好，能灌入细缝中，应用范围较广。

2　灌浆材料

灌浆材料应根据灌浆的目的和地质条件合理选择。作为灌浆用的材料，应具有以下特性：

(1)颗粒细。具有一定的细度,以便能进入岩层的缝隙、孔洞、裂隙。

(2)稳定性好。所制成的浆液,其颗粒在一定时间条件下,在浆液中能保持均匀分散的悬浮状态,并具有稳定性好、流动性强的性能。

(3)胶结性强。用固结材料制成的浆液灌入到岩层的裂隙和孔洞、缝隙,经过一定时间,逐渐胶结而成为坚硬的结石体,起到充填和固结的作用。

(4)结石强度高和耐久性好。浆液胶结而成的结石体,具有一定的强度、黏结力和抵制地下水侵蚀的能力,保证灌浆效果和耐久性。

(5)结石体的渗透性很小。

2.1 水泥

水泥是灌浆施工中最主要和应用最广泛的灌浆材料。效果可靠,成本低廉,材料来源广泛,操作技术简便,在水利水电工程中被普遍采用。

在缝隙宽度比较大(>0.15 mm)、单位吸水率比较高(>0.01 L/(min·m·m))、地下水流速度比较小(<80 m/d)、侵蚀性不严重的情况下,水泥浆的效果比较好。

一般多选用普通硅酸盐水泥或硅酸盐大坝水泥,在有侵蚀性地下水的情况下,可用抗酸水泥等特种水泥。矿渣硅酸盐水泥和火山灰质硅酸盐水泥不宜用于灌浆。

水泥标号,回填灌浆不宜低于325号,帷幕灌浆和固结灌浆不宜低于425号,接缝灌浆不宜低于525号。

水泥的细度对于灌浆效果影响很大。水泥颗粒愈细,浆液才能顺利进入细微的裂隙,提高灌浆效果,扩大灌浆范围。一般规定:灌浆用的水泥细度,要求通过标准筛孔(4 900 孔/cm^2)的筛余量不大于5%。应特别注意水泥的保管,不准使用过期、结块或细度不符合要求的水泥。

2.2 黏土和膨润土

灌浆用的黏土,要求遇水后吸水膨胀,能迅速崩解分散,并有一定的稳定性、可塑性和黏结力。在砂砾石地基中灌浆,一般多选用塑性指数为10~20、黏粒($d<0.005$ mm)含量为40%~50%、粉粒($d=0.005\sim0.05$ mm)含量为45%~50%、砂粒($d=0.05\sim2$ mm)含量不超过5%的土料;在土坝坝体灌浆中,一般采用与土坝相同的土料,或选取黏粒含量20%~40%、粉粒含量30%~70%、砂粒含量5%~10%、塑性指数10~20的重壤土或粉质黏土。对于黏粒含量过大或过小的土料,都不宜作坝体灌浆材料。

2.3 其他材料

灌注大裂隙和溶洞时,常用水泥砂浆或水泥黏土砂浆。根据灌浆需要,可在水泥浆液中加入下列外加剂:①速凝剂:水玻璃、氯化钙、三乙醇胺;②减水剂:萘系高效减水剂、木质素磺酸盐类减水剂等;③稳定剂:膨润土及其他高塑性黏土等;④其他外加剂。所有外加剂凡能溶于水的,应以水溶液状态加入。各类浆液掺入掺合料和加入外加剂的种类及其掺加量应通过实验室试验和现场灌浆试验确定。

3 灌浆设备

水泥灌浆所用的设备主要由灰浆搅拌机、灌浆泵、管路、灌浆塞等组成。

搅拌机由上下两个筒体及拌灰装置、传动装置组成,容量为100~200 L,作用是连续供应灌浆泵所用浆液。灌浆用的泵一般为活塞式灌浆泵，按缸体轴线方向分为立式和卧式两种。立式为单缸，卧式分单缸和双缸两类。卧式较常用，其工作原理见图5-16。当活塞右移时为吸浆，活塞左移时为压浆，浆液被压入空气室（起稳压作用），再压入管路中去。

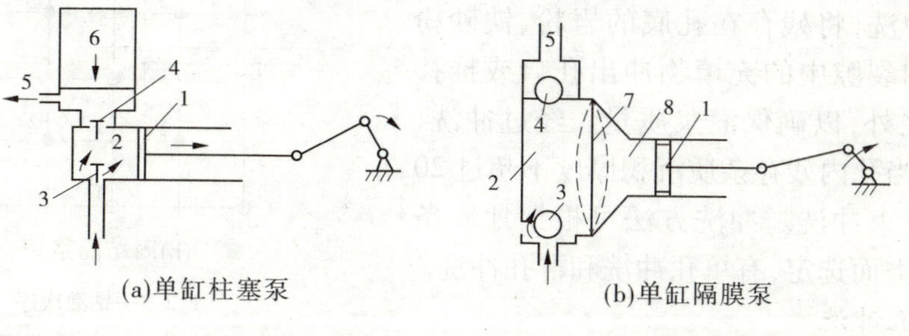

1—活塞；2—阀门；3—吸浆阀；4—压浆阀；5—压力管道；6—空气室；7—橡胶隔膜；8—水

图5-16 活塞卧式灌浆泵工作原理

管路的作用是输送浆液。有内外管、返浆管及高压输浆管之分，一般采用高压胶管。灌浆塞的作用是分隔密封灌浆孔段，进行分段灌浆，提升灌浆压力。主要包括灌浆头、扩张器（胶球）和一些管阀。扩张器被夹紧在底座和顶座之间，借孔口的丝杆压紧而扩张，与孔壁贴紧，起到阻浆作用。

4 灌浆施工

4.1 钻孔

先进行放样。一般用测量仪器放出建筑物边线或中线后，由中线或边线确定灌浆孔的位置。开孔位置与设计位置的偏差不得大于10 mm，帷幕灌浆还应测出各孔高程。对直孔或倾角小于5°的斜孔，孔斜偏差值不得大于表5-1中的数值。

表5-1 孔斜允许偏差值

（单位：m）

孔深	20	30	40	50	60
孔斜最大允许偏差值	0.25	0.50	0.80	1.15	1.50

灌浆孔有铅直孔和倾斜孔。裂隙倾角小于40°的可打直孔，以提高工效。多采用回转式钻机钻孔，钻孔效率高，不受孔深、孔向和岩石硬度的限制。回转式钻机的钻头有硬质合金、钢粒和金刚石三种。在7级以下的岩石中，采用硬质合金钻头，钻进效率较高；7级以上的坚硬岩石，采用钢粒钻进，但产生的岩粉多、铁屑多，孔径不均，且只能钻直孔；在石质坚硬且较完整的岩石中，采用金刚石钻头，效率高、孔径均匀，且不受孔向影响，但成本高。孔径由岩石情况、孔的类别、钻孔深度而定，灌浆孔一般为75～91 mm，检查孔为110～130 mm。

各灌浆孔都是采用逐步加密的施工顺序，先进行第一序孔的钻孔，灌浆后再依次进行第二序孔的钻孔。这样，后序灌浆孔即可作为前序孔的检查孔，进行压水试验。如果单位吸水率达到了设计值，可省去后序孔的灌浆。帷幕孔布孔特点为“线、单、深”，固结孔布孔特点为"面、群、浅",其布孔顺序见图 5-17 (a)、(b)。

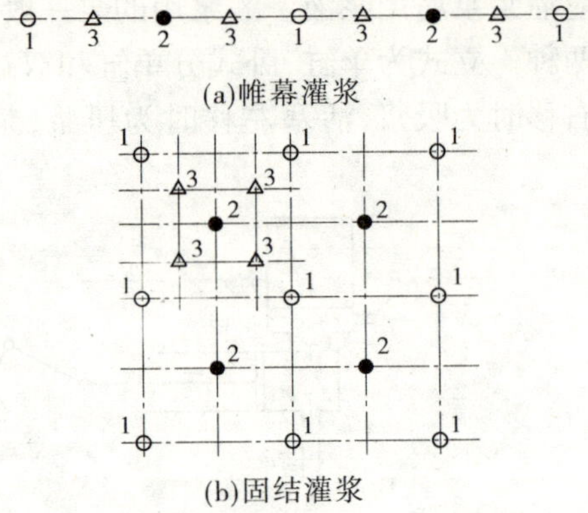

1、2、3—钻灌次序

图 5-17　钻孔灌浆顺序

4.2　冲洗

在灌浆之前,要对钻孔孔壁及周围的岩石裂隙进行冲洗,将残存在孔底的岩粉、铁砂粉及孔壁周围裂隙中的充填物冲出孔口或推移到灌浆区之外,以确保灌浆质量。经过冲洗,回水变清,当孔内残存杂质沉积厚度不超过 20 cm 时,可结束冲洗。冲洗方法可根据地质条件、灌浆种类而选定,有单孔冲洗和群孔冲洗。

4.2.1　单孔冲洗

单孔冲洗仅能冲掉钻孔本身及周围较小范围裂隙的充填物,适用于岩石较完整、裂隙较少的情况,方法有以下几种。

4.2.1.1　高压水冲洗

将该孔段冲洗压力尽可能地提高,可达到灌浆压力的 80%,该值若大于 1 MPa,采用 1 MPa。在规定的灌浆压力下,达到回水完全清洁,延续 20 min,达到稳定流量为止。

4.2.1.2　高压脉冲冲洗

高压脉冲冲洗就是用高低压反复冲洗,先用高压(灌浆压力的 80%)冲洗 5 ~ 10 min 后,将孔口压力在极短的时间内突然降低至零,形成反向水流。将缝隙中的碎屑带出,浊水变清后,再将压力升至原来的压力,维持几分钟,又突然降为零,一升一降,反复冲洗,直到回水变清,再延续 5 ~ 20 min 结束。压差越大,效果越好。

4.2.1.3　扬水冲洗

对于地下水位较高、水量丰富的钻孔,可以采用扬水法。冲洗时,先将冲洗管下入钻孔底部,压入压缩空气,孔内水气混合,由于重量轻,在地下水和压缩空气的作用下,喷出孔口外,将孔内杂物带出。连续通水通气,直到钻孔冲净为止。在断层破碎带地区,冲洗效果最好。

4.2.2　群孔冲洗

群孔冲洗一般适用于岩层破碎、节理裂隙比较发育的岩层中。根据设备能力和地质条件,常把 2 ~ 5 个裂隙互相串通的钻孔组成一批孔组,向一个或几个孔压入压力水和压缩空气,而从另外的孔排出污水,互为轮换,反复交替冲洗,直到各孔出水洁净为止。这种群孔冲洗,可不分序,同时灌浆。

4.3　压水试验

压水试验是在一定压力条件下,通过钻孔将水压入孔壁周围的缝隙中去,根据压入的水量和压入时间来计算出反映岩层渗透特性的技术参数。在我国,岩层的渗透特性一般用单位吸水量 W 来表示。单位吸水量,就是在单位时间内、单位水头压力作用下压入单位长度试验孔段内的水量。

压水试验在裂隙冲洗结束后进行。试验孔段长度和灌浆段长度一致,一般为 5 ~ 6 m。试验采用纯压式压水方法。按下式计算:

$$W = Q/(LH) \tag{5-4}$$

式中　W——单位吸水量,L/(min·m·m);

Q——试验孔段压入流量,L/min;

L——试验孔段长度,m;

H——试验孔段的计算水头,m。

压水试验的压力,采用同段灌浆压力的80%,该值若大于1 MPa时,取1 MPa。

帷幕灌浆,在设计压力下,压水20 min结束。其间每5~10 min测一次压入水量,取最后的流量值作为计算流量。

固结灌浆孔压水试验吸水量的稳定标准,可参考帷幕灌浆并适当放宽。

4.4　灌浆施工

4.4.1　施工次序

帷幕灌浆与固结灌浆中,钻孔与灌浆都要遵循分序加密的原则。通过分序加密,浆液逐渐被挤压密实,促进灌浆的连续性;逐序提高灌浆压力,有利于浆液的扩散和密实;通过每序孔的吸水率和单位吸浆量的变化,判断先序孔的灌浆效果;可减少串浆现象的发生。布孔时先稀后密,对于帷幕灌浆,Ⅰ序孔按8~12 m进行钻孔,然后进行灌浆;Ⅱ、Ⅲ、Ⅳ序孔孔距分别为4~6 m、2~3 m、1~1.5 m,分别钻孔灌浆。在有地下水或蓄水状态下灌浆,双排帷幕,应先下排,后上排;三排帷幕,应先下排,然后上排,最后中间排,以免浆液过多流失。

固结灌浆,在孔深小于5 m、岩层比较完整的条件下,可采用两序孔,方格形布点,最后孔序的孔距一般采用3~4 m。固结灌浆宜在混凝土盖重下进行,以便保护岩体,增大灌浆压力。

4.4.2　施工方法

灌浆方法包括每个孔段的浆液灌注方式和每孔的钻灌方法。

4.4.2.1　浆液灌注方式

浆液灌注方式分为纯压式和循环式两种。其工作原理见图5-18。

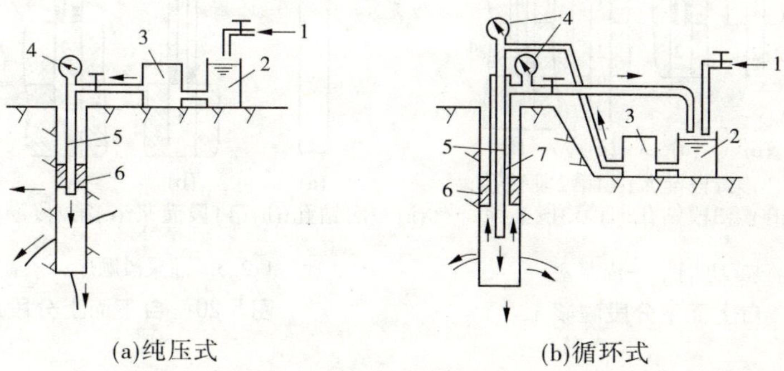

1—水;2—拌浆筒;3—灌浆泵;4—压力表;5—灌浆管;6—灌浆塞;7—回浆管

图5-18　浆液灌注方式

(1)纯压式灌浆。采用单根灌浆管,浆液压入孔段后,只能向岩石缝隙扩散,不能返回,如图5-18(a)所示。此法设备简单,操作方便,但流速小,易沉淀,只用于吸浆量很大、浅孔岩基固结灌浆。化学浆液是稀溶液,无沉淀问题,所以采用纯压式灌浆。

(2)循环式灌浆。灌浆泵把浆液压入钻孔后,浆液一部分进入岩层裂隙中去,另一部分由回浆管返回拌浆筒,图5-18(b)所示。此法在灌浆中,浆液在孔段内始终处于循环流动状态,能有效地防止固体颗粒材料在灌浆中沉淀。

4.4.2.2 钻灌方法

一个钻孔的灌浆方法可分为全孔一次灌浆法和全孔分段灌浆法两类。

(1)全孔一次灌浆法。是将钻孔一次钻到设计深度,灌浆塞卡在孔口,全孔一次灌浆。这种方法虽然施工简单,但效果不佳,仅用于孔深小于6 m、岩石较完整的地基。

(2)全孔分段灌浆法。是将全孔分为若干段进行钻孔灌浆,按顺序不同,又有自上而下分段、自下而上分段、综合分段及孔口封闭灌浆法。分段长度对灌浆质量有一定影响,帷幕一般控制在5~6 m;地质条件好的地区,可放宽到10 m以内;地质条件差的地区,降到3~4 m。坝体混凝土和基岩的接触段应先行单独灌浆并待凝,接触段在岩石中的长度不得大于2 m。对于孔口封闭灌浆,孔段长度适当减小,地面以下10 m内,分段长依次为2 m、2 m、3 m、3 m,10 m以下各段长为4 m。

①自上而下分段灌浆法。是将全孔分为3~5 m若干段,自上而下钻一段灌一段(见图5-19)。其优点是随着孔深的增加,可逐段提高灌浆压力,保证灌浆质量;上段凝固后,才能灌下一段,可以防止地表冒浆;分段压水试验,成果准确,有利于分析判断各段灌浆质量。但钻机移动次数多、钻孔工作量加大、待凝时间长,对施工不利。该法适用于地质条件差、岩石破碎、灌浆要求高的地区。

②自下而上分段灌浆法。是将全孔一次钻完,然后自下而上,利用灌浆塞分段灌浆(见图5-20)。这种方法提高了钻机的工作效率,钻灌互不干扰,进度较快,但灌浆压力不能太大,易发生卡塞、串浆和绕塞返浆等,故仅适用于岩层较完整、裂隙较少的地区。

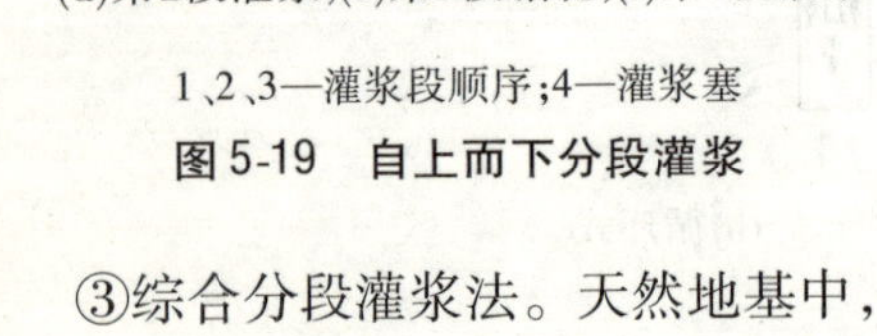

(a)第1段钻孔;(b)第1段灌浆;(c)第2段钻孔;(d)第2段灌浆;(e)第3段钻孔;(f)第3段灌浆

1、2、3—灌浆段顺序;4—灌浆塞

图5-19 自上而下分段灌浆

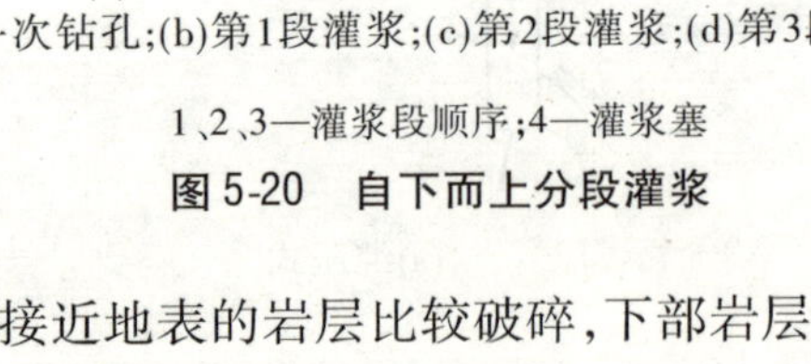

(a)一次钻孔;(b)第1段灌浆;(c)第2段灌浆;(d)第3段灌浆

1、2、3—灌浆段顺序;4—灌浆塞

图5-20 自下而上分段灌浆

③综合分段灌浆法。天然地基中,通常是接近地表的岩层比较破碎,下部岩层比较完整。当钻孔较深时,在上部孔段采取自上而下分段钻孔灌浆,下部采取自下而上分段钻孔灌浆,取其两者的优点。

④孔口封闭灌浆法。该法是用封闭器代替灌浆塞,将封闭器设在孔口,自上而下分段

钻孔和灌浆的一种方法。适用于最大灌浆压力大于3 MPa的帷幕灌浆工程。灌浆必须采用循环式自上而下分段灌浆方法。孔口段以下的3~5个灌浆段,段长宜短,压力递增宜快,再向下的各灌浆段段长宜为5 m,灌浆压力提高到设计的最大压力。施工过程为:首先钻一浅孔,深度不小于2 m,进行表层灌浆,结束后埋入直径为75 mm、长度不小于2 m的钢管做孔口管,然后自上而下进行小孔径(ϕ60 mm左右)钻孔,钻一段灌一段,中间不待凝,钻灌结合。该法连续作业,工效高,进度快,成本低,工艺简单,受到施工单位的欢迎。不足之处是,孔口管不能回收,浪费钢材,全孔多次复灌,压水试验不够准确。灌浆进行中,如同时满足如下两个条件,方可结束:一是在设计压力下,注入率不大于1 L/min时,延灌时间不少于90 min;二是灌浆全过程中,在设计压力下的灌浆时间不少于120 min。

4.5 灌浆压力的选择

灌浆压力是指作用在灌浆孔段中心点的压力,是影响灌浆质量的重要因素。在不破坏岩层结构的前提下,压力越大,浆液扩散越远,胶体越密实,灌浆范围越大,灌浆效果也就越好。灌浆压力可由下式估算:

$$P = P_1 + P_2 + P_3 \tag{5-5}$$

式中 P——孔段中心点压力,MPa;

P_1——灌浆管路中压力表的压力,MPa;

P_2——浆液自重压力(考虑地下水的影响后),MPa,按灌浆中浆液密度最大值计算;

P_3——压力表处至灌浆孔段间管路摩擦压力损失,MPa,当压力表安在孔口进浆管上时,取正值,当压力表安在孔口回浆管上时,取负值。

灌浆压力的大小与孔深、岩层性质和灌浆段上有无盖重等因素有关。目前国内常根据以下公式进行计算:

$$P = P_0 + mD + K\gamma gh \tag{5-6}$$

式中 P——灌浆压力,Pa;

P_0——基岩表层的允许压力,Pa,可由表5-2查得;

D——灌浆段以上岩层的厚度,m;

m——灌浆段以上岩层每增加1 m所能增加的灌浆压力,Pa/m,亦可由表5-2查得;

h——灌浆孔以上盖重的厚度,m;

γ——盖重的密度,kg/m^3;

g——重力加速度,m/s^2;

K——系数,可选用1~3。

影响灌浆压力的因素很多,可按地质条件、盖重条件、孔深及灌浆要求,参照已建成工程进行类比确定;也可通过压水试验,确定不破坏岩石结构的临界压力,作为选取设计灌浆压力的依据。临界压力可通过压力与注入水量的关系来判断,正常情况下,压入水量与压力成正比,当压力上升至某一数值时,注入水量突然迅速增大,说明岩石裂隙已被扩宽,此时的压力即为临界压力。灌浆压力的控制有两种方法:一是灌浆开始后,在较短的时间

表 5-2 P_0 和 m 值选用

岩石分类	岩性	m ($\times 10^3$ Pa/m)	P_0 ($\times 10^5$ Pa)	常用压力 ($\times 10^5$ Pa)
Ⅰ	具有陡倾斜裂隙、透水性弱的坚固大块结晶岩、岩浆岩	2～5	3～5	40～100
Ⅱ	风化的中等坚固的块状结晶岩、变质岩或大块体弱裂隙的沉积岩	1～2	2～3	15～40
Ⅲ	坚固的半岩性岩石、砂岩、黏土页岩、凝灰岩、强或中等裂隙的成层岩浆岩	0.5～1	1.5～2	5～15
Ⅳ	坚固性差的半岩性岩石、软质石灰岩、胶结弱的砂岩及泥灰岩、裂隙发育的较坚固岩石	0.25～0.5	0.5～1.5	2.5～5
Ⅴ	松软的未胶结的泥沙土壤、砾石、砂、砂质黏土	0.15～0.25	0	0.5～2.5

注：1. 采用自下而上分段灌浆时，m 应选范围内的较小值。

2. Ⅴ类岩石在外加盖重情况下，才能有效地灌浆。

内，将压力升至设计压力，直到终止，这种方法叫一次升压法；另一种是将压力分三级，即依次从 0.3 P、0.7 P、1.0 P 逐级升压，以吸浆率控制。前者压力大，浆液扩散远，利于提高质量，用于岩石完整、吸水率小的地层灌浆；后者可以防止超灌，延长机械寿命，用于岩石破碎、透水性强的地层。

4.6 浆液稠度控制

稠度即水与干料的比值。在灌浆过程中，浆液的稠度要根据吸浆量的变化及时调整。稀浆流动性好，易扩散，细小缝也能灌入；浓浆流动性差，扩散范围小，细小缝灌不进去。前者易超灌，浆液凝固收缩大，与岩石结合不好；后者凝固收缩小，固结质量高。岩基灌浆的浆液稠度以水灰比表示（重量比）。

帷幕灌浆浆液水灰比可分为5∶1、3∶1、2∶1、1∶1、0.8∶1、0.6∶1、0.5∶1等七个比级。灌浆可从5∶1开始，根据灌浆压力和吸浆率的变化及时调整，应遵循由稀到浓的原则，形成循序渐进的灌浆过程，先灌稀浆，逐步变浓，直至结束。在灌浆过程中，要及时变换浆液的稠度，最常用的方法是限量法。根据每一级稠度的浆液灌入量来控制，称为限量法。当某级稠度的浆液灌入量超过限量标准（300 L 以上或灌注时间超过 1 h），而灌浆压力及吸浆量均无改变，或无明显改变时，将浆液加浓一级；当灌入率大于 30 L/min 时，可根据具体情况越级加浓。如果发现变浓后，吸浆量显著下降，或灌浆压力突然上升，说明裂隙被浓浆堵塞，变浓不当，应立即变回原稠度。

固结灌浆浆液比级和稠度变换，可参照帷幕灌浆的规定，根据工程实际情况确定。

4.7 灌浆结束与封孔

4.7.1 结束标准

对于帷幕灌浆：当采用自上而下分段灌浆法时，在设计压力下，灌入率不大于 0.4 L/min 时，继续灌注 60 min，或不大于 1 L/min 时，继续灌注 90 min，灌浆结束；采用自下而上分段灌浆法时，继续灌注的时间可相应地减少为 30 min 和 60 min，灌浆可以结束。对于固结灌浆，在规定压力下，当注入率不大于 0.4 L/min，继续灌注 30 min，灌浆可结束。

4.7.2 封孔

帷幕灌浆孔比较深，回填质量要求高，应采用分段压力灌浆封孔法。即自上而下灌浆结束后，就应立即改用浓浆自下而上复灌，每段 10 ~ 15 m，采用原来的孔段压力，按正常灌浆结束标准，灌完待凝，直至顶部空孔部分小于 5 m 时，清孔后用水泥砂浆封满。固结灌浆孔比较浅，当孔深大于 10 m 时，与帷幕灌浆相同；当孔深小于 10 m 时，采用机械压浆封孔法，即灌浆结束后，将胶管下入底部，用灌浆泵或砂浆泵向孔内压入浓浆或砂浆，直到将孔内积水顶出，孔口冒出浓浆或砂浆为止。缓缓上提胶管，但不得脱出。

4.8 特殊情况处理

灌浆是一项隐蔽性工程，时间性强，质量要求高，但施工中往往会出现一些不正常情况，应及时加以处理。

4.8.1 中断

灌浆应连续进行，若因故中断，应及早恢复。如中断未超过 30 min，尽快冲洗，用 5∶1 稀浆复灌，逐渐变浓；如超过 30 min，考虑重新钻孔灌浆。

4.8.2 串浆

在灌浆过程中，浆液从其他钻孔内流出的现象，称为串浆。帷幕灌浆过程中发生串浆时，如串浆孔具备灌浆条件，可以同时进行灌浆，应一泵灌一孔。否则，应将串浆孔用塞塞住，待灌浆孔灌浆结束后，串浆孔再行扫孔、冲洗，而后继续钻灌。

4.8.3 地表冒浆

在灌浆过程中，浆液沿裂隙或层面往上串流而冒出地表的现象，称为地表冒浆。可结合工地实际，在冒浆处用棉花、丝袋嵌缝或用速凝水泥封堵、加浓浆液、降低压力、间歇灌浆等方法处理。

4.8.4 地面抬动

降低灌浆压力，在不抬动的前提下，灌至不吸浆为止。

4.8.5 特大耗浆

灌浆的浆液按正常变换条件，已达到最浓浆，但吸浆量仍然很大，难以达到结束标准，可采取以下措施：

(1)低压、浓浆、限流、限量、间歇灌浆；

(2)在浆液中掺速凝剂；

(3)灌注混合浆液。

对于溶洞灌浆，应查明溶洞的充填类型和规模，然后采取相应的措施。当洞内无充填物时，根据溶洞大小，可采取泵入高流态混凝土、投入碎石再灌注水泥砂浆或混合浆液等措施，待凝后，扫孔，再灌水泥浆；当溶洞内有充填物时，根据充填类型、充填程度，可采取高压灌浆、高压喷射灌浆等措施。

4.9 灌浆质量检查

帷幕灌浆质量检查，应以检查孔压水试验成果为主，结合对竣工资料和测试成果的分析，综合评定。检查孔应设在以下部位：帷幕中心线上；岩石破碎、断层、大孔隙等地质条件复杂部位;注入量大的孔段附近;经资料分析灌浆不正常、对灌浆质量有影响的部位。检查孔的数量宜为灌浆孔总数的10%。检查孔压水试验宜在灌浆结束14 d后进行,采用自上而下分段压水试验,并采取岩芯,结束后,按技术要求进行灌浆和封孔。帷幕灌浆压水试验检查,坝体混凝土与基岩接触段及其以下一段的合格率应为100%;再以下各段的合格率应在90%以上。不合格段的透水率不超过设计规定值的10%,且不集中,灌浆质量可认为合格。

固结灌浆质量检查宜采用测量岩体波速或静弹性模量的方法,也可以采用单点压水试验的方法,检查的时间应分别在灌浆结束7 d、14 d、28 d后进行。检查孔的数量不宜小于灌浆孔总数的5%,检查结束后,按技术要求进行灌浆和封孔。对于压水试验检查,孔段合格率应在80%以上,不合格孔段的透水率值不超过设计规定值的50%,且不集中,灌浆质量可认为合格。

任务3　防渗墙施工

防渗墙是修建在挡水建筑物地基透水地层中的防渗结构,是地下连续墙的一种特殊构造形式。其作用是控制地下渗流,减少渗透流量,保证建筑物地基渗透稳定,是解决深层覆盖中渗流的有效措施。我国防渗墙施工技术的发展始于1958年。40余年中,防渗墙施工技术不断发展,不同的地质条件,采用的处理方法是不一样的,主要有钻挖混凝土防渗墙施工、振动沉模防渗板墙施工等。

1　钻挖混凝土防渗墙施工

钻孔浇筑混凝土防渗墙具有不需要开挖、结构可靠、防渗效果好、能适应各种不同的地层条件,施工时几乎不受地下水位影响,修建深度较大,施工进度快,工程造价低等优点。因此,深覆盖层的砂卵石地基防渗多采用此方式。如小浪底主坝防渗墙最深达81.9 m,整个防渗墙共分43个槽段施工,槽孔长度6.6~8.7 m,大部分槽长7.2 m,采用CZ30型和CZ22型冲击钻造主孔,液压导板抓斗造部分副孔,另一部分副孔采用钻劈法施工。

混凝土防渗墙的施工顺序一般可分为造孔前的准备、造孔、浇筑混凝土等。

1.1　造孔前的准备工作

造孔前应根据防渗墙的设计要求,做好定位、定向工作。同时要沿防渗墙轴线安设导向槽,用以防止孔口坍塌,并起导向作用。槽壁一般为混凝土。其槽孔净宽一般略大于防渗墙的设计厚度,深度一般约2.0 m;松软地层导向槽的深度宜大些。为防止地表水倒流及便于自流排浆,其顶部高程应高于地面高程。

1.2　造孔

在造孔过程中,需要用泥浆固壁,因为泥浆比重大、有黏性。造孔多用钻机进行。常用的有冲击钻和回转钻两种,多用前者。

圆孔形混凝土防渗墙是由互相搭接的混凝土柱组成的。施工时,先建单号孔柱,再建双号孔柱,搭接成为一道连续墙(见图5-21)。这种墙由于接缝多,有效厚度相对难以保证,孔斜要求较高,施工进度较慢,成本较高,已逐渐被槽孔形混凝土防渗墙取代。

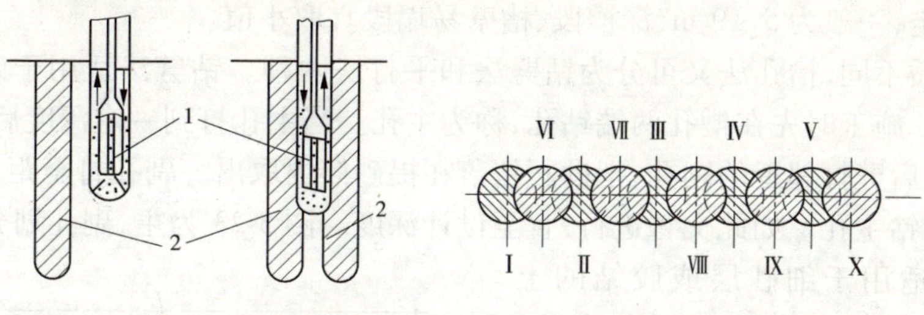

(a)钻孔的方法(未表示中间柱) (b)中间柱的钻孔 (c)防渗墙平面图

1—钻头;2—已完成的混凝土柱;

Ⅰ、Ⅱ、Ⅲ…—施工顺序

图5-21 圆孔形混凝土防渗墙施工程序

槽孔形混凝土防渗墙由一段厚度均匀的墙壁搭接而成。施工时先建单号墙,再建双号墙,搭接成一道连续墙(见图5-22)。这种墙的接缝减少,有效厚度加大,孔斜的控制只在套接部位要求较高,施工进度较快,成本较低。下面以槽孔形混凝土防渗墙为例加以介绍。

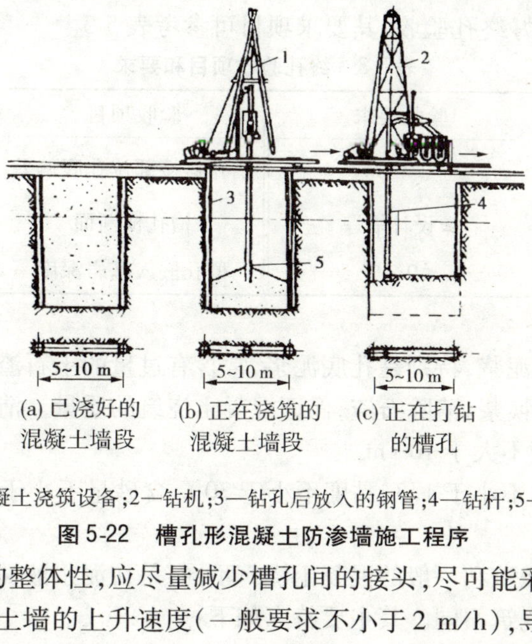

(a)已浇好的混凝土墙段 (b)正在浇筑的混凝土墙段 (c)正在打钻的槽孔

1—混凝土浇筑设备;2—钻机;3—钻孔后放入的钢管;4—钻杆;5—导管

图5-22 槽孔形混凝土防渗墙施工程序

为了保证防渗墙的整体性,应尽量减少槽孔间的接头,尽可能采用较长的槽孔。但槽孔过长,可能影响混凝土墙的上升速度(一般要求不小于2 m/h),导致产生质量事故。为此要提高拌和与运输能力,增加设备容量,所以槽孔长度必须满足下述条件,即

$$L \leqslant \frac{Q}{kBv} \tag{5-7}$$

式中 L——槽孔长度,m;

Q——混凝土生产能力,m^3/h;

B——防渗墙厚度,m;

v——槽孔混凝土上升速度,m/h;

k——墙厚扩大系数,可取1.2~1.3。

槽孔长度应综合分析地层特性、槽孔深浅、造孔机具性能、工期要求和混凝土生产能

力等因素决定，一般为 5 ~ 9 m，深槽段、槽壁易塌段宜取小值。

根据土质不同，槽孔法又可分为钻劈法和平打法两种。钻劈法适用于砂卵石或土粒松散的土层。施工时先在槽孔两端钻孔，称为主孔。当主孔打到一定深度后，在主孔内放入提砂筒，然后劈打邻近的副孔，把砂石挤落在提砂筒内取出。副孔打至距主孔底 1 m 处停止，再继续钻主孔。如此交替进行，直至设计深度。图 5-23 为主、副孔划分示意图。

平打法适用于细砂层或胶结的土层。施工时也是先在槽孔两端打主孔，主孔较一般孔深 1 m 以上，其他部分每次平打 20 ~ 30 cm。

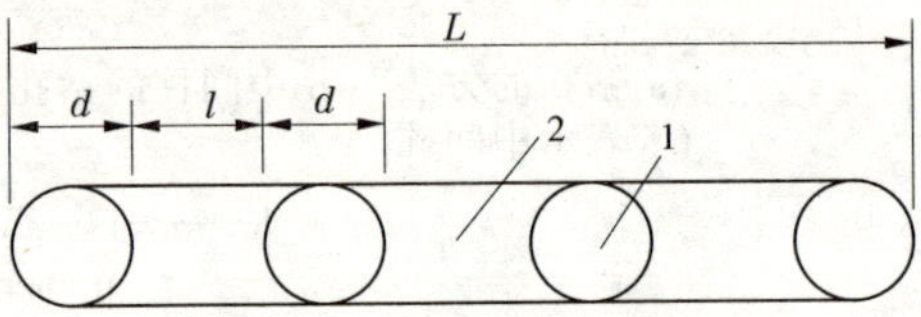

L—槽孔长；d—主孔长；l—副孔长

图 5-23　主、副孔划分示意图

为了保证造孔质量，在施工过程中要控制泥浆黏度、比重、含砂量等指标在允许范围内，严格按操作规程施工；保持槽壁平直，保证孔斜、孔位、孔宽、搭接长度、嵌入基岩深度等满足设计要求，防止漏钻、漏挖和欠钻、欠挖。

造孔结束后，要做好终孔验收，其要求项目可参考表 5-3。

表 5-3　终孔验收项目和要求

验收项目	验收要求	验收项目	验收要求
孔位允许偏差	±3 cm	槽孔搭接部位孔底偏差	$\leqslant \frac{1}{3}$设计墙厚
孔宽	≥设计墙厚	槽孔横断面	没有梅花孔、小墙
孔斜	≤0.4%	槽孔嵌入基岩深度	满足设计要求

造孔完毕后，孔内泥浆，特别是孔底泥浆，常含有过量的土石渣，影响混凝土与基岩的连接。因此，必须清孔换浆、清除石渣，保证混凝土浇筑的质量。清孔换浆的要求如下：

(1)孔底淤积厚度不大于 10 cm。

(2)孔底泥浆比重不小于 1.3，黏度不小于 30 s，含砂量不小于 12%。

1.3　浇筑混凝土

防渗墙的混凝土浇筑和一般的混凝土浇筑不同，是在泥浆液面下进行的。所以，其浇筑要求和一般混凝土浇筑不同。其主要特点如下：

(1)不允许泥浆和混凝土掺成泥浆夹层。

(2)确保混凝土与基础及一、二期混凝土间的结合。

在泥浆下浇筑混凝土多采用导管提升法，施工时按一定间距沿槽孔轴线方向布置若干组导管。每组导管是由若干节、直径 20 ~ 25 cm 的钢管组成。除底部一节稍长外，其余每节长 1 ~ 2 m。导管顶部为受料斗，整个导管悬挂在导向槽上，并通过提升设备升降。导管安设时，要求管底与孔底距离为 10 ~ 25 cm，以便浇筑混凝土时将管内泥浆排出管外。

导管的布置如图 5-24 所示。导管的间距取决于混凝土的扩散半径。间距太大，易在相邻导管所浇混凝土间形成泥浆夹层；间距太小，易影响现场布置和施工操作。由于防渗墙混凝土坍落度一般为 18 ~ 22 cm，其扩散半径为 1.5 ~ 2.0 m，故导管间距不宜大于 3.5

m。一期槽孔端部混凝土,由于要套打切去,所以端部导管与孔端间距采用1.0~1.5 m。为了保证二期槽孔端部混凝土与一期混凝土结合好,二期槽孔的导管与孔端间距可采用0.5~1.0 m。此外,还应考虑孔底地形变化,当地形突变且高差大于0.5 m时,可增设导管,并布置在较低的部位。小浪底工程防渗墙墙段接头采用低强度混凝土包裹接头法,即用横向接头槽孔并浇筑低强度混凝土包裹在槽段接缝两端,对接缝起着保护作用,此法施工速度快,接缝质量可靠。

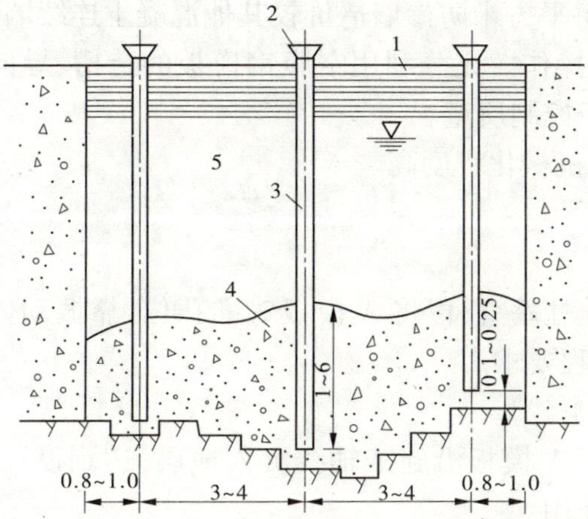

1—导向槽;2—受料斗;3—导管;4—混凝土;5—泥浆

图5-24 导管布置 (单位:m)

浇筑前应仔细检查导管形状、接头、焊缝等是否有不能使用的,然后进行试组装并编号。

导管安装好后,开始浇筑前要在导管内放入一个直径较导管内径略小的导注塞(木或橡胶球),并用绳(绳长等于导管长)系住导注塞,再将受料斗充满水泥砂浆,水泥砂浆的重量将导注塞压至导管底部,将管内泥浆挤出管外。然后剪断绳子。及时连续加供混凝土,使导注塞被挤出后,能一举将导管底端埋住。导管埋入混凝土的深度不得小于1.0 m,不宜超过6 m。此后在管内混凝土自重的作用下,不断地将槽内的混凝土向上挤升,从而使槽孔内的混凝土仅表层与泥浆接触,而其他部分不与泥浆掺混。在浇筑过程中,要不间断供料,以保证混凝土均匀上升。

浇筑一般从孔深较大的导管开始。当混凝土面上升到邻近导管的孔底高程时,用同样方法开始浇筑第二组导管,直到全槽混凝土面浇平后,再使全槽均衡上升。

当混凝土面上升到距槽口4~5 m时,由于混凝土柱压力减小,槽内泥浆浓度增大,混凝土扩散能力相对减弱,易发生堵管和夹泥等事故,这时可采取加强排浆、稀释泥浆、抬高漏斗、增加起拔次数和控制混凝土坍落度等措施来解决。

总之,槽孔混凝土的浇筑,必须保持均衡、连续上升,直到全槽成墙为止。

2 振动沉模防渗板墙施工

振动沉模防渗板墙是利用强力振动原理将空腹模板沉入土中,向空腹内注满浆液,边振动边拔模,浆液留于槽孔中形成单块板墙,依次将单板连接起来,即形成连续的防渗板墙。

该项新技术主要用于砂、砂性土、黏性土、淤泥质土和砂砾石地层建造混凝土连续防渗墙，造槽深度可达 20 m 左右，厚度 8 ~ 25 cm，最后可达 30 cm。其缺点是对卵石含量高的厚地层沉入困难，不能沉入基岩和大石块中。目前，造墙深度尚不能超过 25 m。

该项新技术主要特点如下：

(1)技术先进，质量可靠。建造的墙体垂直连续，无接缝、无纵横向开叉等缺陷；墙面平整，厚度均匀，帷幕完整性良好；可调整浆液配比，使墙体的物理力学性能满足设计要求。

(2)工效高。每日 1 套设备可造墙 300 ~ 500 m^2。

(3)工程造价低。每平方米防渗墙造价较其他混凝土连续墙技术节约 1/3 左右。

(4)工艺简单，易于操作。充分利用空腹钢模板的造槽、导向、护槽、灌注、振捣等项功能一次连续成墙，易于控制质量。

(5)设备性能稳定，机械化程度高。

该技术施工程序如下。

2.1　模板就位

先将桩机调平，使立柱垂直，再将 A 模板对准孔位，靠振动体系的自重落下，检测调整模板的垂直度达到规程要求。

2.2　振动沉模

(1)启动振锤，先将 A 模板沿施工轴线沉入地层，达到设计深度。A 模板为先导模板，有起始、定位、导向作用。

(2)再将 B 模板沿施工轴线紧靠 A 模板前沿沉入地层中，达到设计深度。B 模板为前接模板，起到延长板墙长度的作用。

2.3　灌浆拔模

向 A 模板腹内灌满浆液，然后边振动、边拔升、边灌注，直至将 A 模板拔出地面，浆液留于槽孔内，形成密实的单板墙体。

2.4　再沉 A 模

当 A 模板灌浆拔模至地面后，移至 B 模板前沉模时，B 模板也起到定位、导向作用。此时 A 模板为前接模板，起到加长板墙的作用，A、B 两模板的定位、导向作用互换。

重复以上 4 个工序，连续施工，即可形成一道竖直连续的整体板墙，见图 5-25。

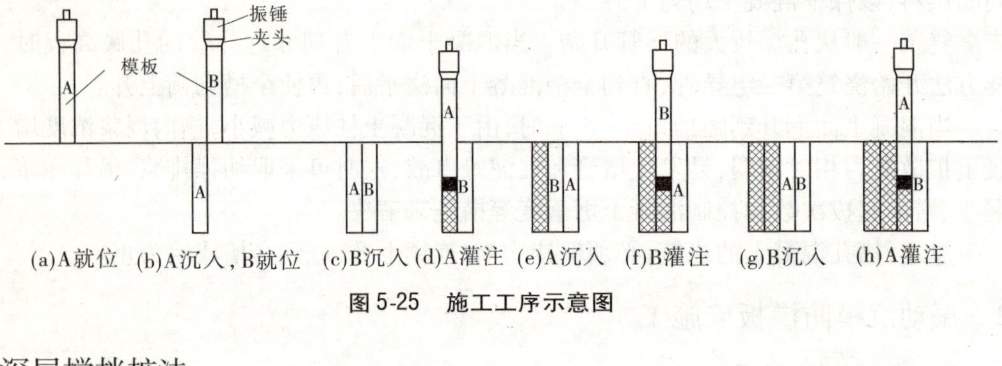

图 5-25　施工工序示意图

3　深层搅拌桩法

深层搅拌桩法是用于加固饱和软土地基的一种较新的方法。它是利用水泥、石灰等材料作为固化剂,通过特制的深层搅拌机械边钻边往软土中喷射浆液或雾状粉体,在地基深处就地将软土和固化剂(浆液或粉体)强制搅拌,使喷入软土中的固化剂与软土充分拌和在一起,由固化剂和软土之间产生一系列物理、化学作用。形成抗压强度比天然土强度高的多,并具整体性、水稳性的水泥加固土桩体,由若干根这类加固土桩柱体和桩间土构成复合地基。也可根据需要,将深层搅拌桩柱体逐根紧密排列,构成地下连续墙或作为防渗帷幕,成墙深度可达 30 m。

建造水泥土搅拌桩常用的机械有双轴搅拌机 SJB－1 型(见图 5-26)、单轴搅拌机 GZB－600 型(见图 5-27)和多头小直径搅拌桩机。

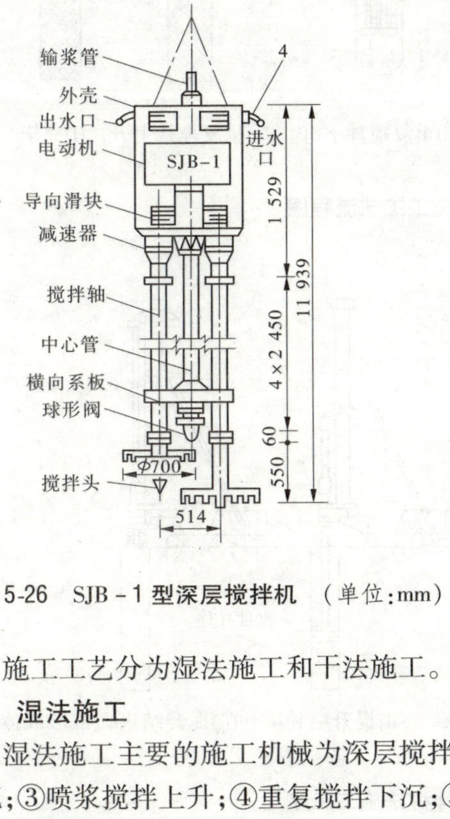

图 5-26 SJB－1 型深层搅拌机 (单位:mm)

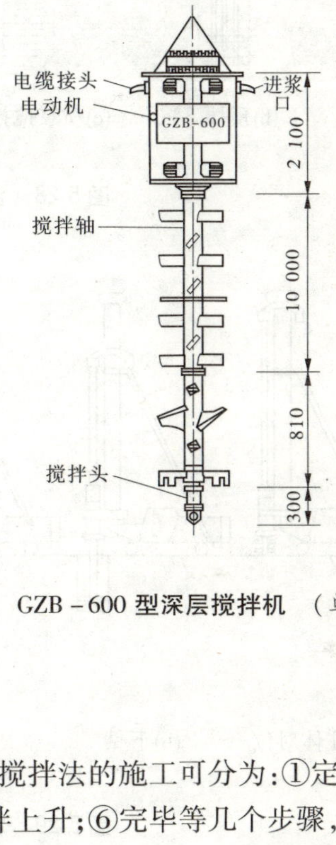

图 5-27 GZB－600 型深层搅拌机 (单位:mm)

施工工艺分为湿法施工和干法施工。

3.1 湿法施工

湿法施工主要的施工机械为深层搅拌机。深层搅拌法的施工可分为:①定位;②预拌下沉;③喷浆搅拌上升;④重复搅拌下沉;⑤重复搅拌上升;⑥完毕等几个步骤,见图 5-28。

3.2 干法施工

干法施工是采用水泥粉料,由空气输送,通过搅拌叶片旋转产生的空隙部位喷出,并随着搅拌叶片均匀地分布在整个空隙轨道面内,进而和原位地基土搅拌并混合在一起。施工机械主要是钻机、粉体发送器、空气压缩机、搅拌钻头等。

干法施工工序主要为:①柱体对位;②下钻;③钻进结束;④提升喷粉;⑤提升结束,桩形成体等几个步骤,见图 5-29。

4 垂直铺塑技术

垂直铺塑技术是 20 世纪 80 年代初研制发展起来的一项新的防渗技术。对于高压喷射灌浆、振动沉膜、混凝土防渗薄墙等防渗措施而言,该防渗工法具有设备简单、技术易

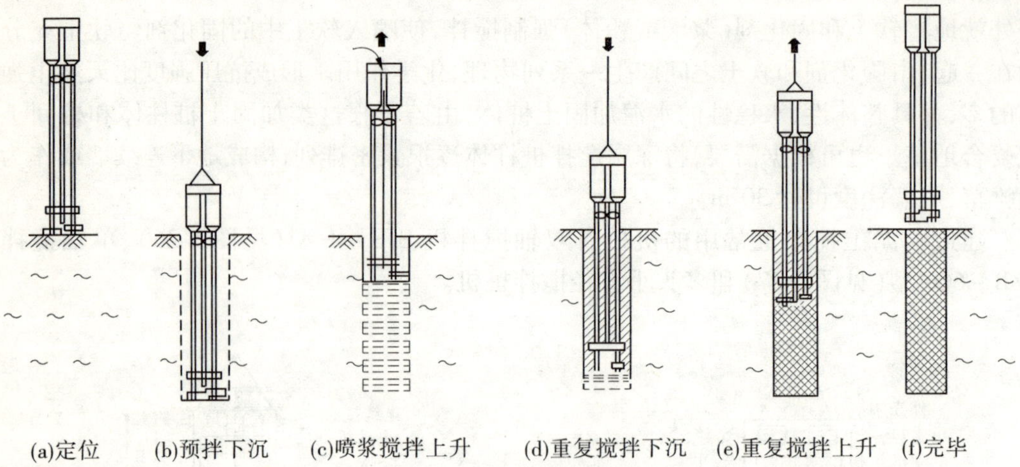

图 5-28　深层搅拌法施工工艺流程图

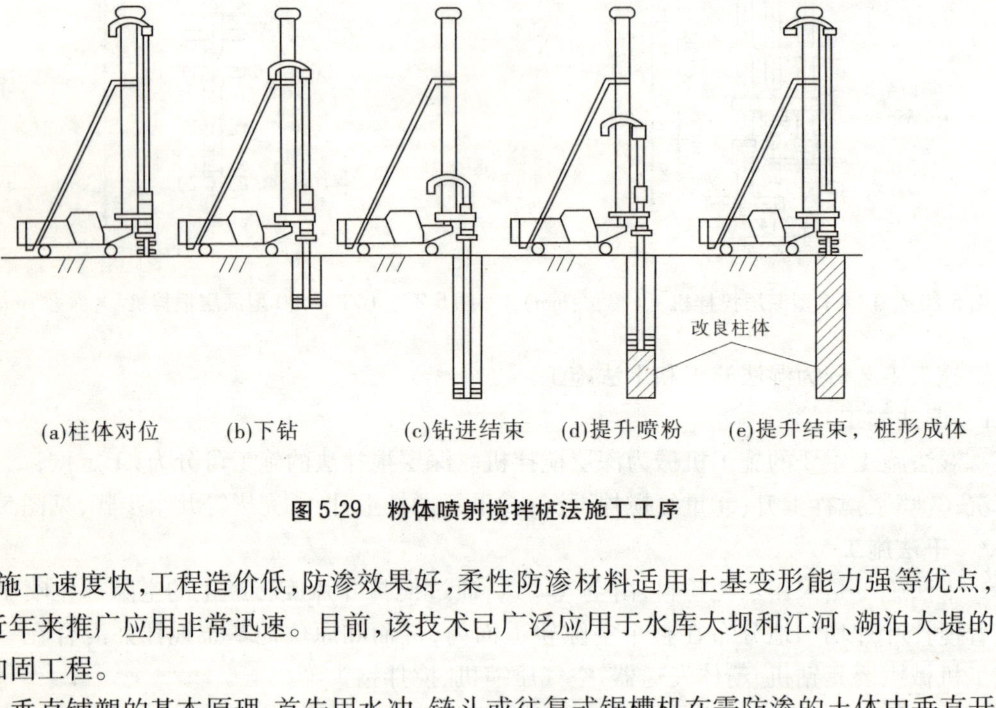

图 5-29　粉体喷射搅拌桩法施工工序

行，施工速度快，工程造价低，防渗效果好，柔性防渗材料适用土基变形能力强等优点，所以近年来推广应用非常迅速。目前，该技术已广泛应用于水库大坝和江河、湖泊大堤的防渗加固工程。

垂直铺塑的基本原理：首先用水冲、链斗或往复式锯槽机在需防渗的土体中垂直开出槽孔，并以泥浆护壁；然后将与槽深相当的整卷土工膜下入槽内，倒转轴卷，使土工膜展开，相邻两幅之间用搭接的方式连接；最后进行填土，回填时，先在槽底回填黏土，用于密封底部，防止水从下部绕渗，厚度不小于 1 m，接着填与原筑坝土质相同的土，待其下沉稳定后，往槽内继续填土压实，即形成防渗墙。

开槽机同步铺塑施工工艺流程如图 5-30 所示。

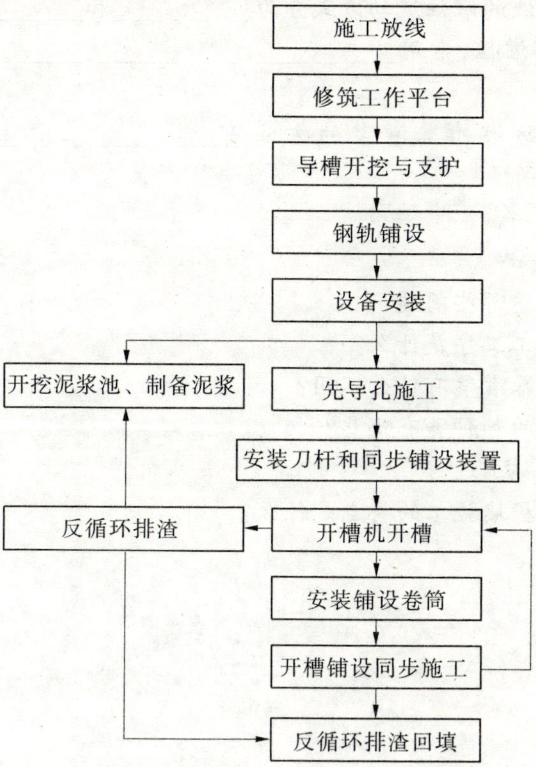

图5-30 开槽机垂直铺塑施工工艺流程

复习思考题

1 名词解释

(1)软土地基和砂砾地基;(2)振动水冲法和旋喷法;(3)压水试验;(4)岩基灌浆;(5)固结灌浆和帷幕灌浆;(6)砂砾石地基灌浆。

2 填空题

(1)软土地基处理方法按原理不同分为______、______、______和______。

(2)基坑开挖应采取______、______的原则。

(3)防渗墙的基本形式是______、______。

(4)岩基灌浆按用途分为______灌浆、______灌浆、______灌浆、______灌浆和______灌浆。

(5)固结灌浆孔依据深度的不同可分为以下三类:______、______、______。

(6)单孔冲洗的方法有______、______、______、______。

(7)灌浆方法按浆液的灌注流动方式分为__________和__________。

(8)砂砾石地基可灌性,常用__________、__________、__________几种指标进行评价。

(9)砂砾石地基防渗帷幕灌浆的方法有__________、__________、__________、__________。

3 简答题

(1)岩基开挖应注意哪些问题?

(2)岩基灌浆的施工工序是什么?

(3)固结灌浆和帷幕灌浆有什么不同?

(4)岩基灌浆的目的和种类有哪些?

(5)简述防渗墙的施工过程。

(6)振动沉模防渗板墙施工的特点是什么?

项目6 土石坝工程

【学习目标】 了解土石坝的料场规划原则;了解土石坝综合机械化施工的基本原则;掌握碾压式土石坝的坝面流水作业布置;掌握碾压式土石坝心墙、斜墙及反滤料施工方法;掌握碾压式土石坝接缝处理措施;掌握面板堆石坝的施工程序和质量控制措施。

【学习重点】 碾压式土石坝的坝面流水作业布置,碾压式土石坝心墙、斜墙及反滤料施工方法,碾压式土石坝接缝处理措施,面板堆石坝的施工程序和质量控制措施。

土石坝又名当地材料坝,是指由当地土料、石料或混合料,经过抛填、碾压等方法堆筑成的挡水坝。土石坝包括各种碾压式土坝、堆石坝和土石混合坝。当坝体材料以土和砂砾为主时,称土坝;以石渣、卵石、爆破石料为主时,称堆石坝;当两类当地材料均占相当比例时,称土石混合坝。土石坝具有就地取材,需要水泥、钢材、木材较少,对地基要求较低,施工技术简单,易为群众所掌握的特点,因而应用极为广泛。

土石坝的施工方法有:干填碾压、水平倒土、水力冲填和定向爆破修筑等类型。干填碾压筑坝(亦称碾压式土石坝)即在坝基清理之后将开挖合格的土石料装运上坝,卸到指定的部位,按规定的厚度铺平,经过碾压密实而逐层填筑到坝体设计断面。水中倒土筑坝,就是在清理后的坝基上,将坝面用畦埂分隔成若干个畦块,在畦块中灌入一定深度的水,等水深稳定后,由一边开始向畦中填土;如此逐层筑埂、灌水、填土,直到坝体设计断面筑成。其特点是坝体填筑不需用专门的碾压工具,坝坡较碾压式土坝平缓,一般不适宜在汛前抢修拦洪断面。水力冲填筑坝是利用水力冲击土壤,使土壤形成流动的泥浆,然后通过输泥管道或输泥渠,把泥浆送到筑坝地点,再经过沉淀、脱水而成,其主要用于北方黄土丘陵区。定向爆破筑坝是利用炸药爆炸能量的作用,将一定数量的土岩经破碎后,按预定的方向,抛掷到坝址处,形成具有一定质量和形状的建筑物,经修整,坝身加高而成。它主要适用于山体雄厚、岸坡山高坡陡,地质条件较好的狭窄河谷。目前,国内外土石坝的填筑方式仍以碾压式为最多,本章重点介绍碾压式土石坝。土石坝的施工程序为:施工导流,坝基开挖与处理,土石料开采与运输,坝面土石料铺填与压实,坝体排水棱体,护坡及坝顶工程等。

任务1 碾压式土石坝施工

碾压式土石坝的施工作业包括:准备作业、基本作业及为基本作业服务的辅助作业和附加作业。其内容如下:

(1)准备作业。平整场地,修筑道路,架设电力、通信线路,敷设用水管路,修建临时用房及基坑排水、清基等项工作。

(2)基本作业。料场的土石开采、挖、装、上坝过程的运输,坝面的土料卸铺,平土及逐层压实等。

(3)辅助作业。清除料场的覆盖层、杂物,降低地下水、控制土料含水率的加水及翻晒,坝面刨毛及松土等。辅助作业是为基本作业创造良好的施工条件,从而保证基本作业的顺利进行。

(4)附加作业。修整坝坡、铺石护面及铺植草皮等项工作。附加作业是保证坝体长期安全运行的保护及修整工作。

1 料场规划与料场作业

1.1 料场规划

料场即土石坝体填筑材料的取用场地,主要包括土料场及石渣料场,由于修筑坝体需要大量的土石方,它对于工程质量、工效、造价和工期都有重大影响,料场规划的目的是在对料场进行全面而细致调查的基础上,从空间、时间、质与量等方面,进行通盘考虑,以便合理地使用料场,加快施工进度,充分发挥经济效益。空间规划就是对料场的位置和高程选择恰当,布置合理。为了降低运费,应尽可能做到"高料场高用,低料场低用;近料场先用,远料场后用"。在同一施工分阶段,尤其是填筑强度最大的时候最好上下游、左右岸同时供料,扩大上料工作面,减少施工干扰。

时间规划就是考虑施工过程中的用料数量随坝体填筑部位、季节、坝前蓄水情况和料场工作条件的变化而变化的。因此,在规划上尽可能做到"上游及易淹料场先用,下游及不易淹料场后用;高含水率料场旱季用,低含水率料场雨季用"。在上坝强度高时,充分利用运距近、运输条件好的料场。

质与量的规划是料场规划的基本内容,是决定料场取舍的重要前提。为保证施工的顺利进行,规划时应设有主料场和备用料场。主料场不仅质量好、储量大、开采集中、距坝比较近,而且要有利于常年开采。主料场的总储量,应比设计的总方量多50%~100%。备用料场一般应设在淹没区以外,当主料场被淹、土料过湿或其他原因造成主料场不能使用时,可使用备用料场。备用料场储量应为主料场量的20%~30%。

根据以上原则可制定工程料场规划,见表6-1。

表6-1 工程料场规划

料场编号	料场名称	地点	距坝距离(km)	埋深(m)	面积(m^2)	储量(m^3)	使用时间
①							
②							
③							
④							
⑤							
⋮							

1.2 料场作业

料场作业主要包括料场的清理、排水、开挖方法及土料含水率的控制等。

1.2.1 清理和排水

料场的清理和排水是料场作业的辅助作业,这些作业直接影响采料的质量和开采的进度,料场清理包括伐木、除草、剥弃表层腐殖土等。料场排水作业,采取"截水与排水相结合,以截水为主"的原则,对于排地表水,应在采料高程以上修筑截水沟加以拦截;对于流入开采范围的地表水应采用明式排水迅速排除,这些排水沟应随开挖高程的降低而降低,保持开挖期间排水不中断;当地下水位较高时,须设井点进行人工降低地下水位。

1.2.2 开挖方法

土料场的开采有立面开挖和平面开挖两种方法。立面开挖是在很厚的土层上分几个比较高的台阶进行开挖,此方法可使土料的含水率蒸发损失小;平面开挖是在大面积土层上进行薄层开挖,这种开挖方法适用于平坦开阔的料场,并有利于土中水分的蒸发。

1.2.3 土料含水率的控制

土料的含水率应与坝体压实要求施工最优含水率相一致,以保证压实质量。

1.2.3.1 低含水率土料的加水控制

土料天然的含水率偏低,一方面是由于其成因,另一方面,尽管土场的天然含水率基本满足施工要求,但经过开挖、运输,以及坝面的铺料、碾压,表层土料的含水率也会因蒸发而降低,因此须对土料加水。土料加水应符合的要求:一是使土料含水率达到施工含水率控制范围;二是使加水后的土料含水率保持均匀。常用的加水方法有分块筑畦埂灌水法、喷灌灌水法及表面喷水法。

1.2.3.2 土料含水率偏高的降低控制

当土料含水率超过施工控制含水率范围,则需采取降低含水率的措施,以控制上坝土料的含水率。对于土料含水率偏大的,可采用上述排水措施;如土料稍湿,则可采用分层开采逐层晾晒、轮流开挖的办法;如土料过湿,可采用翻晒法,翻晒法是当土料含水率高于施工要求的含水率时,利用气候条件,翻晒土料以降低含水率的方法。进行土料翻晒施工时,应选择合适的场地,以满足翻晒及就地堆存、装运等要求并应注意防止雨水浸入。具体施工可分为挖碎、翻晒、运堆等三个工序。翻晒法又可分为人工翻晒法和机械翻晒法。

(1)人工翻晒法。用齿耙将土耙碎,坚硬黏土用铁铣切成厚 1 ~ 2 cm 薄片,每层深度为 10 ~ 20 cm,挖后使其相互架空晾晒,待表层稍干即打碎成小于 2 ~ 3 cm 的土块,继续翻晒,表层稍干用铁铣翻动一次,如此反复,直至含水率降低到施工控制含水率范围内。人工翻晒土料一般每工日可翻晒 15 ~ 40 cm ,工效为 2.2 ~ 2.4 m^3/工日。

(2)机械翻晒法。可用农用耕作机械,拖拉机牵引带铧犁,每层犁入深度 3 ~ 7 cm,然后用圆盘耙或钉齿耙将土块适当耙碎,并按时翻动,其台班产量可达 600 m^3。采用就地翻晒时,须分层取土,分层晾晒。在翻晒时,宜当天翻晒当天收土,以免夜间吸水回潮,当土料含水率已降低到施工控制含水率范围后,除一部分运到坝上填筑外,对暂时不用的土料,应在料区堆成堆,并加以防护。

2 土石料挖运组织

2.1 综合机械化施工的基本原则

(1)充分发挥主要机械的作用。主要机械是指对完成工程起主导作用的机械,充分发挥其作用,有利于加快施工进度,降低工程成本。例如在土坝坝壳施工中,用正向铲挖掘机采料、自卸汽车运输上坝、推土机平土、振动碾压实、洒水车洒水等综合机械化作业。其中,挖掘机是主要机械,一台挖掘机发生故障将导致其他机械停工待料。

(2)机械配套应根据工作特点选择。如连续式开挖机械与连续式运输机械配套,循环式开挖机械应与循环式运输机械配套;否则需要增加辅助设备。

(3)机械配套要有利于使用、维修和管理,减少机械型号规格数量,尽可能地选用一种机械能完成几道工序,以减少机械的配合环节,提高机械的时间利用系数,简化维修管理工作。同时结合可能取得的机械设备,进行综合技术经济比较,然后确定现实而又合理的成套方案。

(4)配套机械的生产率应略大于主要机械的生产率。这样能够保证充分发挥主要机械的生产能力。例如在挖掘机与自卸汽车配套挖运土料时,应保证在正向铲挖掘机前总有一台自卸汽车在装土。

(5)合理布置工作面,充分发挥机械的工作效率,减少机械转运时间。为此,必须创造良好的运输条件,合理地规划施工道路,提高运输工具的运输能力,避免产生窝工现象。

目前,一般中小型的工程多不能实行综合机械化施工,而采用半机械化施工。在配合时也应根据上述原则结合具体情况,合理组织施工。

2.2 土料开挖运输方案

常用的运土上坝方式有两种:直接运土上坝和到坝址附近经其他运输工具转运到坝体填筑地点。通常采用直接上坝的方式,以减少转运,提高工效。土料开挖运输方案一般有以下几种:

(1)人工开挖,手推车或架子车运输。一般手推车载重 100 ~200 kg,架子车载重 300 ~500 kg,适宜运距小于 1 km,坡度小于 2% 的情况,车子可直接上坝。如坡度较陡可采用拉坡机拉坡上坝或转皮带机上坝。拉坡机拉坡上坝不宜陡于 1:3 ~1:5,爬高不宜大于 30 m。此方案生产率较低。

(2)人工开挖,0.6 m^3 翻斗车运输。适宜运距为 1 ~2 km,双线路宽 4 ~5 m,坡度不宜大于 0.5% ~1.5%。

(3)人工开挖,土料装料台装料,拖拉机或自卸汽车运输。此方案适宜运距 2 ~5 km,双线路宽 5.0 ~5.5 km,坡度不宜大于 9%,转弯半径不宜小于 50 m。

(4)正向铲挖掘机开挖,自卸汽车运输,此方案机动灵活,生产率高,汽车可以直接运土到坝面卸料,管理方便,是目前机械化施工中普遍应用的方案。

(5)挖掘机或采砂船挖装,机车牵引 3.5 m^3 矿车转皮带机上坝。适宜运距为 1.0 ~6.0 km ,单线路宽 3.5 m,双线路宽 6.5 m ,重车坡度不宜大于 8% ~10%,轻车坡度不宜大于 15% ~20%。转弯半径干线宜大于 150 m,支线宜大于 100 m 。

(6)人工或挖掘机挖装,皮带机运输上坝,皮带机线路宽 2.5 ~3.0 m,爬坡坡度以不大于1:3 ~1:3.5为宜。

进行上述方案选择时,应根据工程量大小、土料特性和分布以及可供选择的机械型号、规格等因素,进行综合技术经济比较确定。

2.3 挖运强度与挖运数量的确定

2.3.1 挖运强度

挖运强度取决于土石坝的上坝强度。一般可由施工进度计划各个阶段要求完成的坝体方量来确定上坝和挖运强度,进而确定挖运机械的数量。

2.3.1.1 上坝强度 Q_D

$$Q_D = \frac{V' K_a}{T K_1} K \quad (m^3/d) \tag{6-1}$$

式中 V'——分期完成的坝体设计方量,m^3,以压实方计;

K_a——坝体沉陷影响系数,可取1.03~1.05;

K——施工不均衡系数,可取1.2~1.3;

K_1——坝面作业土料损失系数,可取0.90~0.95;

T——分期施工时段的有效工作日数,d,等于该时段的总日数扣除法定节假日和因雨停工日数,对于黏土料可参考表6-2。

表6-2 黏土料因雨停工的天数

日降雨量(mm)	<2	2~10	10~20	20~30	>30
停工天数(含雨日)	0	1	2	3	4

2.3.1.2 运输强度 Q_T

$$Q_T = \frac{Q_D}{K_2} K_C \quad (m^3/d) \tag{6-2}$$

$$K_C = \frac{\gamma_0}{\gamma_T}$$

式中 K_C——压实影响系数;

γ_0——坝体设计干容重,t/m^3;

γ_T——土料运输的松散容重,t/m^3;

K_2——运输损失系数,可取0.95~0.99。

2.3.1.3 开挖强度 Q_C

$$Q_C = \frac{Q_D}{K_2 K_3} K_C' \quad (m^3/d) \tag{6-3}$$

式中 K_C'——压实系数,为坝体设计干容重 γ_0 与料场土料天然容重 γ_C 的比值;

K_3——土料开挖损失系数,一般取0.92~0.97。

2.3.2 挖运机械数量

施工中采用正向铲挖掘机与自卸汽车配合是最常见的挖运方案。挖掘机斗容量与自卸汽车的载重量为满足工艺要求须有合理的匹配关系,可通过计算复核所选挖掘机的装车斗数 m:

$$m = \frac{Q}{\gamma_C q K_H K_P} \tag{6-4}$$

式中 Q——自卸汽车的载重量,t;

q——选定挖掘机的斗容量,m^3;

γ_C——料场土的天然容量,t/m^3;

K_H——挖掘机的土斗充盈系数;

K_P——土料的松散影响系数。

一般挖掘机装车斗数 $m=3\sim5$。若 m 值过大,说明所选挖掘机的斗容量偏小,装车时间长,降低汽车的利用率;若 m 值过小,说明汽车载重量偏小,需求汽车数量多且等候装车时间长,降低挖掘机的生产能力。为充分发挥挖掘机的生产潜力,应使一台挖掘机所需的汽车数 n 所对应的生产能力略大于此挖掘机的生产率,故应

$$P_a \geqslant \frac{P_c}{n} \tag{6-5}$$

式中 P_a——一辆汽车的生产率,m^3/h;

P_c——台挖掘机的生产率,m^3/h。

满足高峰施工期上坝强度的挖掘机的数量 N_c:

$$N_c = \frac{Q_{cmax}}{P_c} \tag{6-6}$$

式中 Q_{cmax}——高峰施工期开挖土料的最大施工强度,m^3/h。

满足高峰施工期上坝强度的汽车总数 N_a:

$$N_a = \frac{Q_{Tmax}}{P_a} \tag{6-7}$$

式中 Q_{Tmax}——高峰施工期运输土料的最大施工强度,m^3/h。

3 坝基与岸坡处理

坝基与岸坡处理的目的是加固坝体与基础、岸坡之间的联结,保证填土与基础、岸坡有良好的结合。对于防渗体结合部位的基础处理要求最为严格;与大坝棱体或坝壳相结合的基础处理的要求相对可以适当的降低,这是因为只需要满足稳定与沉降变形以及渗透稳定的要求即可。

对于不同坝型的土石坝,其地基有不同要求。工程中坝基很少有不作任何处理就可以满足建坝要求的天然地基。其主要内容有清基及地基处理。地基处理时主要针对工程要求及岩石、砂砾石、软黏土等不同地基情况,采取灌浆、混凝土防渗墙、振冲加密及振冲置换、预压固结、置换、反滤排水等措施,提高坝基稳定性和防止有害变形。

3.1 清基和填筑前准备

清基是指坝体填筑之前,基础与岸坡表面的清理。清基就是把坝基范围内的所有草皮、树木、乱石、淤泥、腐殖土、细砂、泥炭等按设计要求全部清除。对坝区范围内的水井、泉眼、地道、洞穴以及勘测探孔、竖井、平洞、试验坑作彻底处理,并应通过验收,记录备查。

在地基开挖时,应自上而下先开挖两岸岸坡,再开挖和清理河床坝基。在强度、刚度

方面不符合要求的材料均需清除。作为堆石坝壳的地基一般开挖到全风化岩石,无软弱夹层的河床砂砾石一般不开挖。对于岩石岸坡,可挖成不陡于1∶0.75的坡度,且岸边应削成平整斜面,不可削成台阶形,更不能削成反坡。为减少削坡方量,岩石岸坡的局部反坡可用混凝土填补成平顺的坡面。当岸坡为黏性土时,清理坡度不应陡于1∶1.5。当山坡与非黏性土料壳结合时,清理坡度不得低于岸坡土在饱和状态下的稳定坡度,不得有反坡。

特别注意防渗体部位的坝基、岸坡岩面开挖,可采用预裂、光面等控制爆破法,严禁采用洞室、药壶爆破法施工。

工程开挖过深和施工困难时,可采用工程处理如坝基河床砂层振冲加密、淤泥层砂井加速固结、心墙地基淤泥夹层的振冲置换处理等。

3.2 坝基、岸坡结合处理

坝基结合处理可按施工顺序,分段分期进行。应该根据坝基土料性质、坝体填筑材料、基础与坝体联合的部位、低坝与高坝等条件来决定。由于水利水电工程设计专业和领域比较广泛,基础的结合处理很难统一,因此在不同的工程和施工过程中,需要设计、施工以及质检人员深入现场,实地实时解决有关问题,保证施工的顺利进行。

3.2.1 非岩石地基

砂砾石、黏性土、砾质土等松散基础,在清基后、填土前,应根据基础土料性质选用相应的压实机械,对于基础表层予以压实。黏性土与砂砾石等无黏性土接触区,应严格要求符合反滤原则。

3.2.2 岩石地基

岩石地基处理,应区分坝基与防渗体部位。一般来讲,对于坝壳部分的岩石地基,只需要按以上一般基础清理原则进行,不需要进行其他专门处理。对于防渗体部位的岩石地基,应该按照控制爆破要求进行开挖,且不适宜开挖成过窄的深槽,以免沟槽内填土发生拱效应而导致裂缝。当低坝防渗体与岩石基础直接填土结合时,应注意对岩石面的裂隙水、裂隙、断层等严格处理;对于高坝的防渗体,甚至包括其反滤料,不得与裂隙基岩直接接触,以免在高压水头作用下,使其沿裂隙冲蚀。

3.2.3 坝基处理完成后,应该进行验收

岸坡结合则是在对岸坡进行清理之后再进行处理:首先要满足结合边坡,其次是要对坡面进行处理以满足填土的质量要求,尤其高坝与岸坡接头的处理更需要谨慎。

4 坝面作业

4.1 防渗体坝面填筑

防渗体坝面填筑的坝面施工程序包括铺土、平土、洒水、压实、接缝处理、刨毛(用平碾压实时)、质检等工序。为减少坝面施工干扰,宜采用流水作业施工。

流水作业施工是按施工工序数目对坝面分段,然后组织相应专业施工队依次进入各工段施工。对同一工段而言,各专业队按工序依次连续施工,对各专业施工队而言,依次不停地在各工段完成固定的专业工作。此种流水作业可提高工人技术熟练程度和工作效率。

以图6-1为例,将某坝面划分成三个相互平行的工段,分成铺土、平土洒水、压实三道工序进行施工,在同一时间内,每一工段完成一道工序,依次进行流水作业。

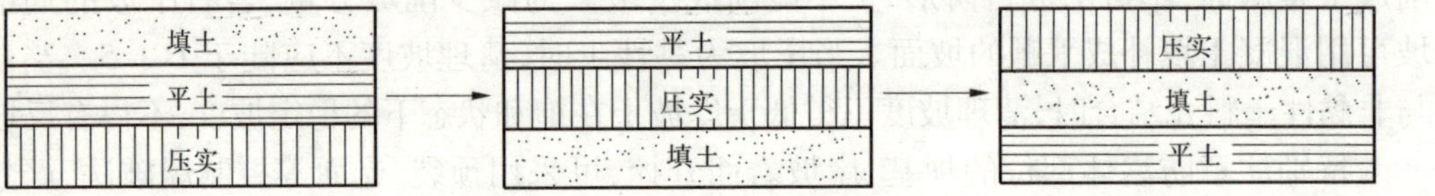

图6-1 坝面流水作业示意图

应尽量安排在人、地、机三不闲的情况下正常施工,必要时可合并某些工序,如将图6-1中的三道工序合并为铺土平土洒水、压实、质检刨毛三道工序。注意坝面施工统一管理,使填筑面层次分明,作业面平整和均衡上升。

在填筑时应该注意:

(1)填筑一般力求各种坝料填筑全断面平起施工,跨缝碾压,均衡上升。心墙应同上下游反滤料及部分坝壳料平起填筑,宜采用先填反滤料后填土料的平起填筑法施工,结合部的压实如图6-2所示。

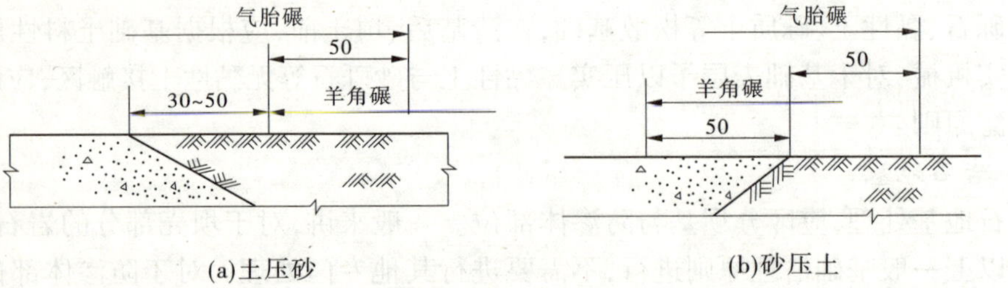

图6-2 土砂结合部压实示意图 (单位:mm)

(2)当斜墙滞后于坝壳料填筑时,需要预留斜墙、反滤料和部分坝壳料的施工场地。

(3)由于防渗体填筑施工场地比较狭小,工序比较复杂,应统一管理,宜采用分段流水作业施工。

(4)由于防渗体填料的含水率有严格的要求,在冬季和夏季施工时,应该防止热量和水分的散失,应尽量缩短作业循环时间。

(5)工作面的尺寸应该满足施工机械的正常作业要求,宽度一般应该大于碾压机械能错车的最小宽度,或者卸料汽车最小弯转半径的2倍,长度主要考虑压实机械的要求,一般为40~80 m。

4.2 土料铺填

铺料分为卸料和平料两道工序,选择铺料方法主要考虑以下两点:一是坝面平整、铺料层厚度均匀,不得超厚;二是对已经压实过的土料不得过压,防止产生剪力破坏。

防渗土料的铺筑应沿坝轴线方向进行,采用自卸汽车卸料,采用推土机平料,必要时可以用平地机整平,便于控制铺土厚度和坝面平整。在土料与岸坡、反滤料等交界处应辅以人工仔细平整,保证连接处达到要求。铺料方法有以下几种:

(1)进占法铺料。防渗体土料应采用这种方法,汽车在已经平好的松土层上行驶、卸料,不应在已压实土料面上行驶,应严格控制铺土厚度。这种方法不会对防渗土料形成过压，还不影响洒水、刨毛作业。坝壳料填筑时宜采用进占法卸料（见图6-3），推土机及时平料，铺料厚度符合设计要求，其误差不宜超过层厚的10%。填筑面上不应有超径块石和块石集中、架空等。坝壳料与岸坡及刚性建筑物结合部位，宜回填一条过渡料。

（2）后退法铺料。汽车在已经压实的土料面上行驶、卸料，这种方法卸料方便，但容易对已经压实的土料形成过压，适用于砂砾石、软岩和风化料以及掺合土，层厚小于1 m，见图6-4。

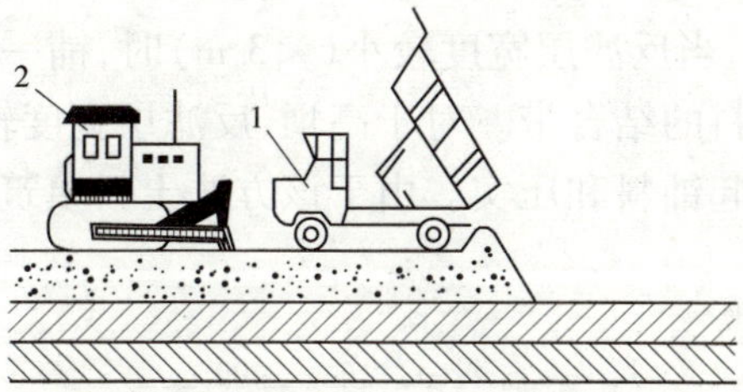

1—自卸汽车；2—推土机

图6-3 汽车进占铺料法

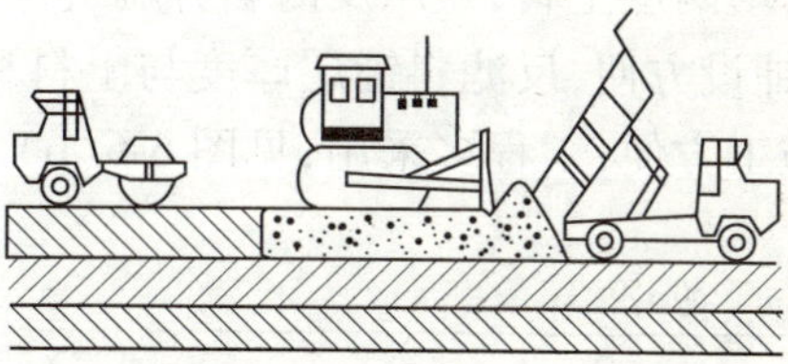

图6-4 汽车后退法铺料

（3）综合法铺料。综合了前两种方法的优点，用于铺料层大（1～2 m）的堆石料，可减少分离，减少推土机平整工作量，见图6-5。

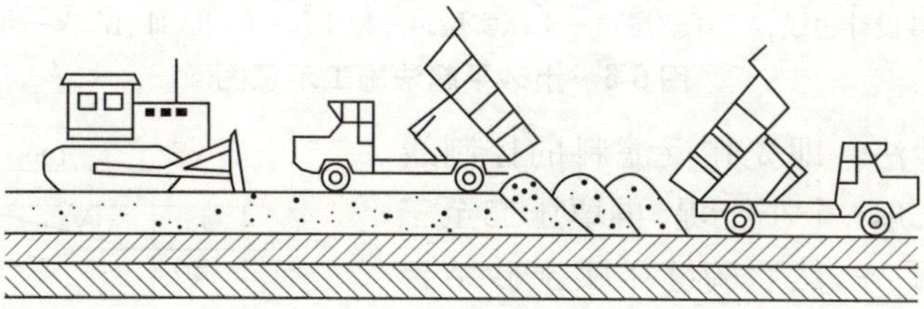

图6-5 汽车综合法铺料

4.3 土料压实

防渗体土料施工中宜采用振动凸块碾压实，碾压应沿坝轴线方向进行。若防渗体分段碾压，相邻两段交接带碾迹应彼此搭接，垂直碾压方向搭接带宽度不小于0.3～0.5 m，顺碾压方向搭接带宽度为1～1.5 m。一般防渗体的铺筑应连续作业，若需短时间停工，其表面土层应洒水湿润，保持含水率在控制范围之内，若因故需长时间停工，须铺设保护层且复工时予以清除。对于中高坝防渗体或窄心墙，压实表面形成光面时，铺土前应洒水湿润并将光面刨毛。

坝壳料应用振动平碾压实，与岸坡结合处2 m宽范围内平行岸坡方向碾压，不易压实的边角部位应减薄铺料厚度，用轻型振动碾压实或用平板振动器等压实。对于碾压堆石坝不应留削坡余量，宜边填筑、边整坡和护坡。砂砾料、堆石及其他坝壳料纵横向接合部位可采用台阶收坡法，每层台阶宽度不小于1 m。防渗体及均质坝的横向接坡不宜陡于1∶3.0。关于压实机械的选择可参阅土方工程章节相关内容。

4.4 反滤层施工

土工建筑物的渗透破坏,常始于渗流出口,在渗流出口设置反滤层,是提高土的抗渗比降,防止渗透破坏,促进防渗体裂缝自愈,消除工程隐患的重要措施。

反滤层施工方法大体可以分为:削坡法、挡板法以及土砂松坡接触平起法三种。由于施工机械和施工工艺的不断改进,目前施工中主要采用土砂松坡接触平起法进行施工,该方法一般分为先砂后土法、先土后砂法、土砂交替法等几种,它允许反滤料与相邻土料"犬牙交错",跨缝碾压。

(1)先砂后土法。即先铺反滤料,后铺土料,当反滤层宽度较小(<3 m)时,铺一层反滤料,填两层土料,碾压反滤料并骑缝压实与土料的结合带。对于高坝,反滤层宽度较大,机械铺设方便,反滤料铺层厚度与土料相同,平起铺料和压实。由于该方法土料填筑有侧限,施工方便,工程多采用,见图6-6(b)。

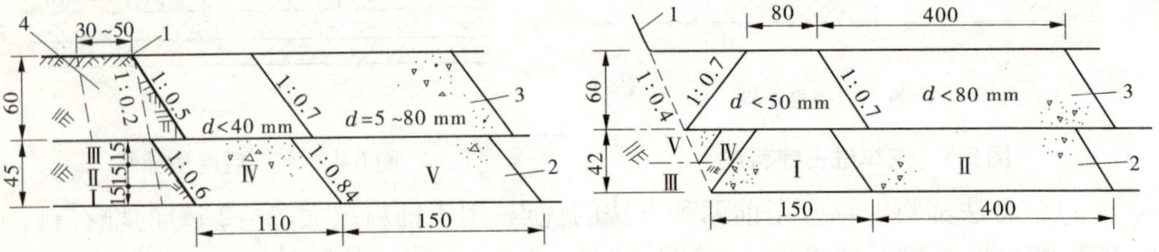

(a)先土后砂法　　(b)先砂后土法

1—土砂设计边线;2—压实层;3—未压实层;4—松土层;Ⅰ、Ⅱ、Ⅲ、Ⅳ、Ⅴ—填料次序

图6-6　土砂平起法施工示意图

(2)先土后砂法。即先在反滤料的控制线内,先用反滤料堆筑一个小土堤,再填压二至三层土料与反滤料平齐,然后骑缝压实土砂结合带,此法的土料压实时,无侧限条件,有松土边,见图6-6(a)。

(3)土砂交替法。土砂交替法是先填一层土再填一层砂料,然后两层土一层砂交替上升,填筑次序见图6-7。

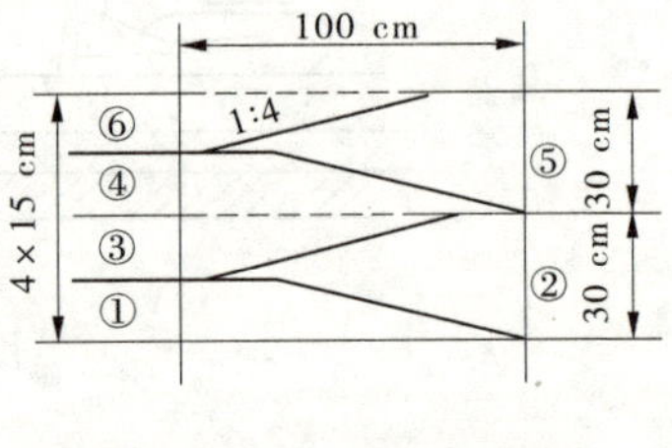

①,②,③,④,⑤,⑥—铺料顺序

图6-7　土砂交替法

在对不均匀天然反滤料施工时,填筑质量控制的主要措施有:

(1)加工生产的反滤料应满足设计级配要求,严格控制含泥量不得超出设计范围。

(2)生产、挖装、运输、填筑各施工环节,应避免反滤料分离和污染。

(3)控制反滤料铺筑厚度、有效宽度和压实干密度。反滤料压实时,应与其相邻的防渗土料、过渡料一起压实,宜采用自行式振动碾压实。铺筑宽度主要取决于施工机械性能,以自卸汽车卸料、推土机摊铺时,通常宽度不小于2~3 m。用反铲或装载机配合人工铺料时,宽度可减小。严禁在反滤层内设置纵缝,以保证反滤料的整体性。

近年来,土工织物以其重量轻、整体性好、施工简便和节省投资等优点,普遍应用于排水、反滤。采用土工织物做反滤层时,应注意以下几点:

(1)土工织物铺设前须妥善保护,防止暴晒、冷冻、损坏、穿孔和撕裂。

(2)土工织物的拼接宜采用搭接方法,搭接宽度可为30 cm。

(3)土工织物铺设应平顺、松紧适度、避免织物张拉受力及不规则折皱,坝料回填时不得损伤织物。

(4)土工织物的铺设与防渗体的填筑平起施工,织物两侧防渗体和过渡料的填筑应人工配合小型机械施工。

5 质量检查与控制

质量控制和检查是土石坝施工中极重要的一环,它应贯穿于各施工环节及施工全过程。一个完整的土石坝现场施工质量控制应包括坝基防渗与岸坡处理、料场作业、坝体填筑、反滤排水工程、护坡工程等。

5.1 坝基与岸坡处理

坝基与岸坡清理、处理系隐蔽工程,质量好坏直接影响坝体的安全。坝基与岸坡清理的内容、要求和检查方法见表6-3 。土石坝防渗体(心墙或斜墙)断面坝基范围内,当开挖处理达到设计标准后,应进行验收,其内容包括基岩的清理和断层、裂隙等缺陷处理,嵌槽的宽度、坡度等是否符合设计规定,易风化的灵敏性土类的预留保护层是否彻底清除等,经验收合格,并作出隐蔽工程正式验收记录后,方准开挖、填筑。

表6-3 坝基与岸坡清理的内容、要求和检查方法

坝基与岸坡清理的内容和要求	检查方法
1. 有机质含量不大于2%; 2. 凡草皮、树根、砖瓦、乱石、墓穴等均需清除,各种试坑、钻孔等需堵塞; 3. 凡表层淤泥、泥炭、粉砂应予以清除; 4. 相对密度小于0.67的细砂或经压实处理后仍小于0.67者,应予清除(有抗震要求的应按抗震要求处理)	1. 清基后,进行全面检查,是否符合设计要求; 2. 一般布置50 m的方格网,在其角点挖坑取样,测定其物理力学性质,检查深度一般1 m,对有害地基的部位,方格网可加密至25 m,检查深度视具体情况定; 3. 清理后,应进行地质描述,并作记录和绘制平面图

5.2 料场的质量控制和检查

对土料料场应该经常检查所取土料的土质情况,土块大小、土料含水率和砂砾料的颗粒级配是否符合上坝要求。若土料含水率偏高,一方面应改善料场排水系统和防雨措施,另一方面应采取降低含水率措施,如翻晒处理、轮换开挖工作面,使土料含水率降低到规定范围以内再开挖。如含水率不均匀时,可考虑堆筑土牛,使含水率均匀后,再运送上坝。如含水率偏低,对黏性土应在料场加水,以提高含水率。料场土料含水率的控制,还应根据运输条件、气象因素和施工开采方法来测定土料含水率变化情况,并作适当调整。如一般在天气干燥和风速较大季节,运输过程中土料含水率损失较多,土料在土场的含水率可控制稍高些;反之如在夜间、雾天或湿度较大的天气施工,土料含水率应控制得稍低些。土场含水率检查,经常由质量控制人员于现场用手试估测,有疑问时才进行试验。一般每

500~1 000 m^3应取试样测定其含水率。

对于砂砾料场及堆石料场，还应对级配、小于0.1 mm颗粒含量（亦称含泥量）、大于5 mm颗粒含量（亦称砾石含量）及允许最大粒径等方面进行控制。

5.3　坝体填筑的质量控制

在坝体填筑过程中，应分别检查和控制铺土厚度、土块大小、含水率、干容重与压实层间结合是否符合设计及施工要求，其中现场质量控制主要是检查控制含水率和干容重。对于经碾压后达不到标准的或压实层间产生光面和剪力破坏现象的，应分析原因采取措施及时处理，此外，还要检查坝基、岸坡及结合坡等处理是否满足设计和施工规范要求。当坝体每升高5 m左右，应于坝体各已填压部位取代表性土样，进行物理力学性质试验，不同坝体部位、不同土料、现场质量控制取样数量可参见表6-4。

表6-4　坝体压实项目与检查次数

坝料类别及部位			检查项目	取样（检测）次数
防渗体	黏性土	边角夯实部位	干密度、含水率	每层2~3次
		碾压面		每100~200 m^3 1次
		均质坝		每200~500 m^3 1次
	砾质土	边角夯实部位	干密度、含水率、大于5 mm砾石含量	每层2~3次
		碾压面		每200~500 m^3 1次
反滤料			干密度、颗粒级配、含泥量	每200~500 m^3 1次 每层至少一次
过渡料			干密度、颗粒级配	每500~1 000 m^3 1次 每层至少一次
坝壳砂砾（卵）料			干密度、颗粒级配	每5 000~10 000 m^3 1次
坝壳砾质土			干密度、含水率、小于5 mm含量	每3 000~6 000 m^3 1次
堆石料			干密度、颗粒级配	每10 000~100 000 m^3 1次

注：1. 堆石料颗粒级配试验组数可比干密度试验适当减少。

2. 对于防渗体应该选定若干个固体取样断面，沿坝高每5~10 m取代表性试样进行物理力学性质试验，作为复核设计和工程管理依据。

对于截水槽的填土取样纵向不少于两排，每排取样间距不得超过30 m。除在每个碾压段有代表性的地点取样外，还必须在所有压实可疑部位或重要的结合部位（土质变化、含水率过高或过低、铺土厚度不均匀、漏压及坝体与岸坡、坝体与混凝土建筑物、防渗体与坝壳结合部位、坝体内施工缝接缝处等）进行重点取样检查。

结合工程实际，防渗体的压实控制指标可采用干密度、含水率或压实度。反滤料、过渡料及砂砾料的压实控制指标采用干密度或相对密度。堆石料的压实控制指标采用孔隙率。

施工中，黏性土现场密度检测宜用环刀法、表面型核子水分密度计法。环刀容积不小于500 cm^3，环刀直径不小于100 mm，高度不小于64 mm。测密度时，应取压实层的下部。

对于砾质土现场密度检测,宜用挖坑灌砂(灌水)法,反滤料、过渡料及砂砾料现场密度检测宜用挖坑灌水法或辅以表面波压实密度仪法,堆石料的现场密度检测宜用挖坑灌水法或表面波法、测沉降法等。

对于防渗土料,干密度或压实度的合格率不小于90%,不合格干密度或压实度不得低于设计干密度或压实度的98%。施工时可根据坝址地形、地质及坝体填筑土料性质、施工条件,对防渗体选定若干个固定取样断面,沿坝高每5~10 m取代表性试样进行室内物理力学性质试验。

任务2 面板堆石坝施工

面板堆石坝是以堆石料(含砂砾石)分层碾压成坝体,以混凝土面板(或沥青混凝土面板)作为防渗体的堆石坝,简称面板坝。它与土坝相类似,可就地取材,便于大型机械化施工,施工速度快。

面板堆石坝主要由堆石体和防渗系统组成,即由面板、趾板、垫层、过渡层、主堆石区、次堆石区组成,其特点是:堆石坝体能直接挡水或过水,简化了施工导流与度汛,枢纽布置紧凑,充分利用了当地材料。面板坝可以分期施工,便于机械化施工,施工受气候条件的影响较小。

面板堆石坝施工有三道主要工序:①趾板与堆石地基处理及趾板浇筑和基础灌浆,一般通过趾板的预留灌浆管先进行固结灌浆,后作帷幕灌浆,分区进行,独立施工;②堆石填筑;③面板浇筑。三道工序可交叉进行。堆石可以在趾板施工完成前提前施工,只要在其间留有足够的距离,供垫层区、过渡区及一部分主堆石的平起施工。面板亦可分期施工,趾板基础的灌浆更可以与堆石填筑平起作业。

1 料场开采规划

(1)应根据工程规模,坝区和料场的地形、地质条件,以及导流方式、施工分期和填筑强度,按照坝料综合平衡的原则,规划料场掌子面、开采顺序、运输道路的布置、转运堆存场地、弃料场地和加工系统的设置。

(2)应做好挖填平衡规划,充分利用符合设计要求的枢纽建筑物的开挖料。开挖料中弃料和可用材料必须分别堆放。除设置必要的周转储料场外,尽量使开挖料按指定部位直接上坝。

(3)料场可开采量及可利用开挖料数量与坝体填筑量的比值:堆石料宜为1.2~1.5,砂砾石料水上宜为1.5~2.0,水下宜为2.0~2.5。

(4)主堆石料宜选择运距较短、储量较大和便于高强度开采的料场,并设置开采石料储存场地和备用料场,保证坝体填筑的高峰用量。

(5)爆破工作面规划与料场道路规划结合进行,并应满足不同施工时段填筑强度需要。

(6)对于垫层、过渡层等有特殊级配要求的坝料,必要时可分别设置专用料场,或在同一料场内划出专用掌子面。

(7)河床砂砾料的开采应考虑冬季及汛期施工对料场的要求。

(8)不占或少占耕田,少毁林木,做好环境保护工作。

2 坝料开采和加工

(1)堆石料宜采用深孔梯段微差爆破法和(或)挤压爆破方法开采。在地形、地质及施工安全条件允许的情况下,也可采用洞室爆破法,但是也应采用分层台阶开采。开采前宜根据设计的级配要求和爆破设计进行相应规模的爆破试验,确定爆破参数。爆破后的超径石宜在料场处理。

(2)过渡料宜从石料场用钻孔爆破法直接生产,也可从枢纽地下洞室等工程的开挖渣料中选用。应严格控制级配。

(3)垫层料及特殊垫层料可以用料场爆破块石料进行破碎、筛分、掺配,也可从新鲜或中等强度开挖料和砂砾石料加工筛选后掺配,其加工、掺配工艺应按设计级配要求通过试验后确定。成品料的生产能力和储量应考虑超填和损耗后满足坝体填筑进度的要求。

(4)砂砾料可水上、水下分别开采,或混合开采。应有适当的储备,供汛期不能开采时使用。必须在汛期采掘时,可采用分流改道或降低水位等技术措施;并相应提出防洪或撤退等安全措施。在河道开采砂砾料时,开挖程序及时段安排应考虑河道泄洪顺畅及堤防安全。在寒冷地区地下水位较高的砂砾石坝料开采,应有足够的堆存储备,满足冬季坝体填筑需要。

(5)各种坝料均应有足够的储备,其数量应满足调节开采和上坝强度的需要。

料场开采结束后,应根据环境保护及水土保持要求,做好危岩处理、边坡稳定、场地平整、还田造林、防止水土流失等工作,弃料宜用作平整场地或运到集中弃料场地,严禁随意堆放。

3 道路及运输

(1)施工现场的运输路线应根据坝体工程量、上坝强度及地形、运距等条件合理布置。施工道路宜与永久道路相结合,并应充分利用坝面及下游斜坡道运输坝料,填筑升高坝体。运输路线不宜通过居民点,其道路和桥涵的等级标准应满足施工车辆及机械通行的需要。

(2)运输方式宜采用直接上坝的汽车运输。道路宜视具体情况采用泥结碎石路面或混凝土路面。必须加强施工道路的维护保养,保持路面平整,排水通畅。

(3)当运输道路跨越趾板及垫层区时,应有可靠措施避免施工干扰,确保趾板及垫层质量不受影响。

(4)运输车辆载重量和数量的选择应按坝料类别、填筑工程量、上坝强度、坝区地形、运输道路、运距和装载设备等因素综合考虑。

4 趾板施工

4.1 基础开挖

面板坝的基础分趾板基础(见图6-8)和堆石基础。堆石本身就是面板的基础,但位于坝轴线下游的堆石对面板形状的影响不大，趾板附近堆石的基础形状，不仅影响堆石压实而且直接影响面板的受力条件，因而要求修成一定的坡度，且一般连同趾板开挖进行。

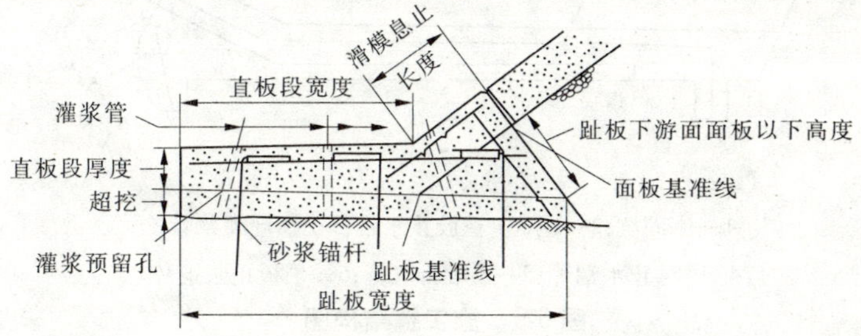

图6-8　趾板体型及分部名称

趾板多坐落于较新鲜完整的岩层上，一般要求为弱风化岩石。但当地基经处理，消除冲蚀的可能性后，也可以放在软弱岩层、风化岩层甚至堆积土上。部分面板坝因基础砂砾石覆盖层厚度大，不宜进行深挖，此时，趾板直接坐落于经过压实处理的砂砾石层上。

基础开挖一般在两岸清基时开始，开挖深度一般以可以达到可灌岩石为准。原则上，一般采用光面爆破或预裂爆破，以防止爆破对基础的损伤。光面爆破技术只应用于坑壁。预裂爆破技术则能避免基础的爆破漏斗，减小超挖及爆破对基础的损伤。

4.2　地质缺陷处理

断层、蚀变带及软弱夹层一般采用混凝土置换处理。节理密集带的细小夹层可用反滤料作覆盖处理，以防止夹泥的管涌。

出露于趾板基础的勘探孔，作扫孔、洗孔、灌浆及封孔处理。

因地质原因超挖过大的地基，预先可用混凝土回填到建基面再浇筑趾板，一般的超挖可不作回填混凝土处理，与趾板混凝土整体浇筑。

4.3　趾板混凝土浇筑

趾板地基处理并验收合格后，开始混凝土施工，并且应该在垫层料、过渡料开始填筑前完成。

趾板绑扎钢筋前，按设计要求设置锚筋（杆）。安装砂浆锚杆时，钻孔及清孔后，先灌砂浆，再插钢筋，锚杆以90°弯钩与趾板钢筋相连。之后，在绑扎钢筋的同时按要求预埋灌浆管、止水片等。混凝土浇筑在基础面清洗干净、排干积水后进行，混凝土配合比同面板混凝土，顶面用人工抹平，要及时振捣密实，注意和避免止水片（带）的变形和变位。工程中混凝土可用罐车运输，溜槽输送入仓。趾板施工完毕后，要及时做好止水的保护，止水材料通常为塑料止水带或者铜止水带。

在不设结构缝的趾板中，混凝土施工可以选择分块浇筑和分区段浇筑。各类浇筑方法应该设置施工缝。常规分块浇筑分段长度为10～20 m，滑模施工分段选择在趾板转折处、地形突变部位或其他满足施工需要的部位。

施工缝面的纵向钢筋应穿透。施工缝在端头模板拆除后对混凝土面凿毛和清洗，保证新老混凝土界面良好胶结。施工缝一般不设止水，有些工程于该位置增设一道橡胶止水带，其一端锚入基岩30～50 m，一端与周边橡胶或铜止水连接，以形成封闭止水系统，见图6-9。

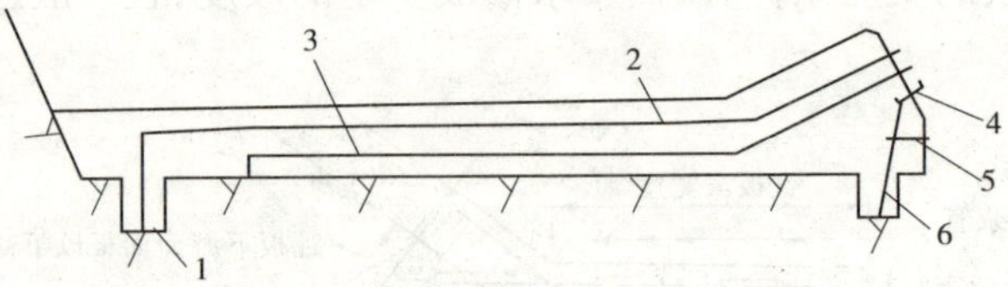

1—嵌固坑；2—$H_2$861橡胶止水带；3—预埋灌浆管；

4—"F"止水铜片；5—预埋排气管；6—平板止浆铜片

图6-9　施工缝结构图

趾板的灌浆是通过趾板的预留灌浆管，先进行固结灌浆，后作帷幕灌浆。灌浆采用分序加密的原则。

5　坝体填筑

5.1　筑坝材料

(1)垫层料。一般采用加工料，利用混凝土骨料生产系统生产的级配优良料。

(2)过渡料。一般采用硐渣料，或经挑选的料场料或专门爆破的开挖料。

(3)主堆石区料。一般采用主堆石区料为工程开挖料及料场开采料。工程开挖料不够时由料场补充。

(4)下游堆石区料。一般采用主堆石区的超径料，或质量稍差的硬岩料。

(5)次堆石区料。一般采用工程开挖料中的软岩料，软、硬岩混合料。

5.2　坝体填筑

5.2.1　一般规定

(1)坝体填筑一般应在坝基、两岸岸坡处理验收以及相应部位的趾板混凝土浇筑完成后进行。可在截流前不影响行洪的一岸或两岸先行填筑部分坝体。基坑开挖后也可在河床趾板开挖、混凝土浇筑的同时先进行部分坝体填筑。

(2)堆石填筑前，应进行坝料碾压试验，确定堆石填筑施工参数，并对设计指标进行复核。

(3)垫层料、过渡料和一定宽度的主堆石的填筑应平起施工，均衡上升。主次堆石可分区、分期填筑，其纵、横坡面上均可布置临时施工道路。

(4)必须严格控制筑坝材料的质量，其岩性、级配和含泥量应符合要求，不合格坝料严禁上坝。已上坝的不合格材料必须清除出坝外。

(5)坝体原型观测仪器、设施必须按设计要求埋设和安装，并采取有效措施妥善保护。

(6)当坝料填筑和面板浇筑、地丛灌浆、溢洪道建筑物开挖同时施工时，应科学规划，避免相互干扰，确保安全、施工质量和工程形象进度。

5.2.2　坝体填筑

(1)主堆石区与岸坡、混凝土建筑物接触带，应回填1.0~2.0 m宽的过渡料。

(2)周边缝下特殊垫层区应人工配合机械薄层摊铺,每层厚度20 cm,采用振动平板、小型振动碾、振动冲击夯等机械压实。

(3)垫层料、过渡料、排水料的级配、细粒含量、含泥量等应符合设计要求。垫层料和过渡料卸料、铺料时应避免分离,两者交界处应避免大石集中,超径石子应剔除。对严重分离的垫层料、过渡料应予以挖除。

(4)垫层料铺筑上游边线水平超宽一般为20~30 cm。当用振动平板压实时,垫层料水平超宽可适当减少。当采用自行式振动碾压实时,振动碾与上游边缘的距离不宜大于40 cm。

(5)坝料铺筑宜采用进占法卸料,必须及时平料,并保持填筑面平整,每层铺料后宜用测量方法检查铺料厚度,超厚时应及时处理。

(6)坝料填筑宜加水碾压。含泥量大于5%的堆石料和软岩堆石料的加水量应通过碾压试验确定。软化系数大的新鲜坚硬石料,经对比试验,加水对碾压效果影响很小时,也可不加水。需要加水碾压的填筑料,应有适当的技术措施保证均匀加水和加水量。

(7)负温下施工时,各种坝料内不应有冻块存在。经试验需加水压实的坝料,在负温下填筑不能加水时,应减薄铺料厚度,增加碾压遍数,达到设计要求的压实标准。

(8)坝料碾压应采用振动平碾,其工作重量不小于10 t。高坝应采用重型振动碾。应经常检测振动碾的工作参数,保持其正常的工作状态。碾压应按坝料分区、分段进行,各碾压段之间的搭接不应小于1.0 m。

(9)坝体堆石区纵、横向接坡宜采用台阶收坡法施工,台阶宽度不小于1.0 m。若受场地空间限制也可按稳定边坡收坡,但回填接坡时,必须削坡至合格面后方可铺料,并使振动碾紧贴接坡面碾压。接坡处,填筑高差不宜过大。

(10)下游护坡宜与坝体填筑平起施工,护坡块石宜选取大块石,采用机械整坡、堆码,或人工干砌,块石间应嵌合牢固。

(11)坝料填筑、垫层料防护及混凝土面板施工时,严禁损伤已安装好的止水及其防护装置。

(12)堆石区内的临时施工道路,应设于填筑压实合格的坝段,路基应相应压实。如系未压实的施工道路,在继续填筑前必须清除。

5.2.3 垫层料坡面的碾压和保护

(1)垫层料宜每填筑升高10~15 m,进行垫层坡面削坡修整和碾压。如采用反铲削坡时宜每填高3.0~4.5 m进行一次。削坡修整后坡面在法线方向宜高于设计线5~8 cm。有条件时宜用激光控制削坡坡度。

(2)斜坡碾压可用振动碾或振动平板。碾压方式和碾压参数应经试验确定。

(3)雨季施工应缩短上游坡面的整坡、防护周期,并做好岸坡排水,确保垫层料免遭径流冲刷。如被水流冲刷,应采用垫层料进行薄层回填压实,达到设计要求。

(4)垫层坡面压实合格后,应尽快进行坡面保护,常用的保护形式为碾压水泥砂浆,也可采用喷乳化沥青、喷混凝土等。

6 面板施工

钢筋混凝土面板是堆石坝的主要防渗结构,厚度薄、面积大,在满足抗渗性和耐久性条件下,要求具有一定柔性,以适应堆石体的变形。其施工一般采用滑模施工,由下而上连续浇筑。为了便于施工的流水作业,提高施工强度,面板混凝土均采用分序浇筑,即跳仓浇筑施工。有关工程的质量控制及沥青混凝土面板施工可参阅规范。

6.1 混凝土面板浇筑

6.1.1 面板分块

面板纵缝的间距决定了面板的宽度。由于面板通常采用滑模连续浇筑,面板的宽度决定了混凝土浇筑能力,也决定了钢模的尺寸及其提升设备的能力。面板通常有宽、窄块之分。据国内外统计,通常宽块纵缝间距 12 ~ 14 m,窄块 6 ~ 7 m。

6.1.2 面板浇筑

混凝土面板浇筑滑模分有轨和无轨滑模两大类。目前,面板的混凝土浇筑采用无轨滑模施工,见图 6-10。主要施工设备有无轨滑模、侧模、溜槽、料斗、洒水管、运输台车、卷扬机、混凝土搅拌车、汽车吊、养护台车等。

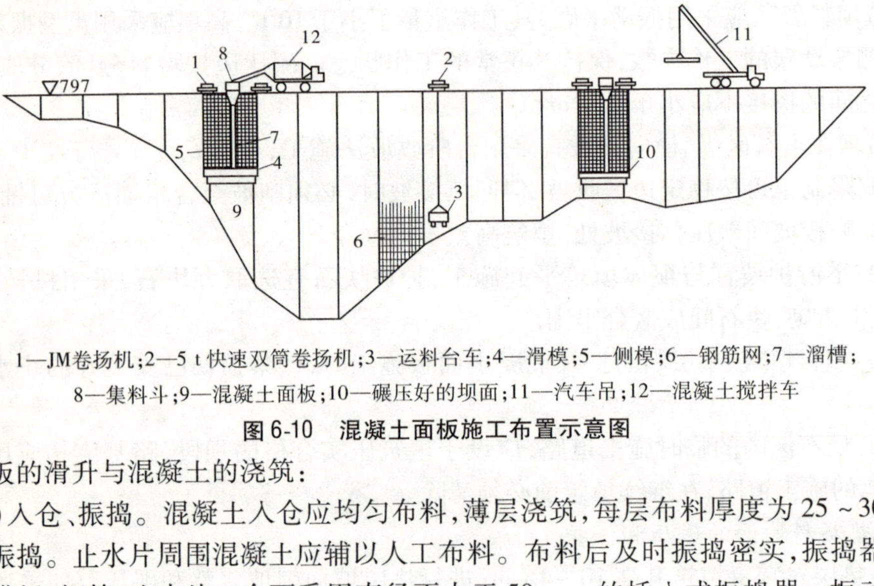

1—JM卷扬机;2—5 t 快速双筒卷扬机;3—运料台车;4—滑模;5—侧模;6—钢筋网;7—溜槽;8—集料斗;9—混凝土面板;10—碾压好的坝面;11—汽车吊;12—混凝土搅拌车

图 6-10 混凝土面板施工布置示意图

模板的滑升与混凝土的浇筑:

(1)入仓、振捣。混凝土入仓应均匀布料,薄层浇筑,每层布料厚度为 25 ~ 30 cm,并应及时振捣。止水片周围混凝土应辅以人工布料。布料后及时振捣密实,振捣器不得触及滑动模板、钢筋、止水片。仓面采用直径不大于 50 mm 的插入式振捣器。振动间距不得大于 40 cm。

(2)模板滑升。模板滑升前,必须清除其前沿超填混凝土,以减小滑升阻力。每浇筑一层 25 ~ 30 cm 混凝土模板滑升一次,不得超过一层混凝土的浇筑高度。模板滑升的速度取决于脱模时混凝土的塌落度、凝固状态和气温。滑升速度过大,易出现滑模抬动、振捣不易密实等现象,脱模后混凝土容易下塌而产生波浪状,给抹面带来困难,面板表面平整度不容易控制;滑升速度过小,易产生黏膜而使混凝土拉裂。模板滑升要坚持勤提、少提的原则,面板浇筑平均滑升速度控制在 1 ~ 2 m/h,最大滑升速度不宜超过 4 m/h。

(3)压面。混凝土出模后立即进行一次压面,待混凝土初凝结束前完成二次压面。

(4)混凝土面板是坝体防渗的关键部位,应连续浇筑,其施工过程中间不得有间歇或停顿。若无法避免停止面板浇筑施工,则一定要在滑模提升移位后停止施工。

(5)对于面板和周边部位衔接的三角部位,采用滑模浇筑时,根据周边倾角的大小,选择使用旋转法、平移法以及平移转动法。具体参见相关施工规范。

在坝高不大于70 m时,面板混凝土宜一次浇筑完成;坝高大于70 m时,因坝坡较长给施工带来困难,可根据施工安排或提前蓄水需要,面板宜分二期或三期浇筑。分期浇筑接缝要按施工缝处理。

面板混凝土浇筑时,应注意如下几个问题:

(1)面板混凝土宜跳仓浇筑。其目的在于保持滑动模板平衡滑升,并使相邻的已浇块有一定龄期。

(2)垂直缝下的水泥砂浆垫坡面应符合设计线,其允许偏差为±5 mm。垂直缝砂浆条一般宽50 cm,是控制面板体型的关键。

(3)面板钢筋宜采用现场绑扎或焊接,也可采用预制钢筋网片、现场整体拼装的方法。国内工程常采用现场绑扎、焊接的方法。

6.2 面板养护

混凝土面板由于其超薄结构且暴露面大,所以面板混凝土的水化热温升阶段短,最高温度值出现较早,随后很快出现降温趋势,这种情况下,比较容易产生裂缝。养护是避免面板发生裂缝的重要措施,包括保温、保湿两项内容。面板表面及时连续保温、保湿,有利于降低混凝土的热交换系数,减缓沉降和干缩变形,从而减少形成裂缝的破坏力。混凝土养护期一般采用草袋保温,喷水养护不少于90 d,并要求连续养护到水库蓄水。

【例6-1】 西北口面板堆石坝的面板浇筑时,采用两台ZX-50型、两台ZPZ-30型软轴插入式振动器振捣。每浇筑一次,滑模滑升20~30 cm。滑模由坝顶卷扬机牵引,在滑升过程中,对出模的混凝土表面随时进行抹光处理。在滑模尾部约10 m位置拖带一根水管,随时进行洒水养护。浇后及时用塑料薄膜覆盖混凝土表面,以防雨水冲刷。滑模的设计重量主要克服混凝土的浮托力,滑模采用空腹板梁钢结构。

7 施工的质量检查

堆石体的压实效果可以根据其压实后的干密度大小在现场进行控制。堆石体干密度的检测一般采用挖坑注水试验法,垫层料的干密度检测采用挖坑灌砂试验法。

7.1 检查数量要求

对于趾板浇筑,每浇筑一块或者每50~100 m^3 至少有一组抗压强度试件;每200 m^3 成型一组抗冻、抗渗检验试件。

对于面板,每班取一组抗压强度试件;抗渗检验试件每500~1 000 m^3 成型一组;抗冻检验试件每1 000~3 000 m^3 成型一组。不足以上数量者,也应取一组试件。

7.2 堆石体施工质量控制

通常堆石体岩石的质量指标,用压实容重换算的孔隙率 n 来表示,现场堆石密实度的检测主要采用试坑法。

7.2.1　垫层料施工质量控制

垫层料(包括周边反滤料)需作颗粒成分、密度、渗透性及内部渗透稳定性检查,检查稳定性的颗粒成分取样部位为界面处。过渡料作颗粒成分、密度、渗透性及过渡性检查。检查过渡性的取样部位为界面处。主、副堆石作颗粒成分、密度、渗透性检查等。垫层料、反滤料级配控制的重点是控制加工产品的级配。

7.2.2　过渡料施工质量控制

过渡料主要是通过施工时清除界面上的超径石来保证对垫层料的过渡性,在垫层料填筑前,对过渡料区的界面作肉眼检查。过渡料的密度也比较高,其渗透系数较大,一般只作简易的测定。

7.2.3　主堆石施工质量控制

主堆石的渗透性很大,也只作简易检查。密度达到设计规定值,否则要做相应的解决方案。

7.2.4　主堆石施工质量控制

面板混凝土浇筑质量检测项目和质量要求见表6-5。

表6-5　面板混凝土浇筑质量检测项目和质量要求

项目	质量要求	检测方法
混凝土表面	表面基本平整,局部不超过设计线30 mm,无麻面、蜂窝孔露筋	观察测量
表面裂缝	无或有小裂缝已处理	观察测量
深层及贯穿裂缝	无或有但已按要求处理	观察检查
抗压强度	保证率不小于80%	试验
均匀性	离差系数 C_v 小于0.18	统计分析
抗冻性	符合设计要求	试验
抗渗性	符合设计要求	试验

8　挤压式边墙施工技术的应用

混凝土面板坝上游护坡施工的传统工艺是超填垫层料、削去坡面虚料、人工坡面修整、斜坡碾压、砂浆护坡等施工工序。其工序复杂,与坝体填筑施工相互干扰大,影响施工进度,坡面平整度与坡缘的密实度难以控制,抗水压能力低,影响工程质量。

挤压式混凝土边墙施工技术是混凝土面板堆石坝上游护坡施工的一种新工艺,有施工速度快、垫层料碾压质量高、坡面平整度好、施工安排灵活、垫层料与坝体同步上升等优点,与传统的施工工艺相比较,可缩短工期,节约投资,节省人力,还可防止雨水冲刷坡面,为安全度汛提供保证。

8.1　施工工艺原理

面板堆石坝中的挤压式混凝土边墙施工技术是通过借鉴道路工程中的混凝土路缘石拉模施工技术而摸索出来的一种面板坝垫层料坡面施工的新技术,即在每填筑一层垫层料之前,沿上游垫层料设计边线用混凝土挤压机连续挤压出一道低强度、低弹模、半透水的干贫混凝土小墙。待该边墙混凝土达到一定强度后,再在其下游铺填垫层料,碾压合格后再重复该工序进行坝体上升填筑，形成完整的、有一定强度的上游混凝土坡面。

边墙挤压机的成型速度快，可保证坝面堆石料、过渡料、垫层料同步上升，均衡施工。

8.2　施工工艺流程

挤压边墙断面为梯形，一般高 40 cm，顶宽 10 cm，上游坡比(i_1)与大坝点层料坡比一致，下游坡比(i_2)一般为 8∶1。挤压边墙在每一层垫层料(小区料)填筑施工之前施工，其施工流程见图 6-11。

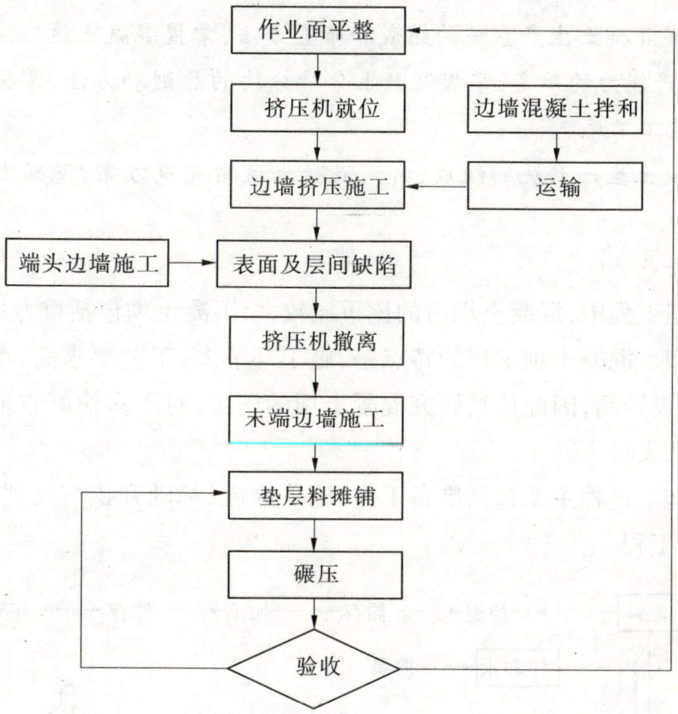

图 6-11　工艺流程

复习思考题

简答题

(1)如何进行土石坝施工的料场规划？

(2)土石坝料场作业主要包括哪些？

(3)如何组织坝面施工流水作业？

(4)碾压式土石坝施工包括哪些主要内容？

(5)先土后砂法和先砂后土法的施工有何不同？

(6)土石坝施工质量如何检查控制？

(7)面板堆石坝施工质量如何控制？

(8)堆石坝趾板和面板的施工程序是怎样的？

项目7 混凝土坝工程

【学习目标】 掌握混凝土生产系统的组成和布置方法，掌握混凝土运输浇筑方案及其选择，了解混凝土生产能力的确定，掌握混凝土分缝分块的原则和方法，掌握碾压混凝土施工的基本要求和施工工序。

【学习重点】 混凝土生产系统的组成，常用混凝土运输浇筑方案，混凝土分缝分块的原则和方法。

在众多的大坝工程中，混凝土坝占的比重比较大，混凝土坝包括重力坝、拱坝、碾压混凝土坝等主要坝型。混凝土坝工程的特点是，施工环节多，工艺要求高，水泥、钢材、木材的耗用量大，工程投资高，因此认真研究混凝土坝的施工，对于多快好省地完成施工任务具有非常重要的意义。

混凝土坝的施工过程主要包括准备工作、施工导流、基础开挖与处理、坝体混凝土工程、金属结构安装工程。

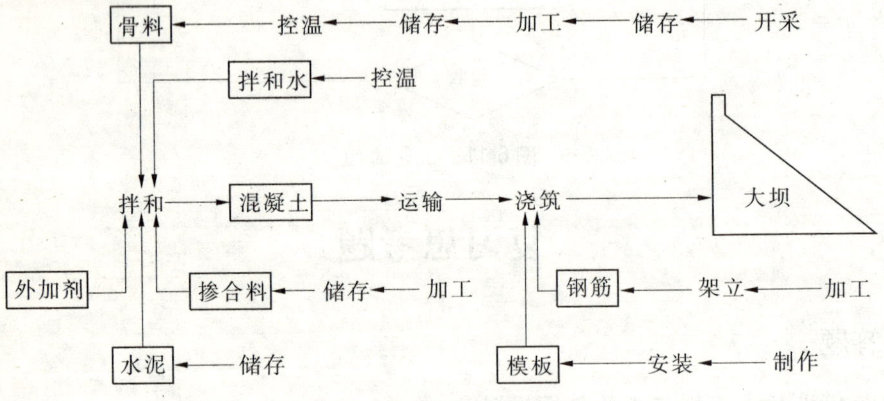

图7-1 混凝土坝施工过程

其中骨料生产、混凝土拌和与混凝土运输占用机械、人工最多，作业最繁重，分别称为骨料生产、混凝土生产和混凝土运输系统。模板作业和钢筋作业虽属辅助性工作，但对混凝土施工速度和造价有重要影响。每一道生产环节和作业工序既独立又相互联系。

任务1 常态混凝土施工

1 混凝土生产系统

1.1 混凝土生产系统的组成

水利水电工程因河流、地形地貌、坝型、混凝土工程量等因素差别较大,因而混凝土生产系统车间组成不尽相同。通常混凝土生产系统由拌和楼(站)、骨料储运设施、胶凝材料储运设施、外加剂车间、冲洗筛分、预冷热车间、空气站、实验室及其辅助车间等组成。

1.1.1 拌和楼

拌和楼是混凝土生产系统的主要部分,也是影响混凝土生产系统的关键设备。一般根据混凝土质量要求、浇筑强度、混凝土骨料最大粒径、混凝土品种和运输等要求选择拌和楼。

1.1.2 骨料储运设施

骨料储运设施包括骨料输送和储存设施,按拌和楼生产要求,向拌和楼供应各种满足质量要求的粗细骨料。

拌和楼一般采用轮换上料,净骨料(包括细骨料)供料点至拌和楼的输送距离宜在300 m以内,当大于300 m时,应在混凝土生产系统设置骨料调节堆(仓)。若骨料采用汽车运输,骨料中转较困难时,粗骨料调节堆的活容积一般为混凝土生产系统生产高峰日平均需要量2~3 d的用量,细骨料不宜小于3 d的用量;若采用胶带机转运骨料,场地布置困难,粗骨料调节堆的活容积为混凝土生产系统生产高峰日平均需要量1~2 d的用量,细骨料为2~3 d的用量。

混凝土生产系统骨料调节堆可采用料堆堆料和料仓储料两种方式。对混凝土工程量较小、生产时间短的工程可采用料堆堆料,堆料高度5~8 m;对混凝土工程量较大,生产时间长、生产环境要求高,混凝土月浇筑强度较高的工程,为减少骨料二次污染,宜采用料仓储料。如水口工程采用14个ϕ14 m×20 m圆形混凝土结构骨料罐,其中4个砂罐,供高峰期3 d骨料需要量;三峡二期工程四个混凝土生产系统均采用圆形钢结构骨料罐,供3 d需要量,其中90 m、79 m高程混凝土生产系统采用ϕ16 m×16 m钢罐。

骨料调节堆无论采用何种形式,当堆料高度大于5 m时,粗骨料应设置缓降器,细骨料应设置防雨设施。

1.1.3 胶凝材料储运设施

混凝土生产系统胶凝材料储运设施一般包括水泥和粉煤灰两部分,距拌和楼距离不宜大于20 m。目前,大、中型工程一般不采用袋装水泥,混凝土生产系统应设置一定数量的散装水泥罐。一般工程施工时间较长,粉煤灰供应不确定因素多,灰源多而不稳定,质量差异较大,为利于混凝土质量控制,粉煤灰罐不宜少于2个。

混凝土生产系统胶凝材料从料源到工地运输,必要时可设置胶凝材料中转库,中转库的布置地点一般由施工总组织确定。混凝土生产系统内胶凝材料宜采用气力输送。

1.1.4 二次冲洗筛分

粗骨料在长距离运输和多次转储过程中，常常发生破碎和二次污染，为了满足骨料质量要求，一般在混凝土生产系统设置二次冲洗筛分设施，控制骨料超逊径含量，排除石渣、石屑。

二次冲洗筛分有两种形式：一种是地面冲洗二次筛分，冲洗筛分后骨料直接储存在一次风冷料仓，如三峡二期98.7 m高程等五个混凝土生产系统；另一种是地面冲洗、楼顶二次筛分，筛分后的骨料直接进拌和楼料仓，如湖南五强溪96 m高程混凝土生产系统。

1.1.5 实验室

混凝土生产系统应设置混凝土实验室，承担混凝土材料、混凝土拌和质量的控制和检验。混凝土生产系统实验室建筑面积可按混凝土工程量来计算，每1万m^3混凝土实验室建筑面积不宜小于1 m^2（包括监理单位现场实验室），且总面积不宜小于250 m^2。

1.1.6 外加剂车间

目前，水利水电工程外加剂一般以浓缩液或固体形状运到工地，再配成液剂使用。固体浓缩外加剂在工地一般设置拆包、溶解、稀释、匀化稳定和输送几道工序。外加剂溶解在不能自流容器中，可用提升泵输送至拌和楼，拌和楼外加剂贮液罐应设置回液管至外加剂车间。如三峡二期工程90 m和79 m高程混凝土生产系统。如采用液体外加剂在工地可不设置专用车间，随配随用。

1.2 混凝土生产系统设置

根据工程规模、施工组织的不同，可集中设置一个混凝土生产系统，也可设置两个或两个以上的混凝土生产系统。混凝土生产系统可采用集中设置、分散设置或分标段设置。在混凝土建筑物比较集中、混凝土运输线路短而流畅、河床一次拦断全面施工的工程中采用集中设置，如三门峡、新安江工程等。当在河流流量大而宽阔的河段上，工程采用分期导流、分期施工时，一般按施工阶段分期设置混凝土生产系统，如葛洲坝、隔河岩、三峡工程。若工程分标段招标，并在招标文件中要求承包商规划建设相应混凝土生产系统时，可按不同标段设置，如二滩工程大坝（Ⅰ标）和厂房（Ⅱ标）混凝土生产系统。

1.3 拌和设备容量的确定

混凝土生产系统生产能力一般以施工组织安排的高峰月混凝土浇筑强度为依据，计算混凝土生产系统小时生产能力。

$$P = \frac{Q_m K_h}{mn} \tag{7-1}$$

式中 P——混凝土生产系统小时生产能力，m^3/h；

Q_m——高峰月混凝土浇筑强度，m^3/月；

K_h——月工作日数，一般取25 d；

m——日工作小时数，一般取20 h；

n——不均匀系数，一般取1.5。

按式(7-1)计算的小时生产能力，应按设计浇筑的最大仓面面积、混凝土初凝时间、浇筑层厚度、浇筑方法等条件，校核所选拌和楼的小时生产能力，以及与拌和楼配备的辅助设备的生产能力等是否满足要求。

1.4　混凝土生产系统的布置要求

(1)拌和楼尽可能靠近浇筑点,混凝土生产系统到坝址的距离一般在500 m左右,爆破距离不小于300 m,厂房宜布置在浇筑部位同侧。

(2)厂址选择要求地质良好、地形比较平缓、布置紧凑,拌和楼要布置在稳定的基岩上。

(3)厂房主要建筑物地面高程应高出当地20年一遇的洪水位,混凝土生产系统在沟口时,要保证不受山洪或泥石流的威胁。受料坑、地弄等地下建筑物一般在地下水位以上。

(4)混凝土出线应顺畅,运输距离应按混凝土出机到入仓的运输时间不超过60 min计算,夏季不超过30 min。

(5)厂区的位置和高程要满足混凝土运输和浇筑施工方案要求。

2　常用混凝土运输浇筑方案

2.1　常用的几种混凝土运输浇筑方案

2.1.1　自卸汽车—履带式起重机运输浇筑方案

混凝土由自卸汽车卸入卧罐,再由履带式起重机吊运入仓。这种方案机动灵活,适应工地狭窄的地形。履带式起重机多由挖掘机改装而成,自卸汽车在工地使用较多,所以能及早投产使用,充分发挥机械的利用率。但履带式起重机在负荷下不能变幅,并受工作面与供料线路的影响,常需随工作面而移动机身,控制高度不大。常用于岸边溢洪道、厂房基础、低坝等混凝土工程。

2.1.2　起重机—栈桥运输浇筑方案

采用门机和塔机吊运混凝土浇筑方案,常在平行于坝轴线方向架设栈桥,并在栈桥上安设门机、塔机,如图7-2所示。混凝土水平运输车辆常与门机、塔机共用一个栈桥桥面,以便向门机、塔机供料。

为了扩大起重机的控制范围,增加浇筑高度,为起重机和混凝土运输提供开行线路,使之与浇筑工作面分开,避免相互干扰,工程常常设置施工栈桥。施工栈桥是临时性建筑物,一般由桥墩、梁跨结构和桥面三部分组成,桥上行驶起重机(门机或塔机)和运输车辆(机车或汽车),如图7-3所示。

图7-2　门机和塔机的工作桥示意图

常见栈桥的布置方式有以下几种:

(1)单线栈桥。当建筑物的宽度不太大时,栈桥设于坝底宽度的1/2左右处,可控制大部分浇筑部位,栈桥可一次到顶,也可分层加高。分层加高有利于及早投产,避免吊罐下放过深,能简化桥墩结构。但施工过程中要加高栈桥,改变运输线路,对主体工程施工有影响,如图7-4(a)所示。

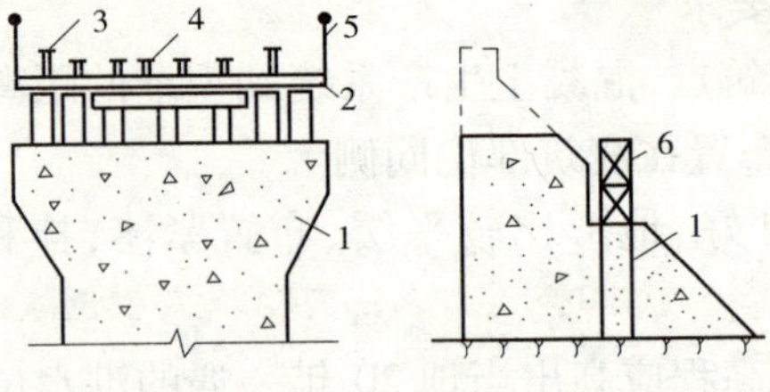

(a)栈桥上部结构 (b)混合式的栈桥结构

1—钢筋混凝土桥墩;2—桥面;3—起重机轨道;4—运输轨道;5—栏杆;6—可拆除的刚架

图 7-3 塔机栈桥布置图

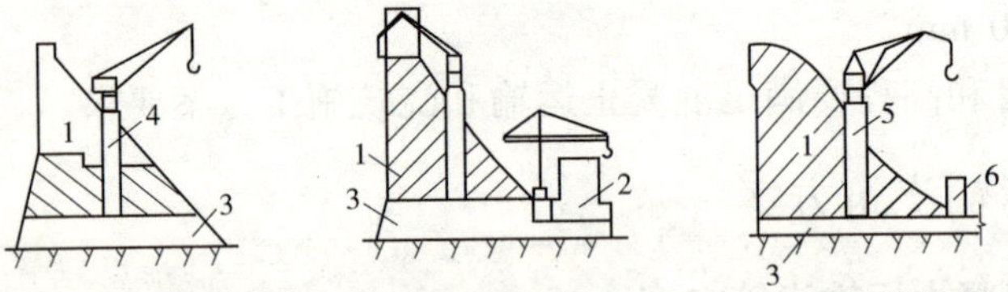

(a)单线栈桥 (b)双线栈桥 (c)主、辅栈桥

1—坝体;2—厂房;3—由辅助浇筑方案完成的部位;

4—分两次升高的栈桥;5—主栈桥;6—辅栈桥

图 7-4 大坝施工栈桥布置方式

(2)双线栈桥。对于较宽的建筑物,为便于全面控制而布置双线栈桥。如图 7-4(b)、(c)所示,双线栈桥常为一主一辅,主栈桥担任大部分浇筑任务,辅栈桥主要担任水平运输任务。这种布置方式,在坝后式厂房与河床式厂房混凝土施工过程中应用较多。

(3)多线多高程栈桥。对于坝底宽度特大的高坝工程,常需架设多线多高程栈桥,如图 7-5 所示,近年来,由于高架门机和巨型塔机的应用,可简化这种布置方式。

图 7-5 多线多高程栈桥布置图

在选择栈桥布置方式、确定栈桥位置和高程时,除要保证建筑物控制范围和主要工程量外,还必须考虑与水平运输衔接、施工导流、防洪度汛等问题,并尽量减少门机、塔机搬迁次数,避免或减少对主体工程的影响。对于兼有运输任务的栈桥,桥面高程应与拌和楼出料高程相协调。

起重机—栈桥方案的优点是布置比较灵活,控制范围大,运输强度高;门机、塔机为定型设备,机械性能稳定,可多次拆装使用。因此,它是大坝、厂房混凝土施工最常用的方案。其缺点是修建栈桥和安装起重机需要占用一段工期,往往影响主体工程施工;栈桥下部形成浇筑死区(称为栈桥压仓),需用溜管、溜槽等辅助运输设备方能浇筑,或待栈桥拆除后浇筑。此外,坝内栈桥在施工初期难以形成,坝外低栈桥控制范围有限,且受导流方式的影响和汛期洪水的威胁。

2.1.3 缆机运输浇筑方案

在河床狭窄地段修建混凝土坝多采用缆机。如五强溪、隔河岩、万家寨等工程均采用缆机,三峡工程采用了两台跨度为 1 416 m、塔架高 125 m、起重量为 20 t 的摆塔式缆机。

缆机布置主要是根据枢纽建筑物外形尺寸和河谷两岸地形地质条件确定缆机跨度和塔架顶部高程。缆机布置的一般原则为：

(1)尽量缩小缆机跨度和塔架高度。

(2)控制范围尽量覆盖所有坝块。

(3)缆机平台工程量尽量小，双层缆机布置要使低缆浇筑范围不低于初期发电水位。

(4)供料平台要平直且尽量少压或不压坝块。

塔顶控制高程为

$$H = H_0 + f + a + \Delta \tag{7-2}$$

式中　H——缆机塔顶高程，m；

H_0——计划浇筑的最高部位高程，m；

f——缆机承重索垂度，可按跨度的5%计算；

a——吊罐底至承重索的最小距离，一般为6～10 m；

Δ——吊罐底至计划浇筑的最高部位高程的安全距离，不小于1 m。

当塔顶高程确定后，即可根据两岸的陡缓和地质条件，确定塔架高度和缆机跨度。

塔架高度 H_t 为

$$H_t = H - H_n \tag{7-3}$$

式中　H_n——轨道顶面高程，m。

采用缆机方案，应尽量全部覆盖枢纽建筑物，满足高峰期浇筑量。图7-6是多台缆机布置方案示例，共3台20 t辐射式缆机，跨度420 m，主塔高40～60 m，副塔高15～20 m。其中，缆机3布置较低，主要担任厂房运输浇筑任务。

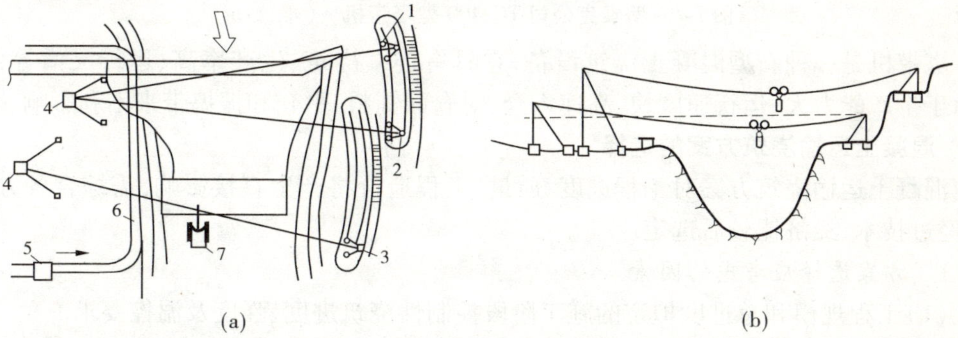

1、2、3—缆机；4—缆机固定塔；5—拌和楼；6—混凝土运输轨道；7—吊罐

图7-6　多台缆机布置方案

缆机方案布置，有时由于地形地质条件限制，或者为了节约缆机平台工作量和设备投资，往往缩短缆机跨度和塔架高度，甚至将缆机平台降至坝顶高程。这时，需要其他运输设备配合施工，还可以采用缆机和门机、塔机结合施工的方案。

2.1.4　塔带机浇筑混凝土

塔带机是集水平运输与垂直运输于一体，将塔机与皮带输送机有机结合的专用皮带机，要求混凝土拌和、水平供料、垂直运输及仓面作业一条龙配套。塔带机一般布置在坝内，要求大坝坝基开挖完成后快速进行塔带机系统的安装、调试和试运行，使其尽早投入正常生产。三峡大坝施工采用了4台美国罗泰克公司生产的TC2400型塔带机和2台以法国波坦(POTAIN)公司为主生产的MD2200型顶带机(见图7-7和图7-8)。

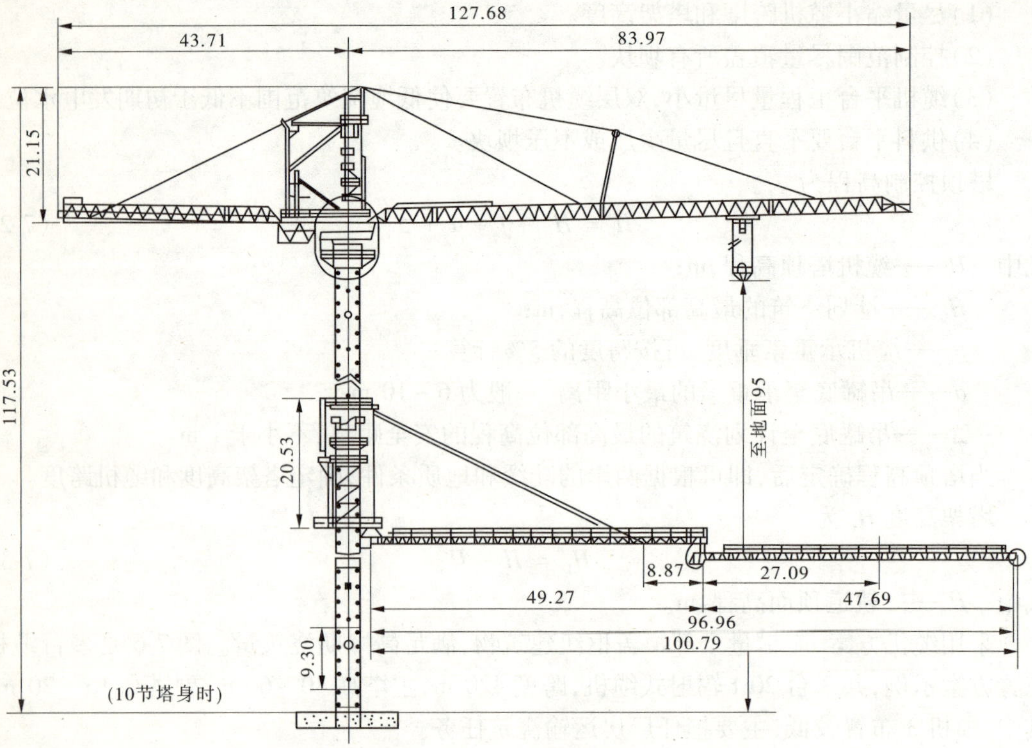

图7-7　罗泰克公司TC2400型塔带机　(单位:m)

塔带机是一种新型混凝土浇筑设备,它具有连续浇筑、生产率高、运行灵活等优势。但由于生产能力大、运行速度快、高速入仓,对仓面铺料、平仓和振捣带来不利影响。

2.2　混凝土运输浇筑方案的选择

混凝土运输浇筑方案对工程进度、质量、工程造价将产生直接影响,需综合各方面因素,经过技术、经济比较后选定。

2.2.1　方案选择应考虑的因素

(1)工程规模和总进度拟定的施工阶段控制性浇筑进度、强度及温控要求。

(2)枢纽布置,水工建筑物类型、结构和尺寸,特别是坝的高度。

(3)施工现场的地形、地质条件和水文特点。

(4)导流方式及分期和防洪措施。

(5)模板、钢筋、构件的运输、安装方案。

(6)混凝土拌和楼(站)的布置和生产能力。

(7)施工队伍的技术水平、熟练程度及设备状况。

2.2.2　运输浇筑方案的选择

在运输浇筑方案选择时,可按下述不同情况确定。

(1)高度较大的建筑物。其高度一般在50~250 m,工程规模和混凝土浇筑强度大,混凝土垂直运输占主要地位。常以门机、塔机—栈桥、皮带机为主方案,以履带机及其他

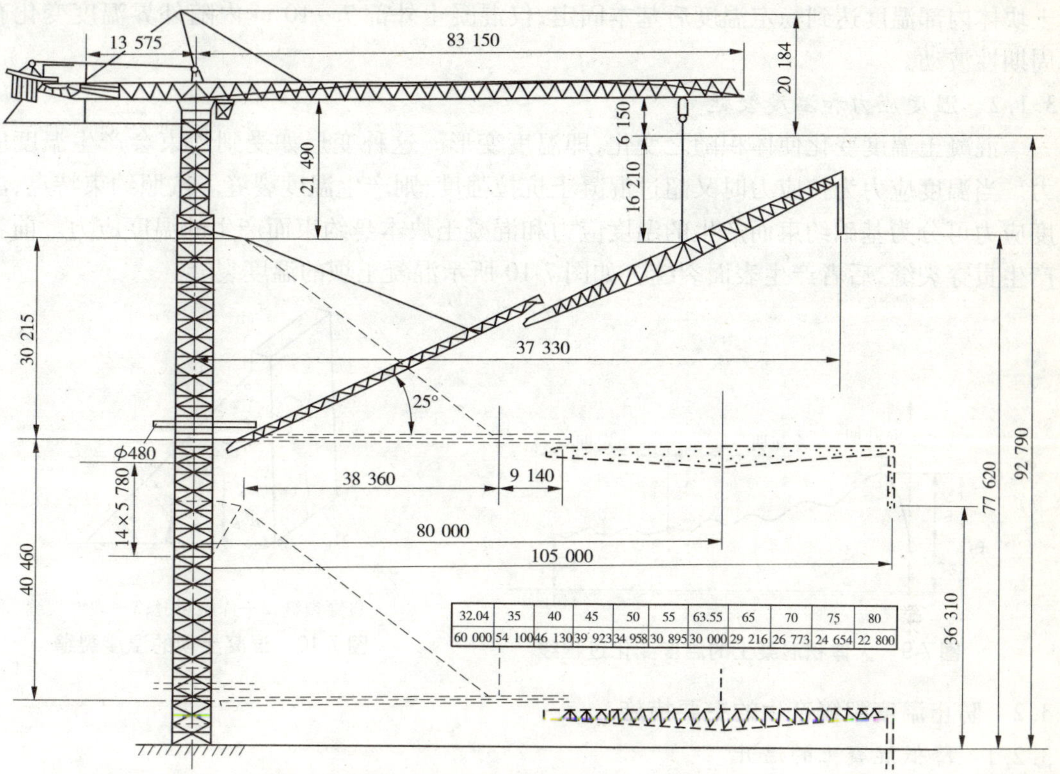

图7-8　波坦公司 MD2200 型塔带机　（单位:mm）

较小机械设备为辅助措施。在较宽河谷的高坝施工,常采用缆机与门机、塔机(或塔带机)相结合的混凝土运输浇筑方案。

(2)低水头工程。如低坝、水闸、船闸、厂房、护坦及各种导墙等,可选用门机、塔机、履带机、皮带机作为主要方案。

(3)工作面狭窄部位。如隧洞衬砌、导流底孔封堵、厂房二期混凝土部分回填等,可选用混凝土泵、溜管、溜槽、皮带机等运输浇筑方案。

3　混凝土温度控制

在水利水电工程施工中,如大坝、厂房等混凝土建筑物,由于体积庞大,受基础、结构、温度等影响,容易产生裂缝,必须进行分层分块浇筑并采取一系列温控措施,保证建筑物的质量。

3.1　大体积混凝土温度裂缝

3.1.1　大体积混凝土的温度变化过程

混凝土凝固过程中因水泥释放水化热而升温,由于混凝土导热性不良,热量积蓄在浇筑块内。短时间内其最高温度可达 30~50 ℃,与周围介质存在温差。随着时间的推延,热量慢慢地向外界散失,坝体温度则缓慢下降,直至稳定。但这一自然降温过程极为漫长,实测资料表明,可以延续几年以至几十年之久。此后,坝体温度即趋于稳定。因此,大体积混凝土浇筑后的温度变化是经过温升期、冷却期、稳定期三个过程(见图7-9)。混凝土块体内部温度达到稳定温度后基本固定，仅混凝土外部 7～10 m 内随外界温度变化有周期性波动。

3.1.2　温度应力和温度裂缝

混凝土温度变化使体积随之变化，即温度变形。这种变形如受到约束会产生温度应力。当温度应力为拉应力时又超过混凝土抗拉强度，则产生温度裂缝。按照约束特点，温度应力可分为基础约束而产生的温度应力和混凝土块本身约束而产生的温度应力。前者产生贯穿裂缝，后者产生表面裂缝。如图 7-10 所示混凝土坝的温度裂缝。

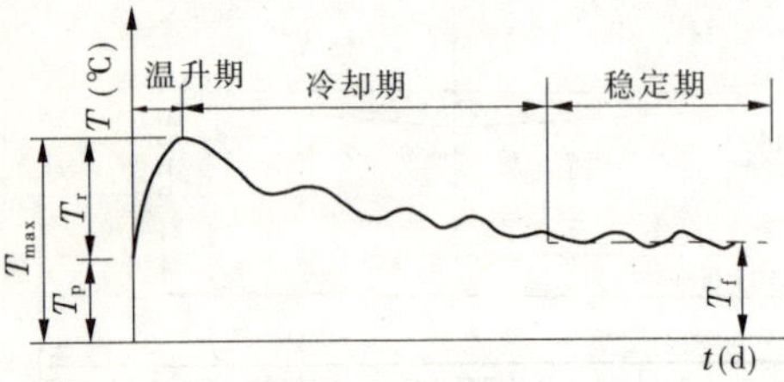

图 7-9　大体积混凝土的温度变化过程线

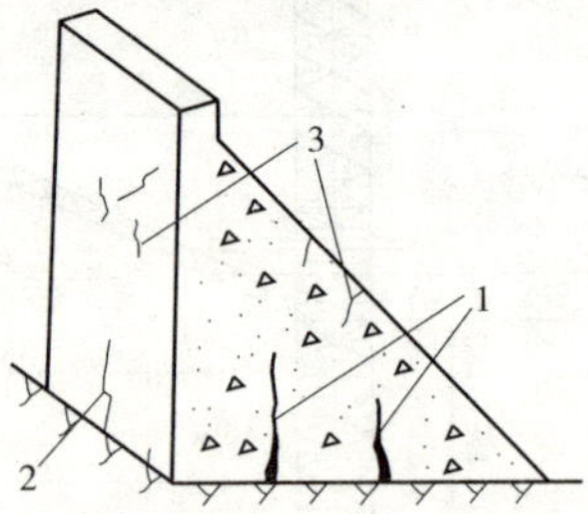

1—贯穿裂缝；2—深层裂缝；3—表面裂缝

图 7-10　混凝土坝的温度裂缝

3.2　防止温度裂缝产生的主要措施

3.2.1　降低混凝土的温升

水泥混凝土在凝结硬化过程中产生的水化热是促使混凝土温度升高的根本原因。因此，必须降低混凝土发热量。常采用低热水泥或减少每立方米混凝土的水泥用量，以减少水泥的水化热。具体措施如下：

(1)根据坝体的应力场对坝体进行分区，对于不同分区采用不同强度等级的混凝土。

(2)采用低流态或无坍落度干硬性贫混凝土。

(3)改善骨料级配，优化配合比设计，降低砂率，以减少每立方米水泥用量。

(4)掺用混合材料，如粉煤灰等，掺合料用量可达水泥用量的 25%～40%。

(5)采用干硬性混凝土及改进施工方法等。

3.2.2　降低混凝土入仓温度

(1)合理安排浇筑时间。在施工组织上安排春、秋多浇，夏季早晚浇而中午不浇，这是最经济最有效降低入仓温度的措施。

(2)加冰或加冷水拌和混凝土。混凝土拌和时，将部分拌和水改为冰屑，利用冰的低温和冰溶解时吸收潜热的作用。

(3)降低骨料温度。砂、石采取地下竖井或防晒棚遮蔽、堆高料堆底层取料等措施以降低其温度。当这些措施不能满足要求时，必须采取预冷骨料的措施，预冷骨料主要针对粗骨料，常用的方法有水冷、气冷和真空气化冷却。

3.2.3　加速混凝土散热

(1)分层分块。一般按结构尺寸、浇筑能力大小分层分块，采用薄层浇筑及适当延长间歇时间，让各浇筑块间混凝土充分散热。基础混凝土和老混凝土约束部位浇筑层厚以

1 ~2 m 为宜,上下层浇筑间歇时间宜为 5 ~10 d。在高温季节有预冷措施时,应采用厚块浇筑,缩短间歇时间,防止外界温度过高而热量倒流,以保持预冷效果。

(2)在混凝土内预埋水管通水冷却,人工强制散热。在混凝土内预埋蛇形水管,通循环冷水进行降温冷却。在国内以往的工程中,多采用直径约为 2.54 cm 的黑铁管进行冷却,该水管施工经验多,施工方法成熟,水管导热性能好,但水管需要在附属加工厂进行制作,制作安装不方便,且费时较多。此外接头渗漏或堵管时有发生,材料及制安费用也较高,目前应用较多的是塑料水管。塑料软管充气埋入混凝土内,待混凝土初凝后再放气拔出,清洗后以备重复利用。冷却水管布置,平面呈蛇形,断面呈梅花形,如图 7-11 所示,也可布置成棋盘形,蛇形管弯头由硬质材料制作,当塑料软管放气拔出后,弯头仍留在混凝土内。

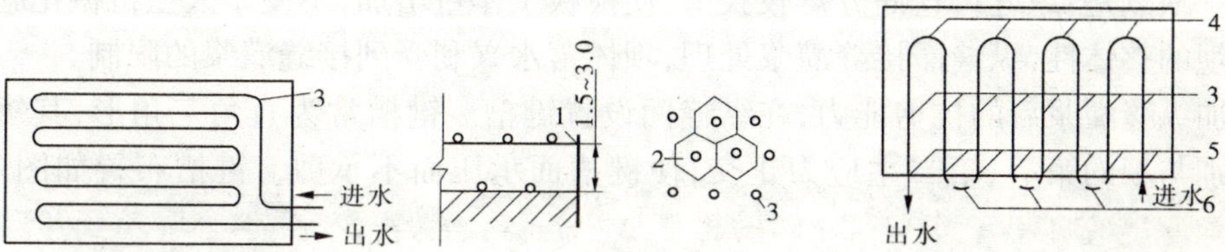

(a)蛇形水管平面布置　(b)冷却水管分层排列　(c)塑料软管平面布置

1—模板;2—每一根冷却水管冷却的范围;3—冷却水管;4—钢弯管;5—钢管(l = 20 ~ 30 cm);6—胶皮管

图 7-11　冷却水管布置图　(单位:m)

一期通水冷却目的在于削减温升高峰,减少贯穿裂缝发生。一期通水冷却通常在混凝土浇后几小时便开始,持续时间一般为 15 ~20 d,混凝土温度与水温差不宜超过 25 ℃。通水流速以 0.6 m/s 为宜,水流方向应每 24 h 调换一次,每天降温不宜超过 1 ℃,达到预定降温值方可停止。

二期通水冷却的作用是使坝体温度从最高温度降低到接近稳定温度,以便进行纵缝灌浆。二期通水冷却时间一般为 2 个月左右,通水水温与混凝土温度差不超过 20 ℃,日降温不超过 1 ℃。通常应保证至少有 10 ~15 ℃的温度降,使接缝张开度有 0.5 mm,以满足接缝灌浆对灌缝宽度的要求。冷却用水尽量利用低温地下水和库内低温水,只有当采用天然水不符合要求时,才辅以人工冷却水。通水冷却应自下而上分区进行,通水方向每 24 h 调换一次,以使坝体均匀降温。通水的进出口一般设于廊道内、坝面上、宽缝坝的宽缝中或空腹坝的空腹中。

3.3　建筑物分层分块

为控制坝体施工期温度应力并适应施工机械设备的浇筑能力,需要用垂直于坝轴线的横缝和平行于坝轴线的纵缝及水平缝,将坝体划分为许多浇筑块进行浇筑。浇筑块的划分还应考虑结构受力特征、土建施工和设备埋件安装的方便。混凝土坝的施工方式有四种,如图 7-12 所示。

3.3.1　纵缝分块法

纵缝为平行坝轴线、带键槽的竖直缝,将坝段分成独立的柱状体,再用水平缝将其分成浇筑块。这种分块方法又称为柱状分块,目前我国应用最为普遍。

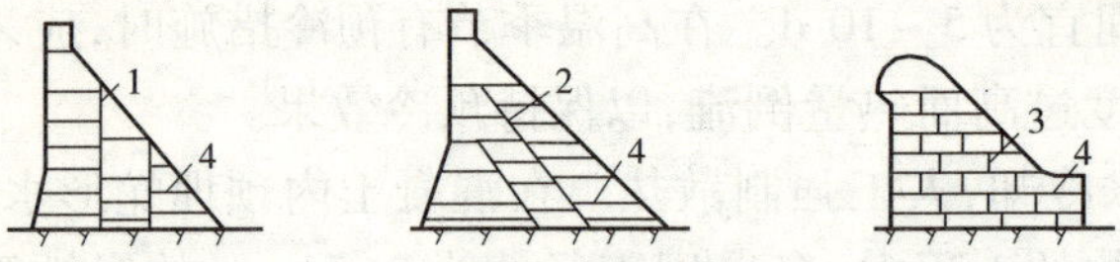

(a)纵缝分块法　(b)斜缝分块法　(c)错缝分块法　(d)通仓浇筑法

1—纵缝；2—斜缝；3—错缝；4—水平缝

图7-12　混凝土浇筑分缝分块的基本型式

设纵缝的目的在于给温度变形以活动的余地，以避免产生基础约束裂缝。其间距一般为20～40 m，间距太小则会使接缝张开宽度达不到0.5 mm以上要求。纵缝分块的优点是：温控较有把握，混凝土浇筑工艺相对简单，各柱状体可分别上升，相互干扰小，施工安排灵活。缺点是：纵缝将仓面分得较狭窄，使模板工作量增加，不便于大型机械化施工；为了恢复坝的整体性，纵缝需接缝灌浆处理，坝体蓄水兴利受到接缝灌浆的限制。

为增加纵缝灌浆后的抗剪能力，在纵缝面设置键槽。键槽常为直角三角形，其短边、长边应分别与坝的第一、第二主应力正交，使键槽面承压而不承剪。键槽布置如图7-13所示。

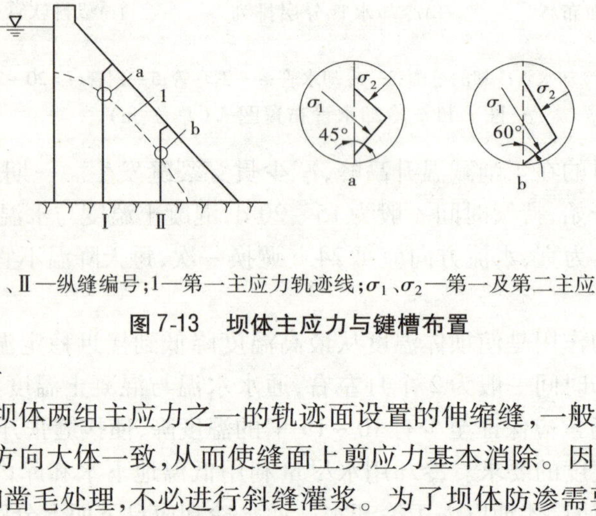

Ⅰ、Ⅱ—纵缝编号；1—第一主应力轨迹线；σ_1、σ_2—第一及第二主应力

图7-13　坝体主应力与键槽布置

3.3.2　斜缝分块法

斜缝为大致沿坝体两组主应力之一的轨迹面设置的伸缩缝，一般往上游倾斜，其缝面与坝体第一主应力方向大体一致，从而使缝面上剪应力基本消除。因此，斜缝面只需设置梯形键槽、加插筋和凿毛处理，不必进行斜缝灌浆。为了坝体防渗需要，斜缝的上端在迎水面一定距离处终止，并在终点顶部加设并缝钢筋或并缝廊道。

从施工方面考虑，选择斜缝的原因有两个：一是坝内埋设有引水钢管，斜缝与钢管斜段平行，便于其安装；二是为了拦洪，采用斜缝分块可以及时形成临时挡水断面。斜缝的缺点是：只有先浇筑上游正坡坝段，才能浇筑倒坡坝块，施工干扰大，选择仓位的灵活性小；斜缝前后浇筑块高差和温差需严格控制，否则会产生很大的温度应力。由于斜缝面可以不灌浆，所以坝体建成后即可蓄水受益，节约工程投资。

3.3.3　错缝分块法

分块时将块间纵缝错开，互不贯通，错距等于层厚的1/3～1/2，故坝整体性好，也不需要进行纵缝灌浆。但错缝高差要求严格，由于浇筑块相互搭接，其次序需按一定规律安排，施工干扰大，施工进度慢，同时在纵缝上下端因应力集中容易开裂。

3.3.4　通仓浇筑法

坝段不设纵缝，逐层往上浇筑，不存在接缝灌浆问题。由于浇筑仓面大，可节省大量模板，便于机械化施工，有利于加快施工进度，提高坝的整体性。但是，大面积浇筑，受基础和老混凝土的约束力强，容易产生温度裂缝。为此温度控制要求很严格，除采用薄层浇筑、充分利用自然散热外，还必须采取多种预冷措施，允许温差控制在15～18 ℃。

上述四种分块方法，以纵缝法最为普遍。中低坝可采用错缝法或不灌浆的斜缝。如采用通仓浇筑，应有专门论证和全面的温控设计。

任务2　碾压混凝土坝施工

1　碾压混凝土坝施工的特点

碾压混凝土坝是结合土石坝和常态混凝土坝而发展起来的一种新坝型，它综合了土石坝快速施工和混凝土坝运行安全的特性，具有快速与经济两大优势。

碾压混凝土是一种高掺粉煤灰干硬性混凝土。它用振动碾振动代替振捣器振捣，使混凝土达到密实凝结硬化，具有常态混凝土所具有的力学性能和耐久性能。由于大量掺加粉煤灰，减少了水泥用量。这样不仅可以减少混凝土的初期发热量，而且可以增加混凝土的后期强度，简化混凝土的温控措施，降低工程成本。

我国1978年开展碾压混凝土筑坝技术的研究，1986年5月建成了我国第一座碾压混凝土坝——福建坑口重力坝(坝高58.6 m)。2007年，红水河龙滩碾压混凝土重力坝投产发电(坝高216.5 m)。20年来，碾压混凝土坝在我国获得迅速发展，其筑坝技术处于世界先行行列。

2　碾压混凝土施工工艺

2.1　碾压混凝土施工工艺流程

碾压混凝土施工工艺流程见图7-14。

2.2　施工程序的内容

2.2.1　仓面准备

开仓前须持有原材料贮存量、混凝土配合比料单及浇筑要领图等资料，经工程监理验仓，并在仓面四周标注分层高程，将进入仓内作业施工机械冲洗干净。

2.2.2　混凝土拌和

碾压混凝土采用双卧轴强制式搅拌机拌和。拌和站系统由储料、进料、配料、拌和、分料及控制系统等组成，根据坝体仓面浇筑强度选择拌和能力。按照配合比料单以一定投料顺序将混凝土原材料投入搅拌机内拌和，拌和时间比一般常态混凝土长，1.5 m^3 容量搅拌机拌和时间约55 s，出机口VC值控制在5～10 s。

2.2.3　混凝土运输

混凝土的运输方式应根据坝体结构和坝址地形条件选择，有自卸汽车、皮带输送机、缆机、门机、真空溜槽等运输方式。

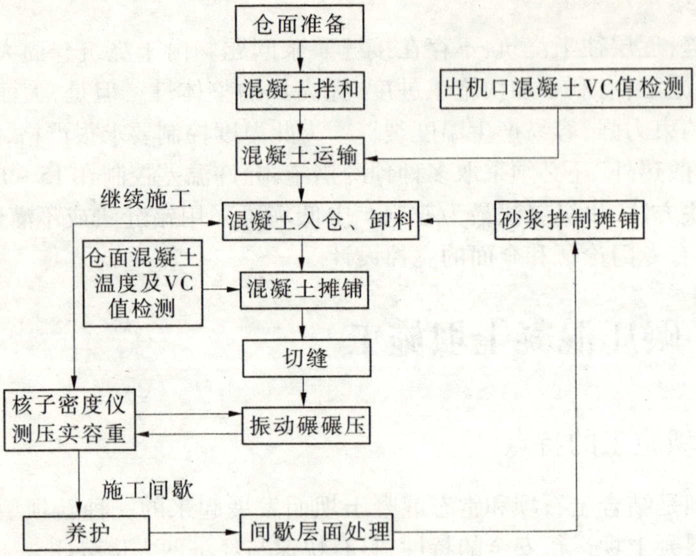

图7-14　碾压混凝土施工工艺流程

自卸汽车是最常用的运输入仓方式，具有运转次数少、运输能力强、机动灵活及通用性好等特点，入仓前须清洗干净轮胎，在易于布置上坝交通道路的情况下应优先采用。

高速深槽皮带机是仅次于自卸汽车的运输工具，运输效率高，能适应大坝不同高度需要，常与自卸汽车、真空溜槽组合使用。缆机、门机一般用于坝体中上部以上，需与自卸汽车进行水平运输配合。真空溜槽用于高落差部位入仓，常与自卸汽车、皮带输送机组合使用。混凝土运输中要避免骨料产生分离，尽量缩短运输时间。

2.2.4　卸料

卸料前在碾压混凝土面上铺设一层1～2 cm厚高强度等级水泥砂浆，砂浆应按条带摊铺，人工刮板刮平，砂浆摊铺好后应及时摊铺混凝土料，防止砂浆失水、风干。当混凝土连续正常碾压时，层间缝不必铺砂浆。自卸汽车卸料采用退铺法两点叠压式卸料，按梅花形依次卸堆，每车分两个位置卸下，第二次应对准第一次卸料堆高度的一半位置，使后卸料堆与先卸料堆相互搭接，从而减少骨料分离。

2.2.5　摊铺

摊铺也称平仓，摊铺方法有平层摊铺法和斜层摊铺法，选用时根据坝体结构、仓面大小、混凝土拌和能力等决定。

（1）平层摊铺法是将卸到仓内的碾压混凝土拌和料水平方向分条带薄层摊铺，将仓面从上游往下游划分为若干条带，条带的长度及宽度根据仓位大小、混凝土拌和能力和施工机械能力而定，各条带摊铺方向应与坝轴线平行。

（2）斜层摊铺法是将卸到仓内的碾压混凝土拌和料，按1∶15～1∶30的坡度分条带薄层摊铺，这种方法可缩小摊铺面积、减少每层混凝土方量、缩短每层摊铺时间，将层间间隔时间控制在碾压混凝土初凝时间以内，有利于充分保证碾压混凝土层间结合质量。摊铺自斜面顶部往底部进行，斜坡脚处摊料厚度为15 cm左右，尾部20～30 cm范围留作下一层碾压。

一般摊铺压实层厚度为30 cm，摊铺层厚度为32～35 cm。碾压混凝土料用推土机摊铺，靠近模板处用装载机和人工摊铺。

2.2.6 切缝

坝体设若干条横缝（顺水流方向分缝），将坝体分为若干个坝块，碾压混凝土铺筑时一般将整个坝面作为一个大仓面或将若干个坝块连成几个较大仓面施工，仓面内横缝采用切缝方式形成。

碾压混凝土料摊铺后采用电振动冲击夯改装的手持式切缝机切缝。先用振动碾静压1～2遍，然后沿横缝拉一条线，两人抬动切缝机，另一人将彩条布放入刀片下，开启冲击夯将彩条布压入碾压混凝土内，如此逐段前行。切缝机刀片长30 cm，高30 cm，厚1.5 cm，切缝深度25 cm左右。

2.2.7 碾压

碾压采用BW－202AD型振动碾，碾压遍数采用2—8—2，即无振碾压2遍、有振碾压2遍收面，单程行走为一遍，振动碾行走速度控制在21～25 m/min，采用高频（45 Hz）、低幅（35 mm）双碾振动。碾压方向宜垂直于水流方向，碾压作业采用搭接法，搭接条带宽度为10～20 cm。

每层碾压作业结束后按100～200 m^2设一个测点，用核子密度仪检测混凝土的压实容重，压实容重应满足设计相对密实度要求，未达到设计要求时增加碾压遍数。

连续上升铺筑的碾压混凝土，层间允许间隔时间应控制在混凝土初凝时间以内，且混凝土拌和物从拌和到碾压完毕的历时应不大于2 h，若历时超2 h应加水泥净浆或水泥砂浆进行碾压。

2.2.8 变态混凝土

在模板附近或靠岸坡处振动碾碾压不到的部位，采用变态混凝土方法施工，即将碾压混凝土料用装载机和人工摊开后，加入一定量的水泥浆液（一般为每立方米混凝土加浆20～25 L），然后用手持式高频振捣器进行振捣，振捣器应深入下层混凝土内5～10 cm，振捣时间以混凝土不再明显下沉、表面泛出浆液为止，振捣器拔出时混凝土表面不应留有孔洞。

2.2.9 异种混凝土施工

异种混凝土施工主要是指碾压混凝土与模板附近或基岩边坡改浇常态混凝土结合部位的施工。靠近岸坡岩面上的常态混凝土垫层与坝体碾压混凝土同步上升进行施工。

2.2.10 层面处理

碾压混凝土施工中存在许多碾压层面，层面处理的目的是保证层间结合良好，形成一个整体，防止出现层间薄弱面和渗水通道。

对未超过混凝土初凝时间的层面在保持下层混凝土表面湿润的情况下进行连续铺筑。对超过初凝时间，但未终凝的层面可在上层混凝土摊铺前铺设一层1～2 cm厚水泥砂浆或水泥净浆。

对超过终凝时间的层面，若间隔时间在24 h以内，仍可采用铺设砂浆垫层的处理方式，若间隔时间超过24 h则按冷缝处理方式，即用高压水冲毛机清除混凝土表面乳皮，使之成为露砂毛面为准，然后冲洗干净混凝土面，均匀摊铺一层1～2 cm厚水泥砂浆垫层，再铺筑上一层碾压混凝土。

间歇层是指一个仓面全部铺筑施工结束后停置一定时间后形成的层面，一个间歇层高度一般为 2 ~ 3 m，按施工冷缝方法处理。

2.2.11　止水施工

在永久横缝靠近坝体上下游面约 1 m 处设置止水。止水铜片加工采用分段成型，止水铜片按其厚度分别采用对接或搭接方式连接，搭接长度不小于 20 mm 。接头采用双面焊接，焊接接头表面做到光滑、无砂眼、无裂纹，接头处的抗拉强度不低于母材强度的 75%。止水铜片在埋入混凝土之前用支撑进行定位，架立止水铜片时，不能在止水铜片上穿孔，而是用焊接进行固定。铜片止水鼻子中心线与接缝中心线的允许偏差为 ±5 mm，定位后在鼻子空腔内填满沥青麻丝。

由于止水附近无法碾压密实，容易形成渗水通道，故止水部位应采用加浆振捣的方法进行处理：混凝土碾压时尽量靠近止水部位，碾压不到的部位采用变态混凝土施工，加注同强度等级砂浆，软轴振捣器振捣密实即可。加浆振捣范围必须保证止水片以外 20 m，中间不能出现未碾压好且未振捣好的薄弱带，每碾压一层对止水周围加强振捣一次。

2.2.12　养护

碾压混凝土在达到龄期或覆盖上层混凝土之前，对其层面、暴露面应进行保湿养护。上、下游永久暴露面浇筑完成拆模后开始养护。如气温较高可采用喷雾、洒水等措施保持仓面湿润，如气温较低可采用草袋覆盖等保湿措施。

3　碾压混凝土质量控制

3.1　碾压混凝土质量检查方法

(1)用 VeBe 仪测定碾压混凝土的稠度，以控制配合比。

(2)使用核子密度仪测定碾压混凝土的湿容重和压实度，对碾压层的均匀性进行控制。

(3)通过钻孔取芯样校核其强度是否满足设计要求。

3.2　碾压混凝土施工质量控制

(1)对原材料进行检测，如粗骨料级配有无分离与破碎，砂石料的含水率等。

(2)在搅拌站出机口随机取样对混凝土拌和物质质量进行检测，检测项目有 VC 值、出机口温度等。

(3)对仓面施工质量检测，包括现场 VC 值、骨料分离情况、浇筑温度、碾压遍数及压实容重等。混凝土密实度使用核子密度仪检验，如密实度不足，需增加碾压遍数，并找出原因。

(4)注意混凝土的层面结合、养护与防护。

(5)根据设计要求，留取混凝土抗压试件，进行初始养护，用以检验到达设计龄期的混凝土强度。

(6)除上述质量控制外，尚应钻取一定数量的芯样，检查混凝土的分离情况和层面的结合效果。

复习思考题

1 填空题

(1)大坝混凝土浇筑,分块尺寸和铺层厚度已定,解决层间不出现冷缝的措施有____。

(2)大体积混凝土的温度变化过程可分为__________、__________和__________三个时期。

(3)混凝土坝施工,产生的温度裂缝有__________、__________两类。

(4)混凝土坝温度控制的目的是_______________和_______________。

(5)混凝土坝的基本分缝分块方法有_______________、_______________、_______________和_______________。

2 简答题

(1)简述混凝土坝的施工工序。

(2)混凝土生产系统包括哪些?

(3)常用混凝土的运输方案有哪些?

(4)防止混凝土坝产生温度裂缝的措施有哪些?

(5)简述贯穿裂缝产生的原因与危害。

(6)混凝土表面裂缝产生的原因是什么? 如何防止?

(7)降低混凝土入仓温度有哪些措施?

(8)碾压混凝土坝的施工特点有哪些?

(9)简述混凝土坝的施工工序有哪些?

项目 8 隧洞工程

【学习目标】 掌握钻爆法施工的方法、施工程序,了解隧洞临时支护的方法、开挖辅助作业;掌握隧洞衬砌与灌浆的方法;了解掘进机施工的特点、方法、工作原理及在引黄工程上的应用。

【学习重点】 钻爆法施工的方法、施工程序,隧洞衬砌与灌浆的方法,掘进机施工的特点、方法、工作原理。

隧洞工程施工主要是在地面以下进行的,直接受到工程地质、水文地质和施工条件的约束,工作面小,工种工序多,劳动条件差,相互干扰较大,容易发生事故,所以要特别注意安全。

隧洞工程施工有以下程序:施工准备,洞口开挖、锁口衬砌及施工安全措施,洞室开挖、支护,衬砌及灌浆,闸门、启闭设备及安装,施工支洞封堵、洞室清理及竣工验收。

隧洞施工常用的方法有钻爆法、掘进机开挖法等。

任务 1 隧洞施工

隧洞开挖方法有全段面开挖法和导洞开挖法两种。开挖方法的选择主要取决于隧洞围岩的类别、断面尺寸、施工机械化程度和施工水平。合理选择开挖方法对于加快施工进度、节约投资、保证施工安全质量均有重要意义。

1 全断面开挖法

1.1 全断面开挖法

全断面开挖是指隧洞的整个设计断面一次钻孔爆破开挖或成型的方法。在隧洞断面不大于 16 m^2,围岩稳定性好,不需要临时支护或仅局部支护,又有完善的机械设备时,可采用这种方法开挖。洞内工作面较大,有利于机械化施工。

全断面开挖又分全断面开挖和全断面台阶开挖。当地质条件较好,围岩坚固稳定,在不需要临时支护或仅需局部支护的大小断面平洞中,又有完善的机械设备,均可采用全断面开挖方法,如图 8-1 所示。

当缺乏大型施工机械设备而无法进行全断面开挖时,可采用断面分层开挖方法,即将工作面分为上下两层,上层超前 2 ~4 m,上下层同时爆破的掘进方法,如图 8-2 所示。具体施工顺序是爆破散烟及安全检查后,清理上层台阶的石渣,进行上层工作面的钻孔,同时出渣,清渣后下层工作面钻孔,钻孔完成后,上下层炮孔同时装药,一起爆破,保持上下工作面掘进深度一致。

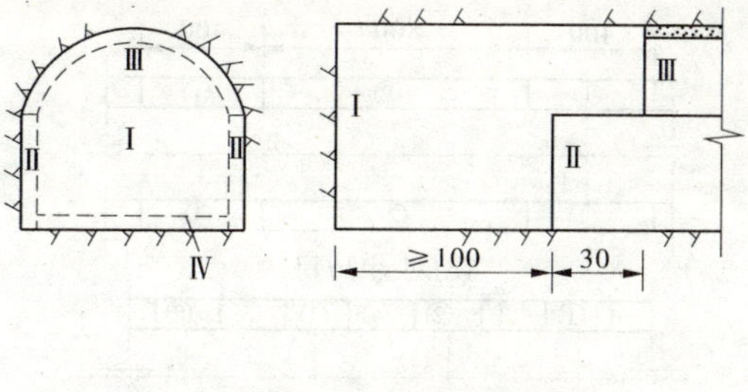

Ⅰ、Ⅱ、Ⅲ、Ⅳ—开挖及衬砌程序

图8-1 全断面开挖方法 (单位:m)

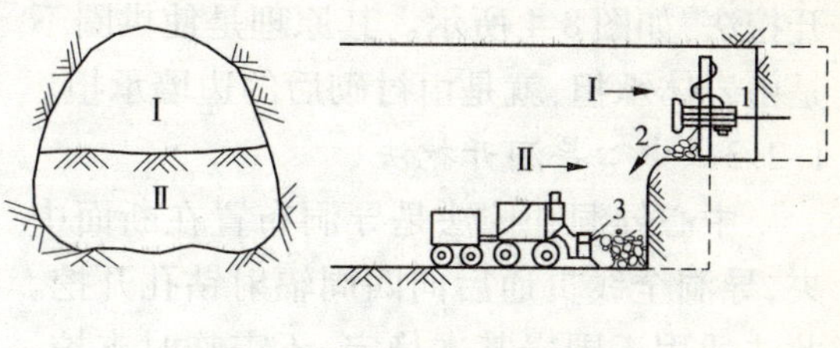

Ⅰ—上台阶;Ⅱ—下台阶;

1—上台阶钻孔;2—扒落石渣;3—出渣后再钻孔

图8-2 全断面台阶法掘进示意

1.2 导洞开挖法

导洞开挖法就是先开挖断面的一部分,称为导洞,然后扩大至整个设计断面,根据导洞与扩大开挖的次序可分为导洞专进法和导洞并进法。导洞专进法是待导洞全线贯通后再开挖扩大部分;导洞并进法是待导洞开挖一定距离(一般为10~15 m)后,导洞与扩大部分的开挖同时前进。根据导洞在整个断面中的不同位置,导洞开挖法可分为下导洞开挖法、上导洞开挖法、中心导洞开挖法、双导洞开挖法。

1.2.1 下导洞开挖法

下导洞开挖法是导洞布置在断面下部中央,开挖后向上向两侧底部扩大至全断面的开挖方法。其施工顺序是,先开挖下导洞,并架设漏斗棚架,然后向上拉槽至拱顶,再由拱部两侧向下开挖。上部岩渣可经漏斗棚架装车出渣,所以又称为漏斗棚架法,如图8-3所示。其优点是出渣线路不必转移,排水容易,工序之间施工干扰小。但遇地质条件较差时,施工不够安全。适用于基本稳定围岩中的大断面隧洞或机械化程度较低的中小断面平洞。

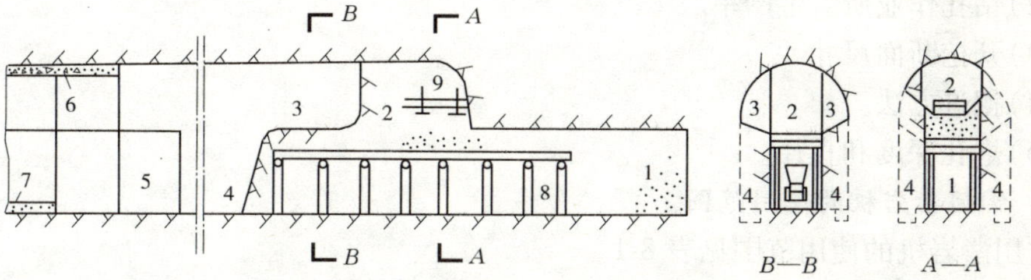

1—下导洞;2—顶部扩大;3—上部扩大;4—下部扩大;5—边墙衬砌;

6—顶拱衬砌;7—底板衬砌;8—漏斗棚架;9—脚手架

图8-3 下导洞开挖法施工顺序

1.2.2 上导洞开挖法

上导洞开挖法是导洞布置在断面顶拱中央,开挖后由两侧向下扩大的开挖方法。即先开挖顶拱中部,再向两侧扩拱,及时衬砌顶拱,然后转向下部开挖衬砌。此法适用于稳定性差或不稳定围岩的平洞。其优点是:先开挖顶拱,可及时作好顶拱衬砌,下部施工在拱圈保护下进行,比较安全。缺点是需重复铺设风、水管道及出渣线路,排水困难,施工干扰大,衬砌整体性差。尤其是下部开挖时影响拱圈稳定,所以下部岩体开挖时常采用马口开挖法,如图8-4所示。其原理是使拱圈不是由岩体承担,就是由衬砌后的边墙承担。

1.2.3 中心导洞开挖法

中心导洞开挖法是导洞布置在断面中央,导洞全线贯通后向四周辐射钻孔开挖。此法适用于围岩基本稳定,不需临时支护,且具有柱架式钻机的大中断面的平洞。其优点是:利用柱架式钻机,可以一次钻完四周辐射炮孔,钻孔和出渣可以平行作业。缺点是:导洞和扩大部分并进时,导洞部分出渣很不方便,所以一般待导洞贯通后再扩大开挖。

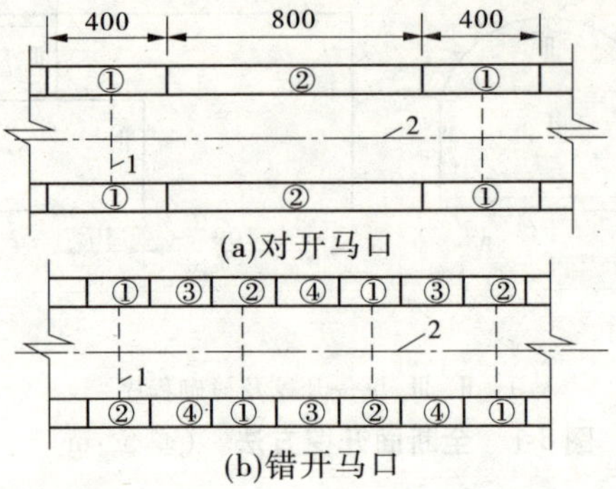

1—拱圈施工缝;2—隧洞中心线;①~④—开挖顺序

图8-4 马口开挖顺序

1.2.4 双导洞开挖法

双导洞开挖法有上下导洞开挖法和双侧导洞开挖法两种。上下导洞开挖法适用于围岩稳定性好,但缺少大型开挖设备的较大断面平洞。下导洞出渣和排水,上导洞扩大并对顶拱衬砌。为了便于施工,上下导洞用斜洞或竖井连通。双侧导洞开挖法适用于围岩稳定性差、地下水较严重、断面较大需要边开挖边支护的平洞。

2 钻孔

2.1 钻孔常用机械及选择

2.1.1 选择钻孔机械应考虑的因素

(1)岩石物理力学特性,如岩石坚固系数、可钻性等。

(2)钻孔作业所需生产率。

(3)开挖断面尺寸。

(4)掘进方法。

(5)炮孔深度和直径。

2.1.2 常用凿岩机的使用范围

常用凿岩机的使用范围见表8-1。

表8-1 常用凿岩机的使用范围

凿岩机类型		适用范围	相应岩石级别及普氏坚固系数 f
手持或支腿凿岩机	轻型(机重20~22 kg)	中等和中上等难钻岩石	Ⅴ~Ⅶ, $f=1\sim4$
	中型(机重20~28 kg)	中上等和难钻岩石	Ⅶ~Ⅹ, $f=4\sim12$
	重型(机重25~35 kg)	难和很难钻岩石	Ⅸ~Ⅻ, $f=8\sim12$

2.1.3 隧洞钻孔机械选择

隧洞开挖过程中,宜选用相应规格的凿岩台车,参见表8-2。当工程量较小,隧洞长度较短或设备条件不足时,可选用手持或支腿式凿岩机。

表 8-2 凿岩台车的规格

名称	型号	钻臂数及配用钻机	适用最大断面(宽×高,m×m)	外形尺寸(长×宽×高,m×m×m)
轨道式凿岩台车	CGJ500-3	3臂 YG35钻	3.4×4.5	7.95×1.25×1.736
轮胎式凿岩台车	CTJ1700-3	3臂 YG80钻	5.0×4.0	8.115×5.0×4.0
全液压凿岩台车	TH80	3臂 50~89	12.9×8.0	14.5×3×3.95
风动凿岩台车	T470	3臂 51~125	12.5×7.25	12.5×2.6×3.04

2.2 炮孔类型及布置

按炮孔的作用可将炮孔分为掏槽炮孔、崩落炮孔和周边炮孔,如图8-5所示。

2.2.1 掏槽炮孔

掏槽炮孔的主要作用是增加临空面,以提高爆破效果,常布置于开挖断面的中部。按布孔的形式可分为楔形掏槽、锥形掏槽和直孔掏槽等三类。楔形掏槽与锥形掏槽的钻孔方向与开挖断面是斜交的,故又称为斜孔掏槽。

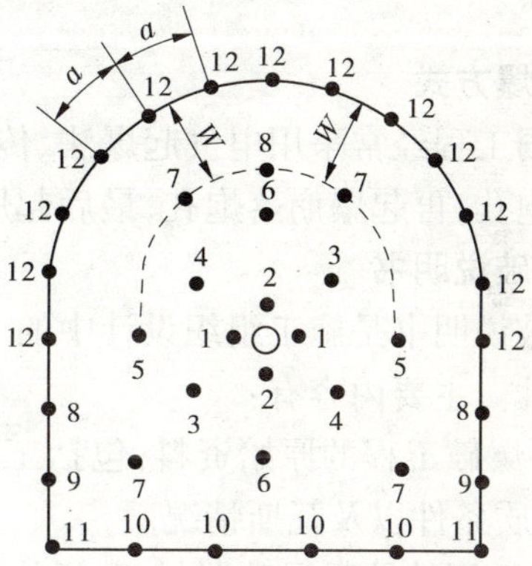

1~2—掏槽炮孔;3~8—崩落炮孔;

9~12—周边炮孔

图 8-5 光面爆破洞挖布孔图

2.2.2 崩落炮孔

崩落炮孔的主要作用是爆落岩体,为周边炮孔的爆破创造有利条件。为此,崩落炮孔大致均匀地分布在掏槽外围。炮孔垂直于工作面,炮孔深度应在同一平面,以保证工作面平整。炮孔间距由岩体硬度和岩渣块度来确定,一般间距为:软石100~120 cm,中硬石80~100 cm,坚硬石60~80 cm,特硬石50~60 cm。

2.2.3 周边炮孔

周边炮孔的主要任务是控制开挖轮廓,布置开挖断面的四周。周边炮孔的孔口应距开挖断面设计边线10~20 cm,以利于钻孔作业。钻孔时应控制孔的倾斜角度和深度,使孔底落在同一平面上。

2.3 装药及装药量计算

隧洞爆破中,炸药用量多少直接影响开挖断面的轮廓、掘进速度、围岩稳定和爆破安全。

此外,爆破石块的大小直接影响装渣运输。

由于岩石性质和岩层的构造差别甚大,断面大小、爆落块度及炸药性质也不完全相同,同时装药量必须经过现场试验确定。开工前,可按下式估算,即

$$Q = KSL \tag{8-1}$$

式中 Q——一次掘进中的炸药用量,kg;

K——单位炸药消耗量,kg/m^3;

S——开挖断面面积,m^2;

L——崩落炮孔深度,m。

各种炮孔的装药深度和药卷直径有所不同。通常掏槽炮孔的装药深度为孔深的60% ~67%,药卷直径为孔径的3/4;崩落孔和周边孔为孔深的40% ~55%,而药卷直径崩落孔为孔径的3/4,周边孔为1/2。炮孔其余长度用1∶3黏土与砂的混合物堵塞。爆破顺序一般由内向外逐层进行,即按掏槽炮孔、崩落炮孔、周边炮孔的顺序进行。起爆应采用电爆法,用延期或毫秒电雷管控制爆破顺序。隧洞爆破应采用光面爆破或预裂爆破技术,以保证开挖面光滑平整。

3　起爆

3.1　起爆方式

隧洞工程经常采用电气起爆法、传爆线起爆法、导爆管起爆法起爆。起爆顺序为先起爆掏槽炮孔,再起爆崩落炮孔,最后起爆周边炮孔。

3.2　爆破说明书

爆破说明书是施工组织设计中的一个重要组成部分,是指导、检查和总结爆破工作的技术文件。主要内容有:

(1)爆破工程的原始资料:包括工程名称、用途、位置、断面形状和尺寸,穿过岩层的性质,地质条件以及瓦斯情况。

(2)选用的钻眼爆破器材:包括炸药,雷管的品种,凿岩机的型号、性能。

(3)爆破参数的计算选择:包括掏槽方法,炮眼直径、深度、数目,单位耗药量。

(4)爆破网络的计算和设计。

(5)安全措施。

(6)爆破图表:二图(炮眼布置图(见图8-6)、装药结构图)三表(炮眼布置参数表、装药参数表、预期的爆破效果和经济指标表。)

4　装渣运输作业

装渣和出渣是隧洞开挖中一项很繁重的工作,约占循环时间的50%,它是控制掘进速度的关键工序,包括装渣和运输两项作业。

4.1　装渣

(1)人工装渣:常在装渣地点设置钢板,使爆破石渣落在钢板上,以便用铁铲将堆渣翻松,将有利于装渣。为了提高装渣效率,采用下导洞开挖方式时,常利用漏斗棚架装渣。当采用上导洞开厂式时,常利用工作平台车装渣。

(2)机械装渣:机械装渣常用设备有:斗容为0.2 ~0.44 m^3 的装岩机,其生产率为20 ~48 m^3/h;斗容为1 ~3 m^3 的装载机。还有适合地下工程特点的1 m^3 短臂正向铲。

4.2　运输

石渣运输多采用窄轨铁路及装渣斗车,一般用电气机车或电瓶机车牵引。当运距短、出渣量少时,也可采用人力推运或卷扬机牵引0.6 m^3 窄轨式斗车运输。洞内有轨运输宜

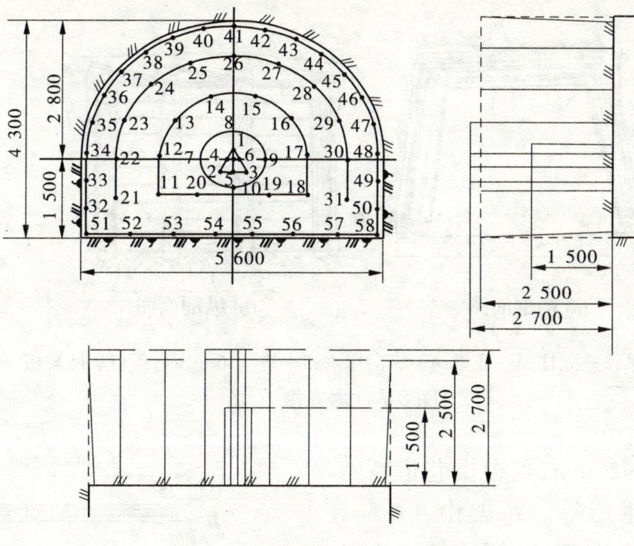

图 8-6　炮眼布置图　(单位:mm)

铺设双线,并每隔 300 ~400 m 设置道岔,以满足装卸及调车的需要。当采用单线时,应每隔 100 ~200 m 设置错车道岔,其有效长度应满足停放一列斗车的要求。堆渣地点应设在洞口附近,其高程比洞底低些,以便重车下坡,并可利用废渣铺设路基,逐渐向外延伸。

5　隧洞临时支护

5.1　支护类型

(1)按地下工程的断面形式分:梯形支架、矩形支架和拱形支架等。

(2)按支架材料分:木支架、金属支架、钢筋混凝土支架、钢管混凝土支架等。

5.2　常用的支撑

5.2.1　钢支撑

钢支撑适用于破碎而不稳定的岩层,其能承受很大的山岩压力、耐久性好、所占空间小。钢支撑可以多次使用,也可以留在永久性衬砌中不再拆除。由于钢支撑使用钢材少、费用高,因此只有在不良地段施工中采用。

5.2.2　木支撑

木支撑具有质量轻、加工架立方便、损坏前有显著变形等优点。但承受压力较钢支撑小、所占净空面积大、耗用木材多、费用高,因此逐渐被其他材料的支撑所代替。

木支撑的结构形式有门框形、拱形和扇形等。其中门框形(见图 8-7)架立最方便,适用于断面不大的隧洞和临时性支撑、导洞。

5.2.3　预制混凝土和预制钢筋混凝土支撑

这种支撑刚性大、耐久性好,也能承受很大的山体压力,也可留在永久衬砌内不必拆除。但构件重量大,洞内安装和运输都比较困难,需采用机械化施工。预制钢筋混凝土支撑如图 8-8 所示。

5.2.4　钢管混凝土支撑

钢管混凝土支撑具有钢材和混凝土的优点,互相弥补了对方的缺点。钢管直径为

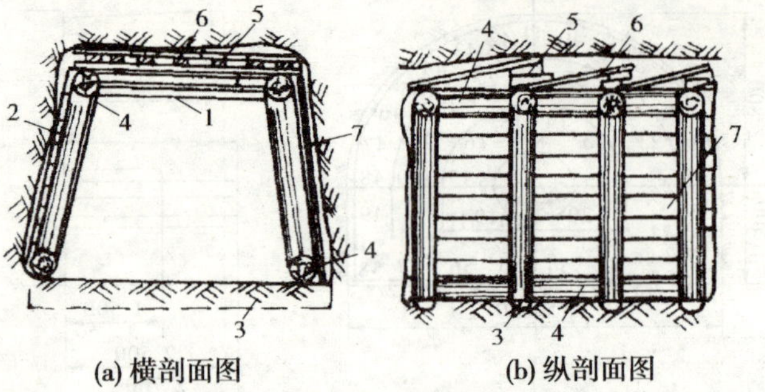

1—顶梁;2—立柱;3—底梁;4—纵向撑木;5—垫木;6—顶衬板;7—侧衬板

图 8-7 木支撑

108 ~ 159 mm,壁厚 4 ~ 6 mm,可根据巷道断面形状制作成圆形、拱形等。每架由 4 ~ 5 节组成,每节端部有法兰盘,以便连接。支架的背板采用钢筋网,在钢筋网后面用灰包充填,可使支架具有可缩性,可在法兰盘连接处加可缩板。缺点是重量较大,人工架设劳动强度高。优点是耗钢量降低 30%,成本低 20% 左右。

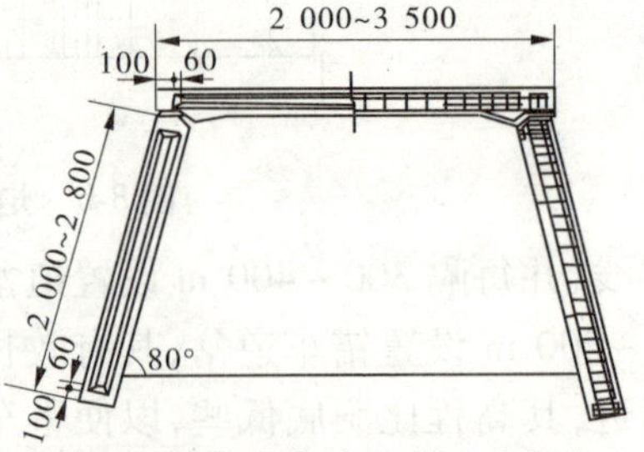

图 8-8 预制钢筋混凝土支撑 (单位:mm)

6 隧洞开挖辅助作业

地下工程施工的辅助作业有通风,防尘,消烟,排水,照明和风、水、电供应等工作,做好这些辅助作业,可以改善施工人员工作环境,加快施工进度。

6.1 通风、防尘及消烟

通风、防尘及消烟的目的是排除因钻孔、爆破、内燃机尾气等原因产生的有害气体和岩尘含量,及时供给工作面充足的新鲜空气,改善洞室内的温度、湿度和气流速度,使之符合洞室施工卫生要求。

洞内通风有自然通风和机械通风两种,自然通风只适用于洞长小于 40 m 的短洞。一般多采用机械通风,其基本形式有压入式、吸出式和混合式三种。

6.2 风、水、电供应及排水

在洞室施工的整个过程中,供风(压缩空气)、供水、供电及排水等辅助作业,对洞室钻爆、出渣等施工的正常进行有着一定的影响,在整个开挖循环作业中,需统筹考虑,不得疏漏。输送到工作面的压缩空气,应保证风量充足、风压不低于 5×10^5 Pa;施工用水的数量、质量和压力,应满足钻孔、喷锚、衬砌、灌浆等作业的要求;洞内供电线路,宜按动力、照明、电力起爆的不同需要,分开架设,并注意防水和绝缘的要求;洞内照明,应采用 36 V 或 24 V 的低压电,保证洞室沿线和工作面的照明亮度;洞内排水系统必须畅通,保证工作面和路面无积水。

任务2 隧洞衬砌与灌浆

地下洞室开挖后,为了防止围岩风化和坍落,保证围岩稳定,往往要对洞壁进行衬砌。衬砌类型有现浇混凝土或钢筋混凝土衬砌、混凝土预制块或条石安砌、预填骨料压浆衬砌等。本节仅介绍隧洞现浇混凝土及钢筋混凝土衬砌施工。

1 隧洞衬砌

1.1 隧洞衬砌的分段分块及浇筑顺序

水工隧洞较长,纵向需要分段进行浇筑,分段长度根据围岩约束特性、隧洞断面大小、混凝土浇筑能力和模板结构型式等因素确定,一般分段长度以4~15 m为宜。当结构上设有永久伸缩缝时,可利用结构永久缝分段;当结构永久缝间距过大或无永久缝时,可设施工缝分段,并做好施工缝的处理。

分段浇筑的顺序有跳仓浇筑、分段流水浇筑和分段留空当浇筑等三种方式,如图8-9所示。

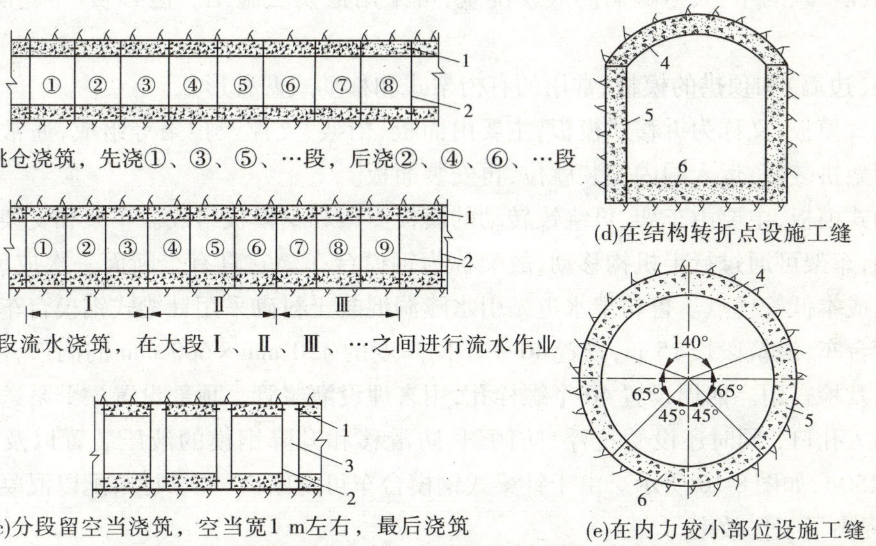

(a)跳仓浇筑,先浇①、③、⑤、…段,后浇②、④、⑥、…段

(b)分段流水浇筑,在大段Ⅰ、Ⅱ、Ⅲ、…之间进行流水作业

(c)分段留空当浇筑,空当宽1 m左右,最后浇筑

(d)在结构转折点设施工缝

(e)在内力较小部位设施工缝

①~⑨—分段序号;Ⅰ、Ⅱ、Ⅲ—流水段号;

1—止水;2—分缝;3—空当;4—顶拱;5—边拱(边墙);6—底拱(底板)

图8-9 平洞衬砌分段分块

分段流水浇筑时,须等待先浇筑段混凝土达到一定强度后,才能浇筑相邻后段,影响施工进度。跳仓浇筑可避免窝工,因此隧洞衬砌常采用跳仓浇筑或分段留空当浇筑。对于无压平洞,结构上按允许开裂设计时,也可采用滑动模板连续施工的浇筑方式,但施工工艺必须严格控制。

衬砌施工除在纵向分段外,在横断面上也采用分块浇筑。一般分为底拱(底板)、边拱(边墙)和顶拱。常采用的浇筑顺序为,先底拱(底板)、后边拱(边墙)和顶拱。可以连续浇筑,也可以分开浇筑,由浇筑能力或模板型式而定。地质条件较差时,可采用先顶拱,后边拱(边墙)和底拱(底板)的浇筑顺序。当采用开挖和衬砌平行作业时,由于底板清渣无法完成,可采用先边拱(边墙)和顶拱,最后浇筑底拱(底板)的浇筑顺序。当采用底拱(底边)最后浇筑的顺序时,应注意已衬砌的边墙顶拱混凝土的位移和变形,并做好接头处反缝的处理,必要时反缝要进行灌浆。

1.2　隧洞衬砌模板

隧洞衬砌用的模板,按浇筑部位不同,可分为底拱模板、边拱(边墙)和顶拱模板,不同部位的模板,其构造和使用特点也不相同。

底拱模板,当中心角较小时,可以像平底板浇筑那样,只立端部挡板,不用表面模板,在混凝土浇捣中,用弧形样板将表面刮成弧形。对于中心角较大的底拱,一般采用悬挂式弧形模板。浇筑前,先立端部挡板和弧形模板的桁架,悬挂式弧形模板是随着混凝土的浇筑升高,从中间向两旁逐步安装的。安装时,应将运输系统的支撑与模板架支撑分开,避免引起模板位移走样。

对洞径一致的中、大型隧洞的底拱浇筑,可采用拖模法施工。但必须严格控制施工工艺。

边拱(边墙)和顶拱的模板,常用的有桁架式和移动式两种形状。

桁架式模板,又称为拆移式模板,主要由面板、桁架、支撑及拉条等组成,通常是在洞外先将桁架拼装好,运入洞内安装就位,再安装面板。

移动式模板,主要由车架、可绕铰转动的模板支架和钢模板组成。车架和支架是用型钢构成的,车架可通过行走机构移动,故又称为钢模台车。它具有全断面一次成型、施工进度快及成本低等优点。鲁布革水电站引水隧洞混凝土衬砌采用针梁式钢模台车。该针梁式钢模台车,浇筑段长 15 m,设置 40 个不同高度的 450 mm × 600 mm 的洞口,供进料、进人操作及检查用。四周设置 40 个螺栓孔,用来埋设灌浆管。顶部设置 3 个泵送混凝土的尾管注入孔口,同时还设置抗浮、防倾斜、防滑移和升降钢模的液压装置以及行走装置,总重 150 t,如图 8-10 所示。由于针梁式钢模台车可全断面一次成型,配以混凝土泵送料入仓,提高了工作效率。

1.3　衬砌混凝土的浇筑和封拱

由于隧洞衬砌的工作面狭窄,混凝土的运输和浇筑,以及浇筑前钢筋的绑扎安装等工作都较困难,采用合理的施工方案、先进的施工技术和组织设计尤为重要。隧洞衬砌内的钢筋,是在洞外制作,运入洞内安装绑扎。扎筋工作,常在立好模板并预留端部挡板的时候进行。钢筋是靠预先插入岩壁的锚筋固定。如采用钢筋台车绑扎钢筋,则先绑扎钢筋后立模板。

隧洞混凝土浇筑能力的关键是混凝土的运输组合。混凝土水平运输有自卸汽车、运输车、专用梭车、搅拌罐车等。混凝土的入仓运输常用混凝土泵,常用型号为液压活塞泵。各种运输工具和适用条件见表 8-3。

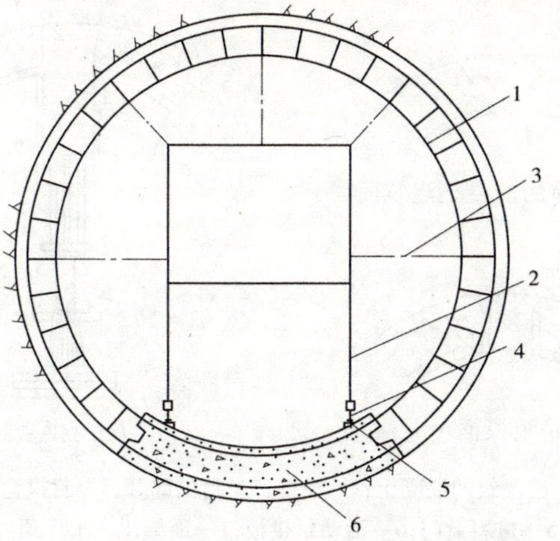

1—钢筋;2—钢筋台车;3—螺旋千斤顶;4—轨道;5—固定轨道埋件;6—底拱混凝土

图 8-10 钢模台车示意图

表 8-3 隧洞混凝土施工运输车辆及适用条件

运输方式	运输车辆	适用条件
有轨	斗车或箱式车,搅拌罐车,专用车	中小断面隧洞,长隧洞最优方案是搅拌罐车
无轨	搅拌运输车,自卸汽车	大中断面隧洞,搅拌运输车较优

混凝土泵的给料设备是保证混凝土泵生产率的重要配套设备,应根据混凝土泵进料高度、运输车辆出料高度及工作面等选择浇筑布置图。

在浇筑顶拱时,浇筑段的最后一个预留窗口的混凝土封堵,称为封拱。由于受仓内工作条件限制,使混凝土形成完整拱圈的封拱工作,常采取以下两种措施:

(1)封拱盒封拱。当最后一个顶拱预留窗口,工人无法操作时,退出窗口,并在窗口四周装上模框,将窗口浇筑成长方形,待混凝土强度达到 1 N/mm^2 后,拆除模框,洞口凿毛,装上封拱盒封拱,如图 8-11 所示。

(2)混凝土泵封拱。使用混凝土泵浇筑顶拱混凝土时,将导管的末端接上冲天尾管,垂直地穿过模板伸入仓内,冲天尾管的位置应用钢筋固定,尾管之间的间距根据混凝土扩散半径确定,一般为 4 ~6 m,离端部约 1.5 m,尾管出口与岩面的距离一般为 20 cm 左右,其原则是在保证压出的混凝土能自由扩散的前提下,越贴近岩面,封拱效果越好。为了排除仓内空气和检查拱顶混凝土充填情况,在仓内最高处设置通气孔。为了便于人进仓工作,在仓的中央设置进人孔。

1.4 压浆混凝土施工

压浆混凝土,又称预填骨料压浆混凝土。其施工顺序是将组成混凝土的粗骨料预先填入立好的模板中,并尽可能使粗骨料密实,然后用灌浆泵把水泥砂浆压入,填满骨料孔隙,凝固后成混凝土。由于压浆混凝土比一般混凝土含有较多的粗骨料,因此十缩性减小而弹性模量稍高。常应用于高压管道和竖井衬砌、封拱、堵洞、反缝处理及事故混凝土修

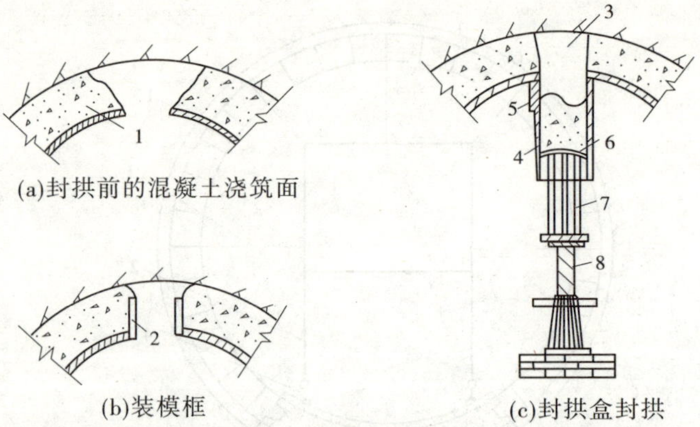

(a)封拱前的混凝土浇筑面

(b)装模框

(c)封拱盒封拱

1—已浇筑的混凝土;2—模框;3—封拱部分;4—封拱盒;
5—进料盒门;6—活动封拱板;7—顶架;8—千斤顶

图 8-11 采用封拱盒封拱

补等部位。

为了保证压浆混凝土的质量,施工时应注意以下几点:

(1)模板应专门设计,接缝严密,不漏浆,不产生位移和变形。

(2)粗骨料要求表面干净,无泥土及粉尘,填入时不易破裂和磨损,级配良好,孔隙率小。

(3)水泥砂浆应掺入适量的混合材料和外加剂,使砂浆具有良好的和易性和流动性(稠度为 250 ~ 500 mm),保证充填密实。

(4)压浆部位要埋设观测管、排气管,以检查观测压浆进展情况。

(5)压浆前应用 0.1 N/mm^2 的压力水冲洗,检查模板无漏浆发生后,才可进行压浆。压浆时宜先灌注水泥浆,然后灌注水泥砂浆。压浆程序应由下而上,逐渐上升,不得间断,压浆压力可采用 0.2 ~ 0.5 N/mm^2,浆体上升速度以 50 ~ 100 cm/h 为宜。

(6)压浆过程中,应加强观测,是否有管路堵塞、模板变形、漏浆等现象。若因故中断,短期内又无法恢复,则须待砂浆凝固后重新钻孔,压力水冲洗干净,才能继续压浆施工。

2 隧洞灌浆

隧洞灌浆有回填灌浆和固结灌浆。前者的作用是填塞围岩与衬砌间空隙,所以只限于拱顶一定范围内;后者的作用是加固围岩,提高围岩的整体性和强度,所以其范围包括断面四周的围岩。

灌浆孔可在衬砌时预留,孔径为 38 ~ 50 mm。灌浆孔沿洞轴线 2 ~ 4 m 布置一排,各排孔位交叉排列。同时还需布置一定数量的检查孔,用以检查灌浆质量,如图 8-12 所示。

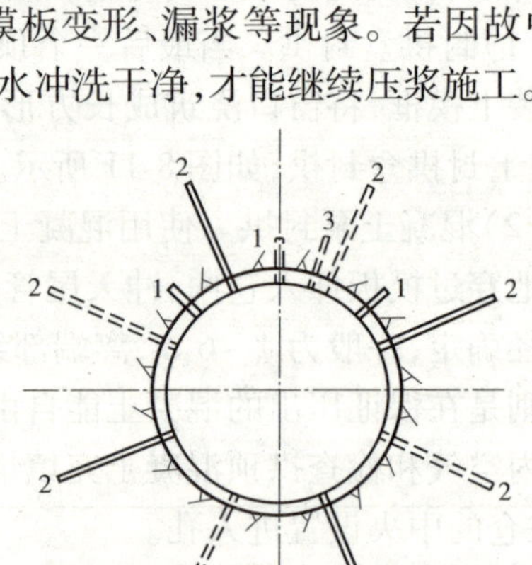

1—回填灌浆孔;2—固结灌浆孔;3—检查孔

图 8-12 灌浆孔的布置

水工隧洞灌浆应按先回填后固结的顺序进

行,回填灌浆应在衬砌混凝土达到70%设计强度后尽早进行。回填灌浆结束7 d后再进行固结灌浆。灌浆前应对灌浆孔进行冲洗,冲洗压力不宜大于本段灌浆压力的80%。回填灌浆须按分序加密原则进行,固结灌浆应按环间分序、环内加密的原则进行,灌浆压力、浆液浓度、升压顺序和结束灌浆标准,应符合设计要求。

任务3 掘进机施工

全断面隧洞掘进机(Tunnel Boring Machine,TBM)是一种专用的开挖设备。它是利用机械破碎岩石、出渣和支护实行连续作业的综合设备,是由盾构机技术发展而来的。1918年英国的布鲁诺受蛀虫钻孔的启示,最早提出了盾构机的雏形和施工方法。1948年,意大利人Maus发明了隧洞掘进机。

1 掘进机的分类

1.1 根据支护形式分类

(1)开敞式TBM,常用于硬岩。

(2)双护盾TBM,常用于各种地质。既适应于硬岩,也适用于软岩或软硬岩交互地层。

(3)单护盾TBM,常用于劣质地层及地下水位较高的地层。根据刀盘直径大小分为13种机械:2 m、3 m、4 m、5 m、6 m、7 m、8 m、9 m、10 m、11 m、12 m、13 m、14 m。

1.2 根据破岩方式分类

(1)挤压式。主要是通过水平推进油缸,使刀盘上的滚刀强行压入岩体,利用刀盘旋转推进过程中的挤压和剪切的联合作用破碎岩体。

(2)切削式。是利用岩石抗弯、抗剪强度低的特点,靠铣削(即剪切)加弯折破碎岩体。碎石渣由安装在刀盘上的铲斗铲起,转至顶部集料斗卸在皮带机上,通过皮带机运至机尾,卸入运输设备送至洞外。图8-13所示为掘进机工作示意图。

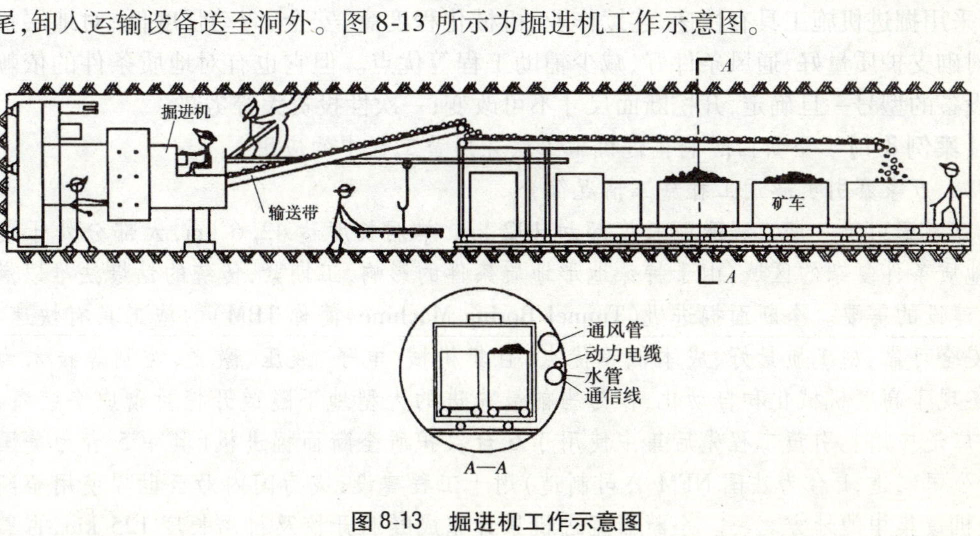

图8-13 掘进机工作示意图

1.3 根据直径的大小分类

(1)微型 TBM,直径为0.25～3 m。

(2)中型 TBM,直径为3～8 m。

(3)巨型 TBM,直径大于8 m。

2 掘进机的工作原理

掘进机一般由刀盘、机架、推进缸、套架、支撑缸、皮带机及动力间等部件组成。掘进时,通过推进缸给刀盘施加压力,滚刀旋转切碎岩体,由装在刀盘的集料斗转至顶部,通过皮带机将岩渣运至机尾,卸入其他运输设备运走。为了避免粉尘危害,掘进机头部装有喷水和吸尘设备,在掘进过程中连续喷水、吸尘。掘进机开挖方向的控制,多采用激光制导。

3 掘进机的施工特点

与钻爆法开挖隧道施工过程相比,使用掘进机开挖隧道的特点在于施工过程是连续的具有隧道工程“工厂化”的特点。

经过近一个世纪的努力,随着现代技术的发展,特别是近几十年来,掘进机不仅能在岩石整体性及磨蚀性强的条件下工作,也能在稳定条件差的地层中施工,从而被许多隧道作为主要施工方案进行比选。钻爆法施工和掘进机施工有着不同的适用范围和优劣。钻爆法施工适用范围广,不受隧道断面尺寸和形状的限制;对各类围岩均能适用,当地质条件变化时,施工工艺可机动灵活随之变化;施工设备的组装和工地之间的转移简单方便,重复利用率高;多年来已积累了丰富宝贵的施工经验,形成了科学完整的工艺,这些是人们普遍认同的优势。但它同时也存在施工工序多,施工过程中各工序干扰大,开挖速度低、超(欠)挖严重,爆破时对地层扰动大,施工安全性差,作业场所环境恶劣、工人劳动强度大等难以克服的缺点,此外由于开挖速度低,在较长隧道施工时,往往需要采用辅助坑道来增加开挖工作面,从而增加了工程造价。

采用掘进机施工具有快速、连续作业、机械化程度高、安全、劳动强度低、对地层扰动小、衬砌支护质量好、通风条件好、减少辅助工程等优点。但它也有对地质条件的依赖性大,设备的型号一旦确定,开挖断面尺寸不可改变;一次性投资大等劣势。

【案例8-1】 全断面隧洞掘进机施工法在引黄工程中的应用

1 万家寨引黄隧洞工程施工情况简介

万家寨引黄一期工程隧洞长度超过192 km,单洞长度达42.6 km,大部分处于覆盖深、地质条件复杂的区域,由于特殊地形地质条件的影响,工期紧,传统的钻爆法难以满足工程建设的需要。全断面掘进机(Tunnel Boring Machine,简称TBM)的施工具有快速、高效、安全可靠、施工质量好、成本低等优点,且集机械、电子、液压、激光、控制等技术为一体,实现了高度机械化和自动化,作为当前最先进的大型地下隧道开挖衬砌成套装备,得到了广泛应用。引黄工程先后集中使用了6台双护盾全断面掘进机(其中5台为美国罗宾斯公司制造,1台为法国NFM公司制造)用于工程建设,成为国内乃至世界使用全断面掘进机最集中的地方之一。全断面掘进机累计完成隧洞开挖及衬砌长度125 km,占整个隧洞长度的65%。

2 TBM 掘进机设备主要组成部分

(1)主机。由刀盘、刀头、主电机、传动系统、管片安装设备、超前钻探设备、操作室、超前支护设备等组成。

(2)后配套系统。由运输系统、支护系统、液压和控制系统、通风排尘系统、供电系统、排水系统、全装置、光导向系统(ZED 系统)等组成。

3 TBM 的选型及标定掘进直径的选定方法

从技术和经济两个角度来说,并非所有地质情况的工程都适宜掘进机的施工。因此,是否选用掘进机施工,选用何种类型的掘进机以及如何确定主要技术参数和进行系统配置,需考虑以下几个方面的问题:

(1)地质因素分析:主要从工程的地质条件是否适宜掘进机和影响开挖效率的因素来加以考虑,分析有关地质资料。

(2)掘进性能的要求:衡量掘进性能的指标主要为纯掘进速率、完好率、利用率和刀具消耗等。

(3)主要技术参数的选择:影响掘进机的耐久性和性能的主要关键零部件有刀盘、刀具、刀盘轴承、刀盘驱动系统、主机体、推进系统和支撑系统等。

在引黄工程使用的双护盾全断面岩石掘进机中每台都结合各洞段的地质情况完成掘进机的选型。在长隧洞选线中,由于受技术、经济条件的制约,造成了对地质结构了解的局限性,常常在施工中遭遇未预见的地质灾害(如涌水、岩溶、瓦斯、断层破碎带、膨胀岩、高地应力、围岩大变形等),造成掘进施工受阻或停工。在进行 TBM 选型时,应充分考虑以上可能碰到的不利情况。如用于南干7号洞北的全断面岩石掘进机由于要穿越煤系地层、膨胀岩及地下水洞段,该机就装有瓦斯报警装置、超挖装置、自动排水设备、超前钻探及超前预注浆设备等。一旦探头检测到瓦斯的含量超过安全含量,自动装置就会及时切断电源停止掘进,确保施工人员及设备的安全;同时该机还可适应膨胀岩洞段扩挖的要求等。各 TBM 的主要特性见表8-4。

表8-4 TBM 主要特性

项目	总干线	南干线				联接段
	TBM	TBM1	TBM2	TBM3	TBM4	TBM
供货商	罗宾斯	罗宾斯	罗宾斯	罗宾斯	NFM 公司	罗宾斯
系列编号		1617-290	154-273	1616-289	1411/188/013	155-274
开挖直径(m)	6.125	4.92	4.82	4.88	4.89	4.819
盘形滚刀(个)		34	32	34	35	34
刀盘功率(kW)		1 575	1 260	1 575	1 500	960
刀盘转速(r/min)		0~11.1	0~9	0~11.1	0~9	0~9
最大推力(kN)		9 078		9 078	15 200	6 800
最大扭矩(kN·m)		2 160		2 060	2 600	
电机驱动方式		变频	双速电机	变频	变频	双速电机
TBM 重量(t)		345	364	345	450	600

全断面岩石掘进机后配套设备主要由风、水、电供应和材料运输保障系统构成。据统计,由于后配套系统的原因引起的掘进停工时间占总停工时间的比例较高,因此全断面岩石掘进机后配套技术及设备对保障全断面岩石掘进机的连续、均衡、高效运转至关重要。引黄工程后配套系统最长的达350 m,其上安放有变压器、卷线机、压缩机、电器柜、除尘设备、灌浆机和液压动力设备及水泥浆拌和系统等,后配套系统和它上面的辅助设备都在设计和装配阶段进行了调整和改进,以适应在各种不同地质条件下掘进的需要。后配套系统带有用于双冲层的机车,在后配套系统尾部增加加利福尼亚道岔,以提高运输速度。

4 TBM 标定掘进直径的选定

TBM 标定掘进直径的选定内容见表8-5。

表8-5 TBM 标定掘进直径的选定

项目	总干线	南干线				联接段
	TBM	TBM1	TBM2	TBM3	TBM4	TBM
最终衬砌内径(m)	5.46	4.30	4.20	4.20	4.20	4.14
衬砌厚度(m)	0.50	0.44	0.44	0.50	0.50	0.50
衬砌安装间隙(m)	0.045	0.06	0.06	0.06	0.06	
护盾内径(m)	6.005	4.80	4.70	4.76	4.76	4.64
护盾厚度(m)	0.06	0.06	0.06	0.06	0.06	0.179
刀头磨损允许量(m)	0.06	0.06	0.06	0.06	0.06	0.179
标定掘进直径(m)	6.125	4.92	4.82	4.88	4.88	4.819

5 施工方法

双护盾 TBM 在掘进过程中主要是由驱动电机带动刀盘旋转,刀盘的转动带动其上的滚动刀头切削岩石,其向前的推力来自 TBM 机头的夹盾与围岩的摩擦力及主推进油缸和机头尾部辅助推力缸对已安装管片的反力。通过出渣系统及运输系统运出开挖料,并运进管片、豆砾石、水泥及各种施工材料;管片安装系统通过遥控安装管片,管片安装完毕后进行管片与围岩之间豆砾石回填,并在机尾进行水泥灌浆。

(1)掘进。

TBM 的掘进是依靠安装在刀盘上的滚刀旋转挤压破碎围岩来进行的。每天开始掘进前专业技术人员都要对 TBM 掘进机进行技术检查,主要检查刀盘及其部件的完整性,检查激光导向系统及洞轴线的偏移情况,以便做出必要的调整,然后 TBM 启动工作。一般每隔2 km 对洞内基本导线进行检查。

在掘进的同时,渣料通过刀盘上的料斗传输到皮带上,渣车停放在加利福尼亚道岔上并通过液压装置移动,期间通过视频装置监视装渣情况,机车总是在渣车的最前面以改善其安全性和提高运输速度,机车由柴油发动机驱动,每列车由一个装水泥的车厢、九个渣车、一个豆砾石车、一个载人车和四个管片车组成。渣车装满以后运出洞外,再通过翻渣机卸到转渣场,最后用自卸汽车运到永久弃渣场,在返回的时候运回管片、水泥、豆砾石等。

洞内外运输采用按列编组柴油机车牵引,火车运输。

此外,在TBM掘进的同时确定开挖隧洞的围岩类别。地质工程师主要通过对TBM开挖渣料和有无地下水等方面的观测,并在TBM停机时通过侧窗和进入掌子面对围岩的岩性、构造发育情况等方面进行观察,同时参考TBM掘进参数的变化进行综合分析,确定出开挖隧洞的围岩类别。

(2)衬砌。

管片衬砌是与TBM掘进的配套技术,可使TBM在复杂的地质条件下安全、快速掘进并使隧洞及时得到支护。管片由小火车运到TBM后配套系统上,一个掘进冲程结束后立即在后护盾内进行安装。每个衬砌环由四片管片组成,包括两片侧管片和底拱、顶拱管片各一片,由异步液压起重机进行安装。安装顺序为操作手通过遥控装置安装底片—顶片—左片—右片,环与环之间用定位销和导向杆加以连接,如此不断循环进行。

(3)豆砾石回填与水泥灌浆。

由于管片外侧与围岩之间不可避免地存在空隙(护盾的厚度、衬砌安装间隙、刀头磨损量及超挖等),豆砾石回填与水泥灌浆显得尤为必要,一方面通过豆砾石回填灌浆层传递围岩压力,另一方面填充围岩与管片之间的间隙增加衬砌的稳定性和防渗性。

为了防止TBM开挖和洞内运输车辆振动对管片稳定的影响,对围岩与管片之间的间隙必须及时进行豆砾石回填。管片豆砾石通过豆砾石泵→管道→喷嘴从混凝土管片的预留孔灌入管片与围岩的间隙中。次序为从底拱到侧拱再到顶拱,目的是为管片环提供一个适当的支撑力。为防止豆砾石进入衬砌与尾盾之间的间隙,在TBM尾盾装配了一个封闭垫片。豆砾石填料应是经过筛选、清洗干净和坚固的细骨料,粒径为5~10 mm的专用料。

水泥灌浆相对要滞后一些,大约距离掌子面有200 m,水泥为425#普通硅酸盐水泥。回填灌浆的水灰比为0.7:1(重量比),孔口灌浆压力为0.3~0.4 MPa。灌浆原则是:横向自下而上灌,纵向呈阶梯状,在下排孔灌完之后才能灌上排孔,不允许浆液由上排孔串至下排孔漫灌。

在不良地质条件的洞段实施灌浆时,如果单孔的吃浆量较大,应采用间断性灌浆的方法,进行多次灌浆,直到串浆孔出浆为止。

水泥灌浆从底管片到顶管片按次序进行,底、侧管片的灌浆基本在TBM掘进过程中及时进行灌浆,大部分顶管片的灌浆工作待隧洞贯通后实施。为防止浆体外渗,进行管片接缝间的勾缝工作。灌浆结束后28 d进行钻探取芯以检查灌浆的效果,主要检查灌浆的密实性、水泥结石的强度及渗透性。部分洞段进行了压水试验用来检查灌浆的效果。

(4)管片生产。

使用管片体形基本相同,均为六边形。底片内拱设有道轨安装平台,平台上预留道钉孔。管片外侧安装橡胶止水条,侧面粘贴沥青缓冲片。

为了保证TBM的快速掘进,管片预制厂的生产线能力应能满足施工的需求。一般1条生产线的计划产量为每天96片预制管片(1.4 m宽),可满足33 m长的隧洞衬砌。

管片养护部分分为预热窑和蒸养窑,其中预热窑可容纳5个模具,蒸养窑可容纳16个模具。

管片贮存在预制厂前面的露天场地，每4片为一组，按底片—侧片—侧片—顶片自上而下叠放，中间分别用2根方木支撑。场地可以存放至少16 d的生产量。

复习思考题

简答题

(1)隧洞开挖的方法有哪些？其各自适用的条件有哪些？

(2)隧洞施工时，各种炮孔的作用及注意事项有哪些？

(3)隧洞临时支撑的形式有哪些？

(4)隧洞灌浆有哪几种？

(5)简述TBM掘进机的分类。

(6)简述掘进机的工作原理。

(7)简述掘进机的施工特点。

项目9 渠系建筑物

【学习目标】 掌握底板、闸墩、胸墙、闸门槽、接缝止水、铺盖与反滤层的施工方法与施工技术要点，渡槽的施工方法及施工技术要点；熟悉渠道施工开挖、渠堤填筑施工方法，大型渠道机械化衬砌的基本工作原理及施工工艺流程；了解并进行水闸混凝土浇筑块划分。

【学习重点】 水闸施工特点、施工内容、施工程序，水闸混凝土浇筑块划分；渠道的各种衬护技术及施工技术要点；渡槽的施工方法及施工技术要点。

渠系建筑物主要包括水闸、渠道、渡槽、倒虹吸管、涵洞、跌水与陡坡等。本项目着重介绍水闸、渠道、渡槽工程的施工方法。

任务1 水闸施工

1 概述

水闸由上游连接段、闸室段和下游段三部分组成。平原地区水闸施工，一般场地比较开阔，便于施工场地布置。地基多为软土地基，开挖时施工排水较困难，基础处理比较复杂。拦河闸施工导流较困难，常需要一个枯水期完成主要工作量。

水闸施工首先要做好“四通一平”与临时设施的准备工作。施工内容主要有：施工导流工程与基坑排水；基坑开挖、基础处理及防渗排水设施的施工；闸室段的底板、闸墩、边墩、胸墙及交通桥、工作桥等的施工；上下游连接段工程的铺盖、护坦、海漫、防冲槽的施工；两岸工程的上下游翼墙、齿墙、上下游护坡施工；闸门及启闭设备安装等。

一般大中型水闸的闸室多为混凝土及钢筋混凝土工程，其施工原则是：以闸室为主，两岸翼墙为辅，次要项目服从主要项目，穿插进行上下游连接段施工。

1.1 分缝分块

水闸常由结构缝（包括沉陷缝和温度缝）分成许多结构块。当结构块较大时，为了施工方便，又须用施工缝分为若干小块，称为浇筑块。应根据施工条件（混凝土的生产、运输能力）以及浇筑的连续性等，对浇筑块的面积、体积和高度进行控制。

1.1.1 浇筑块面积

以混凝土不产生冷缝为控制条件，则

$$A \leqslant \frac{Q_c K_{时}(t - t_1)}{h} \quad (m^2) \tag{9-1}$$

式中 Q_c——浇筑仓面混凝土的实际生产能力，m^3/h；

$K_{时}$—— 时间利用系数,可取 0.80~0.85;

t—— 混凝土的初凝时间,h;

t_1—— 混凝土的运输、浇筑所占的时间,h;

h—— 混凝土铺料厚度,m。

当采用斜层浇筑法时,浇筑块的面积可以不受限制。

1.1.2　浇筑块的体积

浇筑块的体积不应大于混凝土拌和站的实际生产能力(当混凝土浇筑工作采用昼夜三班连续作业时,不受此限制),则浇筑块的体积:

$$V \leqslant mQ_c \quad (m^3) \tag{9-2}$$

式中　m——按一班或两班制施工时拌和站连续生产的时间,h。

1.1.3　浇筑块的高度

浇筑块的高度一般根据立模条件确定,目前 3 m 高的闸墩可以一次立模浇筑到顶。施工中如果不采用三班制作业,还要受到混凝土在相应时间内的生产量限制,则浇筑块的高度:

$$H \leqslant \frac{mQ_c}{A} \quad (m) \tag{9-3}$$

水闸混凝土浇筑块划分时,在满足上述条件的前提下,划分浇筑块数目应尽可能少些,以减少施工缝,确保混凝土的质量和加快施工速度。

1.2　浇筑顺序

水闸施工中混凝土浇筑是施工的主要环节,各部分应遵循以下浇筑顺序:

(1)先深后浅。即先浇深基础,后浇浅基础,以避免深基础的施工而扰动破坏浅基础土体,并可降低排水工作的难度。

(2)先重后轻。即先浇荷重较大的部分,待其完成部分沉陷以后,再浇筑与其相邻的荷重较小的部分,以减少两者间的沉陷差。

(3)先高后低。即先浇影响上部施工或高度较大的工程部位。如闸底板与闸墩应尽量先安排施工,以便上部桥梁与启闭设备安装施工。而翼墙、消力池等可安排稍后施工。

(4)穿插进行。即在闸室施工的同时,可穿插铺盖、海漫等上下游连接段的施工。

2　闸底板施工

水闸底板有平底板与反拱底板两种。目前,平底板较为常用。

2.1　平底板施工

闸室地基处理完成后,对软基宜先铺筑 8~10 cm 的素混凝土垫层,以保护地基,找平基面。垫层达到一定强度后,可进行绑扎钢筋、立模、搭设脚手架、清仓等工作。底板浇筑时,混凝土入仓方式很多。可选择自卸汽车配合卧罐(载重汽车运立罐)水平运输,起重机吊运入仓和泵送混凝土入仓,不需要在仓面搭设脚手架。在中小型工程中,采用架子车或机动翻斗车等小型运输机具直接入仓时,需搭设仓面脚手架,其布置如图 9-1 所示。

在搭设脚手架之前,应先预制混凝土支柱(断面约为 15 cm×15 cm,高度略大于底板厚度,表面应凿毛洗净),其间距视横梁的跨度而定。然后在混凝土柱顶上架立短木柱、斜撑、横梁等以组成脚手架。当底板浇筑接近完成时,可将脚手架拆除,并立即对混凝土

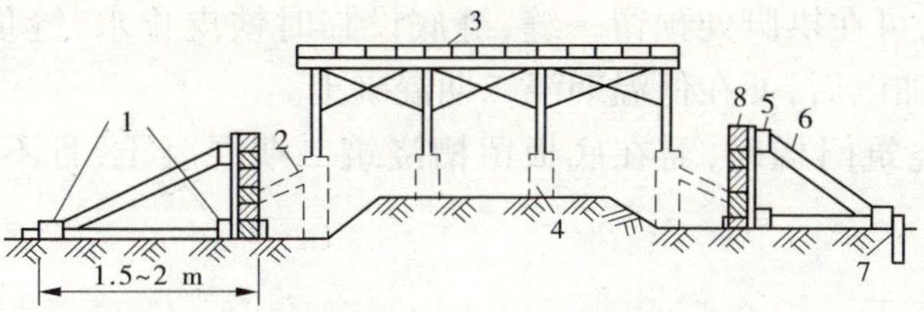

1—地龙木;2—内撑;3—仓面脚手架;4—混凝土柱;5—横围囹;6—斜撑;7—木桩;8—模板

图9-1 底板立模与仓面脚手架(剖面图)

表面进行抹面。

当底板厚度不大时,由于拌和站生产能力的限制,混凝土可采用斜层浇筑法。当底板顺水流长度在12 m以内时,可采用连坯滚法浇筑,即安排两个作业组分层平层浇筑。先由两个作业组共同浇筑下游齿墙,待齿墙浇平后,第一组由下游向上游浇筑第一坯混凝土,抽出第二组去浇筑上游齿墙,当第一组浇到底板中部时,第二组的上游齿墙已基本浇平,然后将第二组转到下游浇筑第二坯,当第二坯浇到底板中部时,第一组已达到上游底板边缘,此时第一组再转回浇第三坯。如此连续进行,可缩短每坯间隔时间,因而可以避免冷缝的发生,保证工程质量,加快施工进度。

2.2 反拱底板施工

2.2.1 施工程序

反拱底板对地基的不均匀沉陷反应敏感,因此必须注意施工程序,通常采用以下两种施工程序:

(1)先浇闸墩及岸墙,后浇反拱底板。为了减少水闸各部分在自重作用下的不均匀沉陷,可将自重较大的闸墩、岸墙等先行浇筑,并在控制基底不致产生塑性开展的条件下,尽快均衡上升到顶。对于岸墙还应考虑尽量将墙后还土夯填到顶。这样,使闸墩岸墙预压沉实,然后浇反拱底板,从而使底板的受力状态得到改善。此法目前采用较多,适用于黏性土或砂性土,对于砂土、粉砂地基,由于土模较难成型,适宜于较平坦的矢跨比。

(2)反拱底板与闸墩岸墙底板同时浇筑。此法适用于地基较好的水闸,对于反拱底板的受力状态较为不利,但保证了建筑物的整体性,同时减少了施工工序,加快了进度。

2.2.2 施工技术要点

(1)反拱底板一般采用土模,必须先做好基坑排水工作,降低地下水位,使基土干燥,对于砂土地基排水尤为重要。

(2)挖模前必须将基土夯实,然后按设计圆弧曲线放样挖模,并严格控制曲线的准确性,土模挖出后,应先铺垫一层10 cm厚砂浆,待其具有一定强度后加盖保护,以待浇筑混凝土。

(3)采用先浇闸墩及岸墙,后浇反拱底板,在浇筑岸、墩墙底板时,应将接缝钢筋一头埋在岸、墩墙底板之内,另一头插入土模中,以备下一阶段浇入反拱底板。岸、墩墙浇筑完毕后,应尽量推迟底板的浇筑,以便岸、墩墙基础有更多的时间沉陷。为了减小混凝土的温度收缩应力,浇筑应尽量选择在低温季节进行,并注意施工缝的处理。

(4)采用反拱底板与闸墩岸墙底板同时浇筑,为了减少不均匀沉降对整体浇筑的反拱底板的不利影响，可在拱脚处预留一缝，缝底设临时铁皮止水，缝顶设“假铰”，待大部分上部结构荷载施加以后，便在低温期浇二期混凝土。

(5)在拱腔内浇筑门槛时，需在底板留槽浇筑二期混凝土，且不应使两者成为一个整体。

3　闸墩与胸墙施工

3.1　闸墩施工

闸墩施工特点是高度大，厚度薄，门槽处钢筋稠密，预埋件多，工作面狭窄，模板易变形且闸墩相对位置要求严格等。所以，闸墩施工中主要工作是立模和混凝土浇筑。

3.1.1　模板安装

(1)“对销螺栓、铁板螺栓、对拉撑木”支模法。此法虽需耗用大量木材、钢材，工序繁多，但对中小型水闸施工仍较为方便。立模时应先立墩侧的平面模板，后立墩头曲面模板。应注意两点：一是要保证闸墩的厚度，二是要保证闸墩的垂直度。单墩浇筑时，一般多采用对销螺栓固定模板，斜撑和缆风固定整个闸墩模板；多墩同时浇筑时，则采用对销螺栓、铁板螺栓、对拉撑木固定，如图9-2、图9-3和图9-4所示。

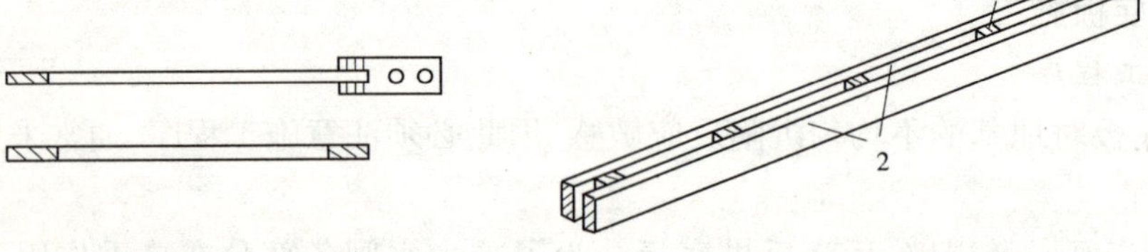

(a)对销螺栓和铁板螺栓　　(b)双夹围图

1—每隔1 m一块的2.5 cm厚小木板；2—5 cm×15 cm的木板

图9-2　对销螺栓及双夹围图

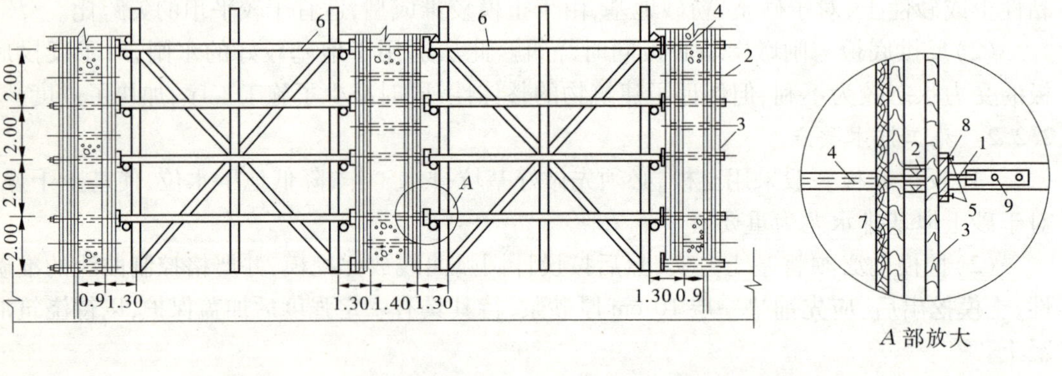

1—铁板螺栓；2—双夹围图；3—纵向围图；4—预埋塑料撑管；5—马钉；6—钢管支撑；7—模板；8—木楔块；9—螺栓孔

图9-3　铁板螺栓、对立撑木支撑的闸墩模板　(单位：m)

(2)钢组合模板翻模法。钢组合模板在闸墩施工中应用广泛，常采用翻模法施工。

立模时一次至少立三层,当第二层模板内混凝土浇至腰箍下缘时,第一层模板内腰箍以下部分的混凝土须达到脱模强度(以98 kPa为宜),这样便可拆掉第一层模板,用于第四层支模,并绑扎钢筋。依次类推,以避免产生冷缝,保持混凝土浇筑的连续性,如图9-5所示。

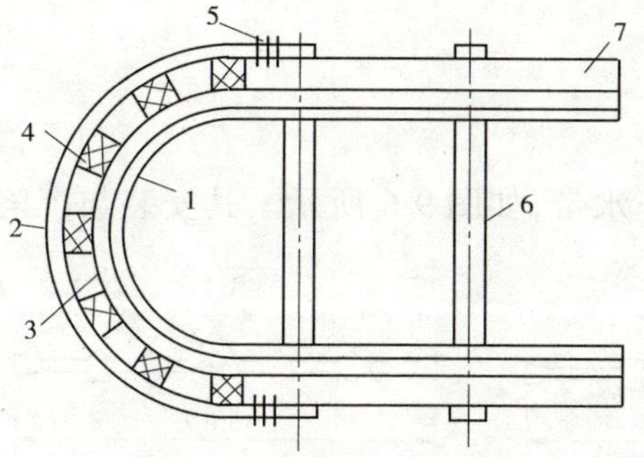

1—模板;2—半圆钢筋环;3—板墙筋;
4—垂直围囹;5—扁铁;6—撑管;7—双夹围囹

图9-4 闸墩头部模板

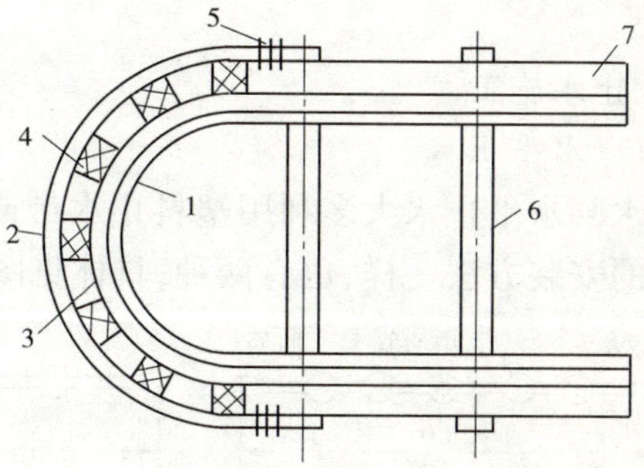

1—腰箍;2—定型钢模;3—双夹围囹;
4—对销螺栓;5—水泥撑木

图9-5 钢模组装图

3.1.2 混凝土浇筑

闸墩模板立好后,即可进行清仓,用压力水冲洗模板内侧和闸墩底面,污水由底层模板上的预留孔排出,清仓完毕堵塞预留孔,经检验合格后,方可进行混凝土浇筑。闸墩混凝土一般采用溜管进料,溜管间距2~4 m,溜管底距混凝土面的高度应不大于2 m。施工中要注意控制混凝土面上升速度,以免产生跑模现象,并保证每块底板上闸墩混凝土浇筑的均衡上升,防止地基产生不均匀沉降。

由于仓内工作面窄,浇捣人员走动困难,可把仓内浇筑面划分成几个区段,每区段内固定浇捣工人,这样可以提高工效。每坯混凝土厚度可控制在30 cm左右。

3.2 胸墙施工

胸墙施工在闸墩浇筑后工作桥浇筑前进行,全部重量由底梁及下面的顶撑承受。下梁下面立两排排架式立柱,以顶托底板。立好下梁底板并固定后,立圆角板再立下游面板,然后吊线控制垂直。接着安放围囹及撑木,临时固定在下游立柱上,待下梁及墙身扎铁后再由下而上地立上游面模板,再立下游面模板及顶梁。模板用围囹和对销螺栓与支撑脚手相连接。胸墙多属板梁式简支薄壁构件,在立模时,先立外侧模板,等钢筋安装后再立内侧模板。最后,要注意胸墙与闸门顶止水设备安装。

4 止水与填料施工

为适应地基的不均匀沉降和伸缩变形,在水闸设计中均设置有结构缝(包括温度缝与沉陷缝)。凡位于防渗范围内的缝,都设有止水设施,止水设施分为垂直止水和水平止水两种,且所有缝内均应有填料。

4.1 填料施工

填充材料常用的有沥青油毛毡、沥青杉木板及沥青芦席等。其安装方法有以下两种:

(1)将填充材料用铁钉固定在模板内侧,铁钉不能完全钉入,至少要留有1/3,再浇混凝土,拆模后填充材料即可贴在混凝土上。

(2)先在缝的一侧立模浇混凝土,并在模板内侧预先钉好安装填充材料的铁钉数排,并使铁钉的1/3留在混凝土外面,然后安装填料、敲弯钉尖,使填料固定在混凝土面上。缝墩处的填缝材料,可借固定模板用的预制混凝土块和对销螺栓夹紧,使填充材料竖立平直。

4.2 止水施工

4.2.1 水平止水

水闸水平止水大多利用塑料止水带或橡皮止水带,如图9-6所示。其安装与沉陷缝填料的安装方法一样,也有两种,具体见图9-7。

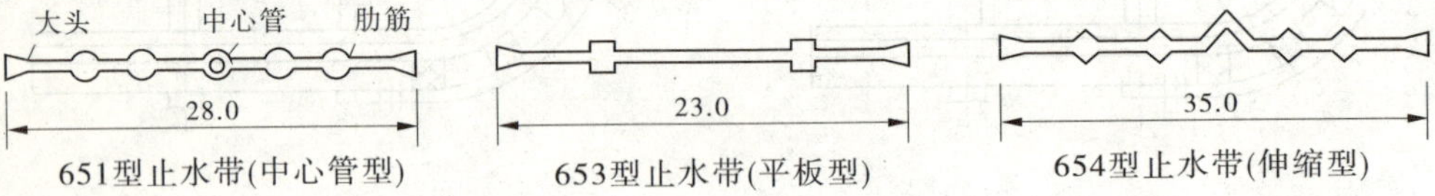

图9-6 塑料止水带 (单位:mm)

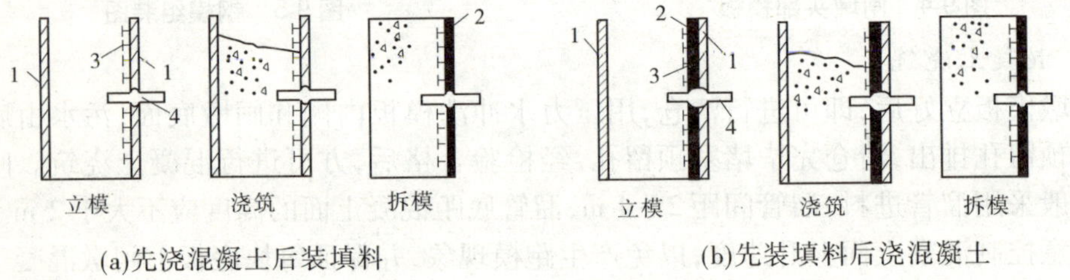

1—模板;2—填料;3—铁钉;4—止水带

图9-7 水平止水安装示意图

4.2.2 垂直止水

垂直止水可以用止水带或金属止水片(铝片、镀锌或镀铜铁皮、不锈钢片、紫铜片),对重要结构,要求止水片与沥青井联合使用,其施工的方法如图9-8和图9-9所示。

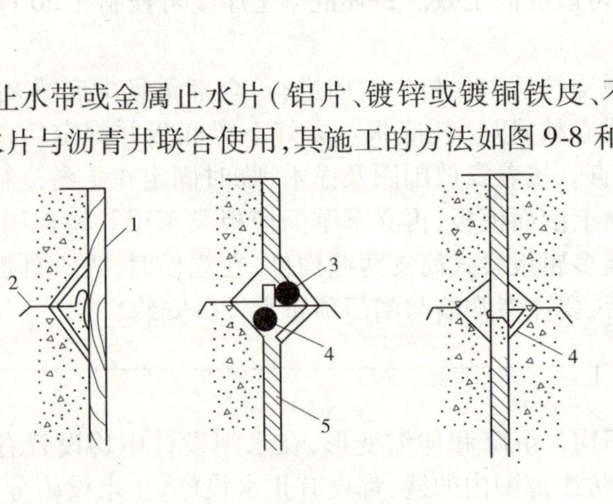

1—模板;2—金属止水片;3—预制混凝土块;4—灌热沥青;5—填料

图9-8 垂直止水施工方法示意图一

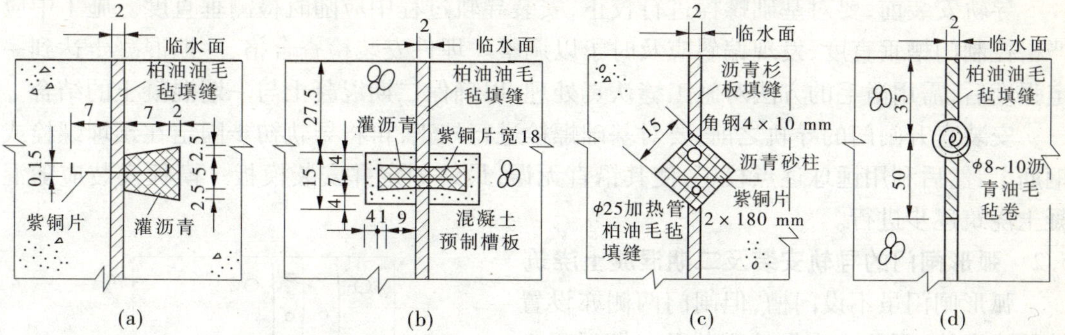

图9-9　垂直止水施工方法示意图二（单位:mm）

5　门槽二期混凝土施工

5.1　平板闸门门槽施工

采用平板闸门的水闸,闸墩部位都设有门槽,门槽混凝土中埋有导轨等铁件,如滑动导轨,主轮、侧轮及反轮导轨,止水座等。这些铁件的埋设有以下两种方法。

5.1.1　直接预埋、一次浇筑混凝土

这种方法是在闸墩立模时将导轨等铁件直接预埋在模板内侧,施工时一次浇筑闸墩混凝土成型,适用于小型水闸,在导轨较小时施工方便,且能保证质量,如图9-10所示。

5.1.2　预留槽二期浇筑混凝土

中型以上水闸导轨较大、较重,在模板上固定较为困难,宜采用预留槽二期浇筑混凝土的施工方法。在浇筑第一期混凝土时,在门槽位置留出一个大于门槽宽的槽位,并在槽内预埋一些开脚螺栓或插筋,作为安装导轨的固定埋件,如图9-11所示。

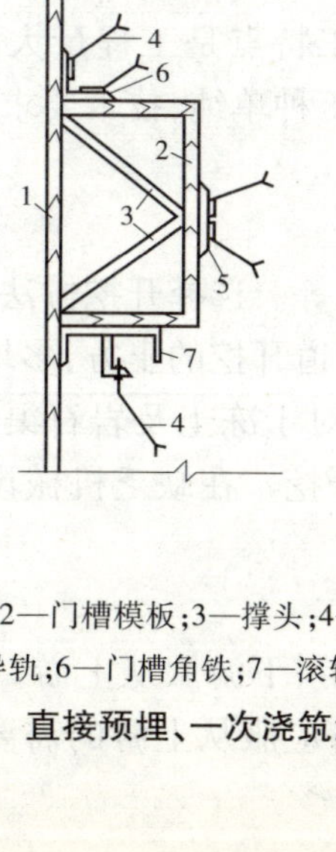

1—闸墩模板;2—门槽模板;3—撑头;4—开脚螺栓;
5—侧导轨;6—门槽角铁;7—滚轮导轨

图9-10　直接预埋、一次浇筑混凝土

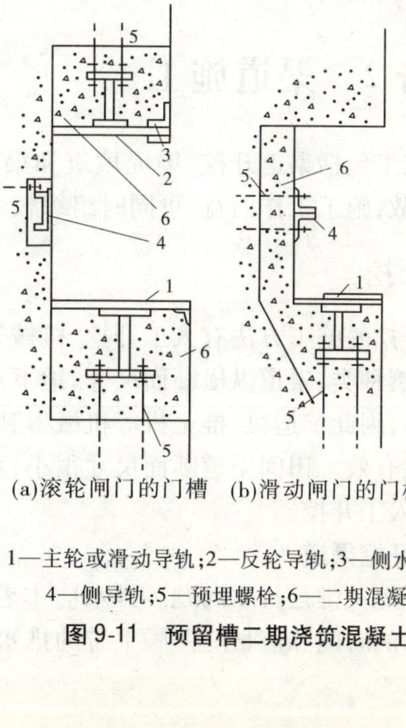

(a)滚轮闸门的门槽　(b)滑动闸门的门槽

1—主轮或滑动导轨;2—反轮导轨;3—侧水封座;
4—侧导轨;5—预埋螺栓;6—二期混凝土

图9-11　预留槽二期浇筑混凝土

导轨安装前，要对基础螺栓进行校正，安装导轨过程中应随时检测垂直度。施工中应严格控制门槽垂直度，发现偏斜应及时予以调整。埋件安装检查合格，一期混凝土达到一定强度后，需用凿毛的方法对施工缝认真处理，以确保二期混凝土与一期混凝土的结合。

安装直升闸门的导轨之前，要对基础螺栓进行校正，再将导轨初步固定在预埋螺栓或钢筋上，然后利用锤球逐点校正，使其铅直无误，最终固定并安装模板。模板安装应随混凝土浇筑逐步进行。

5.2　弧形闸门的导轨安装及二期混凝土浇筑

弧形闸门虽不设门槽，但闸门两侧亦设置转轮或滑块，因此也有导轨安装及二期混凝土施工。弧形闸门的导轨安装，需在预留槽两侧，先设立垂直闸墩侧面并能控制导轨安装垂直度的若干对称控制点。再将校正好的导轨分段与预埋的钢筋临时点焊接数点，待按设计坐标位置逐一校正无误，并根据垂直平面控制点，用样尺检验调整导轨垂直度后，再焊接牢固，如图 9-12 所示。

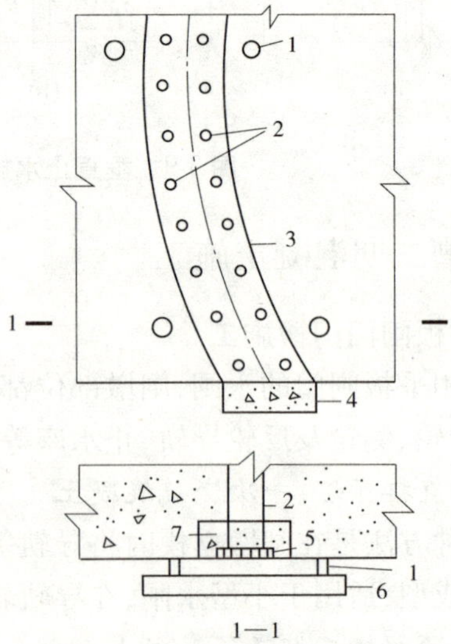

1—垂直平面控制点；2—预埋钢筋；3—预留槽；4—底坎；5—侧轨；6—样尺；7—二期混凝土

图 9-12　弧形闸门导轨安装示意图

导轨就位后即可立模浇筑二期混凝土。二期混凝土应采用较细骨料并细心捣固，不要振动已装好的金属构件。门槽较高时，不能直接从高处下料，可以分段安装和浇筑。二期混凝土拆模后应对埋件进行复测，并作好记录，同时检查混凝土表面尺寸，清除遗留的杂物，以免影响闸门启闭。

任务 2　渠道施工

渠道施工包括渠道开挖、渠堤填筑和渠道衬护。其施工特点是工程量大，施工线路长，场地分散，施工工作面宽，可同时组织较多劳力施工，但工种单纯，技术要求较低。

1　渠道开挖

渠道开挖的施工方法有人工开挖、机械开挖和爆破开挖等。选择开挖方法，取决于技术条件、土壤种类、渠道纵横断面尺寸、地下水位等因素。渠道开挖的土方，多堆在渠道两侧用作渠堤，因此铲运机、推土机等机械得到广泛的利用。对于冻土及岩石渠道，以采用爆破开挖最有效。田间渠道断面尺寸很小，可采用开沟机开挖。在缺乏机械设备的情况下，则采用人工开挖。

1.1　人工开挖渠道

渠道开挖关键是排水问题。排水应本着“上游照顾下游、下游服从上游”的原则，即向下游放水的时间和流量应照顾下游的排水条件，同时下游应服从上游的需要。一般下游应先开工，且不得阻碍上游水量的排泄，以保证水流畅通。如需排除降水和地下水，还必须开挖排水沟。渠道开挖时，可根据土质、地下水位、地形条件、开挖深度等选择不同的开挖方法。

1.1.1　龙沟一次到底法

该方法适用于土质（如黏性土）较好、地下水来量小、总挖深 2 ~ 3 m 的渠道。一次将龙沟开挖到设计高程以下 0.3 ~ 0.5 m，然后由龙沟向左右扩大，如图 9-13 所示。

1.1.2　分层开挖法

如开挖深度较大，土质较差，龙沟一次开挖到底有困难，可以根据地形和施工条件分层开挖龙沟，分层挖土，如图 9-14 所示。

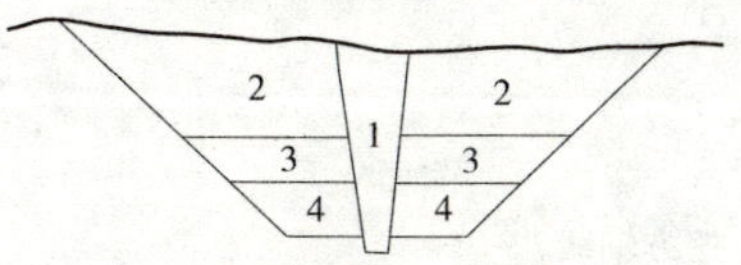

1 ~ 4—开挖顺序；1—排水沟

图 9-13　龙沟一次到底法

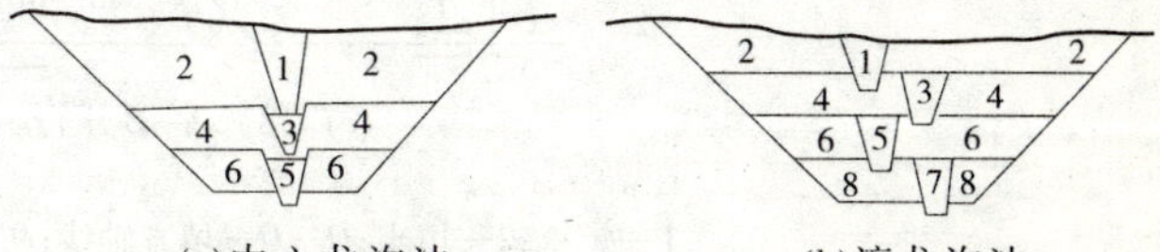

(a)中心龙沟法　(b)滚龙沟法

1 ~ 8—开挖顺序；1，3，5，7—排水沟

图 9-14　分层开挖龙沟

1.1.3　边坡开挖与削坡

开挖渠道如一次开挖成坡，将影响开挖进度。因此，一般先按设计坡度要求挖成台阶状，其高宽比按设计坡度要求开挖，最后进行削坡。这样施工削坡工程量小，但施工时必须严格掌握，台阶平台应水平，高必须与平台垂直，否则会产生较大误差，增加削坡工程量。

1.2　机械开挖渠道

1.2.1　推土机开挖渠道

采用推土机开挖渠道，其深度一般不宜超过 1.5 ~ 2.0 m，填筑渠堤高度不宜超过 2.0 ~ 3.0 m，其边坡不宜陡于 1∶2（见图 9-15）。在渠道施工中，推土机还可以平整渠底、清除植土层、修整边坡、压实渠堤等。

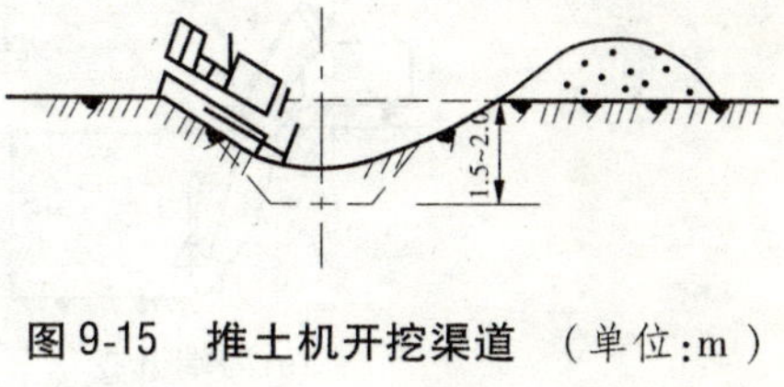

图 9-15　推土机开挖渠道　（单位：m）

1.2.2　铲运机开挖渠道

半挖半填渠道或全挖方渠道就近弃土时，采用铲运机开挖最为有利。需要在纵向调配土方的渠道，如运距不远，也可用铲运机开挖。

铲运机开挖渠道的开行方式有环形开行和“8”字形开行两种。

(1)环形开行。当渠道开挖宽度大于铲土长度，而填土或弃土宽度又大于卸土长度时，可采用横向环形开行，如图 9-16(a)所示；反之，则采用纵向环形开行，如图 9-16(b)所示。铲土和填土位置可逐渐错动，以完成所需要的断面。

(2)“8”字形开行。当工作前线较长，而填挖高差较大时，则应采用“8”字形开行方式，如图 9-16(c)所示。其进口坡道与挖方轴线间的夹角以 40° ~ 60°为宜，夹角过大则转弯不便，夹角过小则加大运距。

采用铲运机工作时，应本着“挖近填远，挖远填近”的原则施工。即铲土时先从填土区最近的一端开始，先近后远；填土则从铲土区最远的一端开始，先远后近，依次进行。这

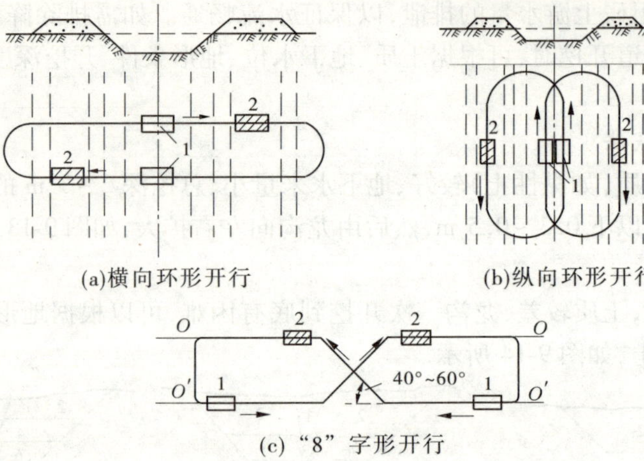

1—铲土;2—填土;O—O—填方轴线;O′—O′—挖方轴线

图 9-16　铲运机的开行路线

样不仅创造了下坡铲土的有利条件,还可以在填土区内保持一定长度的自然地面,以便铲运机能高速行驶。

1.2.3　反向铲挖掘机开挖渠道

当渠道开挖较深时,采用反向铲挖掘机开挖较为理想。该方案有方便快捷、生产率高的特点,在生产实践中应用相当广泛,其布置方式有沟端开挖和沟侧开挖两种,如图 9-17 所示。

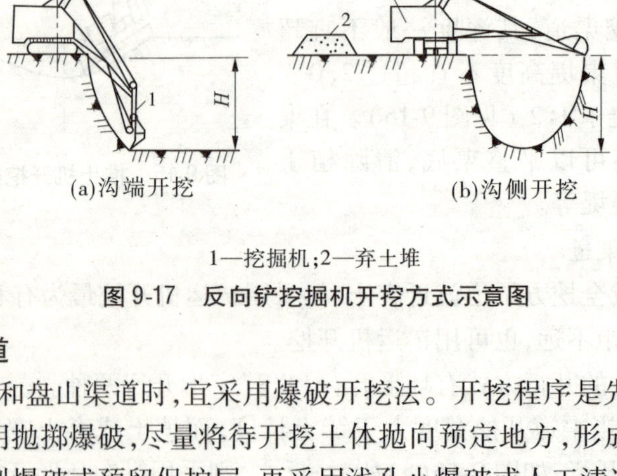

1—挖掘机;2—弃土堆

图 9-17　反向铲挖掘机开挖方式示意图

1.3　爆破开挖渠道

开挖岩基渠道和盘山渠道时,宜采用爆破开挖法。开挖程序是先挖平台再挖槽。开挖平台时,一般采用抛掷爆破,尽量将待开挖土体抛向预定地方,形成理想的平台。挖槽爆破时,先采用预裂爆破或预留保护层,再采用浅孔小爆破或人工清边清底。

2　渠堤填筑

筑堤用的土料,以黏土略含砂质为宜。如果用几种透水性不同的土料填在迎水坡,则透水性大的填在背水坡。土料中不得掺有杂质,并应保持一定的含水率,以利于压实。填方渠道的取土坑与堤脚应保持一定距离,挖土深度不宜超过 2 m,且中间应留有土埂。取土宜先远后近,并留有斜坡道以便于运土。半填半挖渠道应尽量利用挖方筑堤,只有在土料不足或土质不适用时，才在取土坑取土。

铺土前应先行清基，并将基面略加平整，然后进行刨毛，铺土厚度一般为20～30 cm，并应铺平铺匀。每层铺土宽度应略大于设计宽度，以免削坡后断面不足。堤顶应做成坡度为2%～5%的坡面，以利于排水。填筑高度应考虑沉陷，一般可预加5%的沉陷量。对于机械不能填筑到的部位和小型渠道土堤填筑夯实，宜采用人力夯或蛙式打夯机。对砂卵石填堤，在水源充沛时可用水力夯实，否则可选用轮胎碾或振动碾。

3 渠道衬护

渠道衬护的类型有灰土、砌石、混凝土、沥青材料及塑料薄膜等。在选择衬护类型时，应考虑以下原则：防渗效果好，因地制宜，就地取材，施工简易，能提高渠道输水能力和抗冲能力，减小渠道断面尺寸，造价低廉，有一定的耐久性，便于管理养护，维修费用低等。

3.1 砌石衬护

在砂砾石地区，坡度大、渗漏性强的渠道，采用浆砌卵石衬护，有利于就地取材，是一种经济的抗冲防渗措施，同时具有较高的抗磨能力和抗冻性，一般可减少渗漏量80%～90%。施工时应先按设计要求铺设垫层，然后砌卵石。砌卵石的基本要求是使卵石的长边垂直于边坡，并砌紧、砌平、错缝，坐落在垫层上，如图9-18所示。为了防止砌面被局部冲毁而扩大，每隔10～20 m距离用较大的卵石砌一道隔墙。渠坡隔墙可砌成平直形，渠底隔墙可砌成拱形，其拱顶迎向水流方向，以加强抗冲能力。隔墙深度可根据渠道可能冲刷深度确定。渠底卵石的砌缝最好垂直于水流方向，这样抗冲效果较好。不论是渠底还是渠坡，砌石缝面必须用水泥砂浆压缝，以保证施工质量。

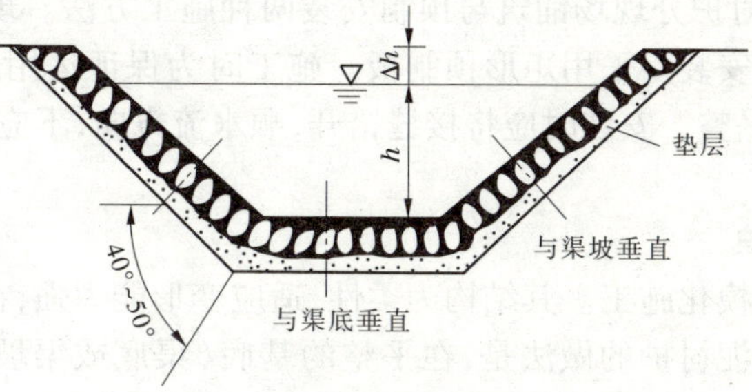

图9-18 浆砌卵石渠道衬砌示意图

3.2 混凝土衬护

混凝土衬护由于防渗效果好，一般能减少90%以上的渗漏量，耐久性强，糙率小，强度高，便于管理，适应性强，因而成为一种广泛采用的衬护方法。

渠道混凝土衬砌，目前多采用板型结构，但小型渠道也采用槽型结构。素混凝土板常用于水文地质条件较好的渠段，钢筋混凝土和预应力钢筋混凝土板则用于地质条件较差和防渗要求较高的重要渠段。混凝土板按其截面形状的不同，又有矩形板、楔形板、肋梁板等不同型式。矩形板适用于无冻胀地区的各种渠道，楔形板、肋梁板多用于冻胀地区的各种渠道。

大型渠道的混凝土衬砌多为就地浇筑，渠道在开挖和压实处理以后，先设置排水，铺设垫层,然后浇筑混凝土。渠底采用跳仓法浇筑,但也有依次连续浇筑的。渠坡分块浇筑时,先立两侧模板,然后随混凝土的升高,边浇筑边安设表面模板。如渠坡较缓,用表面振动器捣实混凝土,则不安设表面模板。在浇筑中间块时,应按伸缩缝宽度设立两边的缝子板。缝子板在混凝土凝固以后拆除,以便灌浇沥青油膏等填缝材料。

装配式混凝土衬砌,是在预制场制作混凝土板,运至现场安装和灌注填缝材料。预制板的尺寸应与起吊运输设备的能力相适应,装配式衬砌预制板的施工受气候条件影响较小,在已运用的渠道上施工,可减少施工与放水间的矛盾。但装配式衬砌的接缝较多,防渗、抗冻性能差,一般在中小型渠道中采用。

3.3 沥青材料衬护

沥青材料具有良好的不透水性,一般可减少渗漏量90%以上,并具有抗碱类腐蚀能力,其抗冲能力则随覆盖层材料而定。沥青材料渠道衬护有沥青薄膜与沥青混凝土两类。

(1)沥青薄膜类防渗按施工方法可分为现场浇筑和装配式两种。现场浇筑又可分为喷洒沥青和沥青砂浆两种。

①现场喷洒沥青薄膜施工,首先要将渠床整平、压实,并洒水少许,然后将温度为200 ℃的软化沥青用喷洒机具,在354 kPa压力下均匀地喷洒在渠床上,形成厚6~7 mm的防渗薄膜。各层间需结合良好。喷洒沥青薄膜后,应及时进行质量检查和修补工作,最后在薄膜表面铺设保护层。一般素土保护层的厚度,小型渠道多用10~30 cm,大型渠道多用30~50 cm。渠道内坡以不陡于1:1.75为宜,以免保护层产生滑动。

②沥青砂浆防渗多用于渠底。施工时先将沥青和砂分别加热,然后进行拌和,拌好后保持在160~180 ℃,即可进行现场摊铺,然后用大方铣反复烫压,直至出油,再做保护层。

(2)沥青混凝土衬护分现场铺筑与预制安装两种施工方法。现场铺筑与沥青混凝土面板施工相似。预制安装多采用矩形预制板。施工时为保证运用过程中不被折断,可设垫层,并将表面进行平整。安装时应将接缝错开,顺水流方向,不应留有通缝,并将接缝处理好。

3.4 钢丝网水泥衬护

该方法是一种无模化施工。其结构为柔性,适应变形能力强,在渠道衬护中有较好的应用前景。钢丝网水泥衬护的做法是,在平整的基底(渠底或渠坡)上铺小间距的钢丝,然后抹水泥砂浆或喷浆。其操作简单易行。

3.5 塑料薄膜衬护

采用塑料薄膜进行渠道防渗,具有效果好、适应性强、质量轻、运输方便、施工速度快和造价较低等优点。用于渠道防渗的塑料薄膜厚度以0.15~0.30 mm为宜。塑料薄膜的铺设方式有表面式和埋藏式两种。表面式是将塑料薄膜铺于渠床表面,薄膜容易老化和遭受破坏。埋藏式是在铺好的塑料薄膜上铺筑土料或砌石作为保护层。由于塑料表面光滑,为保证渠道断面的稳定,避免发生渠坡保护层滑塌,渠床边坡宜采用锯齿形。保护层厚度一般不小于30 cm。

塑料薄膜衬护渠道施工大致可分为渠床开挖和修整、塑料薄膜的加工和铺设、保护层的填筑等三个施工过程。薄膜铺设前,应在渠床表面加水湿润,以保证薄膜能紧密地贴在基土上。铺设时,将成卷的薄膜横放在渠床内,一端与已铺好的薄膜进行焊接或搭接,并在接缝处填土压实,此后即可将薄膜展开铺设,然后填筑保护层。铺填保护层时,渠底部分应从一端向另一端进行,渠坡部分则应自下向上逐渐推进,以排除薄膜下的空气。保护层分段填筑完毕后,再将塑料薄膜的边缘固定在顺渠顶开挖的堑壕里,并用土回填压紧。

塑料薄膜的接缝可采用焊接或搭接。搭接时为减少接缝漏水,上游一块塑料薄膜应搭在下游一块之上,搭接长度为50 cm。也可用连接槽搭接,如图9-19所示。

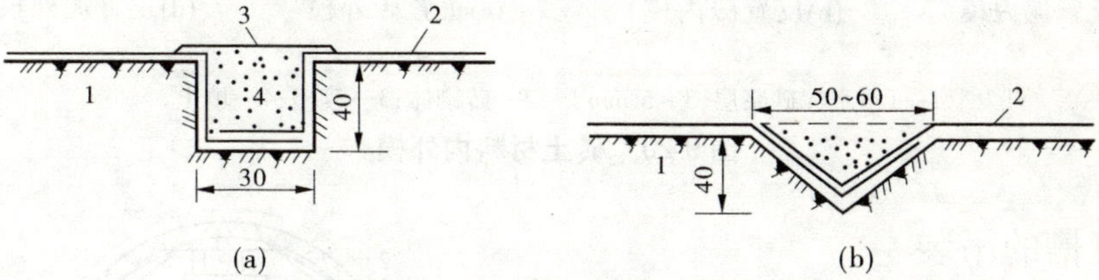

1—渠床;2—塑料薄膜;3—封顶塑料薄膜;4—回填夯实土

图9-19　有连接槽搭接式接缝示意图　（单位:cm）

任务3　装配式渡槽施工

装配式渡槽施工主要包括预制和吊装两个施工过程。

1　构件的预制

1.1　槽架的预制

槽架是渡槽的支承构件,为了便于吊装,一般选择靠近槽址的场地预制。制作的方式有地面立模和砖土胎模两种。

(1)地面立模。在平坦夯实的地面上用1∶3∶8的水泥、黏土、砂浆抹面,厚约1 cm,压抹光滑作为底模,立上侧模后就地浇制,拆模后,当强度达到70%时,即可移出存放,以便重复利用场地。

(2)砖土胎模。其底模和侧模均采用砌砖或夯实土做成,与构件的接触面用水泥黏土砂浆抹面,并涂上脱模剂即可。使用土模应做好四周的排水工作。高度在15 m以上的排架,如受起重设备能力的限制,可以分段预制。吊装时,分段定位,用焊接固定接头,待槽身就位后,再浇二期混凝土。

1.2　槽身的预制

为了便于预制后直接吊装,整体槽身预制宜在两排架之间或排架一侧进行。槽身的方向可以垂直或平行于渡槽的纵向轴线,根据吊装设备和方法而定。要避免因预制位置选择不当,而在起吊时发生摆动或冲击现象。

U形薄壳梁式槽身的预制,有正置和反置两种浇筑方式。正置浇筑是槽口向上,优点是内模板拆除方便,吊装时不需翻身,但底部混凝土不易捣实,适用于大型渡槽或槽身不便翻身的工地。反置浇筑是槽口向下,优点是捣实较易,质量容易保证,且拆模快、用料少等,缺点是增加了翻身的工序。

矩形槽身的预制,可以整体预制也可分块预制。中小型工程,槽身预制可采用砖土材料制模，如图9-20所示。反置浇筑钢丝网水泥渡槽槽身木内模的结构如图9-21所示。

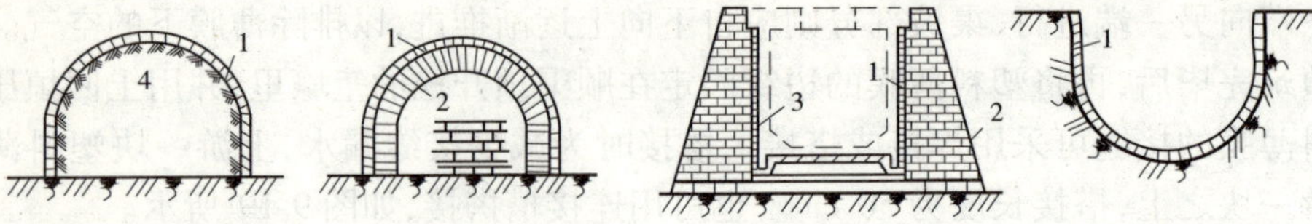

(a)反置泥内模　(b)反置砖内模　(c)正置砖外模　(d)正置泥外模

1—1:4水泥砂浆层，3～5 mm厚；2—砖砌体；3—渡槽；4—填土

图9-20　砖土材料内外模

2　梁式渡槽的吊装

装配式渡槽的吊装工作是渡槽施工中的主要环节，必须根据渡槽的型式、尺寸、构件重量、吊装设备能力、地形和自然条件、施工队伍的素质以及进度要求等因素，进行具体分析比较，选定快速简便、经济合理和安全可靠的吊装方案。

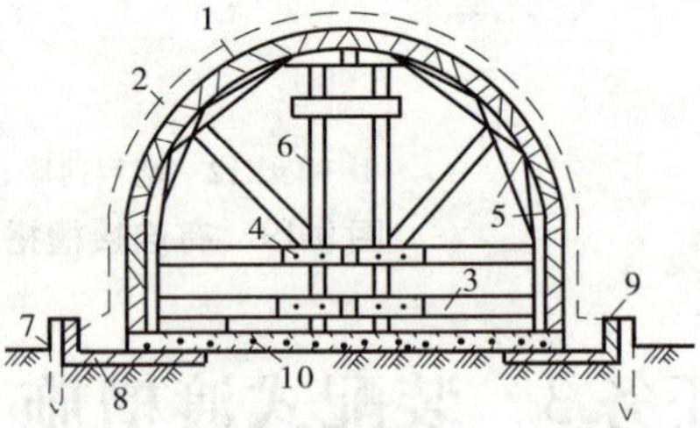

1—木内模；2—待浇槽身；3—活动横撑；4—活动销；5—内龙骨；6—内支架；7—木桩；8—底模；9—侧模；10—预制横拉梁式渡槽的吊装

图9-21　反置浇筑钢丝网水泥渡槽槽身木内模结构

2.1　槽架的吊装

槽架下部结构有支柱、横梁和整体排架等。支柱和排架的吊装通常有垂直起吊插装和就地转起立装两种。垂直起吊插装是用起重设备将构件垂直吊离地面后，插入杯形基础，先用木楔（或钢楔）临时固定，校正标高和平面位置后，再填充混凝土作永久固定。就地转起立装法，与扒杆的竖立法相同。两支柱间的横梁，仍用起重设备吊装。吊装次序由下而上，将横梁先放置在临时固定于支柱上的三角撑铁上。位置校正无误后，即焊接梁与柱联系钢筋，并浇二期混凝土，使支柱与横梁成为整体。待混凝土达到一定强度后，再将三角撑铁拆除。

2.2　槽身的吊装

装配式渡槽槽身的吊装，基本上可分为两类，即起重设备架立于地面上吊装及起重设备架立于槽墩或槽身上吊装。起重设备架立在地面上吊装槽身的方法如图9-22所示。槽身重量和起吊高度不大时，采用两台或四台独脚扒杆抬吊，如图9-22（a）所示。当槽身起吊到空中后，用副滑车组将枕头梁吊装在排架顶上。这种方法起重扒杆移行费时，吊装速度较慢。

龙门架抬吊的顶部设有横梁和轨道，并装有行车，如图9-22（b）所示。操作上使四台卷扬机提升速度相同，并用带蝴蝶铰的吊具，使槽身四吊点受力均匀，槽身平稳上升。横梁轨道顶面要有一定坡度，以便行车在自重作用下能顺坡下滑，从而使槽身平移在排架顶上降落就位。采用此法吊装渡槽者较多。

起重设备架立在槽身或槽墩上吊装槽身的方法如图9-23所示。

双人字扒杆吊装槽身法如图9-23(a)所示。此法不设侧向缆风，起重杆为人字形，以

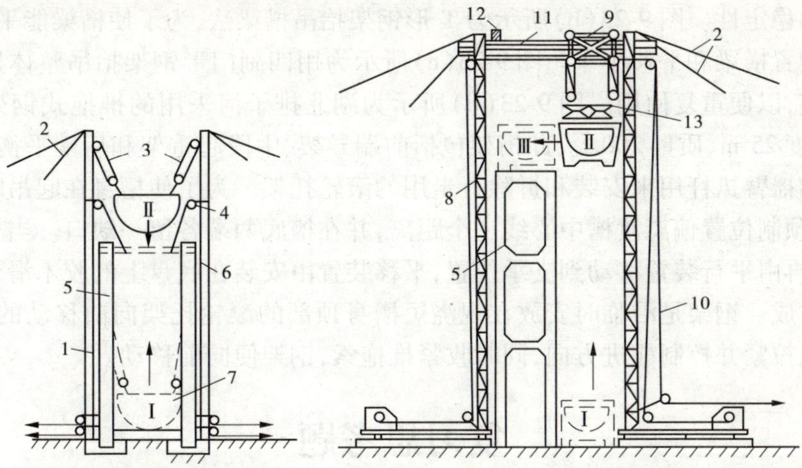

(a)独脚扒杆抬吊　　(b)龙门架抬吊

1—扒杆;2—缆风;3—主滑车组;4—副滑车组;5—排架;6—枕头木;7—预制槽身位置;

8—龙门架;9—行车;10—行车控制索;11—横梁;12—行车止动块;13—蝴蝶铰

图9-22　地面吊装槽身示意图

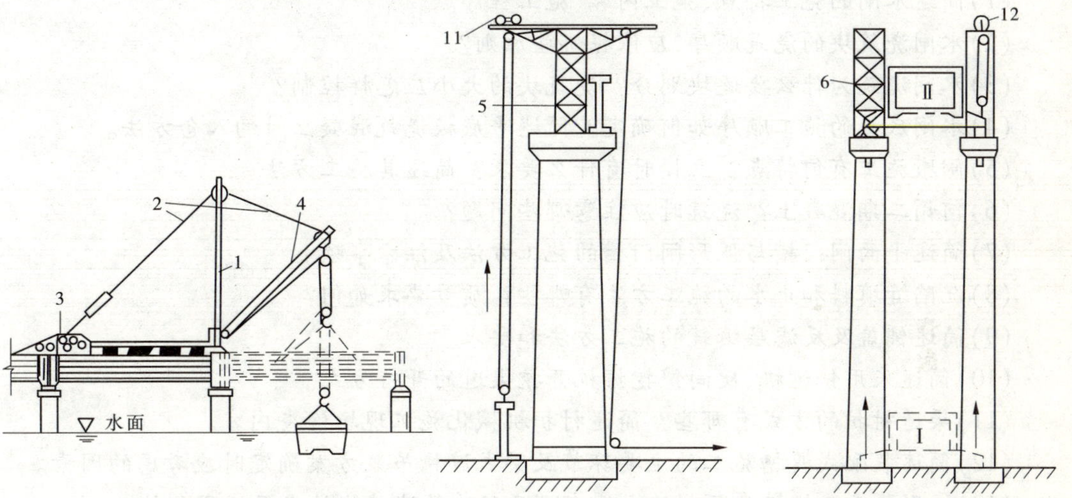

(a)双人字扒杆吊装槽身法　　(b)T形钢架抬吊槽梁法　　(c)四副门形钢架抬吊槽身法

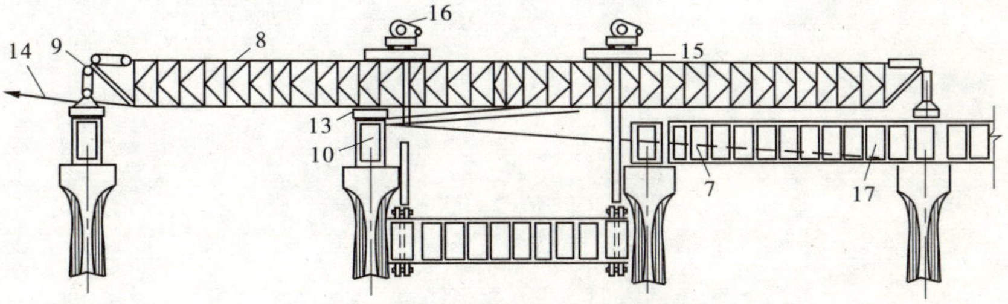

(d)推拖式钢架吊装槽身法

1—钢管人字架;2—钢拉杆;3—起重卷扬机;4—人字形起重臂;5—T形钢架;

6—门形钢架;7—推拖索;8—钢架;9—扒杆;10—现浇短槽身;11—推拖定滑车;

12—承重工字架;13—滚轮托架;14—牵引绳;15—平移装置底盘;16—平移小车;17—卷扬机

图9-23　在槽身槽墩上吊装槽身方法示意图

增加吊装的稳定性。图9-23(b)所示为T形钢架抬吊槽梁法,为了使槽梁能平移就位,在钢架顶部设置横梁和平移小车。图9-23(c)所示为用四副门形钢架抬吊整体槽身。钢架用螺栓连接,以便重复使用。图9-23(d)所示为湖北排子河采用的推拖式钢架吊装槽身法,渡槽跨度25 m、质量200 t。此桁架包括前端导架、中段起重架和后端平衡架三部分。桁架首尾的摇臂扒杆用来安装和拆除行走用的滚轮托架。为了使槽身在起吊时能错开牛腿,槽身的预制位置偏离渡槽中心线一个距离,并在槽底两端各留一缺口。当槽身上升高出牛腿后,再由平行装置移动到支承位置,平移装置由安装在底盘上的胶木滑道和螺杆驱动装置所组成。钢架是沿临时安放在现浇短槽身顶部的滚轮托架向前移动的,在钢架首部用牵引绳拉紧并控制前进方向,同时收紧推拖索,钢架便向前移动。

复习思考题

简答题

(1)简述水闸的施工特点、施工内容、施工程序。

(2)水闸浇筑块的浇筑顺序,应依据哪些原则?

(3)水闸浇筑为什么要逐块划分?浇筑块的大小应怎样控制?

(4)水闸底板的施工顺序如何确定?简述平底板浇筑混凝土时的入仓方法。

(5)闸墩施工有何特点?立模时有什么要求?简述其施工方法。

(6)何谓二期混凝土?浇筑时应注意哪些问题?

(7)简述平面闸门槽与弧形闸门槽的施工方法及注意事项。

(8)沉陷缝填料和止水的施工方法有哪些?质量要求如何?

(9)简述铺盖及反滤层填筑的施工方法和要求。

(10)简述采用铲运机、反向铲挖掘机开挖渠道的开行方式。

(11)渠道衬护的方式有哪些?简述衬护机械化施工现场检查内容。

(12)简述装配式渡槽施工的主要环节及梁式渡槽吊装方案确定时应考虑的因素。

(13)U形薄壳渡槽槽身预制的方法有哪几种?简述其优缺点及适用条件。

项目10 泵站工程

【学习目标】 掌握泵站的施工过程与基本施工工艺，了解泵房的组成与施工要领，掌握钢管的安装与质量控制要领，熟悉泵站的类型、功能与应用，明确辅助设备的类型、应用与安装工艺。

【学习重点】 泵站的施工过程与基本施工工艺，钢管的安装与质量控制要领，辅助设备的类型、应用与安装工艺。

泵站的基本功能是通过水泵的工作体（固体、液体或气体）的运动（旋转运动或往复运动等），把外加的能量（电、热、水或风能等）转变成机械能，并传给被抽液体，使液体的位能、压能和动能增加。同时，通过管道把液体提升到高处，或输送到远处。

1 泵站的类型

（1）按水泵的类型分类：离心泵站、轴流泵站和混流泵站。

（2）按动力分类：电动泵站、机动泵站、水轮泵站、风力泵站和太阳能泵站。

（3）按任务分类：供水泵站、排水泵站、调水泵站、加压泵站和蓄能泵站。

2 泵站工程的组成

泵站工程主要由泵房、管道、进出水建筑物以及变电站等组成，见图10-1。在泵房内安装由水泵、传动装置和动力机组组成的机组，还有辅助设备和电气设备等。进出水建筑物主要有取水、引水设施以及进水池和出水池（或水塔）等。泵站的管道包括进水管和出水管。进水管把水源和水泵进口连接起来，出水管则是连接水泵出口和出水池的管道。

泵站投入运行后，水流即可经过进水建筑物和进水管进入水泵，通过水泵加压后，将水流送往出水池（或水塔）或管网，从而达到提水或输水的目的。

3 水泵的类型

水泵机组包括水泵、动力机和传动设备。它是泵站工程的主要设备，又称为主机组。泵站的辅助设备、电气设备和泵站中的各种建筑物都是为主机组的运行和维护服务的。

泵站工程中最常用的水泵为叶片泵。其按工作原理分为离心泵、轴流泵及混流泵，按泵轴安装形式分为立式、卧式和斜式，按电机是否能在水下运行分为常规泵机组和潜水电泵机组等。

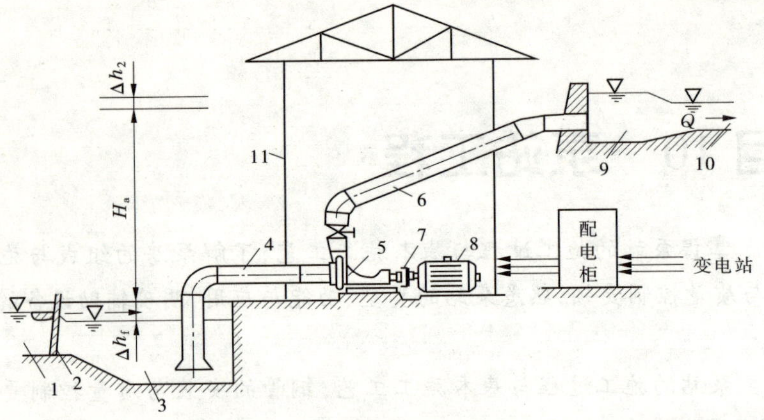

1—水渠;2—拦污栅;3—进水池;4—进水管;5—水泵;6—出水管;

7—传动装置;8—电动机;9—出水池;10—干渠;11—泵房

图 10-1　泵站示意图

任务 1　泵房施工

泵房的施工工艺流程见图 10-2。

1　泵房基础施工

1.1　土方开挖

(1)恢复定线,放出边线桩,标上开挖深度。对不同开挖段采用不同的施工方法。

(2)土方开挖采用机械化施工方法:土方运距在 100 m 左右,选用推土机挖运;大体积的土方开挖远运,宜用挖装机械配合自卸汽车施工。

(3)土方开挖开工前,应考虑排水系统的布设,防止在施工中线路外的水流入线内,并将线路内的水(包括地面积水、雨水、地下渗水)迅速排出路基,保证施工顺利进行。

1.2　灰土垫层施工

(1)施工前应进行验槽,应将积水、淤泥清除干净,等干燥后再进行灰土垫层的铺筑。

(2)灰土施工时,应适当控制其含水量,以用手紧握土料成团,两指轻捏能碎为宜,如土料水分过多或不足,可以晾干或洒水润湿。

(3)灰土垫层铺筑前,应预先在坑壁上用标钎进行厚度控制,铺土时进行分层施工,每层厚度为 20 cm,基坑边缘处等机械无法碾压处采用蛙式打夯机进行压实。每层灰土的夯打遍数要求不少于 4 遍。灰土分段施工时,上下相邻两层灰土间距不得大于 50 cm,接缝处灰土应充分压实。

(4)入槽的灰土,不得隔日夯打。夯实后的灰土 3 d 内不得受水浸泡。刚打完或尚未夯实的灰土,如遭受雨淋浸泡则应将松软土去除并补填夯实,受湿润的灰土,应进行晾晒后使用。

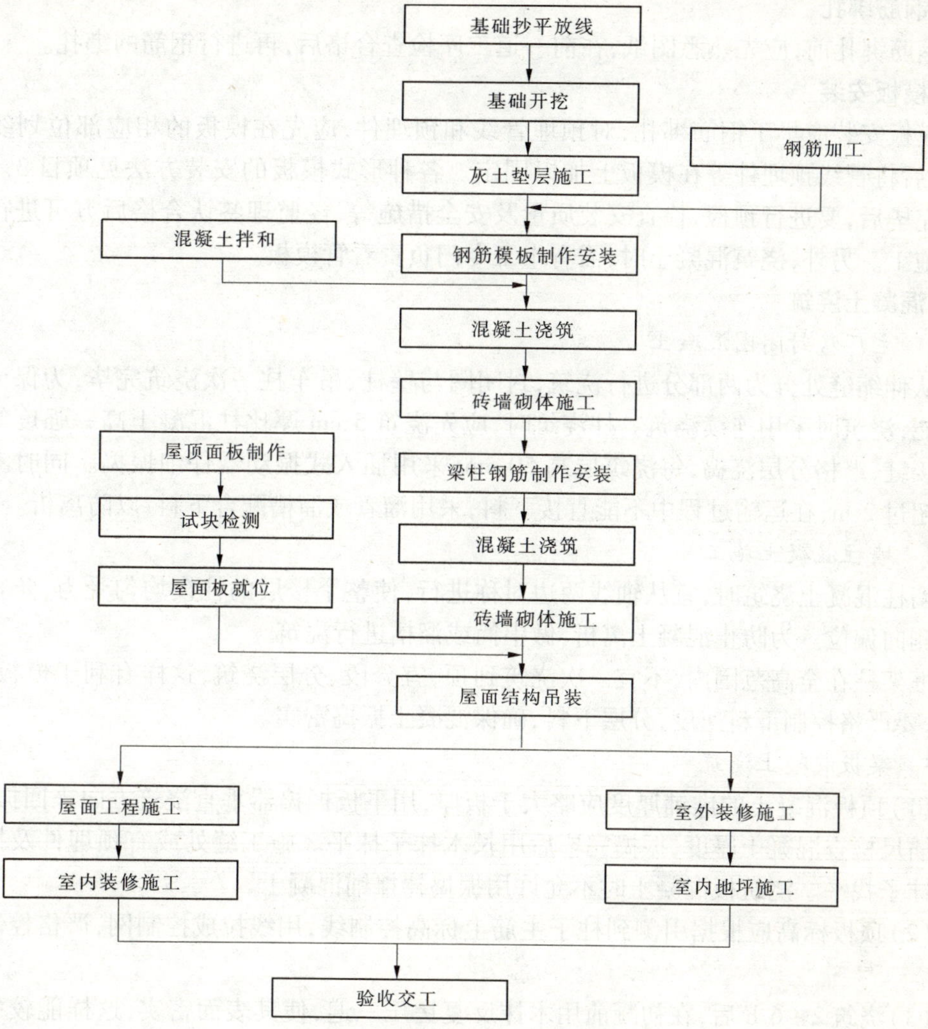

图10-2 泵房的施工工艺流程

2 泵房混凝土浇筑

泵房混凝土施工的内容:主副厂房的封闭圈(基础)、柱、楼梯、圈梁和前池混凝土施工及钢筋安装,模板架立、拆除以及预埋件的安装施工等。混凝土施工的工序:前一道工序验收→弹线放样→模板安装→预埋件埋设→钢筋绑扎→混凝土浇筑→模板拆除→养护。

2.1 弹线放样

在垫层施工验收后,首先引测建筑的边柱或者墙轴线,并以该轴线为起点,引出每条轴线,根据轴线与施工图用墨线弹出模板的内线、边线以及外侧控制线,施工前四线必须到位,以便于模板的安装和校正。支顶板前放线工应提供模板标高控制线,支顶板后质检员应检查标高,确保准确无误。

2.2　钢筋绑扎

钢筋绑扎前，应先熟悉图纸，在前一道工序检查合格后，再进行钢筋的绑扎。

2.3　模板安装

模板安装应早于钢筋绑扎，对预埋管线和预埋件，应先在模板的相应部位划线作标记，然后将管线预埋件等在模板上加以固定。各种形式模板的安装方法见项目3。模板支设完毕后，要进行预检，检查安装质量及安全措施等，经监理签认合格后方可进行下道工序施工。另外，浇筑混凝土时，需有木工专门负责看管模板。

2.4　混凝土浇筑

2.4.1　主厂房封闭圈混凝土

从伸缩缝处分为两部分进行浇筑，封闭圈与壁柱、吊车柱一次浇筑完毕，为保证混凝土性能，浇筑时采用连续浇筑。柱浇筑时，应先浇筑5 cm厚比柱混凝土高一强度等级的净浆接缝，严格分层浇捣，每浇筑层高50 cm，采用插入式振动器仔细振捣。同时考虑到层高超过2 m，在运输过程中不能直接下料，采用溜管或溜槽配合下料，以防离析。

2.4.2　墙柱混凝土施工

墙柱混凝土浇筑时，宜从轴线两边对称进行，使整个楼层的柱模均匀受力，防止模板造成侧向偏位。为防止混凝土离析，做串筒或溜槽进行浇筑。

框架柱在全高范围内，不宜一次浇筑到顶，宜分段、分层浇筑，这样有利于模板稳定。同时，要严格控制下料速度，分层下料，确保混凝土振捣密实。

2.4.3　梁板混凝土浇筑

(1)顶板混凝土的虚铺厚度应略大于板厚，用平板振捣器垂直浇筑方向来回振捣，并用铁插尺检查混凝土厚度，振捣完毕后用长木抹子抹平。施工缝处或有预埋件及插筋处用木抹子找平。浇筑板混凝土时不允许用振捣棒摊铺混凝土。

(2)顶板标高应根据引测到柱子主筋上标高控制线，用线拉成控制网，严格控制顶板标高。

(3)浇筑2～6 h后，在初凝前用木抹反复搓压三遍，使其表面密实，这样能较好地控制混凝土表面龟裂，减少混凝土表面水分的散发，促进养护。

2.4.4　楼梯混凝土施工

(1)考虑工程实际情况，楼梯在结构施工完后施工，楼梯钢筋从结构中甩出钢筋接茬，楼梯梁与楼梯后浇筑混凝土，浇筑前，与结构接触面混凝土应凿毛。

(2)楼梯段混凝土自下而上浇筑，先振实底板混凝土，达到踏步位置时再与踏步混凝土一起浇捣，不断连续向上推进，并随时用木抹子将踏步上表面抹平、一次压光到位。混凝土浇筑过程中应经常检查模板、支架、钢筋、铁件和预留洞口情况，发现模板有变形、移位时，应立即停止浇筑，并在已浇筑的混凝土终凝前修好。另外，在浇筑过程中，注意按要求进行混凝土质量检查和混凝土试块的预留。

2.4.5　混凝土养护

柱及楼板混凝土均采用浇水养护，地下结构抗渗混凝土应连续浇水养护14 d，大气温度较低时应注意用阻燃草被进行覆盖保温，特别应加强对底板混凝土的养护。地上结构应连续浇水养护7 d，浇水次数以保证混凝土表面湿润为准。气候炎热的夏天，柱混凝土应满挂麻布后浇水，以增强养护效果。

2.5 拆模

混凝土的拆模严格执行拆模申请制度，由分包方向总包方提出申请，相关工程师根据同条件养护试块的强度，下达拆模令，方可拆模。模板的拆除应严格按规范要求，并在混凝土施工时，留置两组试块，同条件养护，作为拆模的依据。混凝土若未达到强度要求，不得提前拆模，且根据设计要求混凝土施工完3 d内禁止施工下一道工序。

3 砖墙砌筑

3.1 施工工艺流程

砖墙砌筑施工工艺流程：砖浇水→砂浆搅拌→砌砖墙→验评。

3.2 主要施工方法

(1)砖浇水：黏土砖必须在砌筑前一天浇水湿润，一般以水浸入砖四边1.5 m为宜，含水率为10%～15%，常温施工不得用干砖上墙，雨季不得使用含水率达饱和状态的砖砌墙。

(2)砂浆搅拌：砂浆配合比应采用重量比，计量精度水泥为±2%，砂、灰膏控制在±5%以内。宜用机械搅拌，搅拌时间不少于1.5 min。

(3)砌砖墙的组砌方法：砌体一般采用一顺一丁（满丁、满条）、梅花丁或三顺一丁砌法。砖柱不得采用先砌四周后填心的包心砌法。

4 屋面工程施工

4.1 屋面板吊装

当屋架混凝土强度达到100%后方可吊装。吊装时，先在屋架上弦顶面标注几何中心线，并从跨度中央向两端标出屋面板的安装中心线，同时在端头标出安装中心线。吊装工艺流程：混凝土强度检测→绑扎→扶直就位→吊升→对位、临时固定、校正→最后固定。

屋架的绑扎点选在上弦节点处，对称于屋架的重心；扶直就位时可以采用正向扶直，起重机位于屋架下弦一边，扶直起吊时保持吊钩始终位于上弦中点的垂直上方。

4.2 复合保温板施工

复合保温板施工操作工艺流程如图10-3所示。

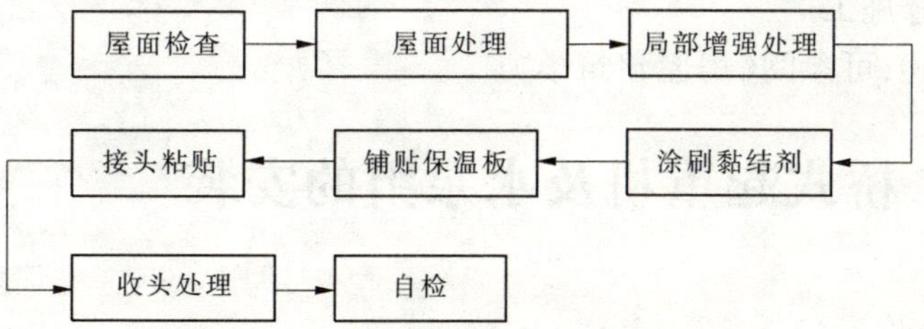

图10-3 复合保温板施工操作工艺流程

4.3 水泥砂浆找平层

水泥砂浆找平层采用吊车上料，人工进行平料。

4.4　沥青防水卷材施工

沥青防水卷材施工工艺流程,如图10-4所示。

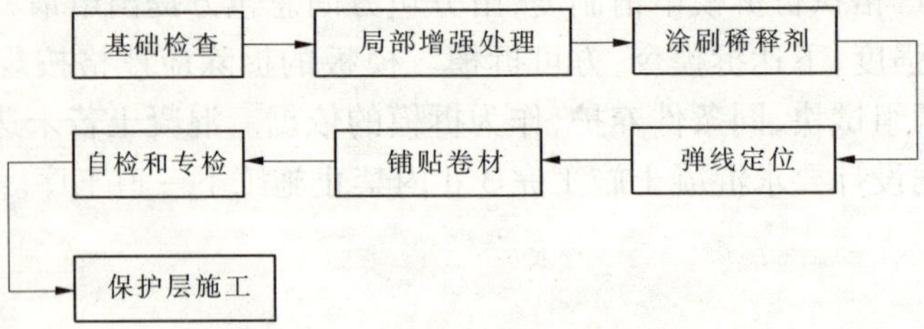

图10-4　沥青防水卷材施工工艺流程

4.5　门窗安装

门窗安装施工工序为:立门窗框→塞缝→装扇→装玻璃。

4.5.1　塞缝

窗框固定好后复查平整度和水平度,再扫清边框处的浮土,洒水湿润基础层,用1∶2水泥砂浆将窗口与窗框间的缝隙分层填实。待塞灰达到一定强度后,再拔去木楔,抹平表面。

4.5.2　装扇

推拉窗要在上框内做导轨和滑轮,再进行窗扇的安装。

4.5.3　装玻璃

安装时,先在型材安装玻璃部位支塞橡胶带,用玻璃吸手按入玻璃,前后垫实,使缝隙一致,然后塞入橡胶条密封。

4.6　勾缝

施工工艺流程:弹线找规矩→开缝、补缝→门窗四周塞缝→墙面浇水→勾缝→清扫墙面→找补漏缝→清理墙面。

(1)墙面勾缝前应浇水,润湿墙面。

(2)拌和砂浆:勾缝用砂浆的配合比为1∶1或1∶1.5(水泥∶砂),应注意随用随拌,不可使用过夜灰。

(3)勾缝:勾缝顺序应由上而下,先勾水平缝,后勾立缝。天气干燥时,对已勾好的缝浇水养护。

4.7　内、外墙装修施工

此处不再赘述,可参阅《房屋建筑学》。

任务2　桥式起重机及水泵组的安装

1　安装前的检验

1.1　设备检验

1.1.1　外观检验

(1)设备开箱检查前,必须查明所到设备的名称、型号和规格,检查设备的箱号和箱数以及包装情况有无损坏等。

(2)设备开箱验收时,先将设备顶板上的尘土打扫干净,防止尘土落入设备内。开箱时一般自顶板开始,查明情况后,再采用适当办法拆除其他箱板,要选择合适的开箱工具,不要用力过猛,以免损坏箱内设备。

(3)设备的清点应根据制造厂提供的设备装箱清单进行。清点时,首先应核实设备的名称、型号和规格。清点设备的零件、部件、附件、备件、专用工具及技术文件是否与装箱单相符。

(4)检查设备的外观质量,如有缺陷、损坏和锈蚀等情况,填写检查记录单,并经厂家确认。分析原因,查明责任,报主管部门进行研究处理。

1.1.2 内部尺寸和性能检验

(1)水泵在安装过程中必须按说明书和安装图中的规定进行尺寸检验。

(2)高压电动机安装前的检验。

(3)风机、排水泵安装前检验:盘动转子是否灵活,有无卡阻碰撞,润滑油是否完好。

(4)蝶阀、伸缩节检验:闸板、套管的密封性,转轴回转配合情况;液控系统油箱、油管、配电箱等设备情况。

(5)桥式起重机检验:根据供货清单清点各类设备、材料,对于缺损件要及时反馈,以免影响设备的安装、调试及试运行。

1.2 设备基础检验

工程主机泵、桥式起重机均为钢筋混凝土基础,由于设备安装要求保持相对位置不变,以及设备重量和运行振动力的存在,要求基础必须有足够的强度和刚度。因此,设备安装前必须对设备基础进行检验。

1.2.1 主机泵基础检验

(1)按照主机泵、电动机的实际组合尺寸和设计图纸给定的标高,检验基础高程,偏差不超过 ±10 mm;

(2)基础纵向中心线应垂直于横向中心线,与泵站纵横中心线要平行,偏差值不超过 ±5 mm;

(3)基础预留螺栓孔方位尺寸要符合设计尺寸的要求,内孔无积水杂物,孔位垂直。

1.2.2 起重机基础检验

桥式起重机梁应平直,外观平滑整齐;螺孔位置准确,无堵塞。

2 桥式起重机安装

桥式起重机安装流程如图 10-5 所示。

2.1 安装施工准备

(1)编制详细的施工组织措施报监理审核批准后并按施工措施准备工器具、材料,对施工人员进行安全教育,技术方案交底。

(2)备好方木、千斤顶、导链、卷扬机等工具,型号要与桥式起重机相对应。

2.2 桥机轨道安装

(1)钢轨在安装前要校正,其侧面水平度不大于 1/500,全长偏差不大于 2 mm。钢轨

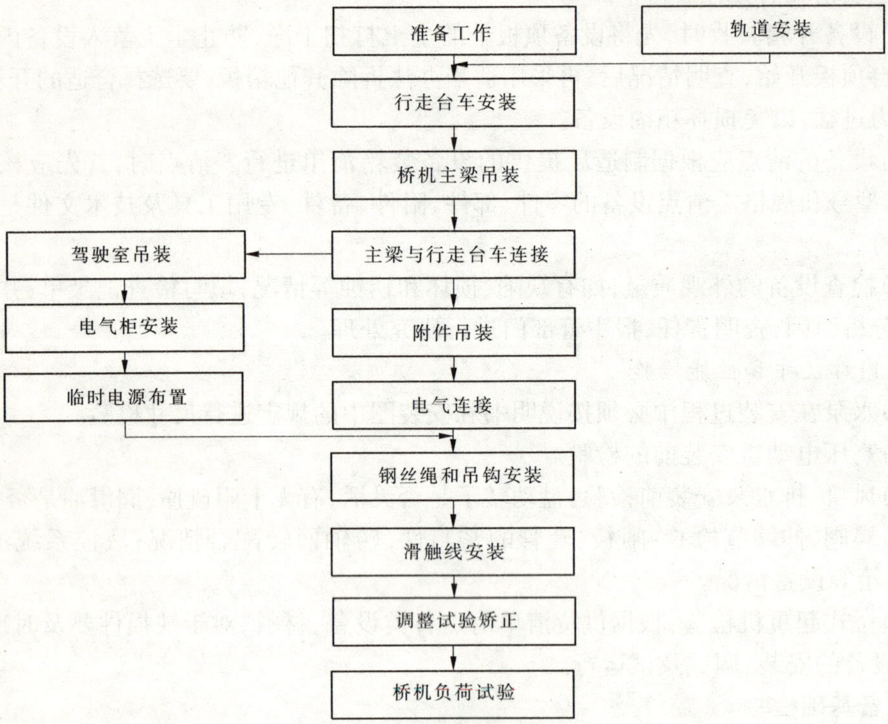

图 10-5　桥式起重机安装流程

两端面应平直，斜度不大于 1 mm。

(2)钢轨安装前，压板、夹板、螺栓、垫片、垫板、车挡均应加工完毕，并做好高空作业安全防护的教育工作。

(3)据施工图纸，用测量仪器精确布线，严格控制安装尺寸使之满足下列要求：单轨中心线与设计中心线偏差不大于 3 mm，两轨中心差不大于 5 mm，同断面两轨高度差不大于 8 mm，轨道接头，错位不大于 1 mm，接缝 1 ~ 3 mm，并保证伸缩量，纵向水平度不大于 1/1 500，全长偏差不大于 10 mm，两侧轨道接头位置应错开，其错开距离应大于前后车轮的轮距，轨道接头处左、右、上三个面的偏移均不大于 1 mm。

2.3　桥机吊装

(1)首先将桥机的大车行走台车利用汽车吊安装到上下游侧轨面上，利用楔子板将台车调整水平。

(2)将桥机大梁运到厂房安装场，利用汽车吊慢慢将主梁提升到超过行走台车上面高程，再将主梁扭转回来并调平，对准大梁与台车连接螺栓孔，然后慢慢地落到桥机行走台车上面，将螺栓把紧。

(3)利用汽车吊安装其他部件(包括操作室等)。

2.4　桥机电气设备安装

按制造商和工程设计单位的图纸及技术文件组装桥机和调整试验。施工工艺及质量要求符合规定的标准和规范。

(1)悬吊式软电缆的安装。①当采用型钢做软电缆滑道时,型钢应安装平直,滑道平正光滑,机械强度符合要求。②悬挂装置的电缆夹,与软电缆可靠固定,电缆夹间的距离不大于5 m。③软电缆安装后,其悬挂装置沿滑道移动灵活、无跳动、无卡阻。④软电缆移动段的长度,比起重机移动距离长15%~20%,并加装牵引绳,牵引绳长度短于软电缆移动段的长度。⑤软电缆移动部分两端分别与起重机、钢索或型钢滑道牢固固定。

(2)起重机上电缆的敷设。

(3)配电屏、柜的安装。

(4)照明装置的安装。

2.5 制动装置的安装

(1)制动装置的动作应迅速、准确、可靠。

(2)处于非制动状态时,闸带、闸瓦与闸轮的间隙应均匀,且无摩擦。

(3)当起重机的某一机构是由两组在机械上互不联系的电动机驱动时,其制动器的动作时间应一致。

2.6 行程限位开关、撞杆的安装

(1)起重机行程限位开关动作后,能自动切断相关电源,并使起重机各机构在下列位置停止:吊钩、抓斗升到离极限位置不小于100 mm处。

(2)起重臂升降的极限角度符合产品规定。

(3)撞杆的装设及其尺寸的确定,应保证行程限位开关可靠动作,撞杆及撞杆支架在起重机工作时不晃动。撞杆宽度能满足机械横向窜动范围的要求,撞杆的长度能满足机械最大制动距离的要求。

(4)撞杆在调整定位后,固定可靠。

2.7 控制器的安装

控制器的安装位置,应便于操作和维修;操作手柄或手轮的安装高度,应便于操作与监视,操作方向宜与机构运行的方向一致,并符合现行国家标准《控制电气设备的操作件标准运动方向》(GB/T 4205—1984)的规定。

2.8 起重量限制器的调试

(1)起重量限制器综合误差,不大于8%。

(2)当载荷达到额定起重量的90%时,能发出提示性报警信号。

(3)当载荷达到额定起重量的110%时,能自动切断起升机构电动机的电源,并发出禁止性报警信号。

3 主机泵组安装

根据主机泵组的类型,按先固定件后转动部件的规律进行安装、调试。安装过程中必须严格控制固定部分的高程、水平度、垂直度,转动部分的轴线同心、径向摆度及各部间隙,安装时使用泵站内桥式起重机。下面以卧式水泵类型介绍其安装过程。

3.1 机泵及其附属设备基础预埋

(1)机泵及其附属设备基础、通风设备和通风管、起重机轨道、单轨小车轨道、启闭机基础等的螺杆、插筋、锚杆、型钢和钢板等预埋件的埋设应严格遵守施工详图和技术规范

的要求。

(2)预埋件安装固定:机组模板安装完毕后,在混凝土浇筑前,将埋件就位,焊接固定在机座钢筋上,严格控制埋件的位置、高程,使高程误差控制在±5 mm范围内。

(3)机座一期混凝土浇筑时,应控制浇筑速度,以免在浇筑过程中使预埋件变形,混凝土浇筑高度距埋件顶部300 mm为宜。

(4)机组钢架制作与安装:钢架的制作在施工平台上进行,按设计图纸和有关规范要求进行下料、加工、组焊。钢架安装在机座预埋件上,以焊接方式进行连接,先点焊,再调整找正,钢架水平度不超过±1 mm,高程偏差不大于±5 mm。钢架安装完成后,进行二期混凝土浇筑。

3.2 水泵安装

机组基础检验合格后,对基础表面凿毛,清扫,对地脚螺栓预留孔作拉锚处理,并用测量仪器放出机组纵、横中心线。

用桥式起重机吊起水泵,并穿入地脚螺栓,同时选好位置安放临时垫铁,用四点吊线法将水泵逐个吊装就位。

浇灌地脚螺孔内二期混凝土:水泵检查和初平工作完成后,立即浇筑螺孔内二期细碎石混凝土。混凝土强度等级比原基础高一级,一般不低于C25。浇二期混凝土时要振捣密实,防止螺栓歪斜,如设备外表飞溅混凝土浆,事后立即清理。

安放永久垫铁:在平垫下铺设不小于30 mm的细碎石混凝土,使斜铁上面与泵脚下加工面保持无缝接触,并作好铁件下落检查,各垫铁间接触应良好。

3.3 电动机安装

(1)电动机联轴器安装与检验,安装联轴器时先清洗轴颈、联轴器孔和键槽,并用0#砂布去除轴的毛刺、杂质,联轴器采用外加温热装法,温升控制在100~150 ℃即可。

(2)电动机的初平:用桥式起重机吊起电机穿地脚螺栓就位。支好临时性垫铁,电动机从底座和轴径处控制纵横水平(可与水泵初平同时进行),以水泵为准。用靠尺和百分表测量,初步调整到轴向同心差不大于0.2 mm,径向同心差不大于0.1 mm,水泵和电机联轴器采用弹性联结,两者之间间距为联轴器外径的2%。

(3)安放永久垫铁、浇筑地脚螺孔二期混凝土。

任务3　钢管的安装

1　钢管安装

1.1　钢管安装前的验收

(1)土建、水工工程的验收:与钢管安装有关的基础已施工完毕,基础的高程、方位必须符合设计要求,钢管支墩应有足够的强度和稳定性。

(2)钢管的验收:钢管的验收按照有关规程、规范、标准,检查钢管的材质、外径、内径、椭圆度、长度、角度、节口、防腐等项均符合设计要求。

1.2 钢管的吊装、运输要点

(1)钢管运输前应对各种工器具进行检查,包括车辆、卡扣、钢丝绳、起重机等。

(2)起吊前应对参加施工人员进行安全交底,指定专职指挥人员,统一指挥信号。

(3)严禁吊运的钢管从人的上方通过或停留,应使钢管吊运通道沿途通畅。

(4)吊运中的钢管上严禁站人。

(5)钢管在运输过程中要用导链牢固封车,以防运输中钢管产生不安全因素。

(6)钢管吊离运输车时要缓缓升起,防止对运输车产生严重撞击。

(7)钢管被放置在台车上时要找好平衡度,以防钢管倾斜。

(8)钢管在运往安装位置前要检查拉台车的钢丝绳和滑轮,检查无误后再把钢管运到安装位置。

(9)钢管运往安装位置过程中,禁止钢管两侧有人员随行。

1.3 钢管安装施工

1.3.1 厂内钢管安装

1.3.1.1 安装顺序

厂内钢管安装随设备延续进行,即进出水钢管在机泵设备就位前先穿入封闭圈穿墙套管内,然后从水泵前后分别延续安装渐变管、伸缩节、蝶阀等。安装时要保证同水泵、蝶阀三者一体的公差要求,安装时用桥机、手拉葫芦及三脚架配合。

1.3.1.2 管节装配

管节运输就位后,首先调整钢管的里程、高程及中心,合格后将管节固定牢固。然后进行压缝(根据情况使用千斤顶)。压缝后进行点焊,点焊通常从下中心开始,自下而上顺序一直到上中心处汇合。环缝焊接除图纸规定外,应按安装顺序逐条进行,不得跳跃,不得在混凝土浇筑后再焊接内缝。钢管、支管、弯管、岔管、伸缩节等应按图纸要求进行安装,确保其高程与中心设计相符,与设计轴线的不平行度不应大于2/1 000。

装配完成后,钢管与支墩和锚栓焊接牢固,进行整体加固,防止混凝土回填过程中钢管上浮移位。钢管安装完成一段长度后,应进行误差校正,校正管道中心线、高程是否超出允许误差范围。钢管安装公差应符合下列要求:管口中心允许偏差,始装节管口中心允许偏差5 mm,与伸缩节、蝶阀、岔管连接的管节及弯管中心允许偏差6 mm,其他部位管节管口中心允许偏差15 mm。始装节里程偏差不应超过±5 mm,弯管起点里程偏差不应超过±10 mm。管口椭圆度不应大于5D/1 000。沿环缝两侧管口,相邻两内表面之间的最大错位不超过3 mm。

1.3.2 镇墩钢管安装

镇墩钢管安装可随混凝土管进行。钢管上的人孔在现场割制安装,人孔最后安装。

1.3.3 出水塔钢管安装

水塔钢管的安装分下段弯管、直管、伸缩节和管缝处理,钢管安装分段进行。

(1)基础预埋部分。这部分钢管在土建基础开始时进行,在基础测量放线后,对预埋件进行复测,清理修整,安装时中心线标高、垂直度、弯管水平度、角度要符合设计要求,同时要用槽钢对预埋钢管进行支撑、固定,以保证在浇筑混凝土时,钢管不发生位移和变形,埋管露出混凝土不小于300 mm,立口最好留出1 m左右。坡口在安装前处理好。

(2)水塔弯管安装时,如弯管全在混凝土内,则混凝土基座要打到管底高程,待弯管安调后再进行二次浇筑,如半埋弯管,仍需混凝土打到管底高程后再安弯管。

(3)立管组安。立管及伸缩节事先在地面进行组焊,待水塔基础强度达到要求后整体吊装安装。施工过程中要严格遵守安全规程及施工规范要求,并用垂球、经纬仪进行测量。

立管就位后要用槽钢进行拉焊固定,然后可进行水工部分的施工。同时进行环缝的焊接工作。支拉件在水塔混凝土完成后进行组焊。

1.4 钢管焊接

钢管的焊接及焊缝质量检验按照钢管制作焊接工艺执行。

1.5 涂装

钢管安装完成后,环缝内、外壁用钢丝轮除锈,按照工艺要求在钢管内壁刷防锈漆两道;钢管外壁涂装材料采用3301A不饱和聚酯树脂及玻璃纤维丝布。

涂装工艺应严格按照有关规程及合同文件技术条款中的全部条款执行。

2 穿墙套管管缝处理

穿墙套管管缝处理采用沥青油麻、水泥石人工掺拌、填封。封堵后必须保证其具有良好的止水性能和封闭黏结力,并能保证钢管的微量伸缩性能。

任务4 辅助设备安装与调试

泵站辅助设备主要有蝶阀、伸缩节、风机、消防、供排水系统及闸门启闭机、闸门拦污栅等。

1 蝶阀、伸缩节的安装

蝶阀、伸缩节安装前应进行全面检查、清理、擦洗,电动机液压系统、操作控制部分应完好,闸板密封传动轴要符合要求。安装时从泵口开始延续安装。安装时要注意以下事项:

(1)法兰面要保持垂直,偏差不大于1.5 mm,中心与设计中心重合,偏差不大于15 mm。

(2)胶垫安放要平整均匀,同法兰偏差不大于2 mm,标高不大于5 mm。

(3)伸缩节内外套管要调整均匀,伸缩量符合设计要求,偏差不超过±6 mm。

(4)各润滑部位要注油。注油时不得混入金属微粒、棉絮、灰渣。

(5)蝶阀安装后,要进行手动试验,若无异常,方可进行电动试验。同时进行开、关机时间调整,快关、慢关时间及角度调整,油系统泄漏补油压力调整等以及行程开关、信号灯是否可靠动作。

2 通风系统安装

泵站通风系统包括主厂房和副厂房通风系统。

2.1 风管支、吊架的施工

风管支架基础埋件按施工图纸位置，可在土建单位绑钢筋时进行，预埋在混凝土中，如施工图未到位，可采用射钉、膨胀螺栓法进行安装。

风管与部件支、吊架的预埋件、射钉或膨胀螺栓应位置正确、牢固可靠，埋入部分应去除油污，并不得涂漆。

吊架的吊杆应平直，螺纹应完整、光洁。吊杆拼接可采用螺纹连接或焊接。按风管的中心线找出吊杆安装位置。单吊杆在风管的中心线上，双吊杆可以按托板的螺栓孔距或风管的中心线对称安装。立管管卡安装时，应先把最上面的一个管件固定好，再用线坠在中心处，吊线下面的管卡即可按线进行固定。当风管较长时，需要安装一排支、吊架，可先把两端的安装好，然后以两端的支、吊架为基准，用拉线找出中间支、吊架的标高进行安装。

支、吊、托架安装应注意以下事项：

(1)支、吊、托架的标高必须正确。

(2)支、吊架的预埋件或膨胀螺栓埋入部分不得涂刷油漆，并应除去油污。

(3)支、吊架不得安装在风口、阀门、检查孔等处，以免妨碍检查维修操作。吊架不得直接吊在法兰上。

(4)圆形风管与支架托板接触的位置需垫弧形木块，否则会使风管变形。

2.2 风管的吊装

(1)首先根据现场具体情况，在梁、柱及楼板上选择两个以上可靠的吊点，然后挂好导链用绳索将风管捆绑结实。风管需整体吊装时，绳索不得直接捆在风管上，应用长木板托住风管底部，四周应有软性材料做垫层。

(2)起吊时，当风管离地面200～300 mm时，停止起吊，仔细检查导链受力点或捆绑风管的绳索，绳扣是否牢靠，风管的重心是否正确，若没问题，再继续起吊。

(3)风管放在支、吊架上后，将所有托板和吊杆连接好。确定风管稳固好后，才可以解开绳扣，进行下一段风管的安装。

根据施工现场情况，可以在地面把风管连成一定的长度，然后采用吊装的方法就位。也可以把风管一节一节地安装在支架上逐节连接。安装顺序是先主管后支管、由下至上进行。

2.3 风管的法兰连接

(1)按设计要求选择法兰垫，法兰垫料不能挤入或凸出风管内，否则会增大流动阻力，增加管内积尘。

(2)法兰垫料应尽量减少接头，接头应采用梯形或锥形连接，并涂胶粘牢。法兰连接后严禁往法兰缝隙内填塞垫料。

(3)法兰连接时先把两个法兰对正，把所有螺栓都穿入螺孔后，再把螺栓对称均匀地拧紧。连接好的风管，以两端法兰为基准，拉线检查风管连接是否平直。

(4)连接法兰的螺母在同一侧。

2.4 通风机的安装

(1)安装风机前，必须先对风机进行外观检查，符合规定方可进行安装。

(2)通风机底座不用隔震装置而直接安装在基础上,用垫铁找平。

(3)通风机的基础,各部位尺寸应符合设计要求。预留孔灌浆前清除杂物,灌浆用细石混凝土,其强度等级比基础混凝土高一级,并捣固密实,地脚螺栓不得歪斜。固定通风机的地脚螺栓,除带有垫圈外,并有防松装置。

(4)通风机的进风管、出风管等装置应设有单独的支撑,并与基础或其他建筑物连接牢固;风管与风机连接时,不得强迫对口,机壳不承受其他机件的重量。

(5)轴流通风机安装时,机身应保持水平、牢固可靠。轴流通风机机身纵横向水平度允许偏差不大于0.20 mm/m。

3 消防、供排水系统安装

3.1 管路安装

(1)管路及系统组件安装前应校直管子,并应清除管子内部的杂物;安装时应随时清除已安装管道内部的杂物。在具有腐蚀性的场所安装管路前,应按设计要求对管子、管件等进行防腐处理。

(2)管路系统安装后,按要求对各部件进行复查无误后,进行系统充水升压试验及各阀组动作试验,试验方法及程序经监理工程师批准后,在有关部门主持下,方可进行。整个系统建成后,按要求完成水压综合试验。

(3)焊接钢管管道下料采用机械切割方式,切割后的管口采用气动坡口机及砂轮机进行V形坡口的切削。

(4)明管安装位置偏差、水平弯曲和水平偏差均满足规范要求。

(5)法兰连接的管道应采取内外焊,内焊缝不得高于法兰工作面,且密封垫材质与工作介质、压力要求相符;丝扣连接的管路采取止、泄措施,并保证系统试压无渗漏。

(6)凡穿墙、楼板的管道,留洞尺寸应比其管外径大30 mm左右,其位置必须准确。管道安装后,采用水泥砂浆封闭孔洞。竖管的安装铅垂度,每米允许偏差不得超过2 mm。竖管的固定支架设置在距地面1.5~1.8 m高处。

3.2 消防器材的安装

(1)安装室内消火栓,栓口应朝外,阀门中心距地面为1.2 m,允许偏差20 mm。阀门距箱侧面为140 mm,距箱后内表面为100 mm,允许偏差5 mm。

(2)室内消火栓箱在240 mm厚的砖墙上的安装方式为半暗装,箱体背后墙的厚度保留120 mm。消火栓栓口应朝外,栓口中心距地面为1.1 m。

(3)安装消火栓水龙带,水龙带与水枪和快速接头绑扎好后,根据箱内构造将水龙头挂在箱内的挂钉或水龙头带盘上。

(4)对于暗装或半暗装的消火栓箱,其预留孔洞的尺寸按图纸要求,或在左右两边及上边比消火栓箱外型尺寸每边加大10 mm,下边或侧面留出的接管位置的尺寸应便于消火栓接管。

(5)所有手提式灭火器均应放置在专用灭火器箱内或与消火栓箱合用的灭火器箱内,其设置高度:顶部离地面不大于1.5 m,底部离地面不小于0.15 m。

3.3 排水泵安装

(1)设备安装前,应根据有关规定,对设备进行分解、清扫及检查。所有阀门、仪表、附件均进行检查、清扫,并按规定要求进行耐压试验和校验。

(2)工作泵、备用泵、吸水泵、出水管及出水管上的泄压阀、信号阀等的规格、型号、数量应符合设计要求;当出水管上安装闸阀时锁定在常开位置;消防水泵应采用自灌式引水或其他可靠的引水措施;消防水泵出水管上应安装试验用的放水阀及排水管,备用电源、自动切换装置的设置应符合设计要求。

(3)水泵接合器数量及进水管位置应符合设计要求,水泵接合器应进行充水试验,且系统最不利点的压力、流量应符合设计要求。

(4)泵安装完毕要进行试运转,无异常现象。

4 闸门、启闭机、拦污栅安装

4.1 埋件安装

4.1.1 安装程序

一期插筋的安装随土建施工进度进行。土建浇筑混凝土前,一期插筋必须按图纸要求高程安装完,经严格自检合格后,报请监理人批准方可通知土建浇筑混凝土。用汽车吊将埋件运至孔口平台,并把埋件按图纸位置和安装顺序号吊入二期混凝土槽内,悬挂好。按图纸尺寸和规范要求,将埋件调整到安装位置,加固。经严格自检检查合格后,报请监理人批准进行浇筑二期混凝土。

4.1.2 安装技术要求

(1)埋件的测量点要精确可靠地放在线架上或其他部位。

(2)埋件就位调整完毕,应与一期混凝土中的锚筋(板)焊牢。严禁将加固材料直接焊在主轨、反轨、侧轨、门楣(胸墙)等的工作面上或水封座板上。

(3)埋件所有不锈钢材料的焊接接头,必须使用相应的不锈钢焊条进行焊接。

(4)埋件安装完毕后,应对所有的工作表面进行清理,门槽范围内影响闸门安全运行的外露物必须清除干净。应特别注意清除不锈钢水封座板表面的水泥浆,并对埋件的最终安装精度进行复测,如不锈钢水封座板有划痕,非常浅的划痕用角向磨光机打磨平,如果非常深就要用不锈钢焊条补焊并打磨平,满足图纸的技术要求,作好记录报给监理人。

(5)安装好的门槽,除主轨不锈方钢表面、水封座板的不锈钢表面外,其余外露表面均应按有关规定进行防腐处理。

(6)埋件安装结束后,经检查合格,应在5~7 d内浇筑二期混凝土。如过期或有碰撞,应予复测,复测合格,方可浇筑混凝土。

4.2 闸门安装

4.2.1 安装程序

闸门运到工地后,安装前进行门体各部位尺寸检查。如需要矫正变形,使用火焰加热烘烤法,绝对不能使用切割法。

检查闸门几何尺寸、偏差,满足图纸、规范要求后,焊接闸门节间焊缝。焊接顺序为先焊两侧边梁腹板,再焊中间隔板、面板,后焊接边梁中间翼板。

所有焊缝顺序都是从中间往两边焊接,面板焊缝跳跃焊接。主缝焊接后要进行气刨清理打磨,再进行焊接。焊接时,应分几次检查闸门几何尺寸、偏差,防止焊接产生过大变形。焊接结束后,经过充分冷却,对各项尺寸进行复查,复查结果要符合图纸、规范有关规定要求。

4.2.2　安装技术要求

(1)所有主支承面应调整到同一平面上,其误差不得大于施工图纸和规范的规定。

(2)止水橡皮接头采用生胶热压法胶合,胶合接头处不得有错位、凹凸不平和疏松现象。

(3)闸门水封和压板一起配钻螺栓孔,螺栓孔采用专用钻头,使用旋转法加工,其孔径比螺栓直径小 1 mm。

(4)止水橡皮安装后,两侧止水中心距离和顶止水中心至底止水底缘距离的允许偏差 ±3.0 mm,表面平面度为 2.0 mm。闸门处于工作状态时,止水橡皮的压缩量应符合图样规定,其允许偏差为 -2 ~1 mm。

(5)平面闸门安装完毕,应做静平衡试验。试验方法为:将闸门自由地吊离地面 100 mm,通过滚轮或滑道中心测量上下游方向与左右方向的倾斜,倾斜不应超过门高的 1/1 000,且不大于 8 mm,当超过上述规定时,应予配重调整。

4.2.3　平面闸门的试验

闸门安装完毕后,施工单位要会同监理人对平面闸门进行试验和检查。试验前应检查并确认充水装置在其行程内升降自如、密封良好。

平面闸门的试验项目包括以下内容:

(1)有水情况下全行程启闭试验。试验过程中,滑道或滚轮的运行无卡阻现象。在闸门全关位置,水封橡胶无损伤,漏光检查合格,止水严密。在本项试验的全过程中,必须对水封橡胶与不锈钢水封座板的接触面采用清水冲淋润滑,以防损坏水封橡胶。

(2)静水情况下的全行程启闭试验。本项试验应在无水试验合格后进行。试验、检查内容与无水试验相同(水封装置漏光检查除外)。

(3)动水启闭试验。按施工图纸要求进行动水条件下的启闭试验,试验水头尽可能与设计水头相一致。动水试验前,施工单位根据施工图纸及现场条件,编制试验大纲报送监理人批准后实施。

(4)通用性试验:必须分别在门槽中进行无水情况下的全行程启闭试验,并经检查合格。

4.3　拦污栅安装

(1)将拦污栅运到孔口平台,按图纸位置和顺序摆放好。

(2)两节拦污栅的连接,除栅架边柱对齐外,栅条也应对齐,其最大的错位包括栅条的左右和前后位置应小于栅条厚度的 50%。

(3)拦污栅栅体吊入栅槽后,做升降试验,检查栅体在槽中的运行情况,做到无卡阻和各节连接可靠。

4.4　启闭机安装

4.4.1　卷扬式启闭机安装

(1)利用汽车吊将动滑轮放在闸门上面,进行吊装卷扬机(可以拆掉卷筒或减速箱,分解进行吊装就位)，连接传动轴。利用机架下面的楔子板调整机架水平，水平满足设计及规范要求后，进行加固楔子板焊接。

(2)卷扬式启闭机安装完毕，应全面检查，包括机械、电气部位。减速箱和液压部分注润滑油，其他部位注黄甘油等。

(3)检查合格后，接通临时电源进行空转试验，空转试验没有异常现象，进行钢丝绳的卷绕，按图纸要求进行。

(4)卷扬式启闭机安装完毕后，施工单位会同监理人进行以下项目的试验：①空载试验。起升机构和运行机构按《水利水电工程启闭机制造、安装及验收规范》(DL/T 5019—94)第7.3.2条的规定检查机械和电气设备的运行情况，应做到动作正确可靠、运行平稳、无冲击和其他异常现象。②静荷载试验。按施工图纸要求进行静荷载试验，以检验启闭机的机械和金属结构的承载能力。试验荷载依次采用额定荷载的70%、100%和125%。本项试验应按《水利水电工程启闭机制造、安装及验收规范》(DL/T 5019—94)的有关规定进行。③动荷载试验。按施工图纸要求，对各机构进行动荷载试验，以检验各机构的工作性能及门架的动态刚度。试验荷载依次采用额定荷载的100%和110%。试验时各机构应分别进行，当有联合动作试运转要求时，应按施工图纸和监理人的指示进行。试验时，做重复的启动、运转、停车、正转、反转等动作，延续时间至少1 h。各机构应动作灵活，工作平稳可靠。各限位开关、制动器、安全保护联锁装置、防爬装置等的动作应正确可靠。各零部件应无损坏现象，各连接处不得松动。

4.4.2 螺杆启闭机安装

(1)螺杆启闭机安装应根据起吊中心线找正，其纵、横向中心线偏差不应超过±3 mm，高程偏差不应超过±5 mm，水平偏差不应大于0.5/1 000。

(2)螺杆与闸门连接前，其不垂直度不应大于0.2/1 000，螺杆下端与滑块装置连接时，其倾斜方向与滑块槽倾斜方向一致。滑块槽对起重螺母中心偏差不应大于1 mm，不垂直度不应大于0.2/1 000，滑块在滑槽内上、下移动时应无卡阻现象，两侧间隙应在0.2~0.4 mm内。

(3)螺杆启闭机安装好后，应做好润滑、防护等工作。

复习思考题

简答题

(1)泵站有哪些类型与功能?

(2)泵站工程的组成如何?

(3)简述泵房施工工艺顺序。

(4)简述泵房屋面工程组成。

(5)简述桥式起重机的安装工艺。

(6)泵站中的辅助设备有哪些? 如何进行安装?

项目11 施工组织

【学习目标】 掌握施工组织设计的内容和编制，掌握施工进度计划的编制方法，掌握施工布置的方法和内容，熟悉施工布置的作用和依据，熟悉施工组织设计的分类、作用和编制依据，了解施工组织设计的任务和作用，施工辅助企业的作用和布置原则。

【学习重点】 施工组织的编制方法和内容，施工进度计划的编制，施工布置的原则和方法。

任务1 施工组织设计

组织工程施工是水利水电建设工程由宏伟蓝图到实体建筑物的重要环节。水利水电工程项目的施工是一项涵盖多工种、多专业的复杂的系统工程，要使施工全过程顺利有序进行，以期达到预定的目标，就必须用科学的方法进行施工管理。施工组织是施工管理的重要组成部分，它可以推动工程建设进展，提高工程建设效益。它对提高工程质量，合理安排工期，降低工程成本，实现安全文明施工，起到核心作用，同时推进了施工企业的进步，提高施工企业的市场竞争力。

1 施工组织设计的研究对象

建设工程施工的全过程可分为施工组织和组织施工两大部分。前者的重点是做好施工前的各项准备工作，为工程开始建设实施创造全面可行的条件，这一工作是以施工组织设计为核心的；后者则是根据设计图纸，按照施工组织设计的要求和部署去具体组织实施，其核心是施工组织管理工作。

2 施工组织设计的任务

施工组织设计的主要任务是根据工程地区的自然、经济和社会条件制定工程的合理施工组织，包括：合理的施工导流方案；合理的施工工期和进度计划；合理的施工场地组织和布置；适宜的内外交通运输方式；切实、先进、保证质量的施工工艺；合适的施工临时设施与施工工厂规模，以及合理的生产工艺与结构物型式；合理的投资计划、劳动组织和技术供应计划，为确定工程概算、确定工期、合理组织施工、进行科学管理、保证工程质量、降低工程造价、缩短建设周期提供切实可行和可靠的依据。

3 施工组织设计的作用

施工组织设计是对拟建工程实施的全过程实行科学、经济管理的重要手段。通过编制施工组织设计,可以全面考虑拟建工程的各种施工条件,拟订合理的施工方案,从而确定施工顺序、施工方法、劳动组织和技术经济组织措施,合理地统筹安排人力、材料消耗、机械使用及工程进度计划,保证建设工程按质、按期交付使用。为拟建工程设计方案在经济合理性、技术先进性和实施可行性三方面的论证提供依据;为建设单位编制基本建设计划,拟定初步设计概算提供依据;并为施工企业提供依据,使其提前掌握人力、材料和机械设备的使用先后顺序,全面合理安排材料的供应与消耗。

4 施工组织设计的分类

按照编制的对象或范围不同,可以分为施工组织总设计、单位工程施工组织设计和分部分项工程施工组织设计三类。

4.1 施工组织总设计

施工组织总设计是以整个水利水电枢纽工程为编制对象,用以指导整个工程项目施工全过程的各项施工活动的综合性技术经济文件。

4.2 单位工程施工组织设计

单位工程施工组织设计是以一个单位工程为编制对象,用以指导其施工全过程的各项施工活动的综合性技术经济文件。

4.3 分部分项工程施工组织设计

分部分项工程施工组织设计主要指以分部(分项)工程为对象,编制较详细、具体。按照基本建设程序,一般在工程设计阶段要编制施工组织总设计,相对比较宏观、概括和粗略,对工程施工起指导作用,但可操作性差;在工程项目招标投标或施工阶段要编制单项工程施工组织设计或分部分项工程施工组织设计,编制对象具体,内容也比较翔实,具有实施性,可以作为落实施工措施的依据。

5 施工组织设计的内容

5.1 施工组织设计基本内容

任何施工组织设计必须具有以下相应基本内容:

(1)施工方案。

(2)施工进度计划。

(3)施工现场布置。

(4)资源需要量及其供应。

在这四项基本内容中,后两项主要用于指导准备工作的进行,为施工创造物质技术条件。人力、物力的需要量是决定施工平面布置的重要因素之一,而施工平面布置又反过来指导各项物质因素在现场的安排。

而前两项是具体指导施工过程的实施,规定整个施工活动。施工的最终目的是按照国家和合同规定的工期,优质、低成本完成基本建设工程,保证按期投产和交付使用。因此,进度计划在施工组织设计中具有决定性意义,是决定其他内容的主导因素。从设计的顺序上看,施工方案是根本,是决定其他所有内容的基础。它虽是以满足进度的要求作为选择的首要目标,但进度最终也仍然受到它的制约,并建立在这个基础之上。

5.2 水利水电工程施工组织设计内容

在进行水利水电工程初步设计时，要配合选坝工作，从施工导流、场内交通、当地建筑材料、施工场地布置、主体工程施工方案、施工总进度安排等方面，对不同坝址、不同坝型的枢纽方案进行技术经济论证，提出工程总量、施工期限、施工强度、工程费用、劳动力、主要建筑材料、主要施工机械设备、施工动力等估算指标。坝址选定以后，要研究枢纽主要建筑物的施工方案，提出合理方案的推荐意见。由此，所构成的施工组织设计，是整个设计文件的一个组成部分。

根据初步设计编制规程和施工组织设计规范，初步设计的施工组织设计主要包括以下内容：

(1)施工条件分析。

(2)施工导流。

(3)主体工程施工。

(4)施工交通运输。

(5)施工工厂设施和大型临建工程。

(6)施工总布置。

(7)施工总进度。

(8)主要技术供应计划。

6 施工组织设计编制基本原则

施工组织设计对工程造价、工期、选择枢纽布置形式等都有重要的影响。因此，编制施工组织设计时，必须遵循下列基本原则：

(1)严格执行国家有关方针政策，法令、规程规范及标准条例，并符合国内招标投标的规定和国际招标投标的惯例。

(2)面向社会、深入调查，收集市场信息，根据工程特点，因地制宜地提出切实可行的施工方案，并进行全面技术经济比较。

(3)结合国情积极开发和推广新技术、新材料、新工艺和新设备，凡经实践证明技术经济效益显著的科研成果，应尽量采用，努力提高技术效益和经济效益。

(4)统筹安排，综合平衡，妥善协调各分部分项工程，做到均衡施工。

任务2 施工进度计划

施工进度计划的任务，就是分析工程所在地区的自然条件、社会经济资源、工程施工特性和可能的施工进度方案，研究确定关键性工程的施工分期和施工程序，协调平衡地安排其他单项工程的施工进度，使整个工程施工前后兼顾，互相衔接，减少干扰，均衡生产。最大限度地合理使用建设资金、劳动力、机械设备和建筑材料，在保证工程质量和施工安全的前提下，按时或以较短工期建成投产，发挥效益，满足国民经济发展的需要。

1 施工总进度计划的编制原则

1.1 水利水电工程建设阶段的划分

大中型水利水电工程建设,施工组织设计规范规定工程建设全过程可划分 4 个阶段:

(1)工程筹建期:工程正式开工前,业主应完成对外交通、施工供电和通信系统、征地、移民以及招标、评标、签约等工作,为主体工程施工承包商具备进场开工条件提供所需时间。

(2)工程准备期:准备工程开工起至关键线路上的主体工程开工或河道截流闭气前的工期;一般包括"四通一平"、导流工程、临时房屋和施工工厂设施建设等。

(3)主体工程施工期:自关键线路上的主体工程开工或一期截流闭气后开始,至第一台机组发电或工程开始发挥效益为止的工期。

(4)工程完建期:自水电站第一台发电机组投入运行或工程开始受益起,至工程竣工的工期。

1.2 编制原则

(1)认真贯彻执行国家法律法规,主管部门对本工程建设的指示,应满足国家和上级部门对本工程建设的要求。

(2)力求缩短建设周期,加强与施工组织设计的其他各专业设计密切联系,统筹考虑,并以关键性工程的施工工期和施工程序为主导,协调安排好各单项工程的施工进度,经过必要的方案比较,选择最优的方案。

(3)在充分掌握和认真分析基本资料的基础上,尽可能采用先进施工技术、设备,最大限度地组织均衡施工,力争全年施工,加快施工进度。同时,应做到实事求是,留有适当余地,保证工程质量和安全施工。当施工情况发生变化时,要及时调整和落实施工总进度。

(4)充分重视和合理安排准备工程的施工进度,在主体工程开工前,相应各项准备工程应基本完成,为主体工程开工和顺利进行创造条件。

(5)对高坝大库工程,应研究分期建设或分期蓄水的可能性,尽可能减少第一批机组投产前的工程投资。

2 施工进度计划的编制内容

不同设计阶段施工进度计划的具体内容如下:

(1)可行性研究阶段编制轮廓性施工进度计划。根据工程具体条件和施工特点,对拟订的各种坝址坝型和水工枢纽布置方案,分别进行施工进度的研究工作,提出施工进度资料,参与方案选择和评价水工枢纽布置方案,在既定方案基础上,配合拟订和选择施工导流方案,研究确定主体工程施工分期和施工程序,提出施工控制性进度表及主要工程的施工强度、估算劳动力高峰人数和总工日数。

(2)初步设计阶段编制施工总进度计划。根据主管部门可行性研究报告的审查意见、设计任务书以及实际情况变化,在参与选择和评价水工枢纽布置方案和配合选择施工导流方案的过程中,提出和修改施工控制性进度;对既定水工和施工导流方案的控制性进度,进行方案比较,选择最优方案,以利于施工组织设计各专业开展工作。在各专业设计分析研究和论证的基础上,进一步调查、完善、确定施工控制进度,编制施工总进度和准备工程进度,提出主要施工强度、施工强度曲线、劳动力需要量曲线等资料。

(3)技术设计(招标设计)阶段编制单项工程施工总进度计划。根据初步设计编制的施工总进度和水工建筑物型式、工程量的局部修改,结合施工方法和技术供应条件,选择合适的劳动定额,制定单项工程施工进度,并据以调整施工总进度。

3　施工总进度计划的编制步骤

3.1　收集基本资料

在编制施工总进度之前和工作过程中,要收集和不断完善编制施工总进度所需的基本资料,具体有如下几点:

(1)可行性研究报告及审查意见。

(2)初步设计各专业阶段成果。

(3)工程建设地点的对外交通现状及近期发展规划。

(4)施工期(包括初期蓄水期)通航和下游用水等要求情况。

(5)建筑材料的来源和供应条件调查资料。

(6)施工区水源、电源情况及供应条件。

(7)地方及各部门对工程建设期的要求和意见。

(8)当地可能提供修理、加工能力的情况。

(9)当地承包市场及可能提供的劳动力情况。

(10)当地可能提供的生活必需品的供应情况,居民的生活习惯。

(11)工程所在河段水文资料、洪水特性、各种频率的流量及洪量、水位流量关系、冬季冰凌情况、河段各种频率洪水、泥石流以及上下游水利水电工程对本工程的影响情况。

(12)工程地点的气温、水温、地温、降水、风、冻层、冰情和雾等气象资料。

(13)工程地点的地形、地质、水文工程地质条件等资料。

(14)与工程有关的国家政策、法律和规定。

3.2　编制轮廓性施工进度计划

在进行流域规划阶段和可行性研究阶段,一般基本资料不齐全,但设计方案较多,有些项目尚未进行工作,不可能对主体建筑的施工分期、施工程序进行详细的分析,因此这一阶段的施工进度属轮廓性的,称轮廓性施工进度。

在流域规划阶段,轮廓性施工进度计划是最终成果;在可行性研究阶段,是编制控制性施工进度的中间成果,主要目的是配合拟订可能成立的导流方案,对关键性工程项目进行粗略规划,拟订工程项目的受益日期和总工期,为编制控制性进度做好准备工作;在初步设计阶段,可略去轮廓性进度计划。

轮廓性施工进度,可根据初步掌握的基本资料和水工布置方案,结合其他专业设计的工作,对关键性工程施工分期、施工程序进行粗略的研究之后,参考已建同类工程的施工进度指标,概估工程受益的工期和总工期。

3.3　编制控制性施工进度计划

控制性施工进度在可行性设计阶段,是施工总进度的最终成果;在初步设计阶段,是编制施工总进度的重要步骤,并作为中间成果提供给施工组织设计的有关专业,作为设计工作的初步依据。

控制性施工进度同导流、施工方法设计等专业有密切的联系，在编制过程中，应根据建设总工期的要求，确定施工分期和施工程序，以拦河坝为主要主体建筑的工程，还应解决好施工导流和主体工程施工方法设计之间在进度安排上的矛盾，协调各主体工程在施工中的衔接关系。因此，控制性施工进度的编制必然是一个反复调整的过程。

完成控制性施工进度的编制后，如涉及施工总进度中的主要技术问题，应当基本解决。

3.4 施工进度方案比较

在可行性研究阶段或初步设计的前期，一般常有几个水工布置方案，对于具有代表性的水工方案，都应编制控制性施工进度计划表，提出施工进度计划指标和对水工方案的评价意见，作为水工布置方案比较的依据之一。对于一个水工方案可能做出几种不同的施工方案，因而可以编制出多个相应的施工进度方案，需要对施工进度方案进行比较和优选。

3.5 编制施工总进度计划表

在初步设计的后期，即选定水工总体布置方案之后，对以拦河坝为主要主体建筑的工程在导流方案确定之后，编制选定方案的施工总进度表。

在编制施工总进度表时，以控制性施工进度为基础，列入非控制性的工程项目，进一步修改、完善控制性施工进度表，并编制各阶段施工形象进度图，绘制劳动力需要量曲线。同时，要提出准备工程施工进度表。准备工程的规模和工程量，由对外交通、施工总布置和辅助企业专业提供。

施工总进度表是施工总进度计划的最终成果。除应绘出主要施工强度曲线外，还应绘出劳动力需要量曲线，并计算整个工程的总劳动工日。

3.6 编写施工总进度报告

施工总进度报告中，应列出基本资料，阐明总进度编制的依据，各方案主体建筑物的施工情况、施工程序、主要施工方法、方案比较，以拦河坝为主要主体建筑物的工程为基础阐明导流方案和相应的施工程序、方案比较意见，最后阐明选定方案的施工进度安排及主要技术经济指标。

4 施工总进度计划编制方法

4.1 划分并列出工程项目

总进度计划的项目划分不宜过细。在列项时，应根据施工部署中分期、分批开工的顺序和相互关联的密切程度依次进行，防止漏项，突出每一个系统的主要工程项目，分别列入工程名称栏内。对于一些次要的零星项目，则可合并到其他项目中去。例如，河床中的水利水电工程，若按扩大单项工程列项，可以有准备工作、导流工程、拦河坝工程、溢洪道工程、引水工程、电站厂房、升压变电站、水库清理工程、结束工作等。

4.2 计算工程量

工程量的计算一般应根据设计图纸、工程量计算规则及有关定额手册或资料进行。其数值的准确性直接关系到项目持续时间的误差，进而影响进度计划的准确性。当然，设计深度不同，工程量的计算（估算）精度也不一样。设计图完成后，要考虑工程性质、工程分期、施工顺序等因素，按土方、石方、混凝土、水上、水下、开挖、回填等不同情况，分别计算工程量。

计算工程量常采用列表的方式进行。工程量的计量单位要与使用的定额单位相吻合。计算出的工程量应填入工程量汇总表。

4.3　计算各项目的施工持续时间

在确定进度计划中各项工作的作业时间是计算项目计划工期的基础。在工作项目的实物工程量一定的情况下,工作持续时间与安排在工程上的设备水平、人员技术水平、人员与设备数量、效率等有关。在现阶段,工作项目持续时间的确定方法主要有如下内容:

(1)按实物工程量和定额标准计算。

(2)套用工期定额法。

(3)"三时估计法"。

4.4　分析确定项目之间的逻辑关系

项目之间的逻辑关系取决于工程项目的性质和轻重缓急、施工组织、施工技术等许多因素,概括来说分为两大类。

(1)工艺关系,即由施工工艺决定的施工顺序关系。在作业内容、施工技术方案确定的情况下,各工种工作逻辑关系是确定的,不得随意更改。如一般土建工程项目,应按照先地下后地上、先基础后结构、先土建后安装再调试的原则安排施工顺序。

(2)组织关系,即由施工组织安排决定的施工顺序关系。如工艺上没有明确规定先后顺序关系的工作,由于考虑到其他因素(如工期、质量、安全、资源限制、场地限制等)的影响而人为安排的施工顺序关系,均属此类。

4.5　初拟施工总进度计划

通过对项目之间进行逻辑关系分析,掌握工程进度的特点,理清工程进度的脉络之后,就可以初步拟订出一个施工进度方案。在初拟进度时,一定要抓住关键,分清主次,理清关系,互相配合,合理安排。要特别注意把与洪水有关、受季节性限制较严、施工技术比较复杂的控制性工程的施工进度安排好。

4.6　调整和优化

初拟进度计划形成以后,要配合施工组织设计其他部分的分析,对一些控制环节、关键项目的施工强度、资源需用量、投资过程等重大问题进行分析计算。将同一时期各项工程的工程量加在一起,用一定的比例画在施工进度计划的底部,即可得到建设项目资源需要量动态曲线,若曲线上存在较大的高峰和低谷,则表明在该时段里各种资源的需求量变化较大,需要调整一些单位工程的施工速度或开竣工时间,以便消除高峰和低谷,使各个时期的资源需求量尽可能达到均衡状态,若发现主要工程的施工强度过大或施工强度很不均衡(此时也必然引起资源使用的不均衡),则应进行调整和优化,使新定出的计划更加完善,更加切实可行。

4.7　编制正式施工总进度计划

经过调整优化后的施工进度计划,可以作为设计成果整理以后提交审核。此外,还应根据施工开展程序和主要工程项目施工方案,编制好施工项目全场性的施工准备工作计划。

图 11-1 是某水库工程施工总进度计划(横道图)。

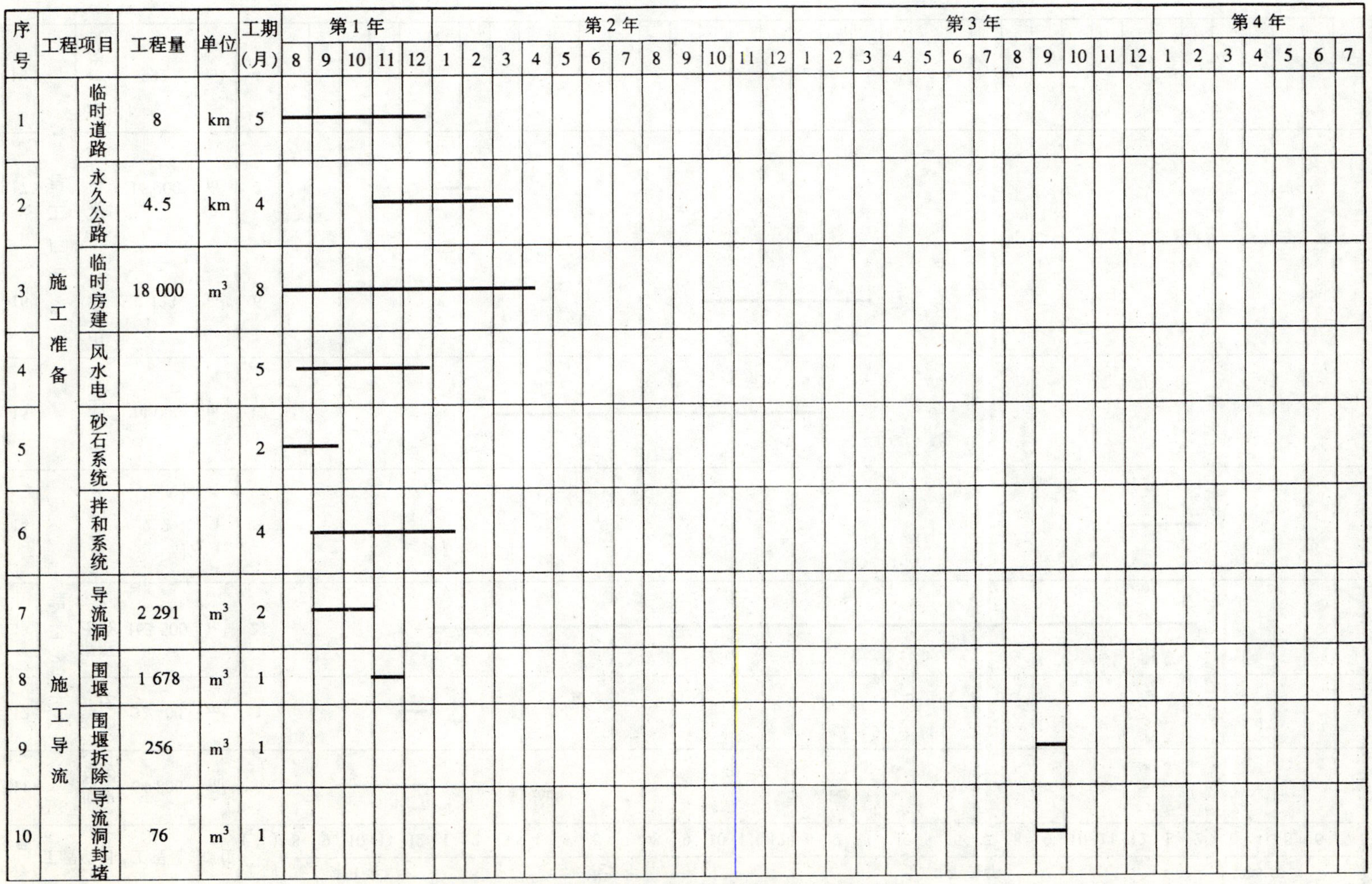

图 11-1 某水库工程施工总进度计划(横道图)

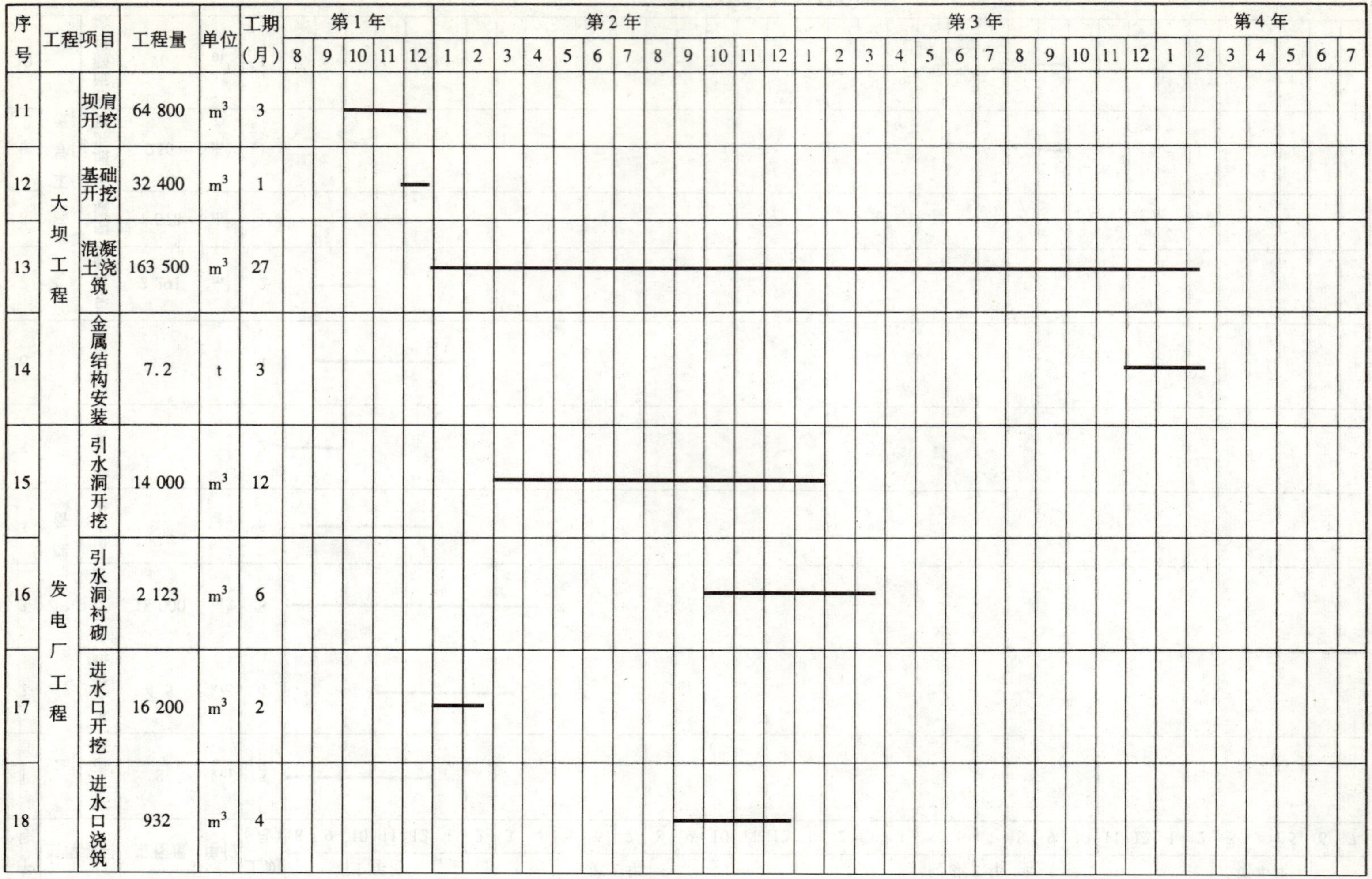
序号
工程项目
工程量
单位
工期（月）
第1年
第2年
第3年
第4年
8 9 10 11 12 1 2 3 4 5 6 7 8 9 10 11 12 1 2 3 4 5 6 7 8 9 10 11 12 1 2 3 4 5 6 7
大坝工程
11 坝肩开挖 64 800 m³ 3
12 基础开挖 32 400 m³ 1
13 混凝土浇筑 163 500 m³ 27
14 金属结构安装 7.2 t 3
发电厂工程
15 引水洞开挖 14 000 m³ 12
16 引水洞衬砌 2 123 m³ 6
17 进水口开挖 16 200 m³ 2
18 进水口浇筑 932 m³ 4

续图 11-1

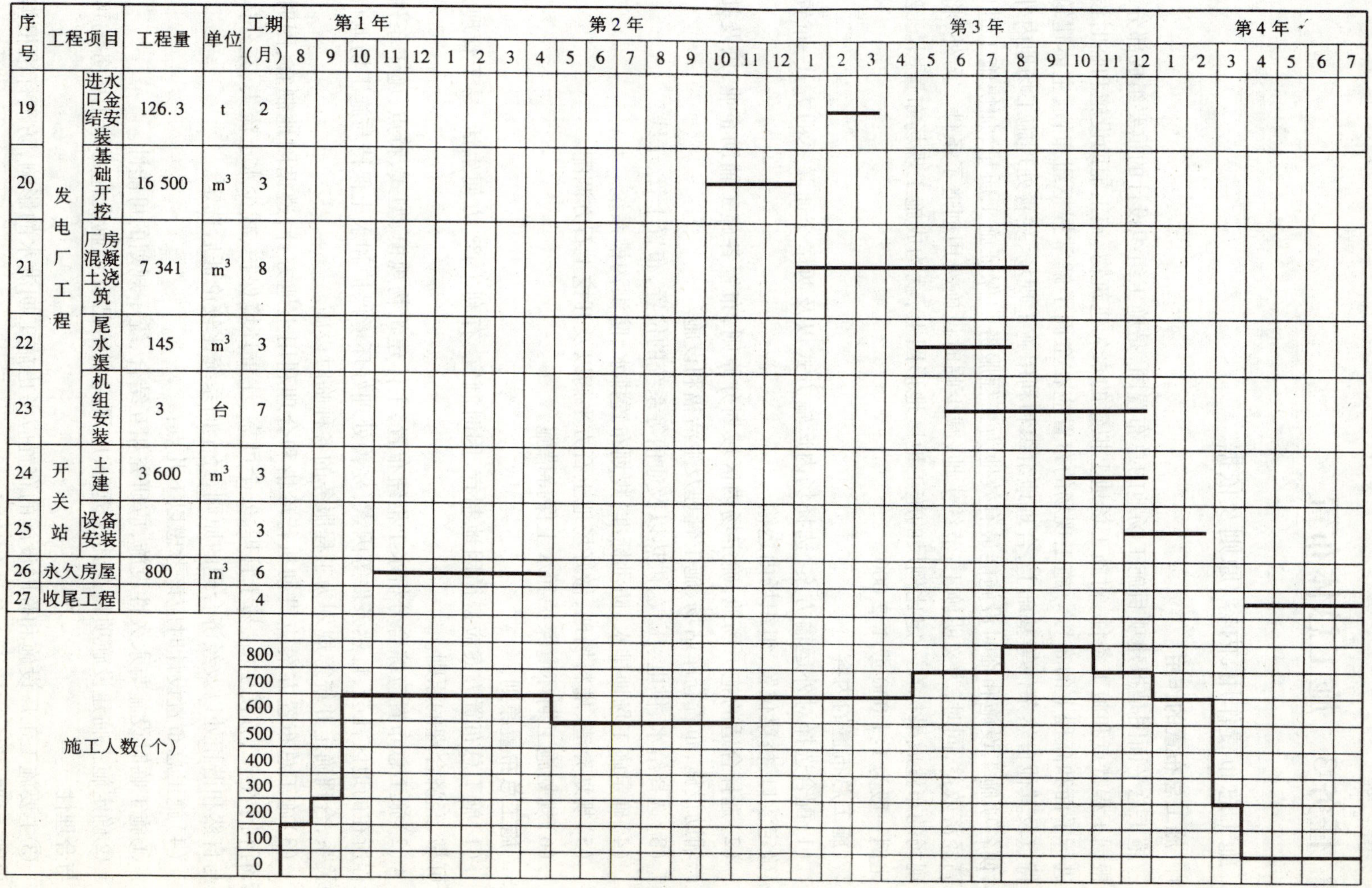
序号
工程项目
工程量
单位
工期(月)
第1年
8 9 10 11 12
第2年
1 2 3 4 5 6 7 8 9 10 11 12
第3年
1 2 3 4 5 6 7 8 9 10 11 12
第4年
1 2 3 4 5 6 7
19 发电厂工程 进水口金结安装 126.3 t 2
20 基础开挖 16 500 m³ 3
21 厂房混凝土浇筑 7 341 m³ 8
22 尾水渠 145 m³ 3
23 机组安装 3 台 7
24 开关站 土建 3 600 m³ 3
25 设备安装 3
26 永久房屋 800 m³ 6
27 收尾工程 4
施工人数(个)
800
700
600
500
400
300
200
100
0

续图 11-1

任务3　施工总体布置

1　施工总布置作用、内容、原则及依据

1.1　施工总布置的作用

施工总平面图是拟建项目施工场地的总布置图，是施工组织设计的重要组成部分，它是根据工程特点和施工条件，对施工场地上拟建的永久建筑物、施工辅助设施和临时设施等进行平面和高程上的布置。施工现场的布置应在全面了解掌握枢纽布置、主体建筑物的特点及其他自然条件等基础上，合理地组织和利用施工现场，妥善处理施工场地内外交通，使各项施工设施和临时设施能最有效地为工程服务。保证施工质量，加快施工进度，提高经济效益，同时，为文明施工、节约土地、减少临时设施费用创造了条件。另外，将施工现场的布置成果标在一定比例尺的施工地区地形图上，就构成施工现场布置图。绘制的比例一般为1∶1 000或1∶2 000。

1.2　施工总布置的内容

(1)配合选择对外运输方案，选择场内运输方式以及两岸交通联系的方式，布置线路，确定渡口、桥梁位置，组织场内运输。

(2)选择合适的施工场地，确定场内区域划分原则，布置各施工辅助企业，以及其他生产辅助设施，布置仓库站场、施工管理及生活福利设施。

(3)选择给水、供电、压气、供热以及通信等系统的位置，布置干管、干线。

(4)确定施工场地排水、防洪标准，规划布置排水、防洪沟槽系统。

(5)规划弃渣、堆料场地，做好场地土石方平衡以及开挖土石方调配。

(6)规划施工期环境保护和水土保持措施。

1.3　施工总布置原则

(1)施工总布置方案应遵循因地制宜、因时制宜、有利生产、方便生活、易于管理、安全可靠、经济合理的原则。

(2)施工总布置应综合分析水工枢纽布置，主体建筑物规模、型式、特点，施工条件和工程所在的地区社会、自然条件等因素，妥善处理好环境保护和水土保持与施工场地布局的关系，合理确定并统筹规划为工程服务的各种临时设施。

(3)施工总布置方案应贯彻执行珍惜和合理利用土地方针，遵循因地制宜、因时制宜、有利于生产、方便生活、易于管理、安全可靠、注重环境保护、减少水土流失、充分体现人与自然和谐相处以及经济合理的原则，经全面系统比较论证后选定。

(4)施工总布置设计时应该考虑以下几点：

①施工临时设施与永久性设施，应研究相互结合、统一规划的可能性。

②确定施工临建设施项目及其规模时，应研究利用已有企业设施为施工服务的可能性与合理性。

③主要施工工厂设施和临时设施的布置应考虑施工期洪水的影响，防洪标准根据工程规模、工期长短、河流水文特性等情况。

④场内交通规划,必须满足施工需要,适应施工程序、工艺流程;全面协调单项工程、施工企业、地区间交通运输的连接与配合,运输方便,费用少,尽可能减少二次转运;力求使交通联系简便,运输组织合理,节省线路和设施的工程投资,减少管理运营费用。

⑤施工总布置应做好土石方挖填平衡,统筹规划堆、弃渣场地;弃渣应符合环境保护及水土保持要求。在确保主体工程施工顺利的前提下,要尽量少占农田。

⑥施工场地应避开不良地质区域、文物保护区。

⑦避免在以下地区设置施工临时设施:严重不良地质区域或滑坡体危害地区;泥石流、山洪、沙暴或雪崩可能危害地区;重点保护文物、古迹、名胜区或自然保护区;与重要资源开发有干扰的地区;受爆破或其他因素严重影响的地区。

1.4 施工总布置的依据

(1)《水利水电工程初步设计报告编制规程》(DL 5021—1993)。

(2)可行性研究报告及审批意见、上级单位对本工程建设的要求或批件。

(3)工程所在地区有关基本建设的法规或条例,地方政府、业主对本工程建设的要求。

(4)国民经济各有关部门(铁道、交通、林业、灌溉、旅游、环境保护、城镇供水等)对本工程建设期间有关要求及协议。

(5)当前水利水电工程建设的施工装备、管理水平和技术特点。

(6)工程所在地区和河流的自然条件(地形、地质、水文、气象特征和当地建材情况等)以及施工电源、水源及水质、交通、环境保护、旅游、防洪、灌溉、航运、供水等现状和近期发展规划。

(7)当地城镇现有修配、加工能力,生活、生产物资和劳动力供应条件,居民生活、卫生习惯等。

(8)施工导流及通航等水工模型试验、各种原材料试验、混凝土配合比试验、重要结构模型试验、岩土物理力学试验等成果。

(9)工程有关工艺试验或生产性试验成果。

(10)勘测、设计各专业有关成果。

2 施工总平面的布置

2.1 收集基本资料

(1)当地国民经济现状及发展的前景。

(2)为工程施工服务的建筑、加工制造、修配、运输等企业的规模、生产能力及其发展规划。

(3)现有水陆交通运输条件和通过能力,近远期发展规划。

(4)水、电以及其他动力供应条件。

(5)邻近居民点、市政建设状况和规划。

(6)当地建筑材料及生活物质供应情况。

(7)施工现场土地状况和征地的有关问题。

(8)工程所在地区行政区规划图、施工现场地形图及主要临时工程剖面图,三角水准网点等测绘资料。

(9)施工现场范围内的工程地质与水文地质资料。

(10)河流水文资料、当地气象资料。

(11)规划、设计各专业设计成果或中间资料。

(12)主要工程项目定额、指标、单价、运杂费率等。

(13)当地及各有关部门对工程施工的要求。

(14)施工现场范围内的环境保护要求。

2.2　编制临时建筑物的项目清单

在充分掌握基本资料的基础上,根据施工条件和特点,结合类似工程经验或有关规定,编制临时建筑物的项目清单,并初步定出它们的服务对象,生产能力,主要设备以及风、水、电等需要量,占地面积、建筑面积和布置的要求。

以混凝土工程为主体的枢纽工程,临建工程项目一般包括以下内容:

(1)混凝土系统(包括搅拌楼、成品料堆场、水泥仓库、制冷楼)。

(2)砂石加工系统(包括破碎筛分厂、毛料堆场、成品料堆场)。

(3)金属结构机电安装系统(包括金属结构加工厂、金属结构拼装场、钢管加工厂、钢管拼装场、制氧厂)。

(4)机械修配系统(包括机械修配厂、汽车修配厂、汽车停放保养场、船舶修配厂、机车修配厂)。

(5)综合加工系统(包括木材加工厂、钢筋加工厂、混凝土预制厂)。

(6)风、水、电、通信系统(包括空压站、水厂、变电站、通信总机房)。

(7)基础处理系统(包括基地、灌浆基地)。

(8)仓库系统(包括基地冲击钻机仓库、工区仓库、现场仓库、专业仓库)。

(9)交通运输系统(包括铁路场站、公路汽车站、码头港区、轮渡)。

(10)办公生活福利系统(办公房屋、单身宿舍房屋、家属宿舍房屋、公共福利房屋、招待所)。

2.3　现场布置总规划

现场布置总规划是施工现场布置中的最关键一步,应该着重解决施工现场布置中的重大原则问题。

一般施工现场为了方便施工,利于管理,都将现场划分成主体工程施工区,辅助企业区,仓库、站、场、转运站、码头等储运中心,当地建筑材料开采区,机电金属结构和施工机械设备的停放修理场地,工程弃料堆放场,施工管理中心和主要施工分区,生活福利区等。各区域用场内公路沟通,在布置上相互联系,形成统一的、高度灵活的、运行方便的整体。

在进行各分区布置时,应满足主体工程施工的要求。对以混凝土建筑物为主体的工程枢纽,应该以混凝土系统为重点,即布置时以砂石料的生产,混凝土的拌和、运输线路和堆弃料场地为主,重要的施工辅助企业集中布置在所服务的主体工程施工工区附近,并妥善布置场内运输线路,使整个枢纽工程的施工形成最优工艺流程。对于其他设施的布置,则应围绕重点来进行,以确保主体工程施工。

在进行区域规划时,布置方式有集中布置、分散布置和混合布置等三种方式,水利水电工程一般多采用混合布置。

2.4　施工现场布置

施工总平面布置图应根据设计资料和设计原则,结合工程所在地的实际情况,编制出几个可能方案进行比较,然后选择较好的布置方案。

2.4.1 施工交通

施工交通包括以下两部分:

(1)对外交通:是指联系施工工地与国家公路或地方公路、铁路车站、水运港口及航空港之间的交通,一般应充分利用现有设施,选择较短的新建、改建里程,以减少对外交通工程量。

(2)场内交通:是联系施工工地内部各工区、料场、堆料场及各生产、生活区之间的交通,一般应与对外交通衔接。

2.4.2 仓库与材料堆场的布置

(1)当采用铁路运输时,仓库通常沿铁路线布置,并且要留有足够的装卸前线;如果没有足够的装卸前线,必须在附近设置转运仓库。布置铁路沿线仓库时,应将仓库设立在靠近工地一侧,以免内部运输跨越铁路。同时仓库不宜设置在弯道处或坡道上。

(2)当采用水路运输时,一般应在码头附近设置转运仓库,以缩短船只在码头上的停留时间。

(3)当采用公路运输时,仓库的布置较灵活,一般中心仓库布置在工地中央或靠近使用的地方,也可以布置在靠近外部交通连接处。

(4)炸药库应布置在僻静的位置,远离生活区;汽油库应布置在交通方便之处,且不得靠近其他仓库和生活设施,并注意避开多发的风向。

2.4.3 加工厂布置

一般应将加工厂集中布置在同一个地区,且多处于工地边缘。各种加工厂应与相应仓库或材料堆场布置在同一地区。

污染较大的加工厂,如砂石加工厂、沥青加工厂和钢筋加工厂,应尽量远离生活区和办公区,并注意风向。

2.4.4 行政与生活临时设施布置

应尽量利用建设单位的生活基地或其他永久性建筑,不足部分可另行建造,还可考虑租用当地的民房。

一般全工地性行政管理用房宜设在全工地入口处,以便对外联系;也可设在工地中间,便于全工地管理;工人用的福利设施应设置在工人较集中的地方,或工人必经之处;生活基地应设在场外,距工地 500 ~1 000 m 为宜;食堂可布置在工地内部或工地与生活区之间;应尽量避开危险品仓库和砂石加工厂等位置,以利于安全和减少污染。

2.4.5 临时水电管网及其他动力设施的布置

临时水电管网沿主要干道布置干管、主线;临时总变电站应设置在高压电引入处,不应放在工地中心;设置在工地中心或工地中心附近的临时发电设备,沿干道布置主线;施工现场供水管网有环状、枝状和混合式三种形式。

根据工程防火要求,应设立消防站。一般设置在易燃物(木材、仓库、油库、炸药库等)附近,并须有通畅的出口和消防车道,其宽度不宜小于 6 m;沿道路布置消火栓时,其间距不得大于 100 m,消火栓到路边的距离不得大于 2 m。

工地电力网,一般 3 ~10 kV 的高压线采用环状,380 V/220 V 低压线采用枝状布置。

工地上通常采用架空布置,距路面或建筑物不小于6 m。

应该指出,上述各设计步骤不是截然分开、各自孤立进行的,而是互相联系、互相制约的,需要综合考虑、反复修正才能确定下来。

2.5　施工辅助企业

水利水电工程施工的辅助企业主要包括:砂石骨料加工厂,混凝土生产系统,综合加工厂(混凝土预制构件厂、钢筋加工厂、木材加工厂等),机械修配厂,工地供风、供电、供水系统等。其布置的任务是根据工程特点、规模及施工条件,提出所需的辅助企业项目、任务和生产规模及内部组成,选定厂址,确定辅助企业的占地面积和建筑面积,并进行合理布置,使工程施工能顺利进行。

2.5.1　砂石骨料加工厂

砂石骨料加工厂布置时,应尽量靠近料场,选择水源充足、运输及供电方便、有足够的堆料场地和便于排水清淤的地段,同时,若砂石料厂不止一处,可将加工厂布置在中心处,并考虑与混凝土生产系统的联系。

砂厂骨料加工厂的占地面积和建筑面积与骨料的生产能力有关。

2.5.2　混凝土生产系统

混凝土生产系统应尽量集中布置,并靠近混凝土工程量集中的地点,如坝体高度不大时,混凝土生产系统高程可布置在坝体重心位置。

混凝土生产系统的面积可依据选择的拌和设备的型号、生产能力来确定。

2.5.3　综合加工厂

综合加工厂尽量靠近主体工程施工现场,若有条件,可与混凝土生产系统一起布置。

(1)钢筋加工厂。一般需要的面积较大,最好布置在来料处,即靠近码头、车站等。

(2)木材加工厂。应布置在铁路或公路专用线的近旁,又因其有防火的要求,则必须安排在空旷地带,且在主要建筑物的下风向,以免发生火灾时蔓延。

(3)混凝土预制构件厂。其位置应布置在有足够大的场地和交通方便的地方,若服务对象主要为大坝主体,应尽量靠近大坝布置。

2.5.4　机械修配厂

机械修配厂应与汽车修配厂和保养厂统一设置,其位置一般选在平坦、宽阔、交通方便的地段,若采用分散布置,应分别靠近使用的机械、设备等地段。

2.5.5　工地供风系统

工地供风主要供石方开挖、混凝土、水泥输送、灌浆等施工作业所需的压缩空气。一般采用的方式是集中供风和分散供风,压缩空气主要由固定式的空气压缩机站或移动的空压机来供应。

空气压缩机站的位置,应尽量靠近用风量集中的地点,保证用风质量,同时,接近供电、供水系统,并要求有良好的地基,空气压缩机距离用风地点最好在700 m左右,最大不应超过1 000 m。

供风管道采用树枝状布置,一般沿地表敷设,必要时可局部埋设或架空敷设(如穿越重要交通道路等),管道坡度大致控制在0.1%～0.5%的顺坡。

2.5.6 工地供电系统

工地用电主要包括室内外交通照明用电和各种机械、动力设备用电等。在设计工地供电系统时，主要应该解决的问题是：确定用电地点和需电量、选择供电方式、进行供电系统的设计。

工地的供电方式常见的有：施工地区已有的国家电网供电、临时发电厂供电、移动式发电机供电等三种方式，其中国家电网供电的方式最经济方便，宜尽量选用。工地的用电负荷，按不同的施工阶段分别计算。工地内的供电采用国家电网供电应先在工地附近设总变电所，将高压电降为中压电，在输送到用户附近时，通过小型变压器（变电站）将中压降压为低压（380 V/220 V）然后输送到各用户；另外在工地应有备用的发电设施，以备国家电网停电时备用，其供电半径以 300 ~ 700 m 为宜。

施工现场供电网路中，变压器应设在所负担的用电荷集中、用电量大的地方，同时各变压器之间可作环状布置，供电线路一般呈树枝形布置，采用架空线等方式敷设，电杆距为 24 ~ 25 m，并尽量避免供电线路的二次拆迁。

2.5.7 工地供水系统

工地供水系统主要由取水工程、净水工程和输配水工程等组成，其任务在于经济合理地供给生产、生活和消防用水。在进行供水系统设计时，首先应考虑需水地点和需水量以及水质要求，再选择水源，最后进行取水、净水建筑物和输水管网的设计等。

（1）生产用水量。生产用水包括进行土石方工程、混凝土工程、灌浆工程施工所需的用水量以及施工企业和动力设备等消耗的水量。

（2）生活用水量。生活用水量主要指生活区和现场生活用水。

（3）消防用水量。消防用水包括施工现场消防用水和居住区的消防用水，施工现场的消防用水量与工地范围有关，而居住区的消防用水量由居住区人数来确定。

（4）工地的总需水量。工地现场的总需水量应满足不同时期高峰生产用水和生活用水的需要，并按消防用水量进行校核。

供水系统的水源一般根据实际情况确定，但生产、生活用水必须考虑水质的要求，尤其是饮用水源，以尽量取地下水为宜。

布置用水系统时，应充分考虑工地范围的大小，可布置成一个或几个供水系统。供水系统一般由供水站、管道和水塔等组成。水塔的位置应设在用水中心处，高程按供水管网所需的最大水头计算。供水管道一般用树枝状布置，水管的材料根据管内压力大小分为铸铁和钢管两种。

工地供水系统所用水泵，一般每台流量为 10 ~ 30 L/s，扬程应比最高用水点和水源的高差高出 10 ~ 15 m。水泵应有一定的备用台数，同一泵站的水泵型号尽可能统一。

2.6 施工临时设施

2.6.1 仓库

2.6.1.1 仓库的分类

工地仓库的主要功能是储存和供应工程施工所需的各种物资、器材和设备。根据它的用途和管理形式分为中心仓库（储存全工地统一调配使用的物料）、转运站仓库（储存待运的物资）、专用仓库（储存一种或特殊的材料）、工区分库（只储存本工区的物资的材料)、辅助企业分库(只储存本企业用的材料)等。按照结构型式分为露天式仓库、棚式仓库和封闭式仓库等。

2.6.1.2　仓库的布置

仓库布置的具体要求是:服务对象单一的仓库、堆场,应靠近所服务的企业或施工地点。

(1)中心仓库应布置在对外交通线路进入工区入口处附近。

(2)特殊材料库(如炸药等)布置在不会危害企业、施工现场、生活福利区的安全位置。

(3)仓库的平面布置应尽量满足防火间距的要求。

2.6.1.3　仓库储存量的计算

仓库储存量的确定根据施工条件、供应条件、运输条件等具体情况确定。对仓库储存量的要求既不能储存过多,造成积压浪费,又要满足工程施工的需要,且具有一定的储存量。另外,受季节影响的材料,应分析施工和生产的中断因素。水运时需考虑洪、枯水和严寒季节影响。

2.6.2　工地临时房屋

一般工地上的临时房屋主要有:行政管理用房(如指挥部、办公室等),文化娱乐用房(如学校、俱乐部等),居住用房(如职工宿舍等),生活福利用房(如医院、商店、浴池等)等。

修建这些临时房屋时,必须注意既要满足实际需要,又要节约修建费用。具体应考虑以下问题:

(1)尽可能利用施工区附近城镇的居民和文化福利实施。

(2)尽可能利用拟建的永久性房屋。

(3)结合施工地区新建城镇的规划统一考虑。

(4)临时房屋宜采用装配式结构。

具体工地各类临时房屋需要量取决于工程规模、工期长短、投资情况和工程所在地区的条件等因素。

复习思考题

简答题

(1)简述施工组织设计的作用。

(2)水利水电工程施工组织设计的基本内容有哪些?

(3)简述施工进度计划的编制内容。

(4)简述施工进度计划的编制步骤。

(5)施工总布置的内容有哪些?

(6)简述施工总平面布置的程序。

(7)施工布置方式有哪几种?

(8)施工场地区域规划分区的内容有哪些?

(9)水利水电工程施工辅助企业有哪些?

项目12 施工管理

【学习目标】 掌握双代号网络计划技术的绘制和时间参数计算，以及优化调整；双代号时标网络图绘制；掌握施工进度的影响因素和控制措施及方法；掌握施工成本控制内容、方法及措施；掌握质量控制的方法及事故处理；熟悉网络计划的优化方法；熟悉进度控制、质量控制和成本控制的内容和依据；熟悉安全管理的内容和技术措施等；了解施工组织机构及管理体系；了解招标投标等内容。

【学习重点】 双代号和单代号网络图的编制和参数计算，以及优化方法；进度控制、质量控制和成本控制的方法和措施；质量控制的方法和事故处理。

施工项目管理是以工程项目为对象，以项目经理负责制为基础，以实现项目目标为目的，以构成工程项目要素的市场为条件，对项目按照其内在逻辑规律进行有效地计划、组织、协调和控制，对工程项目施工全过程进行管理和控制的系统管理的方法体系。项目管理的对象是项目，由于项目是一次性的，故项目管理需要用系统工程的观念、理论和方法进行管理，具有全面性、科学性和程序性。项目管理的目标就是项目的目标，项目的目标界定了项目管理的主要内容是“三控制、二管理、一协调”，即进度控制、质量控制、费用控制、合同管理、安全管理、信息管理和组织协调。

任务1 施工进度控制

1 工程项目进度管理概念

工程项目进度管理，是指在项目实施过程中，对各阶段的进展程度和项目最终完成的期限所进行的管理。其目的是保证项目能在满足其时间约束条件前提下实现其总体目标，是保证项目如期完成和合理安排资源供应、节约工程成本的重要措施之一。

1.1 工程项目进度计划

在项目实施之前，必须先对工程项目各建设阶段的工作内容、工作程序、持续时间和衔接关系等制订出一个切实可行的、科学的进度计划，然后按计划逐步实施。工程项目进度计划的作用有如下几点：

(1)为项目实施过程中的进度控制提供依据。

(2)为项目实施过程中的劳动力和各种资源的配置提供依据。

(3)为项目实施过程中有关各方在时间上的协调配合提供依据。

(4)为在规定期限内保质、高效地完成项目提供保障。

1.2 工程项目进度控制

施工项目进度控制是指在既定的工期内,编制出最优的施工进度计划,在执行该计划的施工中,按时检查施工实际进度情况,并将其与计划进度相比较,若出现偏差,就分析产生的原因及对工期的影响程度,提出必要的调整措施,修改原计划,如此不断地循环,直至工程竣工验收。施工项目进度控制是保证施工项目按期完成、合理安排资源供应、节约工程成本的重要措施。

工程项目进度控制最终目的是确保项目进度计划目标的实现,实现施工合同约定的竣工日期,其总目标是建设工期。

2 影响工程项目进度的因素及处理措施

2.1 影响工程项目进度的因素

由于水利水电工程项目的施工特点,尤其是大型和复杂的施工项目,工期较长,影响进度的因素较多,编制和控制计划时必须充分认识和考虑这些因素,才能克服其影响,使施工进度尽可能按计划进行。工程项目进度的主要影响因素有如下几点:

(1)有关单位的影响。

(2)施工条件的变化。

(3)技术失误。

(4)施工组织管理不利。

(5)意外事件的出现。

2.2 影响工程项目进度的责任和处理

工程进度的推迟一般分为工程延误和工程延期,其责任及处理方法不同。

(1)工程延误。由于承包商自身的原因造成的工期延长,称为工程延误。由于工程延误所造成的一切损失由承包商自己承担,包括承包商在监理工程师的同意下采取加快工程进度的措施所增加的费用。同时,由于工程延误所造成的工期延长,承包商还要向业主支付误期损失补偿费。由工程延误所延长的时间不属于合同工期的一部分。

(2)工程延期。由于承包商以外的原因造成施工期的延长,称为工程延期。经过监理工程师批准的延期,所延长的时间属于合同工期的一部分,即工程竣工的时间等于标书中规定的时间加上监理工程师批准的工程延期时间。可能导致工程延期的原因有工程量增加,未按时向承包商提供图样,恶劣的气候条件,业主的干扰和阻碍等。判断工程延期总的原则就是除承包商自身以外的任何原因造成的工程延长或中断,工程中出现的工程延长是否为工程延期对承包商和业主都很重要。

因此,应按照有关的合同条件,正确地区分工程延误与工程延期,合理地确定工程延期的时间。

3 工程项目进度控制内容

进度控制是指管理人员为了保证实际工作进度与计划一致,有效地实现目标而采取的一切行动。建设项目管理系统及其外部环境是复杂多变的,管理系统在运行中会出现大量的管理主体不可控制的随机因素,即系统的实际运行轨迹是由预期量和干扰量共同作用而决定的。在项目实施过程中,得到的中间结果可能与预期进度目标不符甚至相差甚远,因此必须及时调整人力、时间及其他资源,改变施工方法,以期达到预期的进度目标。这个过程称为施工进度动态控制。

根据进度控制方式的不同,可以将进度控制过程分为预先进度控制、同步进度控制和反馈进度控制。

3.1 预先进度控制的内容

预先进度控制是指项目正式施工前所进行的进度控制,其行为主体是监理单位和施工单位的进度控制人员,其具体内容如下:

(1)编制施工阶段进度控制工作细则。施工阶段进度控制工作细则,是进度管理人员在施工阶段对项目实施进度控制的一个指导性文件。

(2)编制或审核施工总进度计划。

(3)审核单位工程施工进度计划。

(4)进行进度计划系统的综合。

3.2 同步进度控制的内容

同步进度控制是指项目施工过程中进行的进度控制,这是施工进度计划能否付诸实践的关键过程。进度控制人员一旦发现实际进度与目标偏离,必须及时采取措施以纠正这种偏差。项目施工过程中进度控制的执行主体是工程施工单位,进度控制主体是监理单位。

施工单位按照进度要求及时组织人员、设备、材料进场,并及时上报分析进度资料确保进度的正常进行,监理单位同步进行进度控制。

对收集的进度数据进行整理和统计,并将计划进度与实际进度进行比较,从中发现是否出现进度偏差。分析进度偏差将会带来的影响并进行工程进度预测,从而提出可行的修改措施。组织定期和不定期的现场会议,要及时分析、通报工程施工进度状况,并协调各承包商之间的生产活动。

3.3 反馈进度控制的内容

反馈进度控制是指完成整个施工任务后进行的进度控制工作,具体内容有如下几点:

(1)应及时组织验收工作。

(2)处理施工索赔。

(3)整理工程进度资料。

(4)根据实际施工进度,要及时修改和调整验收阶段进度计划及监理工作计划,以保证下一阶段工作的顺利开展。

4 进度控制的主要方法

工程项目进度控制的方法主要有行政方法、经济方法和管理技术方法等。

4.1 进度控制的行政方法

用行政方法控制进度,是指通过发布进度指令,进行指导、协调、考核;利用激励手段(奖、罚、表扬、批评等)监督、督促等方式进行进度控制。

4.2 进度控制的经济方法

进度控制的经济方法，是指有关部门和单位用经济手段对进度控制进行影响和制约，主要有以下几种：①投资部门通过投资投放速度控制工程项目的实施进度；②在承包合同中写进有关工期和进度的条款；③建设单位通过招标的进度优惠条件鼓励施工单位加快进度；④建设单位通过工期提前奖励和工程延误罚款实施进度控制等。

4.3 进度控制的管理技术方法

进度控制的管理技术方法主要有规划、控制和协调。所谓规划，就是确定项目的总进度目标和分进度目标；所谓控制，就是在项目进行的全过程中，进行计划进度与实际进度的比较，发现偏离，及时采取措施进行纠正；所谓协调，就是协调参加工程建设各单位之间的进度关系。

5 进度控制的措施

进度控制的措施包括组织措施、技术措施（合同措施、经济措施和信息管理措施）等。

5.1 组织措施

工程项目进度控制的组织措施主要有如下几点：

（1）落实进度控制部门人员、具体控制任务和管理职责分工。

（2）进行项目分解，如按项目结构分、按项目进展阶段分、按合同结构分，并建立编码体系。

（3）确定进度协调工作制度，包括协调会议举行的时间、协调会议的参加人员等。

（4）对影响进度目标实现的干扰和风险因素进行分析。风险分析要有依据，主要是根据多年统计资料的积累，对各种因素影响进度的概率及进度拖延的损失值进行预测，并应考虑有关项目审批部门对进度的影响等。

5.2 技术措施

工程项目进度控制的技术措施是指采用先进的施工工艺、方法等以加快施工进度。

（1）合同措施。工程项目进度控制的合同措施主要有分段发包，提前施工以及合同的合同期与进度计划的协调等。

（2）经济措施。工程项目进度控制的经济措施是指保证资金供应的措施。

（3）信息管理措施。工程项目进度控制的信息管理措施主要是通过计划进度与实际进度的动态比较，收集有关进度的信息等。

6 水利工程进度计划实施

施工进度计划的实施就是施工活动的开展，就是用施工进度计划指导施工活动、落实和完成计划。施工进度计划逐步实施的过程就是施工项目建造逐步完成的过程。为了保证施工进度计划的实施、保证各进度目标的实现，应做好以下各方面的工作。

6.1 施工进度计划的审核

项目经理应进行施工项目进度计划的审核，其主要内容包括如下几点：

（1）进度安排是否符合施工合同确定的建设项目总目标和分目标的要求，是否符合其开、竣工日期的规定。

(2)施工进度计划中的内容是否有遗漏,分期施工是否满足分批交工的需要和配套交工的要求。

(3)施工顺序安排是否符合施工程序的要求。

(4)资源供应计划是否能保证施工进度计划的实现,供应是否均衡,分包人供应的资源是否能满足进度的要求。

(5)施工图设计的进度是否满足施工进度计划要求。

(6)总分包之间的进度计划是否相协调,专业分工与计划的衔接是否明确、合理。

(7)对实施进度计划的风险是否分析清楚,是否有相应的对策。

(8)各项保证进度计划实现的措施设计是否周到、可行、有效。

6.2 施工项目进度计划的贯彻

(1)检查各层次的计划,形成严密的计划保证系统。

(2)层层明确责任并充分利用施工任务书。

(3)进行计划的交底,促进计划的全面、彻底实施。

6.3 施工项目进度计划的实施

(1)编制月(旬)作业计划。为了实施施工计划,将规定的任务结合现场施工条件,如施工场地的情况、劳动力、机械等资源条件和实际的施工进度,在施工开始前和过程中不断地编制本月(旬)作业计划,这是使施工计划更具体、更实际和更可行的重要环节。在月(旬)计划中要明确:本月(旬)应完成的任务、所需要的各种资源量、提高劳动生产率和节约措施等。

(2)签发施工任务书。编制好月(旬)作业计划以后,将每项具体任务通过签发施工任务书的方式下达班组进一步落实、实施。施工任务书是向班组下达任务,实行责任承包、全面管理和原始记录的综合性文件。

(3)做好施工进度记录,填好施工进度统计表。在计划任务完成的过程中,各级施工进度计划的执行者都要跟踪做好施工记录。

(4)做好施工中的调度工作。施工中的调度是组织施工中各阶段、环节、专业和工种的配合、进度协调的指挥核心。

7 施工进度计划的检查

在施工项目的实施过程中,为了进行进度控制,进度控制人员应经常地、定期地跟踪检查施工实际进度情况,主要是收集施工进度材料,进行统计整理和对比分析,确定实际进度与计划进度之间的关系,其主要工作包括如下几点。

7.1 跟踪检查施工实际进度

为了对施工进度计划的完成情况进行统计、进度分析和调整计划提供信息,应对施工进度计划依据其实施记录进行跟踪检查。

跟踪检查施工实际进度是项目施工进度控制的关键措施。一般检查的时间间隔与施工项目的类型、规模、施工条件和对进度执行要求程度有关。

根据不同需要,进行日检查或定期检查的内容包括如下几点:

(1)检查期内实际完成和累计完成工程量。

(2)实际参加施工的人力、机械数量和生产效率。

(3)窝工人数、窝工机械台班数及其原因分析。

(4)进度偏差情况。

(5)进度管理情况。

(6)影响进度的特殊原因及分析。

(7)整理统计检查数据。

7.2 对比实际进度与计划进度

将收集的资料整理和统计成具有与计划进度可比性的数据后,用施工项目实际进度与计划进度进行比较。通常用的比较方法有:横道图比较法、S曲线比较法、香蕉形曲线比较法、前锋线比较法和列表比较法等。通过比较得出实际进度与计划进度相一致、超前、拖后三种情况。

7.3 施工进度检查结果的处理

施工进度检查的结果,按照检查报告制度的规定,形成进度控制报告向有关主管人员和部门汇报。

进度控制报告是根据报告对象的不同,确定不同的编制范围和内容而分别编制的。一般分为:项目概要级进度控制报告,是报给项目经理、企业经理或业务部门以及建设单位(业主)的,它是以整个施工项目为对象说明进度计划执行情况的报告;项目管理级的进度报告,是报给项目经理及企业业务部门的,它是以单位工程或项目分区为对象说明进度计划执行情况的报告;业务管理级的进度报告是就某个重点部位或重点问题为对象编写的报告,供项目管理者及各业务部门为其采取应急措施而使用的。

通过检查应向企业提供施工进度报告的内容主要包括:项目实施概况、管理概况、进度概要的总说明;项目施工进度、形象进度及简要说明;施工图纸提供进度;材料物资、构配件供应进度;劳务记录及预测;日历计划;对建设单位、监理和施工者的工程变更指令、价格调整、索赔及工程款收支情况;进度偏差的状况和导致偏差的原因分析;解决的措施;计划调整意见等。

8 网络计划技术

网络计划技术,也称网络计划,是进行生产组织与管理的一种方法。网络计划技术的基本原理是:应用网络图形来表示一项计划中各项工作的开展顺序及其相互之间的关系;通过网络图进行时间参数的计算,找出计划中的关键工作和关键线路,通过不断改进网络计划,寻求最优方案,以最小的消耗取得最大的经济效果。这种方法广泛应用在工业、农业、国防和科研计划与管理中。在工程领域里,网络计划技术的应用尤为广泛,被称为"工程网络计划技术"。

网络计划技术的基本模型是网络图。网络图是指"由箭线和节点组成的,用来表示工作流程的有限、有向、有序的网络图形"。网络计划是"用网络图表达任务构成、工作顺序,并加注工作时间参数的进度计划"。

由于网络计划具有各项目之间关系清楚、便于进度计划的优化调整和计算机的应用等优点,所以在水利水电工程编制的各种进度计划中,常采用网络计划技术。

8.1 双代号网络计划

8.1.1 双代号网络图的表示方法

双代号网络图是由若干表示工作或工序(或施工过程)的箭线和节点组成,每一个工作或工序(或施工过程)都由一根箭线和两个节点表示,根据施工顺序和相互关系,将一项计划用上述符号从左向右绘制而成的网状图形,称为双代号网络图,如图 12-1 和图 12-2 所示。

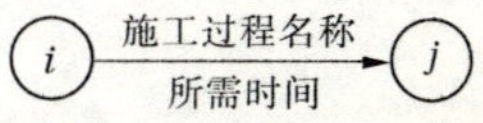

图 12-1 双代号表示法

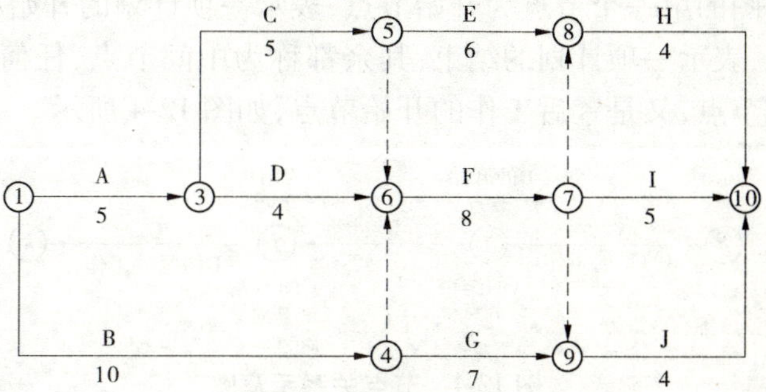

图 12-2 双代号网络图

双代号网络图由箭线、节点、线路三个要素组成。其含义和特点介绍如下。

8.1.1.1 箭线

(1)在双代号网络图中,一根箭线表示一项工作。工作是指把计划任务根据实际需要粗细程度划分而成子项目,是一项要消耗一定时间,而且大多数情况下也要消耗人力、材料等的活动,是网络计划构成的最基本单元(也可称活动、工序或过程)。工作根据一项计划(或工程)的规模不同,其划分的粗细程度、大小范围也不同。工作通常可以分为三种:需要消耗时间和资源的工作(如混合结构中的砌筑砖外墙);只消耗时间而不消耗资源的工作(如混凝土的养护);既不消耗时间,也不消耗资源的工作。前两种是实际存在的工作,称为"实工作"。后一种是人为的虚设工作,只表示相邻前后工作之间的逻辑关系,通常称其为"虚工作"。虚工作在双代号网络计划中起施工过程之间逻辑连接或逻辑间断的作用。

(2)实工作用实箭线表示。工作的名称写在箭线的上面,完成工作所需要的时间写在箭线的下面。箭尾表示工作的开始,箭头表示工作的结束。

(3)虚工作用虚箭线表示。如图 12-2 所示的④→⑥。这种虚箭线没有工作名称,既不占用时间,也不消耗资源,只解决工作之间的连接问题。

(4)箭线的长短不按比例绘制。即其长短不表示工作持续时间的长短。箭线的方向在原则上是任意的,但为使图形整齐醒目,一般应画成水平直线或垂直折线。

(5)双代号网络图中,就某一工作而言,紧靠其前面的工作称紧前工作,紧靠其后面的工作称为紧后工作,该工作本身则称为本工作,与之平行的工作称为平行工作,如图 12-3所示。

8.1.1.2 节点

(1)网络图中表示工作或工序开始、结束或连接关系的圆圈称为节点。节点表示前

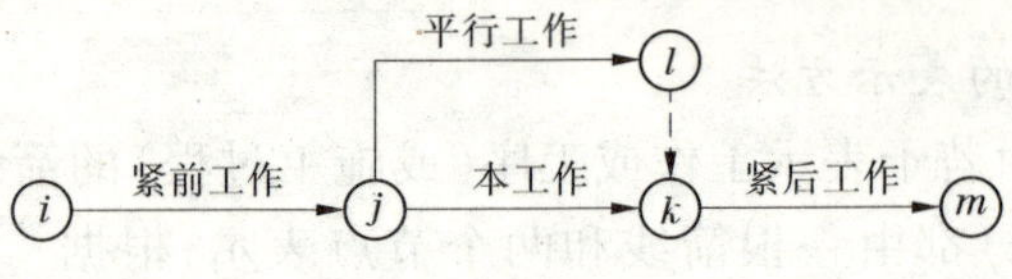

图 12-3　工作间的关系表示图

道工序的结束和后道工序的开始。一项计划的网络图中的节点有开始节点、中间节点、结束节点三类。网络图的第一个节点为开始节点，表示一项计划的开始；网络图的最后一个节点称为结束节点，表示一项计划的结束；其余都称为中间节点，任何一个中间节点既是其紧前工作的结束节点，又是紧后工作的开始节点，如图 12-4 所示。

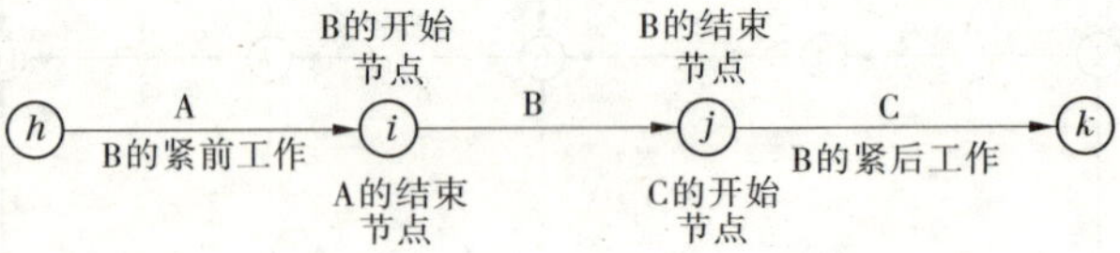

图 12-4　节点关系示意图

(2)节点只是一个“瞬间”，它既不占用时间，也不消耗资源。

(3)网络图中的每个节点都要编号。编号方法是：从开始点开始，从小到大，自左向右，从上到下，用阿拉伯数字表示。编号原则是：每一个箭尾节点的号码 i 必须小于箭头节点的号码 j(即 $i<j$)，编号可连续，也可隔号不连续，但所有节点的编号不能重复。

8.1.1.3　线路

网络图中从起点节点开始，沿箭线方向连续通过一系列箭线与节点，最后到达终点节点的通路称为线路。每一条线路都有自己确定的完成时间，它等于该线路上各项工作持续时间的总和，也是完成这条线路上所有工作的计划工期。工期最长的线路称为关键线路(或主要矛盾线)。位于关键线路上的工作称为关键工作。

如图 12-5 所示中从开始①至结束⑥共有三条线路：①→②→④→⑤→⑥、①→②→③→⑤→⑥和①→②→③→④→⑤→⑥。其中持续时间之和最大的线路为①→②→③→④→⑤→⑥，工期为 15 d，即关键线路。关键线路用粗箭线或双箭线标出，以区别于其他非关键线路。在一项计划中有时会出现几条关键线路。关键线路在一定条件下会发生变化，关键线路可能会转变成为非关键线路，而非关键线路也可能转化为关键线路。

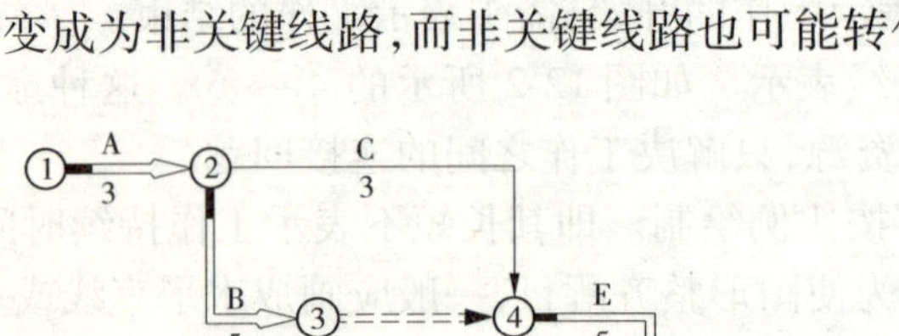

图 12-5　某工程双代号网络计划

8.1.2 双代号网络图的绘制

网络计划必须通过网络图来反映，网络图的绘制是网络计划技术的基础。要正确绘制网络图，就必须正确地反映网络图的逻辑关系，遵守绘图的基本规则。

8.1.2.1 网络图的逻辑关系及其正确表示方法

网络图的逻辑关系是指工作中客观存在的一种先后顺序关系和施工组织要求的相互制约、相互依赖的关系。在表示水利工程施工计划的网络图中，这种顺序可分为两大类：工艺逻辑和组织逻辑。工艺逻辑是由施工工艺所决定的各个施工过程之间客观存在的先后顺序关系，其顺序一般是固定的，有的是绝对不能颠倒的。组织逻辑是在施工组织安排中，综合考虑各种因素，在各施工过程之间主观安排的先后顺序关系。这种关系不受施工工艺的限制，不由工程性质本身决定，在保证施工质量、安全和工期等前提下，可以人为安排。

在网络图中，各工序之间在逻辑关系上的关系是变化多端的。表12-1中所列的是双代号网络图与单代号网络图中常见的一些逻辑关系及其表示方法，工序名称均以字母来表示。

表12-1 双代号和单代号网络图逻辑关系表示

序号	双代号表示法	工序之间的逻辑关系	单代号表示法
1	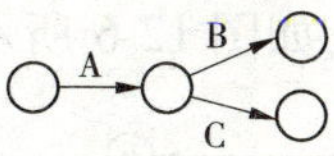	A完成后同时进行B和C	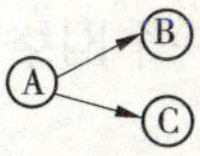
2	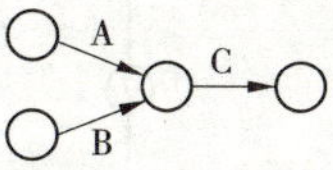	A、B均完成后进行C	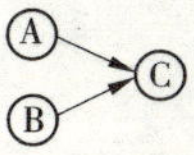
3	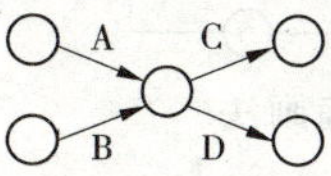	A、B均完成后同时进行C和D	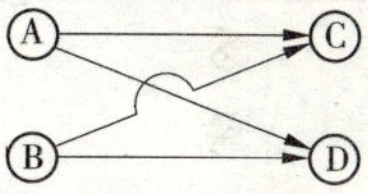
4	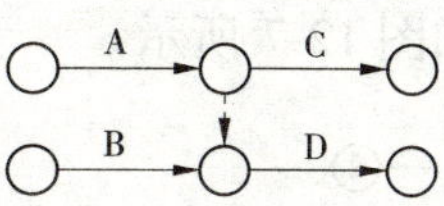	A完成后进行C；A、B均完成后进行D	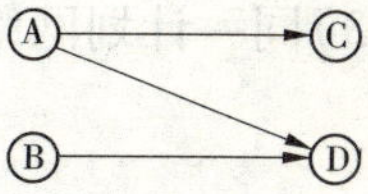
5	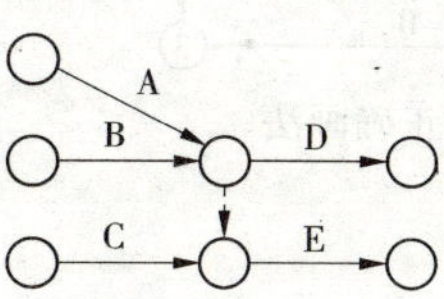	A、B均完成后进行D；A、B、C均完成后进行E	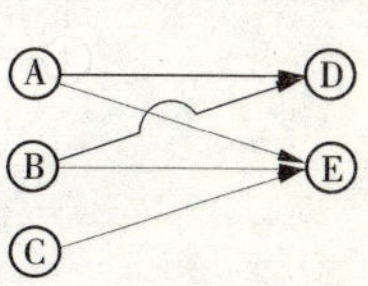
6	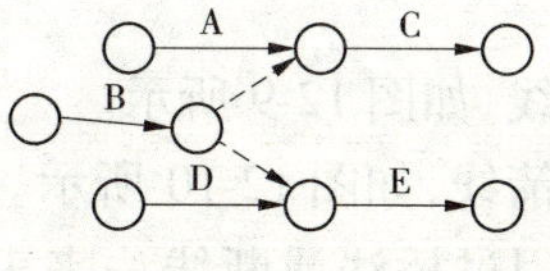	A、B均完成后进行C；B、D均完成后进行E	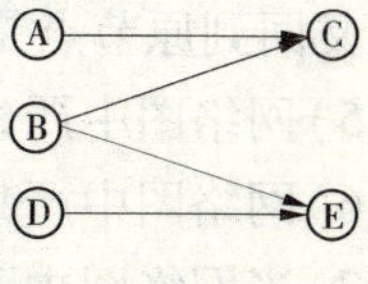

续表 12-1

序号	双代号表示法	工序之间的逻辑关系	单代号表示法
7	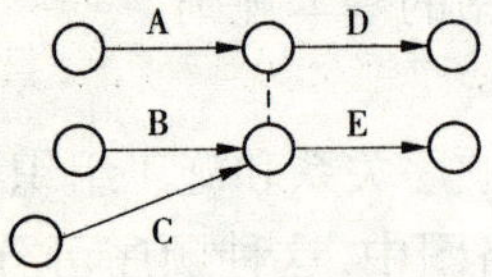	A、B、C 均完成后进行 D；B、C 均完成后进行 E	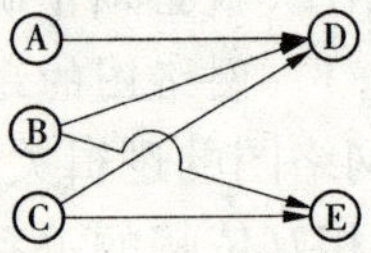
8	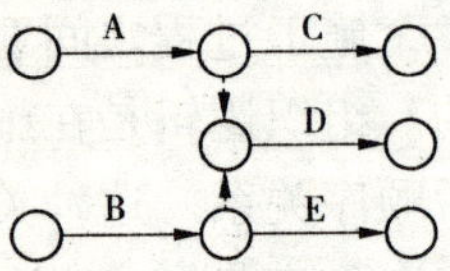	A 完成后进行 C；A、B 均完成后进行 D；B 完成后进行 E	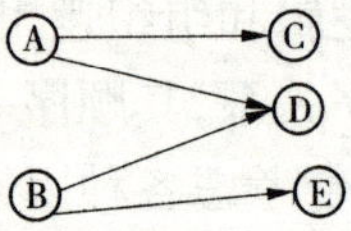
9	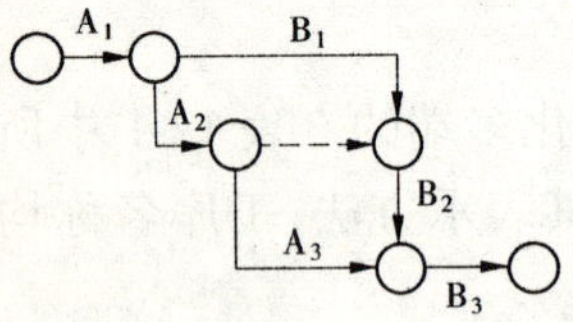	A、B 两道工序分 3 个施工段施工 A_1 完成后进行 A_2、B_1；A_2 完成后进行 A_3；A_2、B_1 均完成后进行 B_2；A_3、B_2 均完成后进行 B_3	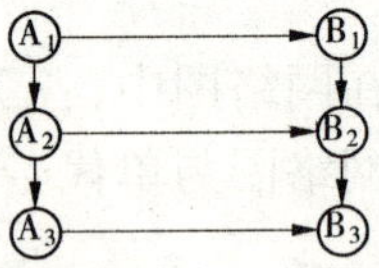

(1)网络图必须能正确表示各工序的逻辑关系。

(2)一个网络图只允许有一个起点节点和一个终点节点，如图 12-6 所示。

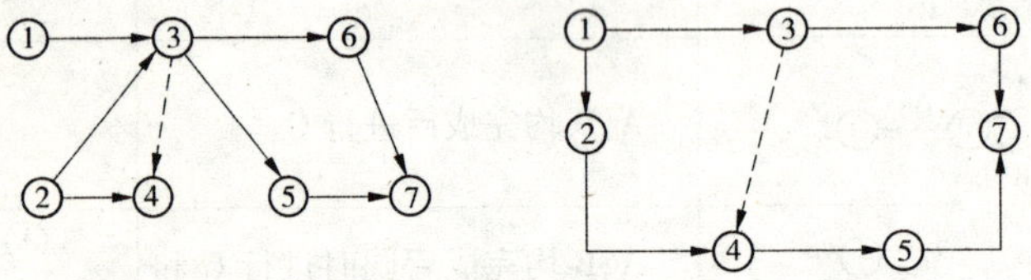

(a)错误画法　　(b)正确画法

图 12-6　节点绘制图示

(3)同一计划网络图中不允许出现编号相同的箭线，如图 12-7 所示。

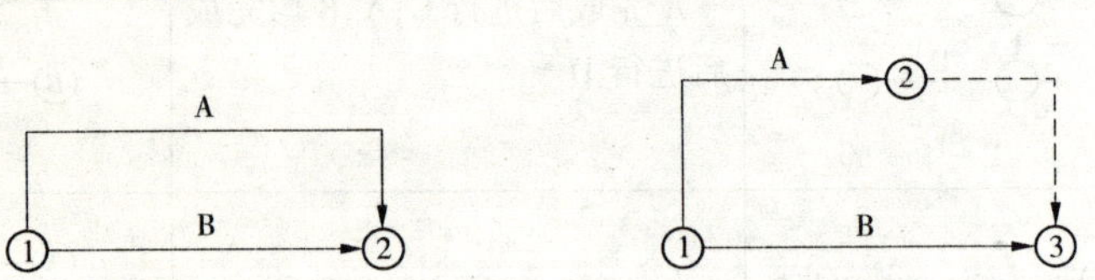

(a)错误画法　　(b)正确画法

图 12-7　箭线绘制图示

(4)网络图中不允许出现闭合回路。如图 12-8(a)所示出现从某节点开始经过其他节点，又回到原节点是错误的，正确的如图 12-8(b)所示。

(5)网络图中严禁出现双向箭线和无箭头方向的连线，如图 12-9 所示。

(6)网络图中严禁出现没有箭尾节点或箭头节点的箭线，如图 12-10 所示。

(7)当网络图中不可避免地出现箭线交叉时，应采用过桥法或断线法来表示。过桥法及断线法的表示如图 12-11 所示。

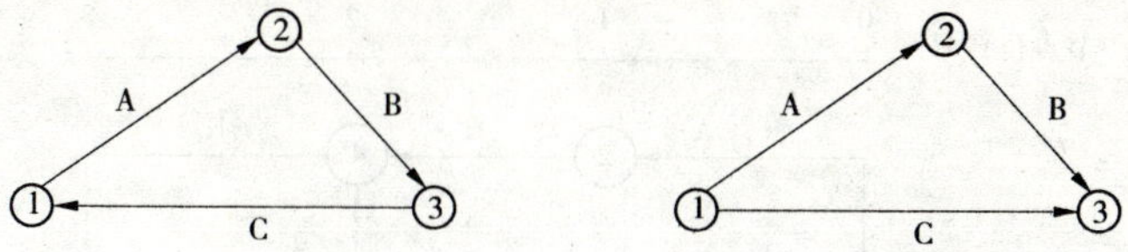

(a)错误画法　　(b)正确画法

图 12-8　线路绘制图示

(a)错误画法，双向箭线　　(b)错误画法，无向箭头

图 12-9　箭头方向绘制图示

(a)错误画法，无箭尾节点　　(b)错误画法，无箭头节点

图 12-10　箭线绘制图示

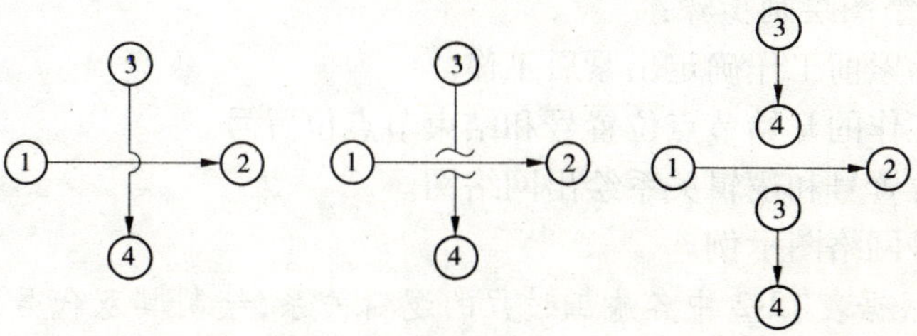

(a)过桥法　　(b)断线法　　(c)指向法

图 12-11　箭线交叉绘制方法图示

(8)当网络图的开始节点有多条外向箭线或结束节点有多条向内箭线时,为使图形简洁,可用母线法表示,如图 12-12 所示。

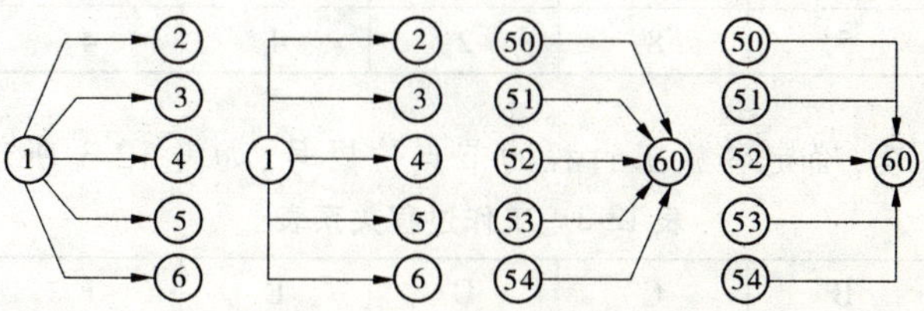

图 12-12　母线绘制方法图示

8.1.2.2　双代号网络图绘制方法和步骤

(1)绘制方法。为使双代号网络图绘制简洁、美观,宜用水平箭线和垂直箭线表示。在绘制之前,先确定出各个节点的位置号,再按节点位置及逻辑关系绘制网络图。如图 12-13所示,节点位置号的确定如下:

①无紧前工作的工作 A、B 的开始节点的位置号为 0。

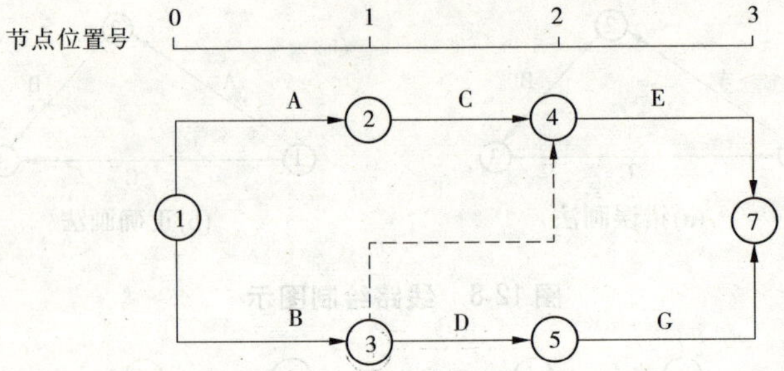

图 12-13 网络图与节点位置坐标关系

②有紧前工作的工作,其开始节点位置号等于其紧前工作的开始节点位置号的最大值加1。如E的紧前工作为B和C,而B、C的开始节点位置号分别为0和1,则E的开始节点位置号为1+1=2。

③有紧后工作的工作的结束节点位置号等于其紧后工作的开始节点位置号的最小值。如B的紧后工作D和E的开始节点位置号分别为1和2,则其结束节点位置号为1。

④无紧后工作的工作结束节点位置号等于网络图中各个工作的结束节点位置号的最大值加1。如E、G的结束节点位置号等于C、D的结束节点位置号2加1等于3。

(2)双代号网络图绘制步骤:

①根据已知的紧前工作确定出紧后工作。

②确定出各工作的开始节点位置号和结束节点位置号。

③根据节点位置号和逻辑关系绘出网络图。

④绘制双代号网络图示例。

【例12-1】 根据表12-2中各施工过程的逻辑关系,绘制其双代号网络图,并进行节点编号。

表 12-2 某工程的施工过程逻辑关系表

施工过程	A	B	C	D	E	F	G	H
紧前过程	无	A	B	B	B	C,D	C,E	F,G
紧后过程	B	C,D,E	F,G	F	G	H	H	无
持续时间	3	5	8	2	4	4	2	5

解:(1)列出关系表,确定各施工过程的节点位置号,如表12-3所示。

表 12-3 工作过程关系表

施工过程	A	B	C	D	E	F	G	H
紧前过程	无	A	B	B	B	C,D	C,E	F,G
紧后过程	B	C,D,E	F,G	F	G	H	H	无
开始节点位置号	0	1	2	2	2	3	3	4
结束节点位置号	1	2	3	3	3	4	4	5

(2)绘出网络图如图12-14所示。

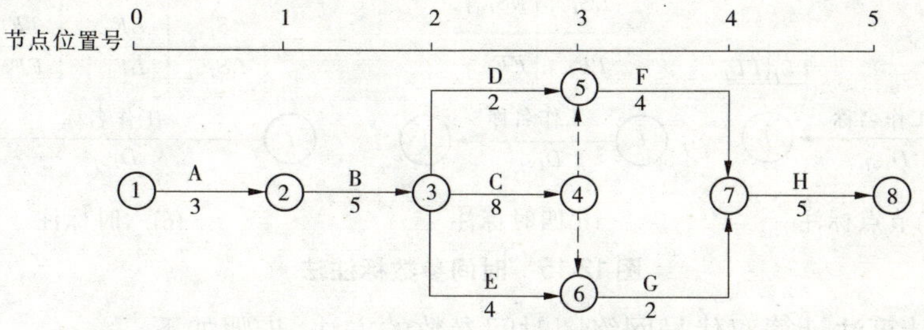

图12-14 例题12-1的网络计划图

8.1.3 双代号网络图时间参数计算

在网络图上加注工作的时间参数等而编成的进度计划称为网络计划。用网络计划对工作进行安排和控制,以保证实现预定目标的科学的计划管理技术称为网络计划技术。计算网络图时间参数的目的是找出关键线路,使得在工作中能抓住主要矛盾,向关键线路要时间;计算非关键线路上的富余时间,明确其存在多少机动时间,向非关键线路要劳力、要资源;确定总工期,对工程进度做到心中有数。

(1)网络图时间参数的内容和表示法。网络图时间参数常用的有9个,其内容及表示符号如表12-4所示。

表12-4 网络计划图时间参数表

参数	名称	符号	意义	说明
工期参数	计算工期	T_c	根据网络参数计算而得的工期	Computer Time
	要求工期	T_r	业主提出的工期要求	Require Time
	计划工期	T_p	计划完成时间	Plan Time
工作参数	工作持续时间	D_{i-j}	完成该工作的有效时间	Day
	最早开始时间	ES_{i-j}	该工作最早可以开始的时间	Earliest Starting Time
	最早完成时间	EF_{i-j}	该工作最早可以完成的时间	Earliest Finishing Time
	最迟开始时间	LS_{i-j}	该工作最迟可以开始的时间	Latest Starting Time
	最迟完成时间	LF_{i-j}	该工作最迟可以完成的时间	Latest Finishing Time
	总时差	TF_{i-j}	该工作不影响工期、可以利用的机动富裕时间	Total Float Time
	自由时差	FF_{i-j}	该工作不影响后续工作的富裕时间	Free Float Time
节点参数	节点最早时间	ET_i	节点最早可以开始的时间	Earliest Time
	节点最迟时间	LT_i	节点最迟可以开始的时间	Latest Time

计算双代号网络图的时间参数的方法有分析计算法、图上计算法、表上计算法、矩阵计算法等。在此仅介绍图上计算法,该法适用于工作较少的网络图。图上计算法标注方

法如图 12-15 所示。

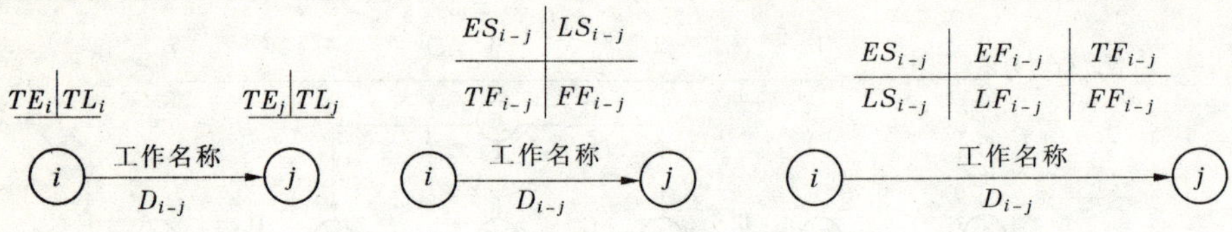

(a)节点标注　(b)四时标注　(c)六时标注

图 12-15　时间参数标注法

(2)图上计算法计算双代号网络图时间参数的方法、步骤如下：

①节点最早时间(ET)。节点时间是指某个瞬时或时点,最早时间的含义是该节点前面工作全部完成后其工作最早此时才可能开始。其计算规则是从网络图的起始节点开始,沿箭头方向逐点向后计算,直至结束节点。方法是“顺着箭头方向相加,逢箭头相碰的节点取最大值”。计算公式为

$$ET_i = \begin{cases} 0 \Rightarrow (i\text{ 节点为起始节点}) \\ \max(ET_i + D_{i-j}) \Rightarrow (i\text{ 节点紧前有多个节点}) \end{cases}$$

②节点最迟时间(LT)。节点最迟时间的含义是其前各工序最迟此时必须完成。其计算规则是从网络图终点节点开始,逆箭头方向逐点向前计算直至起始节点。方法是“逆着箭线方向相减,逢箭尾相碰的节点取最小值”。计算公式为

$$LT_i = \begin{cases} \min(LT_j - D_{i-j}) \Rightarrow (i\text{ 节点紧后有多个节点}) \\ T_c \Rightarrow (\text{节点为最终节点}) \end{cases}$$

③工作最早开始时间(ES)。工作最早可能开始时间的含义是该工作最早此时才能开始。它受该工作开始节点最早时间控制,即等于该工作起始节点最早时间。计算公式为

$$ES_{i-j} = ET_i$$

④工作最早完成时间(EF)。其含义是该工作最早此时才能结束,它受该工作开始节点最早时间控制,即等于该工作起点最早时间加上该项工作的持续时间。计算公式为

$$EF_{i-j} = ET_i + D_{i-j} = ES_{i-j} + D_{i-j}$$

⑤工作最迟完成时间(LF)。其含义是该工作此时必须完成。它受工作结束节点最迟时间控制,即等于该项工作结束节点的最迟时间。计算公式为

$$LF_{i-j} = LT_j = T_c$$

⑥工作最迟开始时间(LS)。其含义是该工作最迟此时必须开始。它受该工作结束节点最迟时间控制,即等于该工作结束节点的最迟时间减去该工作持续时间。计算公式为

$$LS_{i-j} = LT_j - D_{i-j} = LF_{i-j} - D_{i-j}$$

⑦工作总时差(TF)。其含义是该工作可能利用的最大机动时间。在这个时间范围内若延长或推迟本工作时间,不会影响总工期。求出节点或工作的开始和完成时间参数后,即可计算该工作总时差。其数值等于该工作结束节点的最迟时间减去该工作开始节点的最早时间,再减去该工作的持续时间。计算公式为

$$TF_{i-j}=LF_{i-j}-EF_{i-j}=LS_{i-j}-ES_{i-j}=LT_i-ET_i-D_{i-j}$$

总时差主要用于控制计划总工期和判断关键工作。凡是总时差为最小的工作就是关键工作，其余工作就是非关键工作。

⑧工作自由时差（FF）。其含义是在不影响后续工作按最早可能开始时间开始的前提下，该工作能够自由支配的机动时间。其数值等于该工作结束节点的最早时间减去该工作开始节点的最早时间再减去该工作的持续时间。计算公式为

$$FF_{i-j}=ES_{j-k}-ES_{i-j}-D_{i-j}=ES_{j-k}-EF_{i-j}=ET_j-ET_i-D_{i-j}$$

（3）确定关键线路。

计算上述时间参数的最终目的是找出关键线路。确定关键线路的方法是：根据计算的总时差来确定关键工作，将关键工作依次连接起来组成的线路即为关键线路。关键线路表示工程施工中的主要矛盾。要合理调配人力、物力，集中力量保证关键工作的按时完工，以防延误工程进度。关键工作一般用双箭线或粗黑箭线表示。

（4）网络计划中各项作业持续时间的确定。

一般网络计划中作业时间的确定有两种方法：

①肯定型：查劳动定额确定。

②非肯定型：在实际工作中，每项作业的持续时间往往发生变化，难以确定，故按非肯定型考虑比较合理。

非肯定型确定作业时间时，设法估计三种时间（三时估计法）：

①最乐观的时间 a：安排计划时，认为最理想的工期。

②最可能的时间 b：就是实现的机会相对较大的工期。

③最悲观的时间 c：就是安排计划时，认为施工不顺利、条件不理想时所需的工期。然后计算期望平均值 M，即为作业持续时间：

$$M=\frac{a+4b+c}{6}$$

求出 M 后，即可以将非肯定型问题转化成肯定型问题进行计算。

（5）网络图进度计划时间参数示例。

用图上计算法计算双代号网络图时间参数示例如下：

【例12-2】 根据如图12-16所示网络图，用图上计算法计算其节点的时间参数 ET 和 LT，计算工作的时间参数 ES、EF、LS、LF、TF、FF，并用双箭线表示关键线路，计算总工期 T。

解：①计算节点最早时间参数 ET：

$ET_1=0$；$ET_2=ET_1+D_{1-2}=0+3=3$；$ET_3=ET_2+D_{2-3}=3+5=8$；$ET_4=ET_3+D_{3-4}=8+8=16$；

$$ET_5=\max\begin{bmatrix}ET_3+D_{3-5}\\ET_4+D_{4-5}\end{bmatrix}=\max\begin{bmatrix}8+2\\16+0\end{bmatrix}=16;$$

$$ET_6=\max\begin{bmatrix}ET_3+D_{3-6}\\ET_4+D_{4-6}\end{bmatrix}=\max\begin{bmatrix}8+4\\16+0\end{bmatrix}=16;$$

$$ET_7 = \max\begin{bmatrix} ET_5 + D_{5-7} \\ ET_6 + D_{6-7} \end{bmatrix} = \max\begin{bmatrix} 16+4 \\ 16+2 \end{bmatrix} = 20;$$

$ET_8 = ET_7 + D_{7-8} = 20 + 5 = 25$

②计算节点最迟时间参数 LT:

$LT_8 = ET_8 = 25; LT_7 = LT_8 - D_{7-8} = 25 - 5 = 20; LT_6 = LT_7 - D_{6-7} = 20 - 2 = 18;$

$LT_5 = LT_7 - D_{5-7} = 20 - 4 = 16;$

$$LT_4 = \min\begin{bmatrix} LT_5 - D_{4-5} \\ LT_6 - D_{4-6} \end{bmatrix} = \min\begin{bmatrix} 16-0 \\ 18-0 \end{bmatrix} = 16;$$

$$LT_3 = \min\begin{bmatrix} LT_4 - D_{3-4} \\ LT_5 - D_{3-5} \\ LT_6 - D_{3-6} \end{bmatrix} = \min\begin{bmatrix} 16-8 \\ 16-2 \\ 18-4 \end{bmatrix} = 8;$$

$LT_2 = LT_3 - D_{2-3} = 8 - 5 = 3; LT_1 = LT_2 - D_{1-2} = 3 - 3 = 0$

③工作最早可能开始时间 ES:

$ES_{1-2} = ET_1 = 0; ES_{2-3} = ET_2 = 3; ES_{3-4} = ET_3 = 8\cdots$

同理,可得各工作 ES,将结果填于图上相应位置。

④工作最早完成时间 EF:

$EF_{1-2} = ES_{1-2} + D_{1-2} = 0 + 3 = 3; EF_{2-3} = ES_{2-3} + D_{2-3} = 3 + 5 = 8\cdots$

同理,可得各工作 EF,将结果填于图上相应位置。

⑤工作最迟完成时间 LF:

$LF_{1-2} = LT_2 = 3; LF_{2-3} = LT_3 = 8; LF_{3-4} = LT_4 = 16\cdots$

同理,可得各工作 LF,将结果填于图上相应位置。

⑥工作最迟开始时间 LS:

$LS_{1-2} = LF_{1-2} - D_{1-2} = 3 - 3 = 0; LS_{3-6} = LF_{3-6} - D_{3-6} = 18 - 4 = 14\cdots$

同理,可得各工作 LS,将结果填于图上相应位置。

⑦计算工作总时差 TF:

$TF_{1-2} = LS_{1-2} - ES_{1-2} = 0 - 0 = 0; TF_{3-6} = LS_{3-6} - ES_{3-6} = 14 - 8 = 6\cdots$

同理,可得各工作 TF,将结果标于图上。

⑧计算工作自由时差 FF:

$FF_{1-2} = ES_{1-2} - EF_{1-2} = 3 - 3 = 0;$

$FF_{3-6} = ES_{6-7} - EF_{3-6} = 16 - 12 = 4;$

$FF_{3-5} = ES_{5-7} - EF_{3-5} = 16 - 10 = 6$

同理,可得其他参数,将结果标于图上。

⑨确定关键线路和总工期 T。凡总时差为最小的工作均为关键工作,用双箭线或粗黑箭线表示。由关键工作组成的线路即为关键线路。本题的关键线路为:

$$① \xrightarrow[3]{A} ② \xrightarrow[5]{B} ③ \xrightarrow[8]{C} ④ \dashrightarrow ⑤ \xrightarrow[4]{F} ⑦ \xrightarrow[5]{H} ⑧$$

关键线路上各工作的时间和即为总工期,如图 12-16 所示。

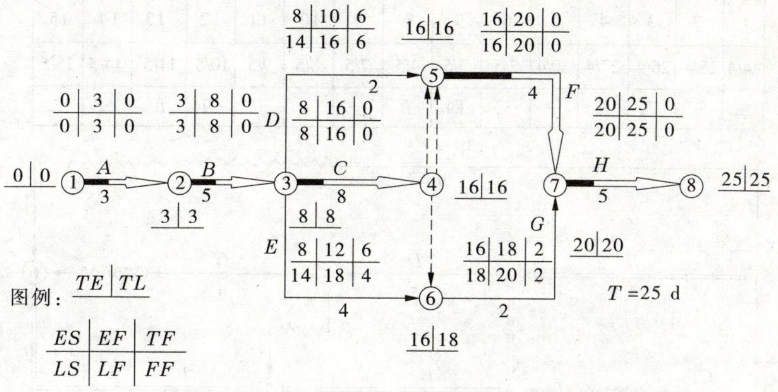

图 12-16 双代号网络图时间参数计算示例

(6)用标号法确定关键线路:

①设网络计划始点节点①的标号值为零:$b_1=0$。

②其他节点的标号值等于以该节点为完成节点的各个工作的开始节点标号值加其持续时间之和的最大值,即

$$b_j = \max[b_i + D_{i-j}]$$

从网络计划的始点节点顺着箭线方向按节点编号从小到大的顺序逐次算出标号值,并标注在节点上方。宜用双标号法进行标注,即用源节点(得出标号值的节点)作为第一标号,用标号值作为第二标号。

③将节点都标号后,从网络计划终点节点开始,从右向左按源节点寻求出关键线路。网络计划终点节点的标号值即为计算工期。

8.1.4 双代号时标网络计划

8.1.4.1 基本概念

双代号时标网络计划(以下简称时标网络计划)是以时间为坐标尺度绘制的网络计划。时标的时间单位应根据需要在编制网络计划之前确定,可为小时、天、周、旬、月或季等。时标网络计划的坐标体系可以采用计算坐标体系、工作日坐标体系和日历坐标体系,如图 12-17 所示。

在时标网络计划中,以实箭线表示工作,实箭线的水平投影长度表示该工作的持续时间;以虚箭线表示虚工作,由于虚工作的持续时间为零,故虚箭线只能垂直画;以波形线表示工作与其紧后工作之间的时间间隔。

时标网络计划宜按各项工作的最早开始时间编制。为此,在编制时标网络计划时应使每一个节点和每一项工作(包括虚工作)尽量向左靠,直至不出现从右向左的逆向箭线为止。

时标网络计划具有如下特点:

(1)兼有网络计划与横道图优点,能够清楚地表明计划的时间进程。

(2)能在图上直接显示各项工作的开始与完成时间、自由时差及关键线路。

(3)时标网络计划在绘制中受到时间坐标的限制,因此不易产生循环回路之类的逻

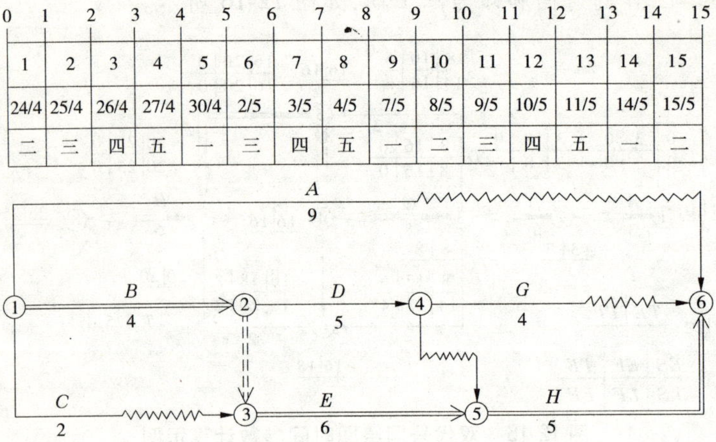

图 12-17　具有三种坐标体系的时标网络图

辑错误。

(4)可以利用时标网络计划图直接统计资源的需要量，以便进行资源优化和调整。

(5)因为箭线受时标的约束，故绘图不易，修改也较困难，往往要重新绘图。现在使用计算机以后，该问题已较易解决。

8.1.4.2　时标网络计划的绘制方法

时标网络计划的绘制方法有间接绘制法和直接绘制法两种。

(1)间接绘制法。

所谓间接绘制法，是指先根据无时标的网络计划草图计算其时间参数并确定关键线路，然后在时标网络计划表中进行绘制。在绘制时应先将所有节点按其最早时间定位在时标网络计划表中的相应位置，然后用规定线型(实箭线和虚箭线)按比例绘出工作和虚工作。当某些工作箭线的长度不足以到达该工作的完成节点时，须用波形线补足，箭头应画在与该工作完成节点的连接处。

(2)直接绘制法。

直接绘制法是不需绘出标时网络计划而直接绘制时标网络计划。

绘制步骤如下：

①将始点节点定位在时标表的起始刻度线上。

②按工作持续时间在时标表上绘制以网络计划始点节点为开始节点的工作的箭线。

③其他工作的开始节点必须在该工作的全部紧前工作都绘出后，定位在这些紧前工作最晚完成的时间刻度上。某些工作的箭线长度不足以达到该节点时，用波形线补足，箭头画在波形线与节点连接处。

④用上述方法自左至右依次确定其他节点位置，直至网络计划终点节点定位绘完网络计划的终点节点是在无紧后工作的工作全部绘出后，定位在最晚完成的时间刻度上。

时标网络计划的关键线路可由终点节点逆箭线方向朝始点节点逐次进行判定：自始至终都不出现波形线的线路即为关键线路。

8.2 单代号网络计划

8.2.1 单代号网络图的表示方法

单代号网络图是网络计划的另一种表示方法。单代号网络图的一个节点代表一项工作(节点代号、工作名称、作业时间都标注在节点圆圈或方框内,如图12-18所示),而箭线仅表示各项工作之间的逻辑关系。因此,箭线既不占用时间也不消耗资源。箭线仅用来表示工作之间的顺序关系。用这种表示方法把一项计划中所有工作按先后顺序和其相互之间的逻辑关系,从左至右绘制而成的图形,称为单代号网络图(或节点网络图,如图12-19所示)。用这种网络图表示的计划称为单代号网络计划。

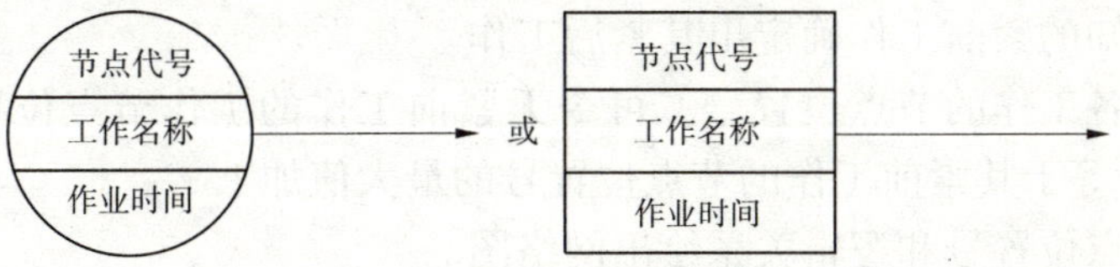

图12-18 单代号表示法

单代号网络图与双代号网络图相比,具有以下特点:

(1)工作之间的逻辑关系容易表达,且不用虚箭线,故绘图较简单。

(2)网络图便于检查和修改。

(3)由于工作的持续时间表示在节点之中,没有长度,故不够形象直观。

(4)表示工作之间逻辑关系的箭线可能产生较多的纵横交叉现象。

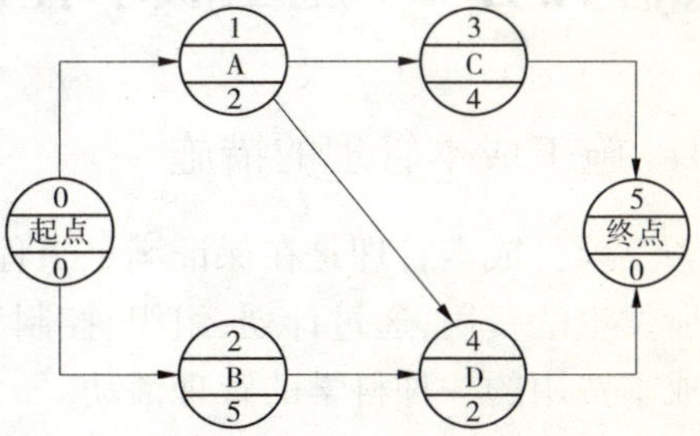

图12-19 单代号网络图

8.2.2 单代号网络图的绘制

单代号网络图和双代号网络图所表达的计划内容是一致的,两者的区别仅在于绘图的符号不同。单代号网络图箭线的含义是表示顺序关系,节点表示一项工作;而双代号网络图的箭线表示的是一项工作,节点表示联系。在双代号网络图中出现较多的虚工作,而单代号网络图没有虚工作。

8.2.2.1 单代号网络图的绘图规则

(1)单代号网络图必须正确表达已定的逻辑关系。

(2)单代号网络图中,严禁出现循环回路。

(3)单代号网络图中,严禁出现双向箭头或无箭头的连线。

(4)单代号网络图中,严禁出现没有箭尾节点的箭线和没有箭头节点的箭线。

(5)绘制网络图时,箭线不宜交叉,当交叉不可避免时,可采用过桥法或指向法绘制。

(6)单代号网络图只应有一个起点节点和一个终点节点。当网络图中有多项起点节点或多项终点节点时,应在网络图两端分别设置一项虚工作,作为该网络图的起点节点和终点节点,如图12-20所示。

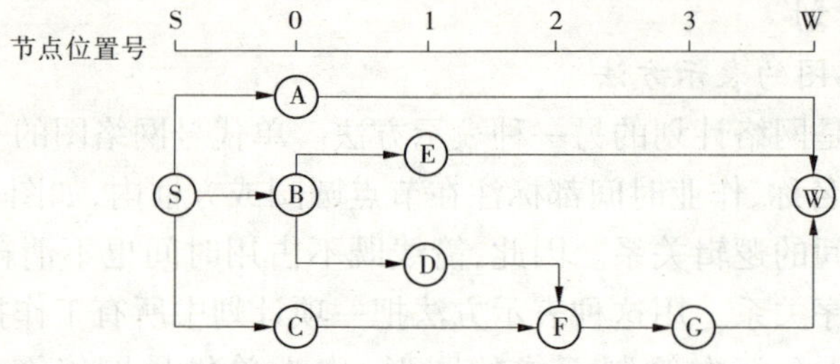

图 12-20　单代号网络图

8.2.2.2　绘制单代号网络图的方法和步骤

(1)根据已知的紧前工作确定出其紧后工作。

(2)确定出各工作的节点位置号。可令无紧前工作的工作节点位置号为零,其他工作的节点位置号等于其紧前工作的节点位置号的最大值加1。

(3)根据节点位置号和逻辑关系绘出网络图。

任务2　施工成本控制

1　施工成本管理的措施

项目成本管理是在保证满足工程质量、工期等合同要求的前提下,对项目实施过程中所发生的费用,通过计划、组织、控制和协调等活动实现预定的成本目标,并尽可能地降低成本费用的一种科学的管理活动。

要降低成本,必须加强管理和控制。首先要制定成本的计划目标,制定原材料购置和各项支出的目标价格,使成本耗费在一定的目标内;其次要依照市场经济规律调整支出的计划成本,使成本处于有效控制中;最后应从组织、经济、技术、合同等多方面采取一系列可行的措施,精心组织施工,挖掘各方面潜力,加强成本控制,从而达到对施工过程中的各项费用实施直接有效的控制。成本管理的措施主要有组织措施、技术措施等。

1.1　组织措施

组织措施就是从该点出发提出的成本管理措施,主要从施工成本管理的组织方面采取措施。它要求企业编制本阶段施工成本控制工作计划和详细的工作流程图,从施工成本管理的组织方面采取领导亲自抓、员工全参与,使成本管理深入基层、落实到人。

另外,组织措施是编制施工成本控制工作计划,确定合理、详细的工作流程。要做好施工采购规划,通过生产要素的优化配置、合理使用、动态管理,有效控制实际成本;加强施工定额管理和施工任务单管理,控制活劳动和物化劳动的消耗,加强施工调度,避免因施工计划不周和盲目调度造成窝工损失、机械利用率降低、物料积压等而使施工成本增加。

1.2　技术措施

施工方案不同,不但会影响项目的工程和质量目标,也会显著地影响项目的成本。在项目成本管理中,要十分注重和发挥技术与方案对于降低成本的重要作用,因为一方面技术的提高或新技术的采用,必然大幅度提高劳动效率和节省材料,从而节约成本;另一方面是通过优化施工方案来提高工效,缩短工期,进而节省大笔的机械及周转料具的租赁费及项目的管理费,有利于降低项目成本。

施工过程中的降低成本的技术措施包括:进行技术经济分析,确定最佳的施工方案;在满足功能要求的前提下,结合施工方法,进行材料使用的比选,选择代用、改变配合比、使用添加剂等方法来达到降低材料的消耗费用的目的;结合项目的施工组织设计及自然地理条件,降低材料的库存成本和运输成本;确定最合适的施工机械、设备使用方案以及先进的施工技术的应用,新材料的运用,新开发机械设备的使用等都是有效降低成本的技术途径。

2 施工成本计划

成本计划是成本管理的一项重要内容,是建筑企业经营的重要组成部分。施工成本计划是以货币形式预先编制施工项目在计划期内的生产费用与成本的总水平以及通过施工成本计划事先基本确定成本降低率以及为降低成本所采取的主要措施和规划的书面方案,在实施中按成本管理层次,有关成本项目以及项目进展的逐阶段对成本计划加以分解,最后制订各级保证成本计划实施的措施方案。它是建立施工项目成本管理责任制、开展成本控制和核算的基础,是实现该项目降低施工成本任务的指导性文件,也是施工项目成本预测的继续。

施工成本计划的编制以成本预测为基础,关键是确定目标成本,并要使得成本目标最终实现。但是施工成本计划的编制又不能照搬投标期间的预测成本,因为中标以后的客观环境和条件与投标期间相比已经发生了变化,项目目标成本也必须符合中标以后的实际情况,它应随着合同条件、施工组织方案、建筑市场等环境和条件的变化,经过分析、比较、判断之后随之作出相应的调整。因此,施工项目成本计划的编制不是一个绝对的固定方案,而是一个相对动态的过程。

2.1 施工成本计划的编制依据与程序

2.1.1 施工成本计划的编制依据

成本计划的制订必须根据国家政策、市场信息和企业内部资料,预测市场变化,作出自身计划,广泛收集资料、归纳整理并作出相应调整是编制成本计划的必要步骤,收集的资料也是编制成本计划的依据。这些编制依据包括如下几点:

(1)国家和上级部门有关编制成本计划的规定。

(2)项目经理部与企业签订的承包合同、分包合同(或估价书)、结构件外加工计划和合同以及企业下达的成本降低额、降低率和其他有关技术经济指标。

(3)有关人工、材料、机械台班市场与公司内部价格等成本预测、决策的资料。

(4)施工项目的施工图预算、施工预算。

(5)施工组织设计或施工方案及拟采取的降低施工成本的措施。

(6)施工项目使用的机械设备生产能力及其利用情况。

(7)施工项目的材料消耗、物资供应、劳动工资、周转设备租赁价格及劳动效率、摊销损耗标准等计划资料。

(8)计划期内的物资消耗定额、劳动工时定额、费用定额等资料。

(9)以往同类项目成本计划的实际执行情况及有关技术经济指标完成情况的分析资料。

(10)同行业同类项目的成本、定额、技术经济指标资料及增产节约的经验和有效措施。

(11)本企业的历史先进水平和当时的先进经验及采取措施的历史资料。

(12)国外同类项目的先进成本水平情况等资料以及其他相关资料。

此外,还应深入分析当前情况和未来的发展趋势,了解影响成本升降的各种有利和不利因素,研究如何克服不利因素和降低成本的具体措施,为编制成本计划提供丰富具体和可靠的成本资料。

2.1.2　成本计划编制原则

(1)兼容先进性和可操作性的原则;

(2)弹性原则;

(3)可比性原则;

(4)与其他计划相协调的原则。

2.1.3　成本计划的编制程序

编制成本计划的程序,因项目的规模大小、管理要求不同而不同,大中型项目一般采用分级编制的方式,即先由各部门提出部门成本计划,再由项目经理部汇总编制全项目工程的成本计划;小型项目一般采用集中编制方式,即由项目经理部先编制各部门成本计划,再汇总编制全项目的成本计划。无论采用哪种方式,其编制成本计划前的测算工作,都应经过认真收集和整理有关工程项目的成本资料,结合相关政策、建筑市场和企业能力等情况来分析这些资料,仔细地研究平衡试算,最终才能提出较为科学的成本降低目标。确定目标之后则进入成本计划草案的编制阶段,这一阶段应当在总会计师的具体领导下,由财务部门牵头,会同计划、预算、技术等有关部门进行,紧紧围绕企业经营方针和目标,收集和整理与成本相关的基础预测资料;依据计划年度的施工生产任务、物资供应、劳动工资、技术组织措施等计划和预算定额、劳动定额、工资水平以及本企业历史上各项消耗指标,并参考同行业先进成本水平和技术经济指标等。这一环节中最重要的是从技术措施上要结合施工组织设计的编制过程,通过不断地优化施工技术方案和合理配置生产要素,进行工料机消耗的分析,制订一系列的节约成本和挖潜措施,即选定技术上可行、经济上合理的最优降低成本方案。

编制工程成本计划草案后,还要结合企业其他诸如进度计划、质量计划等其他计划,同时结合企业为了实现对其他所有项目的资源综合利用的整体安排,达到企业各项计划综合平衡之后,才能编制正式的施工成本计划。成本计划指标经过试算平衡后,如果已经达到了降低成本计划指标的要求,可以将成本确定的指标进行分解,向企业内部各部门、各层次提出降低成本要求和各自所承担的具体指标及指标控制数值。这样通过成本计划把目标成本层层分解,落实到施工过程的每个环节,以调动全体职工的积极性,有效地落实成本计划、进行成本控制。

2.2 按施工成本组成编制施工成本计划的方法

施工成本按成本组成分解可以有两种分解方式：一种是可以分为人工费、材料费、施工机械使用费、措施费和间接费来编制按施工成本组成分解的施工成本计划；另一种按照施工项目组成分解编制施工计划的方法是根据成本习性将成本分成固定成本和变动成本两类，进行编制计划成本。其中，变动成本是与任务量有直接联系的成本。属于变动成本的有材料费、在计件工资形式下的人工费，其中奖金、效益工资和浮动工资部分，亦应计入变动成本；其他直接费。水、电、风、汽等费用以及现场发生的材料二次搬运费，多数与产量发生联系，也属于变动成本。固定成本是与任务量增减无直接关系的成本项目，如属于计时工资形式下的员工工资、办公费、差旅交通费、固定资产使用费、施工管理费和劳动保护费等基本上属于固定成本。机械使用费中有些费用随产量增减而变动，如燃料、动力费，属变动成本，有些费用不随产量变动，如机械折旧费、大修理费、机修工、操作工的工资等，属于固定成本。此外，还有部分费用为介于固定成本和变动成本之间的半变动成本，如机械的场外运输费和机械组装拆卸、替换配件等平常修理费，则按一定比例划归为固定成本与变动成本。

在按照施工成本组成编制成本计划时，把成本分解为材料、人工、机械费、运费等主要支出项目后，要对各个项目再加以详细分解，并对计划中各种子项目计划支出作出估算说明。只有制定这样详细的指标，才能达到在实际施工中能够对成本加以控制与考核的目的，否则以制定的没有具体目标的计划作指导，是不能真正起到控制作用的。

2.3 按项目组成编制施工成本计划的方法

按照目前的项目组成分解结构来编织施工成本计划，又称工作分解法，在国外被简称为 *WBS*。它的特点是主要以施工图中的工程实物量为基础，以本企业作出的项目施工组织设计及技术方案为依据。其具体步骤是：首先把整个工程项目逐级分解为一个个单位工程，再把每个单位工程依次分解为一个个分部工程，最后分解为便于进行单位工料成本估算的分项或工序，套以实际价格和计划的物资、材料、人工、机械等消耗定额。计算工料消耗量，并进行工料汇总，然后统一以货币形式估算出工程项目的实际成本费用。最后按分项自下而上估算、汇总，从而得到整个工程项目的估算，并据以确定成本目标。估算汇总后还要考虑风险系数与物价指数，对估算结果加以修正。

利用上述系统在进行成本计划时，工作划分得越细、越具体，价格和工程量的确定越容易，除自上而下逐级展开工作分解外，还要对材料、人工、机械费、运费等主要支出项目加以横向分解，例如应把钢材、木材、水泥等主要材料费的计划用量分解到各个更细的阶段和环节，以便在实际施工中加以控制与考核，因为在此基础上分级分类编制的工程项目的成本计划才是具体实施时成本控制的直接依据。

2.4 按工程进度编制施工成本计划的方法

编制按时间进度的施工成本计划，通常可利用控制项目进度的网络图进一步扩充而得。即在建立网络图时，一方面确定完成各项工作所需花费的时间；另一方面同时确定完成这一工作的合适的施工成本支出计划。在实践中，将工程项目分解为既能方便地表示时间，又能方便地表示施工成本支出计划的工作是不容易的，通常如果项目分解程度对时间控制合适，则对施工成本支出计划可能分解过细，以至于不可能对每项工作确定其施工成本支出计划，反之亦然。因此，在编制网络计划时，应在充分考虑进度控制对项目划分要求的同时，考虑确定施工成本支出计划对项目划分的要求，做到两者兼顾。按工程进度编制施工成本计划的表现形式是通过对施工成本目标按时间进行分解，在网络计划基础上，可获得项目进度计划的横道图，并在此基础上编制成本计划。其表示方式有两种：一种是利用时间—成本累计曲线（S 形曲线）表示，如图 12-21 所示；另一种是在时标网络图上按月编制的成本计划，如图 12-22 所示。其中，时间—支出累计曲线的绘制步骤如下：

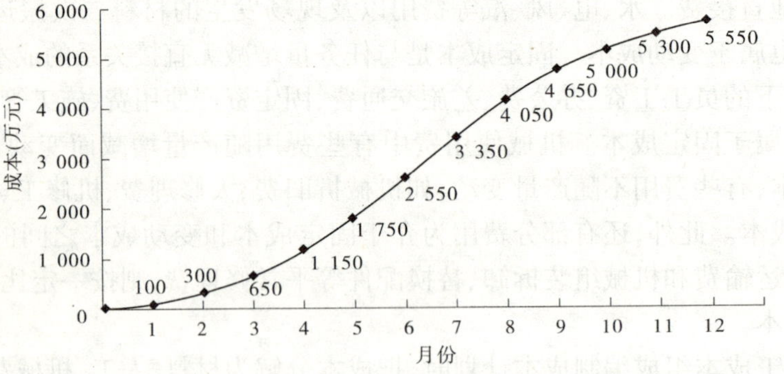

图 12-21　时间—成本累计曲线

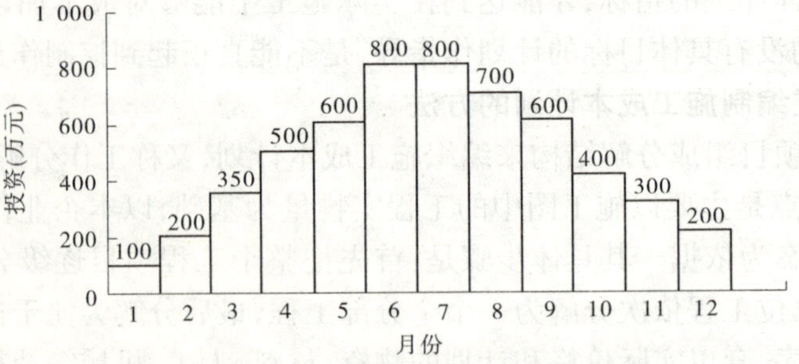

图 12-22　时标网络图按月编制的成本计划

（1）确定工程项目进度计划，编制进度计划的横道图。

（2）根据单位时间内完成的实物工程量或投入的人力、物力和财力，计算单位时间（月或旬）的成本，在时标网络图上按时间编制成本支出计划。

（3）计算规定时间 t 计划累计支出的成本额，其计算方法为各单位时间计划支出额累加求和，可按下式计算：

$$Q_t = \sum_{n=1}^{t} q_n$$

式中　Q_t——某时间 t 计划累计支出额；

q_n——单位时间 n 的计划支出额；

t——某规定计划时刻。

一般工作中编制月度项目施工成本计划，是指项目某一月度根据施工进度计划所编制的项目施工成本收入、支出计划，以便及时与月度项目施工计划相对比，要及时发现问题尽早纠偏。它包括根据施工进度计划而作出的各种资源消耗量计划、各项现场管理费收入及支出计划，属于现场控制性计划，是项目经理部继续进行各项成本控制工作的依据。以上三种编制施工成本计划的方法并不是相互独立的，在实践中，往往是将这几种方法结合起来使用，从而达到扬长避短的效果。

3 施工成本控制与分析

对于施工企业来讲，成本、质量、工期是施工的三大目标，其中成本反映的是项目施工过程中各种耗费的总和，承包企业项目成本控制的重心应包括计划预控、过程控制和纠偏控制三个重要环节。施工企业的成本分为直接成本和间接成本两部分，间接成本是指为施工准备、施工组织和管理施工生产的全部费用的支出，是非直接用于也无法直接计入工程对象，但为进行工程施工所必需发生的费用，包括管理人员的工资、办公费、差旅交通费等。直接成本是指施工过程中，所耗费的构成工程实体或有助于工程实体形成的各项费用支出，是可以直接计入工程对象的费用，包括人工费、材料费、施工机械费和施工措施费等。其中，直接成本为施工企业的成本的主要部分，一般要占施工企业成本的90%以上，是施工企业成本的重点控制对象。企业能可持续生存与发展的首要竞争能力也具有更强的竞争力、更大的利润空间。施工企业只有对成本实施有效地控制，才能使企业具有更强的竞争力。

3.1 施工成本控制的步骤

确定了项目施工成本计划之后，在实施的过程中不能只照搬计划指标，还要不断地、有序地进行统计与比较、分析与反馈工作，必须定期地进行施工成本计划值与实际值的比较，当实际值偏离计划值时，分析产生偏差的原因，采取适当的纠偏措施，以确保施工成本控制目标的实现。因此，施工成本控制分为比较、分析、预测、纠偏和检查五个步骤。

(1)比较。是指按照某种确定的方式将施工成本计划值与实际值逐项进行比较，以发现施工成本是否已超支。

(2)分析。在比较的基础上，对比较的结果进行分析，以确定偏差的严重性及偏差产生的原因。这一步是施工成本控制工作的核心，其主要目的在于找出产生偏差的原因，从而采取有针对性的措施，减少或避免相同原因的再次发生或减少由此造成的损失。

(3)预测。根据项目实施情况估算整个项目完成时的施工成本，预测的目的在于为决策提供支持。

(4)纠偏。当工程项目的实际施工成本出现偏差时，应当根据工程的具体情况、偏差分析和预测的结果，采取适当的措施，以期达到使施工成本偏差尽可能小的目的。纠偏是施工成本控制中最具实质性的一步。只有通过纠偏，才能最终达到有效控制施工成本的目的。

(5)检查。是指对工程的进展进行跟踪和检查，及时了解工程进展状况以及纠偏措施的执行情况和效果，为今后的工作积累经验。

3.2 施工成本控制的方法

项目施工成本的控制法是在成本发生和形成的过程中对成本进行的监督检查，成本的发生与形成是一个动态的过程，这就决定了成本的控制也是一个动态的过程，也可称为成本的过程控制。成本的过程控制主控对象与内容有如下几点。

3.2.1　人工费的控制

人工费的控制实行"量价分离"的方法，将作业用工及零星用工按照定额工日的一定比例综合确定用工数量与单价，通过劳务合同进行控制。

3.2.2　施工材料费的控制

施工材料费的控制是降低工程成本的重要环节。材料费一般占建筑工程造价60%左右，做好材料的管理，降低材料费用是提高劳动生产率、降低工程成本的最重要的途径。材料费的控制从材料的用量和材料价格两方面进行控制。材料用量的控制一般用定额控制、指标控制、计量控制和包干控制等方法；材料价格的控制主要由材料采购部门控制，由于材料价格由买价、运杂费、运输中的合理损耗等组成，因此主要是通过掌握市场信息，应用招标和询价等方式控制材料、设备的采购价格。

具体在施工中材料的控制应主要从以下几个方面实施控制：

(1)材料的采购供应控制。因为施工周期较长、需求数量较大、品种复杂，这个环节是实现工程进度计划的保证，所以必须事前做好材料市场调查和信息收集工作，掌握产地、货源、生产及流通等第一手资料。在保证质量的前提下，其他材料尽量多用当地材料代替外运材料，就近采购，减少中转环节。采购时一般集中选择信誉良好、资金雄厚的供应商或厂家，供货的时间、质量、数量可以得到有力的保证。

(2)材料的计划、保管控制。材料采购是集中或分批采购，但消耗是连续不断进行的，所以做好计划与保管工作是一个持续而又重要的环节。根据施工进度计划，做好材料领用、回收、库存统计和供应的年度、季度、月材料计划工作，避免材料储备过多而占用资金、场地、仓库，有的储存时间过长甚至会变质，储备过少又不能保证生产连续进行；合理设置仓库、堆场和加工厂位置，节约场内外运费；为保证施工用料的不均衡和不间断，必须按材料品种、供应条件，制定一个合理的经济库存量；回收包装用品，做好废旧物资的回收利用；加强验收，防止缺吨、短方、少尺、少件现象。

(3)领料的限额控制。施工班组严格实行限额领料，控制用料，凡超额使用的材料，由班组自负费用，节约的可以由项目部与施工班组分成，使员工充分认识到节约与自身利益相联系，在日常工作中主动掌握节约材料的方法，降低材料废品率。

(4)严格规章制度控制。对施工班组进行技术以及奖罚制度培训，从而提高施工人员节约材料的意识。要求进行材料检查、抽检测试，监督材料合理使用、回收利用工作，严格控制材料规格和质量，避免大材小用、优材劣用。

(5)材料的包干使用控制。工程中辅助材料很多，如管理不善会造成材料的极大浪费，对于辅助材料的管理，建立材料包干经济责任制，推行仓库管理承包、材料资金包干等经济承包制度。

(6)技术措施控制。采用先进的施工工艺等可降低材料消耗，例如，改进材料配合比设计，合理使用化学添加剂；精心施工，控制构筑物和构件尺寸，减少材料消耗；改进装卸作业，节约装卸费用，减少材料损耗，提高运输效率；经常分析材料使用情况，核定和修订材料消耗定额，使施工定额保持平均先进水平。

3.2.3　机械使用费控制

机械一般通过租赁方式使用，因此必须合理配备施工机械，提高机械设备的利用率和完好率。施工机械的使用费的控制主要从台班数量和台班单价两方面控制。

3.2.4 施工分包费用的控制

有些作为总包的施工单位,由于其施工的资质有限和充分利用市场配置资源的需要,会将诸如桩基础、弱电、消防、栏杆、门窗等部分工程分包给具有相应专业施工资质的企业施工。由此带来分包费用的控制是施工项目成本控制的重要工作之一,项目经理部在确定施工方案的初期就要确定需要分包的工程范围。对分包费用的控制,主要是要做好分包工程的询价、订立平等互利的分包合同、建立稳定的分包关系网络、加强施工验收和分包结算等工作。

3.3 施工成本分析的方法

由于施工项目成本涉及的范围很广,需要分析的内容也很多,应该在不同的情况下采取不同的分析方法。把它分为成本分析的基本方法与综合成本的分析方法。

3.3.1 成本分析的基本方法

3.3.1.1 比较法

比较法又称"指标对比分析法",是成本分析的主要方法,是通过技术、经济指标数量的对比,检查计划的完成情况,分析产生差异的原因和影响程度,进而采取有效措施进行成本控制,并挖掘内部潜力的方法。该方法具有通俗易懂、简单易行、便于掌握的特点,因而得到了广泛的应用,但在应用时必须注意各技术经济指标的可比性,而且在比较中,既要看降低成本额,又要看降低成本率。

比较法的应用,通常有下列形式:

(1)将实际指标与计划指标对比。通过这种对比,可以检查计划的完成情况,分析完成计划的积极因素和影响计划完成的原因,以便及时采取措施,保证成本目标的实现。

(2)将本期实际指标与上期实际指标对比。通过这种对比,可以看出各项技术经济指标的动态情况,反映施工项目管理水平的提高程度。在一般情况下,一个技术经济指标只能代表施工项目管理的一个侧面,只有成本指标才是施工项目管理水平的综合反映,因此成本指标的对比分析尤为重要,一定要真实可靠,而且要有深度。

(3)将本企业与本行业平均水平、先进水平对比。通过这种对比,可以反映本项目的技术管理和经济管理与其他项目的平均水平和先进水平的差距,进而采取措施赶超标杆企业,力争达到先进水平。

3.3.1.2 因素分析法

因素分析法又称连环置换法,这种方法可用来分析各种因素对成本的影响程度。在进行分析时,首先要假定构成成本的众多因素中的一个因素发生了变化,而其他因素则不变,然后逐个替换,分别比较其计算结果,以确定各个因素的变化对成本的影响程度。

3.3.1.3 差额计算法

这是因素分析法的一种简化形式,它利用各个因素的目标值与实际值的差额来计算其对成本的影响程度。

3.3.1.4 比率法

比率法是指用两个以上的指标的比例进行分析的方法。它的基本特点是:先把对比分析的数值变成相对数,再观察其相互之间的关系。

3.3.2　综合成本的分析方法

所谓综合成本,是指涉及多种生产要素,并受多种因素影响的成本费用,如分部分项工程成本,月(季)度成本、年度成本等。

(1)分部分项工程成本分析。由于施工项目包括很多分部分项工程,通过主要分部分项工程成本的系统分析,可以基本上了解项目成本形成的全过程,所以分部分项工程成本分析是施工项目成本分析的基础。分部分项工程成本分析的对象为已完成分部分项工程。分析的方法是:进行预算成本、目标成本和实际成本的"三算"对比,分别计算实际偏差和目标偏差,分析偏差产生的原因,为今后的分部分项工程成本寻求节约途径。

(2)月(季)度成本分析。是施工项目定期的、经常性的中间成本分析,月(季)度成本分析的依据是当月(季)的成本报表。坚持每月(季)一次的成本分析制度,分析成本费用控制的薄弱环节,提出改进措施,让主管和员工时刻关心计划控制实施状况。

(3)年度成本分析。依据年度成本报表,其分析内容除月(季)度成本分析的六个方面外,重点是针对下一年度的施工进展情况的规划采取切实可行的成本管理措施,以保证施工项目成本目标的实现。企业成本要求一年结算一次,不得将本年成本转入下一年度。而项目成本则以项目的寿命周期为结算期,要求从开工到竣工到保修期结束连续计算,最后结算出成本总量及其盈亏。

(4)竣工成本的综合分析。一般有几个单位工程而且是单独进行成本核算(即成本核算对象)的施工项目,其竣工成本分析应以各单位工程竣工成本分析资料为基础,再加上项目经理部的经营效益(如资金调度、对外分包等所产生的效益)进行综合分析。如果施工项目只有一个成本核算对象(单位工程),就以该成本核算对象的竣工成本资料作为成本分析的依据。单位工程竣工成本分析应包括竣工成本分析主要资源节超对比分析、主要技术节约措施及经济效果分析。

任务3　施工质量控制

1　质量管理与质量控制

1.1　质量管理

1.1.1　质量管理的 PDCA 循环

PDCA 循环又称戴明环,是美国质量管理专家戴明博士首先提出的,它反映了质量管理活动的规律。质量管理活动的全部过程,是质量计划的制订和组织实现的过程,这个过程就是按照 PDCA 循环,不停顿地周而复始地运转。每一循环都围绕着实现预期的目标,进行计划、实施、检查和处置活动,随着对存在问题的克服、解决和改进,不断增强质量能力,提高质量水平。

PDCA 循环主要包括四个阶段:计划(Plan)、实施(Do)、检查(Check)和处置(Action)。

(1)计划(Plan)。质量管理的计划职能,包括确定或明确质量目标和制订实现质量目标的行动方案两个方面。

(2)实施(Do)。实施职能在于将质量的目标值,通过生产要素的投入、作业技术活动和产出过程,转换为质量的实际值。

(3)检查(Check)。是指对计划实施过程进行各种检查,包括作业者的自检、互检和专职管理者专检。

(4)处置(Action)。对于质量检查所发现的质量问题或质量不合格,应及时进行原因分析,采取必要的措施,并予以纠正,保持工程质量形成过程的受控状态。

PDCA 循环如图 12-23 所示。

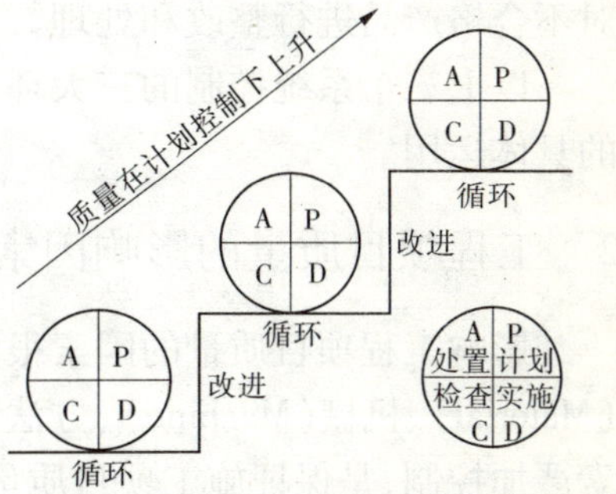

图 12-23 PDCA 循环示意图

1.1.2 全面质量管理的思想

全面质量管理(Total Quality Control,简称 TQC)是以组织全员参与为基础的质量管理形式,其代表了质量管理发展的最新阶段,它起源于美国,在欧美和日本等工业化国家广泛应用。20 世纪 80 年代后期以来,逐渐由早期的全面质量管理(Total Quality Management,简称 TQM)演化而来,其含义远远超出了一般意义上的质量管理的领域,而成为一种综合的、全面的经营管理方式和理念。我国自20 世纪 80 年代开始引进和推行全面质量管理以来,在理论和实践上都有一定的发展,并取得了显著成效,这也为在我国贯彻实施 ISO 9000 族国际标准奠定了基础。

2000 版 ISO 9000 族标准中对全面质量管理的定义为:一个组织以质量为中心,以全员参与为基础,目的在于通过让顾客满意和本组织所有成员及社会受益而达到长期成功的管理途径。这一定义反映了全面质量管理概念的最新发展,也得到了质量管理界广泛的共识。因此,建设项目的质量管理,应当贯彻如下"三全"管理的思想和方法。

(1)全方位质量管理。

(2)全过程质量管理。

(3)全员参与质量管理。

1.2 质量控制

质量控制是质量管理的一部分。质量控制是在明确的质量目标条件下通过行动方案和资源配置的计划、实施、检查和监督来实现预期目标的过程。在质量控制的过程中,运用全过程质量管理的思想和动态控制的原理,主要可以将其分为三个阶段,即质量的事前预控、事中控制和事后控制。

1.2.1 事前质量预控

事前质量预控是利用前馈信息实施控制,重点放在事前的质量计划与决策上,即在生产活动开始以前根据对影响系统行为的扰动因素做种种预测,并制订出控制方案。这种控制方式是十分有效的。

1.2.2 事中质量控制

事中质量控制也称作业活动过程质量控制,是指质量活动主体的自我控制和他人监控的控制方式。自我控制是第一位的,即作业者在作业过程中对自己质量活动行为的约束和技术能力的发挥,以完成预定质量目标的作业任务;他人监控是指作业者的质量活动和结果,接受来自企业内部管理者和来自企业外部有关方面的检查、检验。

1.2.3 事后质量控制

事后质量控制也称为事后质量把关,以使不合格的工序或产品不流入后道工序、不流入市场。事后控制的任务是对质量活动结果进行评价、认定;对工序质量偏差进行纠偏;对不合格产品进行整改和处理。

以上三个系统控制的三大环节构成了有机的系统过程,其实质就是 PDCA 循环原理的具体运用。

2 工程项目质量的影响因素

影响工程项目质量的因素很多,通常可以归纳为五个方面,具体是指:人(Man)、材料(Material)、机械(Machine)、方法(Method)和环境(Environment)。事前对这五方面的因素严加控制,是保证施工项目质量的关键。

(1)人。是生产经营活动的主体,也是直接参与施工的组织者、指挥者及直接参与施工作业活动的具体操作者。人员素质,即人的文化、技术、决策、组织、管理等能力的高低直接或间接影响工程质量。

(2)材料。包括原材料、成品、半成品、构配件等,它是工程建设的物质基础,也是工程质量的基础。要通过严格检查验收,正确合理地使用,建立管理台账,进行收、发、储、运等各环节的技术管理,避免混料和将不合格的原材料使用到工程上。

(3)机械。包括施工机械设备、工具等,是施工生产的手段。要根据不同工艺特点和技术要求,选用合适的机械设备;正确使用、管理和保养机械设备。工程机械的质量与性能直接影响到工程项目的质量。

(4)方法。包括施工方案、施工工艺、施工组织设计、施工技术措施等。在工程中,方法是否合理,工艺是否先进,操作是否得当,都会对施工质量产生重大影响。应通过分析、研究、对比,在确认可行的基础上,切合工程实际,选择能解决施工难题、技术可行、经济合理,有利于保证质量、加快进度、降低成本的方法。

(5)环境。影响工程质量的环境因素较多,有工程技术环境、工程管理环境、劳动环境、法律环境、社会环境等。环境因素对工程质量的影响,具有复杂而多变的特点。因此,加强环境管理,改进作业条件,把握好环境,是控制环境对质量影响的重要保证。

3 工程项目施工质量控制

建设工程施工是使工程设计意图最终实现并形成工程实体的阶段,是工程质量控制的重要阶段。通常情况下,建设工程的施工质量控制包括了两个方面的含义:①指工程项目施工承包企业的施工质量控制;②指广义的施工阶段工程项目质量控制,即除承包方的施工质量控制外,还包括业主、设计单位、监理单位以及政府质量监督机构,在施工阶段对建设项目施工质量所实施的监督管理和控制职能。

3.1 施工阶段质量控制的目标

施工质量控制的总体目标是贯彻执行我国现行建设工程质量法规和标准,正确配置生产要素和采用科学管理的方法,实现由工程项目决策、设计文件和施工合同所决定的工程项目预期的使用功能和质量标准。不同管理主体的施工质量控制目标不同,但都是致力于实现项目质量总目标的。

(1)建设单位的质量控制目标,是通过施工过程的全面质量监督管理、协调和决策,保证竣工项目达到投资决策所确定的质量标准。

(2)设计单位在施工阶段的质量控制目标,是通过设计变更控制及纠正施工中所发现的设计问题等,保证竣工项目的各项施工结果与设计文件所规定的标准相互一致。

(3)施工单位的质量控制目标,是通过施工过程的全面质量自控,保证交付满足施工合同及设计文件所规定的质量标准(含建设工程质量创优要求)的建设工程产品。

(4)监理单位在施工阶段的质量控制目标,是通过审核施工质量文件,采取现场旁站、巡视等形式,应用施工指令和结算支付控制等手段,履行监理职能,监控施工承包单位的质量活动行为,以保证工程质量达到施工合同和设计文件所规定的质量标准。

(5)供货单位的质量控制目标,是严格按照合同约定的质量标准提供货物及相关单据,对产品质量负责。

施工阶段的质量控制通常采用自主控制与监督控制相结合、事前预控与事中控制相结合、动态跟踪与纠偏控制相结合以及这些方式综合应用等方式。

3.2 施工生产要素的质量控制

3.2.1 劳动主体的控制

首先要做到全面控制,必须要以人为核心,加强质量意识,是质量控制的首要工作。施工企业首先应当成立以项目经理的管理目标和管理职责为中心的管理架构,配备称职管理人员,各司其职;其次,提高施工人员的素质,加强专业技术和操作技能培训。

3.2.2 劳动对象的控制

材料(包括原材料、成品、半成品、构件)是工程施工的物质条件,是建筑产品的构成因素,它们的质量好坏会直接影响到工程产品的质量。加强材料的质量控制是提高施工项目质量的重要保证。

对原材料、半成品及构件进行质量控制应做好以下工作:所有的材料都要满足设计和规范的要求,并提供产品合格证明;要建立完善的验收及送检制度,杜绝不合格材料进入现场,更不允许不合格材料用于施工中;实行材料供应“四验”(即验规格、验品种、验质量、验数量)、“三把关”(材料人员把关、技术人员把关、施工操作者把关)制度;确保只有检验合格的原材料才能进入下一道工序,为提高工程质量打下一个良好的基础;建立现场监督抽检制度,按有关规定比例进行监督抽检;建立物资验证台账制度等。

3.2.3 施工工艺的控制

施工工艺的先进合理是直接影响工程质量、进度、造价以及安全的关键因素。施工工艺的控制主要包括施工技术方案、施工工艺、施工组织设计、施工技术措施等方面的控制,主要应注意以下几点:编制详细的施工组织设计与分项施工方案,对工程施工中容易发生质量事故的原因、防治、控制措施等做出详细的说明,选定的施工工艺和施工顺序应能确保工序质量;设立质量控制点,针对隐蔽工程、重要部位、关键工序和难度较大的项目等设置;建立“三检”制度,通过自检、互检、交接检,尽量减少质量失误;工程开工前编制详细的项目质量计划,明确本标段工程的质量目标,制订创优工程的各项保证措施等。

3.2.4 施工设备的控制

施工设备的控制主要做好两个方面的工作：一是机械选择与储备。在选择机械设备时，应该根据工程项目特点、工程量、施工技术要求等，合理配置技术性能与工作质量良好、工作效率高、适合工程特点和要求的机械设备，并考虑机械的可靠性、维修难易程度、能源消耗以及安全、灵活等方面对施工质量的影响与保证条件，同时做好足够的机械储备，以防机械发生故障影响工程进度。二是有计划地保养与维护。对进入施工现场的施工机械设备进行定期维修；应在规章制度前提下，加强机械设备管理，做到人机固定，定期保养和及时修理；建立强制性技术保养和检查制度，没达到完好度的设备严禁使用。

3.2.5 施工环境的控制

施工环境主要包括工程技术环境、工程管理环境和劳动环境等。

(1)工程技术环境的控制。

(2)工程管理环境的控制。

(3)劳动环境的控制。

3.3 施工过程的作业质量控制

工程项目施工阶段是工程实体形成的阶段，建筑施工承包企业的所有质量工作也要在项目施工过程中形成。工程项目施工是由一系列相互关联、相互制约的作业过程(工序)构成的，因此施工作业质量直接影响工程建设项目的整体质量。从项目管理的角度讲，施工过程的作业质量控制分为施工作业质量自控和施工作业质量监控两个方面。

3.3.1 施工作业质量自控

施工作业质量的自控过程是由施工作业组织的成员进行的，一般按“施工作业技术的交底—施工作业活动的实施—作业质量的自检自查、互检互查、专职检查”的基本程序进行。

工序作业质量是直接形成工程质量的基础，为了有效控制工序质量，工序控制应该坚持以下要求：

(1)持证上岗。

(2)预防为主。

(3)重点控制。

(4)坚持标准。

(5)制度创新，形成质量自控的有效方法。

(6)记录完整，做好有效施工质量管理资料。

3.3.2 施工作业质量监控

建设单位、监理单位、设计单位及政府的工程质量监督部门，在施工阶段依照法律法规和工程施工合同，对施工单位的质量行为和质量状况实施监督控制。

建设单位和质量监督部门要在工程项目施工全过程中对每个分项工程和每道工序进行质量检查监督，尤其要加强对重点部位的质量监督评定，负责对质量控制点的监督把关，同时检查督促单位工程质量控制的实施情况，检查质量保证资料和有关施工记录、试验记录，建设单位负责组织主体工程验收和单位工程完工验收，指导验收技术资料的整理归档。

在开工前建设单位要主动向质量监督机构办理质量监督手续,在工程建设过程中,质量监督机构按照质量监督方案对项目施工情况进行不定期的检查,主要检查工程各个参建单位的质量行为、质量责任制的履行情况、工程实体质量和质量保证资料。

设计单位应当就审查合格的施工图纸设计文件向施工单位做出详细说明,参与质量事故分析并提出相应的技术处理方案。

作为监控主体之一的项目监理机构,在施工作业过程中,通过旁站监理、测量、试验、指令文件等一系列控制手段,对施工作业进行监督检查,实现其项目监理规划。

3.4 施工阶段质量控制的主要途径

为了加强对施工过程的作业质量控制,明确各施工阶段质量控制的重点,可将施工过程按照事前质量预控、事中质量监控和事后质量控制三个阶段进行质量控制。

3.4.1 事前质量预控

事前质量预控指在正式施工前进行的质量控制,其控制重点是做好施工准备工作,并且施工准备工作要贯穿于施工全过程中。

(1)技术准备。包括熟悉和审查项目的施工图纸,施工条件的调查分析,工程项目设计交底,工程项目质量监督交底,重点、难点部位施工技术交底,编制项目施工组织设计等。

(2)物质准备。包括建筑材料准备,构配件、施工机具准备等。

(3)组织准备。包括建立项目管理组织机构,建立以项目经理为核心、技术负责人为主,专职质量检查员、工长、施工队班组长组成的质量管理网络,对施工现场的质量管理职能进行合理分配,健全和落实各项管理制度,形成分工明确、责任清楚的执行机制;对施工队伍进行入场教育等。

(4)施工现场准备。包括工程测量定位和标高基准点的控制;"四通一平",生产、生活临时设施等的准备;组织机具、材料进场;制定施工现场各项管理制度等。

3.4.2 事中质量监控

事中质量监控指在施工过程中进行的质量控制。事中质量监控的策略,是全面控制施工过程,重点控制工序质量。

(1)施工作业技术复核与计量管理。只要涉及施工作业技术活动基准和依据的技术工作,都应由专人进行负责复核性检查,复核结果应报送监理工程师复验确认后,才能进行后续相关的施工,以避免基准失误给整个工程质量带来难以补救的或全局性的影响。

(2)见证取样、送检工作的监控。见证取样指对工程项目使用的材料、构配件的现场取样、工序活动效果的检查实施见证。

(3)工程变更的监控。在施工过程中,由于种种原因会涉及工程变更,工程变更的要求可能来自建设单位、设计单位或施工承包单位,无论是哪一方提出工程变更或图纸修改,都应通过监理工程师审查并经有关方面研究,确认其必要性后,由监理工程师发布变更指令方能生效予以实施。

(4)隐蔽工程验收的监控。将被其后续工程施工所隐蔽的分部分项工程,在隐蔽前所进行的检查验收,是对一些已完分部分项工程质量的最后一道检查。由于检查对象就要被其他工程覆盖，会给以后的检查整改造成障碍，故是施工质量控制的重要环节。

(5)其他措施。批量施工先行样板示范、现场施工技术质量例会、QC 小组活动等，也是长期施工管理实践过程中形成的质量控制途径。

3.4.3　事后质量控制

事后质量控制指在完成施工过程形成产品的质量控制，其具体工作内容是进行已完施工成品保护、不合格品的处理和质量检查验收等。

3.4.3.1　成品保护

在施工过程中，有些分项、分部工程已经完成，而其他部位尚在施工，如果不对成品进行保护就会造成其损伤、污染而影响质量，因此承包单位必须负责对成品采取妥善措施予以保护。对成品进行保护的最有效手段是合理安排施工顺序，通过合理安排不同工作间的施工顺序以防止后道工序损坏或污染已完施工的成品。此外，也可以采取一般措施来进行成品保护。

(1)防护。是对成品提前保护，以防止成品可能发生的污染和损伤。如对于进出口台阶可垫砖或方木，搭脚手板供人通过的方法来保护台阶。

(2)包裹。是将被保护物包裹起来，以防损伤或污染。如大理石或高级柱子贴面完工后可用立板包裹捆扎保护；管道、电器开关可用塑料布、纸等包扎保护。

(3)覆盖。是对成品进行表面覆盖，防止堵塞或损伤。如对落水口、排水管安装后可以覆盖，以防止异物落入而被堵塞；散水完工后可覆盖一层砂子或土以利于散水养护并防止磕碰等。

(4)封闭。是对成品进行局部封闭，以防破坏的办法进行保护。如屋面防水层做好后，应封闭上屋顶的楼梯门或出入口等。

3.4.3.2　不合格品的处理

上道工序不合格，不准进入下道工序施工，不合格的材料、构配件、半成品不准进入施工现场且不允许使用，已经进场的不合格品应及时做出标识、记录，指定专人看管，避免用错，并限期清除出现场；不合格的工序或工程产品，不予计价。

3.4.3.3　质量检查验收

按照施工质量验收统一标准规定的质量验收划分，从施工作业工序开始，通过多层次的设防把关，依次做好检验批、分项工程、分部工程及单位工程的施工质量验收。

3.4.4　现场质量检查的方法

对于现场所用原材料、半成品、工序过程或工程产品质量进行检验的方法，一般可分为三类，即目测法、量测法以及试验法。

(1)目测法。是凭借感官进行检查，也可称为观感检验。这类方法主要是根据质量要求，采用看、摸、敲、照等手法对检查对象进行检查。

(2)量测法。是指利用量测工具或计量仪表，通过实际量测结果与规定的质量标准或规范的要求相对照，从而判断质量是否符合要求。

(3)试验法。是利用理化试验或借助专门仪器判断检验对象质量是否符合要求。

任务 4 施工安全管理

1 安全管理制度

1.1 安全管理的概念

安全管理是企业全体职工参加的，以人的因素为主、为达到安全生产目的而采取各种措施的管理。它是根据系统的观点提出来的一种组织管理方法，是施工企业全体职工及各部门同心协力，把专业技术、生产管理、数理统计和安全教育结合起来，建立起从签订施工合同，进行施工组织设计、现场平面设置等施工准备工作开始，到施工的各个阶段，直至工程竣工验收活动全过程的安全保证体系，采用行政、经济、法律、技术和教育等手段，有效地控制设备事故、人身伤亡事故和职业危害的发生，实现安全生产、文明施工。

根据施工企业的实践，推行安全管理就是要通过三个方面达到统一目的，即：

(1)认真贯彻“安全第一，预防为主”的方针。

(2)充分调动企业各部门和全体职工搞好安全管理的积极性。

(3)切实有效地运用现代科学技术和安全管理技术，做好设计、施工生产、竣工验收等方面的工作，以预防为主，消除各种危险因素。

目的是通过安全管理，创造良好的施工环境和作业条件，使生产活动安全化、最优化，减少或避免事故发生，保证职工的健康和安全。因此，推行安全管理时，应该注意做到“三全、一多样”，即全员、全过程、全企业的安全管理；所运用的方法必须是多种多样的。

1.2 安全管理的内容

(1)建立安全生产制度。安全生产制度必须符合国家和地区的有关政策、法规、条例和规程，并结合本施工项目的特点，明确各级各类人员安全生产责任制，要求全体人员必须认真贯彻执行。

(2)贯彻安全技术管理。编制施工组织设计时，必须结合工程实际，编制切实可行的安全技术措施，要求全体人员必须认真贯彻执行。

(3)坚持安全教育和安全技术培训。

(4)组织安全检查。为了确保安全生产，必须要有监督监察。安全检查员要经常查看现场，要及时排除施工中的不安全因素，纠正违章作业，监督安全技术措施的执行，不断改善劳动条件，防止工伤事故的发生。

(5)进行事故处理。人身伤亡和各种安全事故发生后，应立即进行调查，了解事故产生的原因、过程和后果，提出鉴定意见。在总结经验教训的基础上，有针对性地制订防止事故再次发生的可靠措施。

(6)将安全生产指标作为签订承包合同时的一项重要考核指标。

1.3 安全管理制度

(1)安全生产责任制。

(2)各级领导人员安全生产方面的主要职责。

(3)各专业人员在安全生产方面的主要职责。

(4)岗位安全生产责任制。

(5)安全教育制度。

2　施工安全技术措施

2.1　建设工程施工安全技术措施计划

建设工程施工安全技术措施计划的主要内容包括:工程概况、控制目标、控制程序、组织机构、职责权限、规章制度、资源配置、安全措施、检查评价、奖惩制度等。编制施工安全技术措施计划时,应制定和完善施工安全操作规程,编制各施工工种,特别是危险性较大工种的安全施工操作要求,作为规范和检查考核员工安全生产行为的依据。

施工安全技术措施包括安全防护设施的设置和安全预防措施,主要有 17 方面的内容,即防火、防毒、防爆、防洪、防尘、防雷击、防触电、防坍塌、防物体打击、防机械伤害、防起重设备滑落、防高空坠落、防交通事故、防寒、防暑、防疫、防环境污染等方面的措施。

2.2　施工安全技术措施计划的实施

(1)安全生产责任制。建立安全生产责任制是施工安全技术措施计划实施的重要保证。安全生产责任制是指企业对项目经理部各级领导、各个部门、各类人员所规定的在他们各自职责范围内对安全生产应负责任的制度。

(2)安全教育。

(3)安全技术交底。

安全技术交底的基本要求:项目经理部必须实行逐级安全技术交底制度,纵向延伸到班组全体作业人员:①技术交底必须具体、明确,针对性强;②技术交底的内容应针对分部分项工程施工中给作业人员带来的潜在危害和存在问题;③应优先采用新的安全技术措施;④应将工程概况、施工方法、施工程序、安全技术措施等向工长、班组长进行详细交底;⑤定期向由两个以上作业队和多工种进行交叉施工的作业队伍进行书面交底;⑥保持书面安全技术交底签字记录。

安全技术交底主要内容:①本工程项目的施工作业特点和危险点;②针对危险点的具体预防措施;③应注意的安全事项;④相应的安全操作规程和标准;⑤发生事故后应及时采取的避难和急救措施。

3　安全检查

安全检查是安全管理的重要内容,是识别和发现不安全因素,揭示和消除事故隐患,加强防护措施,预防工伤事故和职业危害的重要手段。安全检查工作具有经常性、专业性和群众性特点。通过检查增强广大职工的安全意识,促进企业对劳动保护和安全生产方针、政策、规章、制度的贯彻落实,解决安全生产上存在的问题,有利于改善企业的劳动条件和安全生产状况,预防工伤事故发生;通过互相检查、相互督促、交流经验,取长补短,进一步推动企业搞好安全生产。

3.1　安全检查的类型

根据安全检查的对象、要求、时间的差异,一般可分为以下两种类型:

(1)定期安全检查。各级定期检查具体实施规定:①工程局每半年进行一次,或在重大节假日前组织检查;②工程处每季度组织一次检查;③工程段每月组织一次检查;④施工队每旬进行一次检查。

(2)非定期安全检查。鉴于施工作业的安全状态受地质条件、作业环境、气候变化、施工对象、施工人员素质等复杂情况的影响,工伤事故时有发生,除定期安全检查外,还要根据客观因素的变化,开展经常性安全检查,具体内容有如下几点:

①施工准备工作安全检查。

②季节性安全检查。

③节假日前后安全检查。

④专业性安全检查。

⑤专职安全人员日常检查。

3.2 安全检查的内容

安全检查的内容主要是查思想、查管理、查制度、查隐患、查事故处理。

(1)查思想。是指检查企业各级领导和广大职工安全意识强不强。

(2)查管理、查制度。是指检查企业在生产管理中,对安全工作是否做到了"五同时"(计划、布置、检查、总结、评比生产工作的同时)。在新建、扩建、改建工程中,是否做到了"三同时"(即在新建、扩建、改建工程中,安全设施要同时设计、同时施工、同时投产)。是否结合本单位的实际情况,建立和健全了如下安全管理制度:①安全管理机构;②安全生产责任制;③安全奖惩制度;④定期研究安全工作的制度;⑤安全教育制度;⑥安全技术措施管理制度;⑦安全检查制度;⑧事故调查处理制度;⑨特种作业管理制度;⑩保健、防护用品的发放管理制度;⑩尘毒作业、职业病及职工禁忌症管理制度。同时,要检查上述制度执行情况,发现各级管理人员和岗位作业职工违反规章制度的,要给予批评、教育。

(3)查隐患。是指深入施工现场,检查企业的劳动条件、劳动环境有哪些不安全因素。

(4)查事故处理。检查企业对发生的工伤事故是否按照"找不出原因不放过,本人和群众受不到教育不放过,没有制订出防范措施不放过"的原则,进行严肃认真地处理,即是否及时、准确地向上级报告和进行统计。

任务 5 工程招标投标与合同管理

1 合同概念

合同是契约的一种,是法人与法人之间,法人与公民之间以及公民与公民之间为实现某个目的、确定相互的民事权利义务关系而签订的书面协议。所谓法人,就是有独立支配的财产或进行独立核算,能够以自己的名义进行经济活动,享受权利和承担义务,依照法定程序成立企业、国家机关、事业单位、社会团体等组织。

工程承包合同是经济合同的一种,是业主与工程咨询公司、设计、施工单位或其他有关单位之间以及这些单位之间,为明确在完成项目建设的各种活动中双方责、权、利等经济关系而达成的书面协议。

合同一经签订即具有法律特征，受到法律保护。

合同具有如下特征：

(1)签订合同是双方或多方的法律行为，是各方表示一致意见的行为，不是单方的法律行为。

(2)合同是当事人之间确立、变更、终止双方或多方特定权利义务关系的协议文件。

(3)签订合同是双方(或多方)按法律规定程序和形式达成协议的法律行为。不履行合同或未按法律规定程序及未经双方同意，单方变更或解除合同都属非法行为，要负相应的法律责任。

2　工程承包合同的类型

如上所述，工程承包合同是为明确业主与承包商双方权利义务而订立的必须共同遵守的协议文件。由于权利义务内容不同就有不同的承包合同类型。

2.1　合同的类型

2.1.1　按标约的不同划分

按照标约的不同，工程承包合同主要分如下几种：

(1)交钥匙承包合同。

(2)设计合同。

(3)工程施工合同。由于承包施工任务的范围不同，基本上可以分为施工总包合同、分别承包合同、施工分包合同、劳务分包合同、劳务合同等几种。这种合同层次是项目法人组织施工的需要。

①施工总包合同。是业主将整个项目的施工工作交给一个有能力的施工企业来负责而与该企业签订的施工总承包合同。总包单位对施工任务实行层层分包，与专业分包和劳务分包单位签订分包合同，在总包对整个工程施工的计划组织协调下共同完成施工任务。

②分别承包合同。是业主将整个工程的施工任务采用分阶段分项目招标发包时，分别与承包各阶段或工程分项施工任务的主要承包单位签订的合同。各主要承包人直接向业主负责。

③施工分包合同。在层层分包的体系中，总包制中的总包、分别直接发包的各个承包商以及各个分包商为履行合同，均需要将其承担的部分施工任务分包给专业性更强的专业承包商承担，并与之签订分包合同，并在合同执行过程中协调监督分包商的工作。

④劳务分包合同。承包商承包施工任务，往往本身只有技术和管理力量，而缺乏劳务，因此将工程的施工任务以劳务分包的形式包给由劳务公司或综合性工程公司组成的劳务队伍。由总包商提供技术、装备和材料，按总包商的计划、技术要求，由乙方组织劳务进行施工。

⑤劳务合同。从本质上讲是一种雇佣合同，是业主或承包商或分包商为建设某一工程施工任务，因缺少劳力而与劳务提供者签订雇佣所需人员的合同。乙方在商定的各种条件下，按照合同甲方的进度要求向甲方提供其所需的人员，由雇主组织安排从事劳务工作。每个受雇人员以工作时间为单位向雇主领取一定的报酬。

(4)材料供应合同。根据建设单位或施工单位商定的分工,建设单位或施工单位按年度计划与生产厂商、预制构配件加工厂签订供应合同。

(5)设备供应与安装合同。为完成永久工程的设备供应及安装工程部分,建设单位可根据具体情况,与设备供应商(或设备成套公司)或制造厂家签订五种范围不同的合同。

(6)建设施工管理合同。聘请工程建设经理对项目建设进行全过程管理,由业主与工程建设经理的派遣单位(工程咨询公司、工程建设公司等)签订服务性合同,向业主提供项目可行性研究及与设计阶段有关的市场、技术、费用等方面的咨询服务,招标文件与招标签订合同方面的服务并承担在施工阶段监理工程师所负责的施工管理与合同监督工作。与传统的工程师不同,建设经理参与了项目全过程,并全面领导和组织项目建设工作,在施工阶段不仅负责合同监督工作,而且要负责组织整个施工现场各个承包商及有关单位和个人协调地进行施工工作等项施工管理工作。

(7)工程监理合同。工程项目实行监理的,发包人应当与监理人订立委托监理合同。业主与监理单位签订的委托监理合同,与其在工程建设实施阶段所签订的其他合同相比较,最大区别表现在标的性质上。勘察设计合同、施工合同的标的是智力成果或物质成果,而监理合同的标底是服务,即监理工程师根据自己的知识、经验、技能,受业主委托为其所签订的其他合同的履行实施监督和管理的职责。

(8)咨询服务合同。由咨询单位为项目建设向业主提供业主所需各类服务而签订的咨询服务合同。包括项目建设前期的勘测、科研、试验、可行性研究、资金筹措、设计、采购招标发包咨询和项目施工监督、中间验收、试车投产、竣工验收以及项目生产阶段的生产准备、人员培训、生产指导、经营管理等方面的专业咨询或综合性咨询服务。

2.1.2 按工程价款结算方式不同划分

按照工程价款的结算方式不同,可分为总价合同、单价合同、实际成本加酬金合同和混合型合同四种类型。前两种又称固定价格合同。

(1)总价合同。是普遍采用的一种合同类型。即业主与承包人按议标和投标标价,经过谈判签订。承包人负责按合同总价完成合同规定的全部工程。

(2)单价合同。这是水利土木工程中广泛采用的一种合同类型。承包人以合同确定的工程项目的工程单价向业主承包,负责完成施工任务,然后按实际发生的工程量和合同中规定的工程单价结算工程价款。

(3)实际成本加酬金合同。这种合同的基本特点是以工程实际成本,加上商定的酬金来确定工程总造价。这种合同方式主要适用于开工前对工程内容尚不十分确定的情况。

(4)混合型合同。有部分固定价格、部分实际成本合同和阶段转换合同方式两种。前者是对重要的设计内容已具体化的项目采用固定价格合同;而对次要的,设计还未具体化的项目采用实际成本加酬金合同;后者则是指在一个项目的前阶段和后阶段采取不同的结算方式。如开始采用实际成本加酬金合同,待项目进行了一段时间,情况比较明朗时,改用固定价格合同。

2.2 合同类型的选择

合同结算类型的选择,取决于下列因素:

(1)业主的意愿。

(2)工程设计的具体、明确程度。

(3)项目的规模及其复杂程度。

(4)工程项目技术先进性程度。

(5)承包人的意愿和能力。

(6)工程进度的紧迫程度。

(7)市场情况。

(8)甲方的工程监督力量如果比较弱,最好将工程由承包人以固定价格合同总承包。如果采用实际成本加酬金合同,就要求甲方有足够的合格监督人员,对整个工程实行有效的控制。

(9)外部因素或风险的影响。

3 合同管理

狭义的合同管理是指合同的行政管理,它的管理工作包括:招标文件准备、招标、签订合同、协调会议、价款支付变更、违约处理、施工索赔和文件管理等行政工作。

3.1 文件与文件管理

一个大型工程有各种各样的文件,其中有工程设计文件,有各种合同文件,有许多部门如业主、承包商、工程师、设计单位、供应厂商等之间互相交流信息的信件。这些文件或信件都必须妥善管理。严格的文件管理可以避免误解、施工错误、工期延误和索赔等事件。文件一经形成,就是工程的历史文件,一旦发生索赔,文件就是有力的证据。

保管文件是合同管理人员的基本职责,一般工程文件包括如下几点:

(1)合同:连同招标广告、招标文件、投标标函、保证书、签约通知、开工通知和完工通知。

(2)业主与承包人的来往信件。

(3)全套变更通知书。

(4)已完工移交项目清单。

(5)采购账目文件。

(6)分包合同与供应、提供服务的合同文件。

(7)采用标准、法规文件。

(8)机械运行与保养手册。

(9)施工日记。

(10)竣工图。

(11)承包人付款单据。

(12)进度档案。

(13)工程经理报告。

(14)申诉及争端文件。

(15)验收和试验文件。

(16)设备运行、保养、移交文件。

(17)其他。

现场合同管理人员还要把全部有关信件都收集起来,包括承包人来信以及事实调查报告,变更通知书文件,竣工图纸,规范的解释、交付记录,协商记录,会议记录以及现场人员给工程经理的信件与合同规定转交业主的其他文件。

在工程一开始就要建立起一套文件管理的程序,对所有的文件如何编号、登记,在合同各方之间如何传递交换都必须有明确的规定。程序建立以后,就应遵照执行,要定期对文件进行检查,查明该发的文件是否已经按时发出,应该答复的文件是否已经收到答复或给予签复,对拖延的文件应及时处理,对失职的部门要及时敦促他们采取行动及时纠正。

3.2 会议管理

会议是合同管理中重要的组成部分。一个会议如果组织良好,就会成为合同各方彼此达成互相谅解的有效工具,合同各方集中在一起开会,提出有待解决的问题,通过讨论协商,互相达到一致意见,然后作出决定,记录在案,散会后各方分别执行会议作出的决定。为了组织好会议,应考虑如下几点:

(1)指定一个会议主席。

(2)预先安排会议的时间和地点。

(3)会前准备好一份会议议程,分发给将与会代表。

(4)会上交流信息,交换意见并作出决定。

(5)准备会议纪要,将纪要分发给与会者。

(6)为下一次会议做准备。

一个大中型且复杂的工程,在招标过程中和在施工过程中均需进行一系列各种性质的会议。在国际招标投标过程中,举行的会议主要有标前会议、开标会议、投标文件澄清会议、合同预谈判和投标会议等。在这些会议上,通过各方面的互相交流信息、交换信件,交换意见,讨论分析并作出决定,使招标工作如期完成,顺利地转入工程施工阶段。

在施工阶段的会议主要有施工前会议、进度会议以及各种专门性质的会议三种。

施工前会议非常重要,它是第一次让有关各方包括业主、各个承包人、监理工程师、设计单位和政府有关部门互相见面,对一些有疑问的合同事项进行澄清,讨论承包人的开工计划,研究设计工程师的图纸供应计划,编制今后施工管理中必须遵守的各种工作程序等工作。

进度会议是在工程施工过程中定期召开的,一般每周举行一次,合同各方均应有代表出席,在工程施工初期,各方应就召开进度会议的程序进行讨论,并就会议的时间、地点达成协议,项目经理应为每次进度会议准备议程,在会前将会议议程分发给与会代表。项目经理还应负责会议记录,起草会议纪要,征求代表意见进行修改并得到各方一致同意后,才作为正式文件分发给与会者和存档。

专门会议是在工程进度过程中,施工中出现一些比较特殊的问题时召开的,这些专门性质的问题是进度会议上无法解决的。专门会议可以在合同中任何一方的要求下召开,要求开会单位必须为会议准备议程,征求各方同意并确定开会的时间和地点。在会议开始前合同各方还必须就由谁来负责会议记录和准备会议纪要达成一致意见。

3.3　支付控制

在每项工程合同中，价款支付均涉及预付款、工程进度款、保留金、结算款和价格浮动几个方面，现分述如下。

3.3.1　预付款

预付款是承包工程开工以前业主按合同规定向承包人支付贷款形式的款项，以供承包人购置施工机械设备与材料以及在工地设置生产、办公和生活设施的开支。预付款金额一般以合同总价的百分数表示，常见的是10%～15%，世界银行贷款项目通常规定预付款不得超过合同价的20%。

预付款实际上是业主对承包人的无息贷款，承包人在开工以后，从每期工程进度款中逐步扣还，通常对于付款，业主要求承包商出具预付款保证书。

工程合同的预付款，按世界银行采购指南规定分为如下几点：

(1)调遣预付款。

(2)设备预付款。

(3)材料预付款。

3.3.2　工程进度款

工程进度款一般按月支付，是工程价款的主要部分，它根据实际进度所完成的工程最低价格，加上或扣除相应款项计算而得。在每月月底以后，承包商应尽早向监理工程师提交该月已完工程量的进度款付款申请。

承包商要核实投标及变更通知后报价的计算数字是否正确、核实申请付款的工程进度情况及现场材料数量、已完工程量，项目经理签字后交驻地监理工程师审核，驻地监理工程师批准后转交业主付款。

3.3.3　保留金

保留金又称滞付金，可以看成是承包商履约的另一种保证，通常是从承包商的进度款中扣下一定百分比的金额，以便在承包商违约时起补偿作用，保留金在工程竣工后规定的时间退还给承包商。

3.3.4　结算款

当工程接近尾声时要进行大量的结算工作。同一合同中可能既包括按单价计价项目，又包括按总价付款项目。当竣工报告已由业主批准时，该项目已被验收，即应支付项目的总款额。显然按单价结算的项目在工程进行中已按月根据进度报告付进度款，由现场检查员对当时的工程进度估计工程量、核定承包人的付款申请并付了款，但是当时测定的工程量可能准确也可能不准确。所以在该项目完工时，应由一支测量队来测定实际完成的工程量。然后，按照现场报告提供的资料，审查哪些已用材料不应付款或使用部位错误，扣除规定付款以外的用料量，成本工程师则可标出实际应当付款的数量。承包人当然也有工作人员负责记录按单价结算的材料使用情况。由项目经理或承包人标出的结算款额可能不同，只有双方切实解决了这种差别，才能发付该项目的结算款。

3.3.5　价格浮动

由于人工、材料、机械设备价格的变动，都会严重地影响承包商的工程施工成本，如果合同规定不按浮动价格计算工程价格,承包商就会将预测到合同期内的风险而增加的费用计入标价。一般来说,短期的预测结果还是比较可靠的,但对远期预测就可能很不准确,这就造成承包商不得不大幅度提高标价以避免未来风险带来的损失。这种做法难以正确估计风险费用,估计偏高偏低无论是对业主和承包商来说都是不利的。为了替承包商卸下部分未来的风险,业主也获得造价合理的工程,工程价款支付可以采用浮动价格的方法来解决。

4 施工合同的索赔管理

4.1 索赔的概念

一般来说,索赔是指在合同实施过程中,当事人一方不履行或未正确履行其义务,而使另一方受到损失,受损失的一方向违约方提出的赔偿要求。

从上述概念可以看出,索赔具有下列几个特性:

(1)索赔作为一种合同赋予双方的具有法律意义的权利主张,其主体是双向的。在工程施工合同中,业主与承包商存在相互间索赔的可能性,承包商可向业主提出索赔,业主也可向承包商提出索赔。施工实际中发生的索赔,多数是承包商向业主提出的索赔,而且由于业主向承包商的索赔,一般无须经过烦琐的索赔程序,其遭受的损失可以从业主向承包商的支付款中扣除或由履约保函中兑取,所以合同条款多数是只规定承包商向业主索赔的处理程序和方法。

(2)索赔必须以法律或合同为根据。只有一方有违约或违法事实,受损害方才能向违约方提出索赔。

(3)索赔必须建立在损害后果已客观存在的基础上,不论是经济损失或时间损失,没有损失的事实而提出索赔也是不能成立的。

(4)索赔应采用明示的方式,即索赔应该有书面文件,索赔的内容和要求应该明确而又肯定。

(5)索赔的结果一般是索赔方应获得经济或其他赔偿。

4.2 施工索赔

索赔的分类方法很多,按索赔的目标不同可以分为:工期索赔、经济索赔等。工期索赔是指承包商对一个事件的索赔要求是延长竣工时间,而没有费用赔偿问题;经济索赔则是仅要求费用赔偿,而无工期延长的要求;综合索赔则是对某一事件,承包商对费用赔偿与工期延长均有索赔要求,按国际惯例,一份索赔报告只能提出一种索赔要求,所以对于综合索赔,虽然是同一件事,但是工期及经济的索赔要分别编写报告。

4.2.1 工期索赔

4.2.1.1 工程延期及工期索赔

在合同条款中,工期的概念是:原合同所规定的竣工期加上工程延期。其中,工程延期是指按合同有关规定,由于并非承包商自身的原因所造成的、经监理工程师书面批准的合同竣工期限的延长。

在工程施工过程中,往往会发生一些未能预见的干扰事件使施工不能顺利进行,使预定的施工计划受到干扰,因而造成工期延误。对于并非承包商自身原因所引起的工程延误,承包商有权提出工期索赔,监理工程师则应在与业主和承包商协商一致后,决定竣工期延长的时间。导致工期延长的原因有如下几点:

(1)任何形式的额外或附加工程。

(2)合同条款所提到的任何延误理由,例如:延期交图、工程暂停、延迟提供现场等。

(3)异常恶劣的气候条件。

(4)由业主造成的任何延误、干扰或阻碍。

(5)非承包商的原因或责任的其他不可预见事件。

工期延误对合同双方都会造成一定的损失,业主因工程不能及时交付使用、投入生产,不能按计划实现投资目的,失去盈利的机会;承包商则因工期延误增加管理成本及其他费用支出。如果工期延误的原因是由于承包商的失误,则承包商必须设法自费赶上工期,或按规定缴纳误期赔偿金并继续完成工程,或按照业主的安排另行委托第三方完成所延误的工作并承担费用,如果工期延长的原因并非承包商所致,则承包商可按合同规定和具体情况提出工期索赔,并进行因工期延长而造成费用损失的索赔。

4.2.1.2 工期索赔

工期索赔除必须符合条款规定的索赔根据和索赔程序外,在具体分析应延长工期的时间时,还必须注意如下几个问题。

(1)工期延误是指总工期的延误。

索赔的工期延误指的是总工期的延误,对水利水电工程来讲,也可以指重要的阶段工期,如截流、第一台机组发电等,因为这种延误会影响竣工期。在实际工程中,工期延误总是发生在一项具体的工序或作业上,因此工期索赔分析必须要判断发生在工序或作业上的延误是否会引起总工期或重要阶段工期的延误。用网络计划分析,一般来说,发生在关键线路上关键工序的延误,会影响到总工期,因此是可以索赔的。而发生在非关键线路上工序的延误,因其不影响总工期就不能索赔。但是,关键线路是动态的,施工进度的变化也可能使非关键线路变成关键线路,因而发生在非关键线路上工序的延误,也可能导致总工期的延误。这取决于工序的时差与延误时间的长短,须进行具体分析才能确定。

(2)工程延误的分类。

在工程施工索赔工作中,通常把工期延误分成以下两类:

①可原谅的延误。对承包商来说,这类工期延误不是承包商的责任,承包商是可以得到原谅的。这就是指由于业主原因或客观影响引起的工程延误。对这类延误,承包商可以索赔。

②不可原谅的延误。这一类工期延误是由于承包商的原因引起的,如施工组织不好,工效不高,设备材料供应不足以及由承包商承担风险的工期延误(如一般性的天气不好,影响了施工进度)。对于不可原谅的延误,承包商是无权索赔的。

(3)处理原则。

①按照不同类型的延误处理。对于上述两类不同的延误,索赔处理的原则是截然不同的。可原谅的延误情况,如果延误的责任者是业主或咨询工程师,则承包商不仅可以得到工期延长,还可以得到经济补偿。这种延误被称为"可原谅并给予补偿的延误"。虽然是可原谅的延误,但其责任者不是业主,而是由于客观原因时,承包商可以得到工期延长,

但得不到经济补偿。这种延误被称为“可原谅但不给予补偿的延误”。

不可原谅的延误情况，由于责任者是承包商，而不是由于业主或客观的原因，承包商不但得不到工期延长，也得不到经济补偿。这种延误造成的损失，则完全由承包商负担。

②共同延误的处理。在实际施工过程中，工期延误有时是由两种（甚至三种）原因（承包商的原因、业主的原因、客观的原因）同时发生而形成的，这就是所谓的“共同性的延误”。在共同延误的情况下，要具体分析哪一种情况的延误是有效的，一般遵照以下原则，即在共同延误的情况下，应该判别哪一种原因是最先发生的，即找出初始延误者，它对延误负责。在初始延误发生作用的期间，其他并发的延误不承担延误的责任。

4.2.2 经济索赔

4.2.2.1 索赔金额分析的原则

在确定赔偿金额时，应遵循下述两个原则：

（1）所有赔偿金额，都应该是承包商为履行合同所必须支出的费用。

（2）按此金额赔偿后，应使承包商恢复到假如未发生事件的财务状况。即承包商不致因索赔事件而遭受任何损失，但也不得因索赔事件而获得额外收益。

根据上述原则可以看出，索赔金额是用于赔偿承包商因索赔事件而受到的实际损失（包括支出的额外成本和失掉的可得利润），而不考虑利润。所以，索赔金额计算的基础是成本，用有索赔事件影响所发生的成本减去无事件影响时所应有的成本，其差值即为赔偿金额。

4.2.2.2 合同价的组成分析

在索赔工作中，当计算或协商确定索赔金额时，经常要对原合同价进行分析和测算，以取得合同价中各组成部分的金额及其所占比例，从而推算索赔金额。

（1）人工费。人工费的索赔通常包括：因事件影响而直接导致额外劳动力雇佣的费用和加班费，由于事件影响而造成人员闲置和劳动生产率降低引起的损失以及有关的费用。

（2）材料费。材料费的索赔包括：因事件影响而直接导致材料消耗量增加的费用，材料价格上涨所增加的费用，所增加的材料运输费和储存费等以及合理破损比率的费用。材料费索赔的计算，一般是将实际所用材料的数量及单价与原计划的数量及单价相比即可求得。

（3）施工设备费。施工设备费的索赔包括：因事件影响使设备增加运转时数的费用、进出现场费用、由于事件影响引起设备闲置损失费用和新增设备的增加费用，索赔中一般也包括小型工具和低值易耗品的费用。

（4）现场管理费。通常按索赔的直接费金额乘以现场管理费率计算。国际工程中，此费率一般为10%～15%。

（5）总部管理费。可按下式计算：

$$总部管理费索赔额=费率\times(直接费索赔额+现场管理费索赔额)$$

式中，费率一般为7%～10%。

（6）保险费、担保费。是指由于事件影响而增加工程费用或延长工期时，承包商必须相应的办理各种保险和保函的延期或增加金额的手续，由此而支出的费用。此费用能否索赔，取决于原合同对保险费、担保费的规定，如合同规定，此费用在工程量清单中单列，则可以索赔；但如合同规定，保险、担保费用归入管理费，不予以单列，则此费用不能列入索赔费用项目。

（7）融资成本。由于事件影响增加了工程费用，承包商因此需加大贷款或垫支金额，从而多付出的利息以及因业主推迟付款的利息，也可向业主提出索赔。前者按贷款数额、银行利率及贷款时间计算，后者按迟付款及合同现定的利率予以计算。

（8）现场延期管理费。指由于工期延长而导致管理工作相应延长所增加的费用，现场延期管理费可由下式进行计算：

$$\text{现场延期管理费} = \frac{\text{原工程直接费} \times \text{现场管理费率}(\%)}{\text{原工程工期}(d)} \times \text{延长日数}(d)$$

4.3 索赔与工程变更

工程变更是对原工程设计作出任何方面的变更，而由监理工程师指令承包商实施，承包商完成变更工作后，业主应予以支付。从这个意义上讲，工程变更支付与索赔类似，都是在工程量清单以外，业主对承包商的额外费用进行补偿。但是，两者是有区别的，主要表现在以下两方面：

（1）起因与内容上的不同。索赔是承包商为履行合同，由于不是承包商的原因或责任受到损失而要求的补偿；而工程变更是承包商接受监理工程师的指令，完成了与合同有关但又不是合同规定的额外工作，为此而取得业主的支付。

（2）处理与费用上的不同。一般情况下，工程变更是事先处理，即监理工程师在下达工程变更指令时，通常已事先与业主、承包商就工期或金额的补偿问题进行过协商，而把协商结果包括在指令之内下达给承包商；而索赔则是事后处理，即承包商由于事件发生受到了损失，因而提出要求，再经业主同意取得补偿的。

从补偿的费用说，工程变更是多做或少做了某些工作，其补偿除工程成本外还应包括相应的利润；而索赔则纯属赔偿损失，其费用只计成本而不包括利润。

复习思考题

简答题

（1）影响工程进度的因素有哪些？处理的措施是什么？

（2）进度控制的内容是什么？

（3）进度控制的方法有哪些？

（4）什么是网络计划？

（5）双代号网络计划的时间参数有哪些？

（6）试根据表中各施工过程的逻辑关系完成以下内容：

①确定紧后工作并计算双代号节点位置号，绘制双代号网络图，计算时间参数并标注。

②确定紧后工作并计算单代号节点位置号，绘制单代号网络图，计算时间参数并

标注。

③计算总工期。

④找出关键线路。

⑤将双代号网络图绘制成时标网络图。

表12-5 某工程各施工过程之间的逻辑关系

工作名称	A	B	C	D	E	F	G	H	I	J
持续时间	1	2	3	4	5	6	4	5	4	3
紧前工序	—	A	A	B	B	D	F	E、F	C、E、F	G、H

(7)施工成本控制的方法和措施有哪些?

(8)施工成本分析的方法有哪些?

(9)施工质量控制的影响因素及采取的措施有哪些?

(10)施工质量控制的主要途径有哪些?

(11)安全管理的内容有哪些?

(12)简述安全检查的内容和技术措施。

(13)简述合同的类型和选择。

(14)简述索赔的概念和类型。

参 考 文 献

[1] 钟汉华. 水利水电工程施工技术[M]. 北京:中国水利水电出版社,2004.
[2] 张正宇. 现代水利水电工程爆破[M]. 北京:中国水利水电出版社,2003.
[3] 潘家铮. 中国水利发电工程[M]. 北京:中国水利水电出版社,2004.
[4] 杨康宁. 水利水电工程施工技术[M]. 北京:中国水利水电出版社,1994.
[5] 侍克斌. 水利工程施工[M]. 北京:中国水利水电出版社,2009.
[6] 袁光裕. 水利工程施工[M]. 北京:中国水利水电出版社,2003.
[7] 苗兴皓. 水利工程施工技术[M]. 北京:中国水利水电出版社,2008.
[8] 余恒睦. 施工机械与施工机械化[M]. 北京:中国水利水电出版社,1987.
[9] 章仲虎. 水利工程施工[M]. 北京:中国水利水电出版社,2009.
[10] 刘祥柱. 水利水电工程施工[M]. 郑州:黄河水利出版社,2009.
[11] 张玉福. 水利施工组织与管理[M]. 郑州:黄河水利出版社,2009.
[12] 周克已. 水利工程施工[M]. 北京:中央广播大学出版社,2004.
[13] 黄森开. 水利水电施工组织与工程造价[M]. 北京:中国水利水电出版社,2003.
[14] 俞振凯. 水利水电工程管理与实务[M]. 北京:中国水利水电出版社,2004.
[15] 魏璇. 水利水电工程施工组织设计指南(上)[M]. 北京:中国水利水电出版社,1999.
[16] 魏璇. 水利水电工程施工组织设计指南(下)[M]. 北京:中国水利水电出版社,1999.
[17] 钟汉华. 水利水电工程施工组织与管理[M]. 北京:中国水利水电出版社,2005.
[18] 王火利. 水利水电工程建设项目管理[M]. 北京:中国水利水电出版社,2005.
[19] 张智涌. 水利水电工程施工技术[M]. 北京:中国水利水电出版社,2003.
[20] 董邑宁. 水利工程施工技术与组织[M]. 北京:中国水利水电出版社,2005.
[21] 王柏乐. 中国当代土石坝工程[M]. 北京:中国水利水电出版社,2004.
[22] 长江水利委员会长江水利勘测规则设计研究院. DL/T 5087—1999 水电水利工程围堰设计导则[S]. 北京:中国电力出版社,1999.
[23] 中国水利水电科学研究院. DL/T 5128—2009 混凝土面板堆石坝施工规范[J]. 北京:中国电力出版社,2001.
[24] 中国水利水电科学研究院. DL/T 5129—2001 碾压式土石坝施工规范[J]. 北京:中国电力出版社,2001.
[25] 葛洲坝集团公司三峡工程施工指挥部. DL/T 5235—2001 水电水利工程爆破施工技术规范[J]. 北京:中国电力出版社,2001.
[26] 中国长江三峡工程开发总公司,中国葛洲坝水利水电工程集团公司. DL/T 5144—2001 水工混凝土施工规范[J]. 北京:中国电力出版社,2002.
[27] 中华人民共和国国这经济贸易委员会. DL/T 5144—2001 水工混凝土模板施工规范[J]. 北京:中国电力出版社,2001.
[28] 中国水利水电第四工程局有限公司,中国人民武装警察部队水电指挥部. DL/T 5169—2013 水工混凝土钢筋施工规范[J]. 北京:中国电力出版社,2003.
[29] 武汉大学. SL 26—92 水利水电工程技术术语标准[J]. 北京:中国水利水电出版社,1993.

[30] 中华人民共和国水利部. SL 47—94 水工建筑物岩石基础开挖工程施工技术规范[J]. 北京:中国水电出版社,1994.

[31] 中国水利水电工程总公司. SL 53—94 水工碾压混凝土施工规范[J]. 北京:中国水利水电出版社,1994.

[32] 水利部水工程技术咨询中心. SL 62—94 水工建筑物水泥灌浆施工技术规范[J]. 北京:中国水利水电出版社,1994.

[33] 黄河水利委员会勘测规划设计研究院. SL 274—2001 碾压式土石坝设计规范[J]. 北京:中国水利水电出版社,2002.

[34] 中水东北勘测设计研究有限责任公司. SL 303—2004 水利水电施工组织设计规范[S]. 北京:中国水利水电出版社,2004.

[35] 中水东北勘测设计研究有限责任公司. SL 378—2007 水工建筑物地下开挖工程施工规范[J]. 北京:中国水电出版社,2007.

[36] 水利部松辽水利委员会. SL 377—2007 水利水电工程喷锚支护技术规范[J]. 北京:中国水利水电出版社,2007.

[37] 中水淮河工程有限责任公司. SL 223—2008 水利水电建设工程验收规程[J]. 北京:中国水利水电出版社,2008.